YEŞİL PARADOKS

KÜRESEL ISINMAYA ARZ YANLI YAKLAŞIM

Koç Üniversitesi Yayınları: 106   EKOLOJİ | EKONOMİ

Yeşil Paradoks: Küresel Isınmaya Arz Yanlı Yaklaşım
Hans-Werner Sinn

İngilizceden çeviren: Mehmet Evren Dinçer
Yayına hazırlayan: Defne Karakaya
Düzelti: Nihal Boztekin
Kitap tasarımı: Gökçen Ergüven
Kapak tasarımı: Øivind Hovland

Green Paradox: A Supply Side Approach to Global Warming
© Hans-Werner Sinn / All Rights Reserved.
First English Edition published in 2012, in the United States of America by Massachusetts
Institute of Technology. Translated with mediation of Maria Pinto-Peuckmann, Literary
Agency, World Copyright Promotion, Kaufering, Germany.
© Türkçe yayın hakları: Koç Üniversitesi Yayınları, 2015
1. Baskı: İstanbul, Ekim 2016

Baskı: 12.matbaa   Sertifika no: 33094
Nato Caddesi 14/1 Seyrantepe Kâğıthane/İstanbul   +90 212 281 2580

Koç Üniversitesi Yayınları   Sertifika no: 18318
İstiklal Caddesi No:181 Merkez Han Beyoğlu/İstanbul   +90 212 393 6000
kup@ku.edu.tr • www.kocuniversitypress.com • www.kocuniversitesiyayinlari.com

Koç University Suna Kıraç Library Cataloging-in-Publication Data
    Sinn, Hans-Werner
    Yeşil paradoks : küresel ısınmaya arz yanlı yaklaşım = The green paradox : a supply-side approach
to global warming / Hans-Werner Sinn ; İngilizceden çeviren Mehmet Evren Dinçer ; yayına
hazırlayan Defne Karakaya.
    320 pages ; 13,5x20 cm. -- Koç Üniversitesi Yayınları ; 106. Ekoloji / Ekonomi.
    Includes bibliographical references and index.
    ISBN 978-605-9389-15-0
      1. Carbon offsetting. 2. Supply-side economics. 3. Global warming. 4. Pollution--Economic
aspects. 5. Carbon dioxide mitigation--Economic aspects. 6. Pollution prevention--Economic
aspects. 7. Global warming. 8. Global temperature changes. 9. Climatic changes. 10. Climatic changes-
-Government policy. 11. Climate change mitigation. 12. Pollution. I. Dinçer, Mehmet Evren. II.
Karakaya, Defne. III. Title
    HC79.P55 S57420 2012

Yeşil Paradoks

Küresel Isınmaya Arz Yanlı Yaklaşım

HANS-WERNER SINN

İngilizceden çeviren: Mehmet Evren Dinçer

KÜY

Bana zamanlar arası iktisadı öğreten
Hans Heinrich Nachtkamp'a

İçindekiler

Türkçe Baskıya Önsöz

Kitabım *Yeşil Paradoks* dünyanın en büyük kültür dillerinden biri olan Türkçede de yayımlandığı için çok sevinçliyim. Koç Üniversitesi Yayınları'na ve çevirmen Mehmet Evren Dinçer'e bu projeye inandıkları ve emeklerini kattıkları için teşekkürlerimi sunuyorum.

Dünya şu sıralar bir yeşil devrime kapıldı ve bu iyi bir gelişme. İnsanlık çevreye çok daha fazla ilgi göstermek ve çevreyi korumak zorunda. Bu, küçük ölçekte caddeler ve nehirler için de geçerli, hepimize ait olan atmosfer için de. Yeryüzü sera etkisi nedeniyle ısınmaya devam ederse bunun dünyanın siyasi istikrarı üzerinde yıkıcı etkileri olacak. Zira giderek daha da şiddetli çatışmalara yol açacak olan büyük göç hareketleri gelecek.

Bunun Türkiye için de olumsuz etkileri olması beklenir. Yeryüzünün ısınması Türkiye'deki bazı bölgeleri ve sınırlarının hemen ötesindeki çok daha fazla bölgeyi yaşanmaz hale getirecek ve giderek daha fazla insanın Türkiye'de yeniden yerleşmesine neden olacak; yani insanlık bir araya gelerek karbondioksit salınımının bir şekilde sınırlandırılması üzerinde uzlaşmak zorunda.

Ancak iş fosil yakıtların azaltılmasını istemekle de bitmiyor, çünkü bu sadece tüketimi başka ülkelere kaydırıyor. Aslında mesele sadece doğrudan kaynakların çıkartılmasının azaltılmasına dayanıyor. Bunu vergilerle ya da alternatif teknolojilerin desteklenmesiyle güvenilir bir biçimde sağlamak mümkün değil, çünkü kaynak sağlayıcıların buna nasıl tepki verecekleri belirsiz. Pazarlarının zarar göreceği anlaşıldığında verdikleri tepki her halükârda kaynak çıkartma işlemlerini öne çekmek oluyor. Sloganları, "Hasadı, hava bozmadan kaldırmalı."

Bu tutum muhtemelen yeşil hareketin 1980'lerdeki yükselişinden bu yana tükenebilir fosil yakıtların fiyatlarının uzun süre pek yükselmemesi ve tüketimin bütün güvencelere karşın yüksek düzeylere sıçramasının temel nedeni.

Bu yüzden de görünen o ki, ancak dünya çapında işleyen BM kontrolündeki bir emisyon ticareti yoluyla hayata geçirilecek bir miktar yönetimi çözüm sağlayabilir. Bugün artık karbondioksit salınımının yaklaşık yüzde 30'unu kapsayan böyle bir emisyon ticareti sistemi var. İnsanlık sıradaki diğer iklim anlaşmalarında yüzde 100'ü hedeflemek zorunda, çünkü çocuklarımız da bu gezegende barış içinde bir arada yaşayabilmek istiyor.

Hans-Werner Sinn
Ağustos 2016

Önsöz

D*as grüne Paradoxon*[1] adlı kitabım beni de şaşırtarak uluslararası alanda bilimsel tartışmaları ve bir dizi akademik makaleyi tetikledi. Güncellenmiş İngilizce basımın çıkmış olmasından memnunum. Umarım böylece geniş bir uluslararası okur kitlesi kitabın altını çizdiği meseleleri değerlendirme şansı bulacaktır. İngilizce basım kısaltıldı ve uluslararası okurun daha çok ilgileneceği meselelere odaklandı.

Avrupalı olmayan okurlarımdan, Avrupalı oluşumun kitabın çeşitli yerlerinde öne çıkmasından dolayı beni affetmelerini diliyorum. Avrupa "yeşil" politika hamlesinin merkezidir. Anavatanım Almanya güneş enerjisi ve biyodizelde dünya lideri, rüzgâr enerjisinde dünya ikincisidir ve nükleer enerjiye inatla sırtını dönen nadir ülkelerden biridir. Almanya'daki "yeşil" fikri, bana aynı topraklarda beş yüz yıl önce doğmuş olan Protestanlığın katılığını ve şevkini hatırlatan bir ivme geliştirdi. Eğitimim itibariyle ciddi bir iktisatçı olduğumdan, zaman zaman rastladığım bu yarı dini öğeler beni temkinli olmaya itti. Ancak okuru temin ederim ki bu kitapta elimden geldiğince genel, tarafsız ve uluslararası olmaya çalıştım. Bu uluslararası eğilim aynı zamanda neden tüm rakamsal verilerin metrik birimlerde verildiğini, neden tonların metrik ton olduğunu da açıklıyor.

Bu kitabı yazma motivasyonlarımdan biri, küresel ısınmayla mücadelede kullanılan yaygın devlet politikalarından duyduğum hayal kırıklığıdır. Avrupa genelinde ve başka yerlerde, özellikle California'da, siyasetçilerin en hevesli olduğu şey fosil yakıtların tüketimini sınırlamaktır. Siyasetçiler yoğun bir şekilde alternatif enerjiyi, daha iyi bina yalıtımını ve daha verimli araba kullanımını teşvik ediyor. Vatandaşların geleneksel ampul kullanmalarını yasaklayıp onları daha "yeşil" elektrik tüketmeye ve biyoyakıt almaya zorluyor, araba motorlarına emisyon sınırlamaları getirip elektrikli araçları sübvanse ediyorlar. Bina yalıtımına yüksek normlar getirip ev sahiplerini binalarının etrafını giydirmeye zorluyor ve vatandaşları ileride daha sıkı önlemler getireceklerini söyleyerek korkutuyorlar. Bu önlemler yüz milyarlarca dolara mal oluyor ama çoğu zaman ya çok küçük fayda sağlıyor ya da hiç sağlamıyorlar. En ufak bir gerileme belirtisi bile göstermeyen CO_2 salınımının dünya genelindeki amansız yükselişi, söz konusu çabalara küçük bir paye vermemizin bile önünde engel. Tüm bunlar insanlığın bu savaşı bırakması gerektiği anlamına gelmiyor. İlk iki bölümde, gerçekten bir sorunumuz olduğunu gösterip hangi enerji seçeneklerini uygulamanın bu sorunu çözebileceğini tartışıyorum. Ancak bu tartışma kaçınılmaz olarak ve maalesef her hafta gazete sayfalarını dolduran özel raporlarda bas bas bağırarak önerilen teknik çözümlerden duyduğum şüpheleri içeren bir yorumla bitiyor.

Niceliksel olarak şu an geliştirilmiş en önemli "yeşil" enerji kaynağı biyoyakıtlardır. Ben biyoyakıtları iklim ve dünya barışı açısından açıktan tehlikeli değilse de sorunlu buluyorum. Üçüncü Bölüm'de tek tek anlattığım nedenlerden dolayı, fosil karbonun yerine biyokarbonun konması küresel ısınmanın ivmesini artırmakla kalmayıp dünyanın yoksullarını gıdalarından ediyor. Biyokarbon, yoksulların sofrasında görmek istediği şeyi arabamızın depolarına koyuyor. Fosil yakıt pazarıyla biyokarbon pazarı arasındaki bağlantının yeniden kurulması tarihsel boyutları olan talihsiz bir gelişmedir. Bu gelişme insanlığı yeniden Malthusçu nüfus tuzağına itme riskini taşır.

Fakat endişelerim daha da öteye gidiyor. Ben küresel ısınma karşıtı politikaları çoğu zaman naif ve kısır buluyorum, çünkü sadece talebe odaklanıp karbon piyasasının arz tarafını tamamen göz ardı ediyorlar. İran Cumhurbaşkanı Mahmut Ahmedinecad, Venezuela Başkanı Hugo Chávez, Arap petrol şeyhleri, Vladimir Putin'in oligarkları ve dünyanın bütün kömür baronları bir türlü bu politikaların içinde yer almaz. Ancak, yeraltı kaynaklarının bu sahipleri gerçek iklim yapıcılardır. Fosil karbonu piyasaya sürerek tekrar karbon çevrimine dahil ediyor ve böylece atmosferdeki karbondioksit arzını artırarak küresel ısınmanın hızını belirliyorlar. Sonuç olarak insanlığın kaderini ellerinde tutuyorlar.

Kaynak sahipleri giderek sıkılaşan "yeşil" önlemleri artan bir kaygıyla izliyor, çünkü bu önlemleri gelecekteki piyasayı yok etmenin bir yolu olarak görüyorlar. Gayet anlaşılır bir şekilde ileride oluşabilecek servet kayıplarını telafi etmek için piyasalar ortadan kaybolmadan önce fosil yakıtlarını çıkarıp satmaya çalışıyorlar. Yeşil Paradoks budur: İlerleyen zamanda karbon tüketiminin düşürüleceğinin ilan edilmesi bugünkü küresel ısınmanın ivmesini artırıyor olabilir. Çin ve Hindistan'ın yeni tüketiciler olarak ortaya çıkmasına rağmen 1980 ile 2000 arasında fosil yakıt fiyatlarının reel olarak düşmesinin bir nedeninin aynı dönemde ortaya çıkan "yeşil" savaş tehdidi olduğundan şüpheleniyorum. Kaynak sahipleri, servetlerini garanti altına almak için çevreciler kaynaklarını ellerinden almadan alelacele ne var ne yok elden çıkarmaya başladılar.

Fazla kötümser olup olmadığımı ileride göreceğiz. Bilimsel tartışmalar bu konuyu açıklığa kavuşturacak. Ancak açıkça görülüyor ki çevre politikalarının odağını fosil yakıtlara olan talepten arza çevirmesi gerektiği bir dönemeçteyiz. CO_2 salınımını azaltmakta kullanılacak teknik çözümler üzerine bininci defa kafa patlatmaktansa bu kaynaklara sahip olanların karbonu yeraltında bırakmaya nasıl ikna edilebileceği sorusunu sormak lazım. Maalesef bu, sanayileşmiş ülkelerin elinde bulunan politika araçları göz önüne alındığında kolay erişilebilecek bir hedef değil. Tek tek ülkelerin veya Avrupa Birliği gibi bir grup ülkenin eşgüdümsüz bir biçimde aldıkları kendilerine özgü önlemler, kaynak sahiplerini daha fazla korkutarak daha çok çıkarmaya itmekten başka bir sonuç elde edemez.

Fakat siyasetçiler tamamen çaresiz değil. Bu kitapta sadece derhal uygulamaya konacak "Süper Kyoto" sisteminin çözüm olabileceğini iddia ediyorum. Süper Kyoto bütün tüketici ülkeleri emisyon üst sınırı ve ticareti sistemini kullanan dünya çapında kusursuz bir kartel oluşturacak şekilde birleştirecek. Bu sistem, kaynak sahiplerinin finansal varlıklara duyduğu iştahı kapatacak bir sermaye geliri vergisiyle desteklenmelidir.

Siyasetçiler şimdiye kadar karbon piyasasının arz tarafını nasıl etkileyebilecekleri üzerine en ufak bir düşünme kırıntısı göstermediler. Hepsi de fosil yakıtlara olan tüketimi kısmayı hedefleyen yüzlerce karar, yasa ve teşvik programı yayımlandı, arz konusundan bir kere bile bahsetmediler. Fosil pazarının yarısı adeta göz ardı edildi.

Yakın zamana kadar bilim bile meselenin arz tarafına hiç dikkat etmedi. Uzun vadeli fosil yakıt çıkarma modelleri iklim sorunuyla meşgul olmadı. Bunun yanı sıra iklim modelleri de bu kaynakların çıkarılması meselesiyle pek ilgilenmedi. Birkaç küçük istisnayı büyüteçle aramak gerekir. Bunlar kamu politikası tartışmalarına girmek bir yana sayısal iklim simülasyonu modellerine bile dahil olmayı başaramamış teorik modellerdi. Aralarında Hükümetler Arası İklim Değişikliği Paneli[2] üyelerinin de olduğu bir grup biliminsanı daha yeni yeni meselenin arz kısmını da sayısal modellerine açıkça katıp Yeşil Paradoks tartışmasına giriyor.

Tam da iklim değişikliğinin insanlığın karşılaştığı en büyük sorunlardan biri olduğunu düşündüğüm için bu sessizliği son derece huzursuz edici buluyorum. Dolayısıyla umarım siyasetçiler bu kitabı okur. Politikalarının arz yönündeki etkilerine odaklanmayı öğrenebilenler, içinde bulundukları sanrılardan kurtulacak ve felaketi def etme şansı daha yüksek bir iklim politikasını destekleyecektir.

Bu kitabı yazarken Münih Üniversitesi'ndeki Ifo Enstitüsü ve Ekonomik Araştırmalar Merkezi'nin pek çok üyesinden yardım aldım. İkinci Almanca basımın ilk çevirisi Julio Saavedra tarafından hazırlandı. Saavedra bana aynı zamanda güncellenmiş ve kısaltılmış İngilizce basımın üslubunun cilalanması konusunda yardımcı oldu. Paul Kremmel, İngilizce konusunda yeri geldiğinde yardımcı oldu. Christian Beerman, Petra Braitacher, Max von Ehrlich, Mark Gronwald, Darko Jus, Wolfgang Meister, Johannes Pfeiffer, Tilman Rave, Luise Röpke, Johann Wackerbauer ve hepsinden önce Hans-Dieter Karl bana veri madenciliği, literatür araştırması ve çeşitli hesaplamalar konularında yardımcı oldu. Grafikler Christoph Zeiner tarafından Jana Lippelt'in yardımıyla hazırlandı. Wissenschaftszentrum Straubing'in başı ve Almanya'nın Sachverständigenrat für Umweltfragen'inin (Çevre Danışma Konseyi) başkanı Martin Faulstich, Almanca metnin tamamını okudu ve faydalı tavsiyelerde bulundu. Berkeley'deki California Üniversitesi'nden Maximilian Aufhammer da faydalı yorumlar yaptı. Münih Üniversitesi İktisat Bölümü öğretim üyelerinden kıdemli çalışma arkadaşım ve büyük saygı duyduğum Knut Borchardt da sanayileşmenin tarihi üzerine derin yorumlar getirdi. Nihayet, MIT Press'in görüşlerine başvurduğu üç anonim hakem değerli öneriyle metnin gelişmesine katkıda bulundu. Hepsine cömert yardımları için teşekkür ediyorum.

Bu kitabın Almanca öncüsü, eski öğrencilerim Sascha Becker, Helge Berger, Marko Köthenbürger, Kai Konrad, Ronnie Schöb, Marcel Thum, Alfons Weichenrieder ve Frank Westermann'a adanmıştı. Geçirdiğimiz onyıllar boyunca onlarla birlikte edindiğim bilgilerin bir kısmı kendine bu kitapta yer buldu. Bu basımı sekseninci yaş günü dolayısıyla eski hocam ve tez danışmanım Hans Heinrich Nachtkamp'a adıyorum. Kendisi bana otuz beş yıl önce zamanlar arası (*intertemporal*) iktisadı ve dinamik optimizasyonu öğretmişti. Aradan geçen bunca yıldan ve zamanlar arası meselelere ayrılmış bir dizi karmaşık matematiksel makaleden sonra nihayet, uzmanlık alanının ne olduğundan bağımsız olarak her eğitimli insanın anlayabileceği basit bir dille zamanlar arası iktisat üzerine konuşmaya cesaret ettim. Umarım çalışma arkadaşlarım sırf denklemler sözcüklere dönüştüğü için bu metnin bilimsel olmadığını düşünmeyecektir. Onları temin ederim ki denklemleri sözcüklere dönüştürmek tersini yapmaktan çok daha zordu.

Münih, Ocak 2011

BİRİNCİ BÖLÜM
Dünya Neden Isınıyor?

Palmiye yetiştirmeye başlamaları tavsiyesiyle
Novosibirsk sakinlerine...

Azıcık

Karbondioksit (CO_2) toksik bir gaz değildir. Her gazlı içecekte bulunur, baloncukları oldukça ferahlatıcıdır. Ama aynı zamanda bizi epey korkutur, çünkü her geçen gün daha fazlası atmosfere salınıyor ve sera gazı etkisini ivmelendiriyor. Tıpkı seralardaki cam paneller gibi CO_2 güneş ışığını hapsediyor ve dolayısıyla gezegenimizi ısıtıyor.

Petroldeki, kömürdeki, doğalgazdaki, odundaki ve diğer organik maddelerdeki karbonu yakmak karbondioksit üretimine yol açar. Yaşayan organizmaların kimyasal olarak yaktığı yağ, karbonhidrat ve proteinlerde de karbon bulunur.

Atmosferin çok az karbondioksit barındırması çok şaşırtıcıdır. Karbondioksit oranı atmosferin ancak yüzde 0,038'ine denk gelir. Kimyacılar buna 380 ppm der, ppm *parts per million*'ın kısaltmasıdır ve her milyondaki parça miktarı demektir. CO_2 konsantrasyonu sanayileşmeden önce 280 ppm idi. Bu arada her gaz, hava basıncı aynıyken molekülleri birbirinden eşit mesafede olacak şekilde atmosferde dağılır. Dolayısıyla hacim oranı her zaman molekül sayısının oranına denktir.[1] Fakat her molekülün ağırlığı farklı olduğu için, ağırlık oranları hacim oranlarına denk değildir. CO_2 epey ağır bir gazdır ve havada sürekli bir hareketlilik olmadığı takdirde yere yakın bir yerde kümelenecektir.

Oksijen ve azot atmosferin yüzde 97'sini teşkil eder. Oksijen yüzde 21, azot yüzde 76'sını oluşturur. Geri kalanınıysa yaklaşık yüzde 2,5 su buharı ile çeşitli gaz karışımları oluşturur ki bu gazlar arasında 380 ppm ile karbondioksit iklim için en önemli olanıdır. İkinci en önemli gazsa (bitkisel maddelerin oksijenin olmadığı bir ortamda, mesela bir ineğin midesinde çürümesinden meydana gelen) metandır ve atmosferde 1,8 ppm'dir. Sınırlı bir şekilde tanımlanan sera gazları karbondioksit, metan, azot oksit ve diğer kaz karışımlarıdır. Daha geniş bir tanım su buharını da dahil eder.

Su buharı sera etkisinde çok önemli bir rol oynar. Çoğu zaman görünmez ve tamamen seyrelmiş bir gaz olarak bulunur ancak düşük basınç ve sıcaklıklarda kolaylıkla yoğunlaşabilir ve buluta, yağmura veya kara dönüşebilir. Yoğunlaşma şekli büyük bir çeşitlilik gösterir. Sera etkisi sadece su buharının yoğunlaşmadığı ve görünmez olduğu durumlarda görülür. Atmosferdeki suyun yüzde 96'sı su buharından oluşur. Kural gereği geriye kalan yüzde dörtlük kısım su parçacıkları ve buz kristalleri olarak bulut, yağmur ve taze kar içinde bulunur.[2]

Aslında sera gazları insanlık için sorun değil bir lütuftur. Her zaman olduğu gibi her şey dozaja bağlıdır. Eğer atmosferde sera gazları ve buhar şeklinde su bulunmasaydı, atmosfer çok büyük ölçüde azot ve oksijenden oluşurdu. Gerçi şu anda da durum buna yakın, ancak sera gazlarının yokluğunda dünya yaşama elverişli bir yer olmaktan neredeyse çıkardı, çünkü yer seviyesinde ortalama sıcaklık −6°C olurdu. (Hatta sınırlı şekilde tanımlanan sera gazları olmayıp sadece buhar formunda su ve havada bulutlar olsaydı yeryüzü çok daha soğuk olurdu, çünkü bulutlar çok kalın olurdu ve güneş ışığının yeryüzüne ulaşmasını engellerdi. Bu ileride açıklanacak.) Yeryüzünde ortalama sıcaklık şu anda 14,5°C iken sanayi öncesi dönemlerde 13,5°C idi. Dolayısıyla su buharı dahil olmak üzere sera gazlarının ortam sıcaklığını yaklaşık 20 derece artırdığı söylenebilir.[3]

Tüm bunların ışığında kendimizi sera gazlarının varlığından dolayı şanslı sayabiliriz. Bildiğimiz şekliyle yaşamı mümkün kılan bu gazlardır. 14,5°C sıcaklık kulağa çok rahat gelmeyebilir ancak kutuplarda ve tropik bölgelerde, kış ile yaz veya gece ile gündüz ortalama sıcaklıkları düşünüldüğünde gayet kabul edilebilirdir. Bu hem insanın hem de doğanın rahat hissettiği bir sıcaklıktır, çünkü evrim bizi böyle yapmıştır. Evrimin geçmişte kalan milyonlarca yılında ortalama sıcaklık aşağı yukarı 11°C idi. Buzul arası sıcak dönemlerde 4°C arttı, buzul çağında ise 2°C düştü. Bitki ve hayvanlar bu tür büyük değişimlere ayak uydurabilir, çünkü onlar sıcak ve soğuk bölgeler arasında gidip gelebilirler. 18.000 yıl önce sona eren son buzul çağı sırasında ortalama sıcaklık bugünkünden 5,5°C kadar düşük olurdu. Neredeyse bütün bölge buz katmanıyla kaplı olduğundan Avrupa'da Alpler'in kuzeyinde kimse yaşamıyordu.[4] Bugün ortalama sıcaklığın 9°C olduğu Almanya'da o zamanki ortalama sıcaklık yaklaşık −4°C idi.[5] Ancak atalarımız Afrika'da, Hindistan'da, Avustralya'da ve Akdeniz'in etrafında ılıman yerler buldu. Bugün 26°C civarı ortalamasıyla böbürlenen tropik Afrika o zaman 21°C civarı bir sıcaklığa sahipti. Bu ortalamayı bugün kuzey Mısır'da, Texas'ta veya güney İtalya'da bulmak mümkün. Güney İtalya o zamanlar Almanya'nın bugün sahip olduğuna yakın, 8 ila 10°C bir ortalamaya sahipti.[6]

Ancak bir lütuf, sera gazı derişiminin insan etkinlikleri dolayısıyla artması halinde bir afete dönüşebilir, çünkü iklim bu gazlara olağanüstü hassas bir şekilde tepki vermektedir. Eğer bugünkü konsantrasyon (yüzde 0,038) artı su buharı, sıcaklıkları 20 derece kadar artırabiliyorsa kontrol edilemez bir artış aniden bir faciaya dönüşebilir. Atmosferi çoğunlukla karbondioksit ve su buharı oluşan Venüs'ün koşullarından Tanrı bizi korusun. Sera gazı etkisi oradaki sıcaklıkları 525°C kadar getirmiş, yaşamı ve aşkı olanaksız kılmıştır. Âşıklara Venüs'ten uzak durmalarını tavsiye ediyorum.

Sera Etkisi

Sera etkisi hakkındaki yaygın görüşlerin arkasında makul bir kuramsal çerçeve ve oldukça geniş bir gözlem ve ölçüm bütünü vardır. Bu görüşler hemen hemen önde gelen tüm iklimbilimciler tarafından paylaşıldığından, son yıllarda kamuyu meşgul eden bazı sinir bozucu tartışmalara rağmen seranın temel niteliklerine dair çok fazla şüpheye yer yoktur. Sera etkisi hakkındaki ilk çalışmalar 19. yüzyılda gerçekleştirildi. Günümüzde konu hakkında adeta bir bilimsel yayın selinden söz edilebilir.[7] İklim değişikliğini yakından takip edip konu hakkında düzenli olarak güncel raporlar yayımlayan ve yaklaşık 2500 araştırmacının oluşturduğu Hükümetler Arası İklim Değişikliği Paneli

(Intergovernmental Panel on Climate Change – IPCC), verilerin yorumlanması ve ilgili kuramlara uygulanması konusunda alanda herkesçe tanınmış tek otoritedir.[8] İklim çalışmalarının çıkış noktasında en az üç atomdan oluşan bir gazın filtre gibi davranacağı olgusu vardır. Bu filtre kızılötesinde belli dalga boylarını emer, ısıyı artırır ve bu ısıyı kendisini çevreleyen gazlara aktarır. Güneş ışığının yeryüzünün uzaya geri yansıttığı ve genelde kızılötesi frekansta bulunan enerjinin bu süreçte payı büyüktür. Üç atomlu sera gazı atomları arasında karbondioksit (CO_2), su buharı (H_2O), azot oksit (NO_2) ve ozon (O_3) bulunur. Metanın kimyasal formülü CH_4'tür, bu da beş atomu olduğu anlamına gelir. "Kloroflorokarbon" adı altında topladığımız gazların (kısaca CFC'ler) en az altı atomları vardır. Tıpkı belirli bir tayfı emip her şeyi belli bir tonda yansıtan renk filtreleri gibi, sera gazları da sadece bazı tayftaki renkleri emer. Oksijen (O_2) ve azot (N_2) bünyelerinde ikişer atom bulundurduklarından herhangi bir sera etkisi yaratmaz.

Güneş ışığının, özellikle daha kısa (mavi) dalgalarda yüksek enerji içeren geniş bir renk tayfı vardır. Dünya yüzeyine neredeyse hiçbir engele takılmaksızın ulaşır, ortamı ısıtır ve kızılötesi ışığa dönüşür ve sonrasında Dünya tarafından geri yansıtılır. Biz kızılötesi ışığı göremeyiz ancak sıcaklığını hissedebiliriz. Polis kızılötesi fotoğraf çekmeyi pek sever. Biz de sıcak havanın evimizin hangi köşesinden dışarıya kaçtığını bulmak istersek kızılötesi fotoğrafları kullanabiliriz. Dünya tarafından yansıtılan kızılötesi ışığın önemli bir kısmı sera gazları tarafından emilir ve ısıya dönüştürülür, böylece ısının uzaya geri kaçması engellenir. Bu da gezegenimizi sıcak tutar.

Bu, gezegenimizi sıcak tutar ama sürekli ısıtmaz. Kuramsal olarak Dünya'nın, düzeyi sera gazı derişimi ve diğer etkenlere dayanan istikrarlı bir ortalama sıcaklığı vardır. Sıcaklık istikrarlı derken sabit olduğunu kastetmiyoruz. Demek istediğimiz, solar radyasyondaki değişiklikler veya kıtaların yer değiştirmesi gibi dış sapmalardan sonra sıcaklıkların yeni bir denge noktasına oturduğudur. Bir kaşıkla taşıdığımız yumurta istikrarlı bir konumdadır. Her ne kadar ileri geri sallansa da, kaşığı taşıyan kişi durduğu anda hareketsiz durumuna döner. Fakat kişi yumurtayı kaşığın arkasına koyarsa istikrar söz konusu olmaz ve en küçük bir hareket yumurtanın düşmesine neden olur. Gezegenimizin sıcaklığı solar radyasyonda bir değişiklik olması halinde çok dramatik bir biçimde sallanmayacaktır, ancak zaman içinde körelecek küçük salınımlar oluşturacak ve zamanla bir dengeye oturacaktır. Neyse ki dış etkenlere dayalı sıcaklık değişiklikleri uzun vadede birikmez. Eğer sıcaklık istikrarlı olmasaydı gezegenimizde yaşam mümkün olmazdı, çünkü tarih boyunca oluşan sapmalar dünyayı donmuş bir atığa, sonra da boğucu bir çöle dönüştürürdü.

Sıcaklıklar istikrarlı devam ediyor, çünkü Dünya daha fazla enerji emdikçe uzaya geri yaydığı enerji de artıyor. Eğer dış etkenler sıcaklığını istikrarlı seviyelerden daha yukarı çekiyorsa, gezegen uzaya daha fazla enerji yayar ve böylece sıcaklığın artışı yavaşlar. Aksine, dış etken daha soğuk hale getirirse, gezegen Güneş'ten aldığından daha az enerji yayar ve bu da sıcaklığın düşüşünü yavaşlatır. Tıpkı bir ampul gibi. Lamba telini daha da ışıldatan, ampule gelen akım değildir, parlaklığı belirleyen ışık olarak dağılan enerjinin miktarı ile ampule gelen elektrik enerjisi arasındaki dengedir.

Kış yaz ve gece gündüz tüm bölgelerinin ortalaması alınıp gezegeni çevreleyen atmosfer de hesaba katıldığında yeryüzü metrekareye 343 vat enerji almaktadır. O zaman Dünya, tamamen aynı orandaki enerjiyi uzaya geri yaymak için yeterli sıcaklığa sahip olmalıdır. Eğer atmosfer sadece oksijen ve azottan oluşsaydı ve su buharı ile bulutlar ve karbondioksit ile diğer sera gazları olmasaydı hava ve yüzey bu enerjinin 55 vatını anında uzaya geri yansıtırdı. Böylece 288 vat gezegenin yüzeyini ve havayı ısıtmak için kalırdı. Ardından yüzeydeki sıcaklık, uzaya yansıtılan ısı 288 vat olacak şekilde istikrarlı duruma gelirdi. Sınırlı tanımlanan sera gazları olmadan ve su buharı olmadan bu sıcaklık −6°C olurdu.

Fakat karşılaştırmalı bir senaryoda atmosferdeki suyun oranını göz ardı edemeyiz, çünkü bu, okyanus suyunun buharlaşmasına yol açan sıcaklığa bağlıdır. Dahası, düşük sıcaklıkların atmosferde daha fazla su buharının yoğunlaşmasına yol açtığı gerçeği ve bunun da yüzeye ulaşan solar radyasyonu azaltışı dikkate alınmalıdır. Sınırlı tanımlanan sera gazları olmasaydı ama atmosferde su olsaydı ortalama sıcaklık −18°C civarı olurdu.[9] Gezegenimiz sadece Sibirya kadar soğuk olmakla kalmaz, bir bulut örtüsü gökyüzünü kaplar ve Güneş ışığı içinden zar zor geçebilirdi.

−18°C'den +13,5°C'ye kadarki yaklaşık 32 derecelik sıcaklık artışıyla gezegenimizi yaşanabilir bir hale getiren şey, karbondioksit ve diğer dar anlamıyla tanımlanmış sera gazlarının yayılan ısının bir kısmını hapsetmesidir. ŞEKİL 1.1 bu ilişkiyi şema üzerinde göstermektedir. Artan sıcaklık okyanuslardan buharlaşan suyun artmasına neden olur, atmosferdeki su buharı miktarının artmasıyla da bir başka sera etkisi işin içine girer. Artan ısı daha az bulut oluşumuna neden olur ki bu da sıcaklığın artışını hızlandırır. Bulutlar yayılan ısının bir kısmını engellese de Güneş ışığını yansıtmalarının daha büyük bir etkisi vardır. Sonuçta, sanayi öncesi dönemde (ve o zamanki sera gazlarıyla) gezegenin Güneş'ten aldığı tam olarak metrekareye 343 vat enerjiyi uzaya geri yaymak için +13,5 °C ortalama sıcaklık gerekirdi.

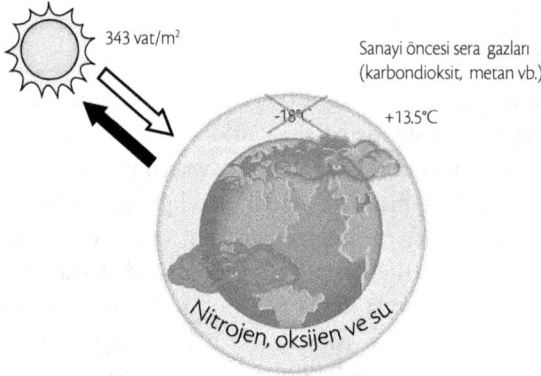

343 vat/m²

Sanayi öncesi sera gazları
(karbondioksit, metan vb.)

−18°C   +13.5°C

Nitrojen, oksijen ve su

ŞEKİL 1.1 Dünya'yı ısıtmak

Neden İş En Sonunda Karbondrokside Varıyor

Sera gazlarının tümü aynı değildir. Hepsinin kendine has özellikleri vardır ve bu gazların iklim açısından önemini kavramak için bu özellikleri anlamamız gerekir.

Su buharı en önemli sera gazıdır. Her ne kadar sera etkisine molekül başına katkısı karbondioksidin yüzde 4'ü kadarsa da atmosferde o kadar çoktur ki, tek başına sera etkisinin yüzde 65'inden sorumludur. Hacim başına yüzde 2,5'lik oranıyla (yani 25.000 ppm) uzak ara atmosferdeki iklimle ilintili en bol gazdır.[10] Fakat atmosferdeki su buharı derişimi Dünya'nın sıcaklığı tarafından belirlendiği için su buharı genelde sera gazları arasında sayılmaz. Bu da yukarıda bahsettiğimiz sınırlı ve genel olarak tanımlanmış sera gazları ayrımının yapılmasına yol açar. Su buharı her ne kadar sera mekaniğinde muazzam bir geribildirime veya özpekiştirme etkisine sahipse de insan eliyle değiştirilebilecek otonom bir belirleyici etken değildir, etkisi sadece sıcaklıkla değişir.

Bu nokta, su buharının muazzam etkisiyle karşılaştırıldığında karbondioksidin etkisinin cüzi olduğuna dair yaygın iddialar bakımından önemlidir. Bu yaklaşıma göre, CO_2'ye odaklanmak yerine dikkatimizi elektrik santrallerinin soğutma kulelerinden ve kömür, doğalgaz ve petrol gibi hidrokarbonların yakılmasıyla atmosfere salınan inanılmaz orandaki su buharına vermeliyiz. Dahası, atmosfere ciddi oranda su buharı bırakacak olan hidrojen temelli bir ekonominin gezegenimizi daha da ısıtacağı olgusuna karşı dikkatli olmalıyız. Bu iddialar, atmosferdeki su buharı oranının, hava aracılığıyla sürekli olarak kendisini düzenlediğini göz ardı etmektedir. Su buharı okyanuslardan bırakılmakta, sonra yoğunlaşmakta ve 8 ila 10 gün içinde yağmur olarak yağmakta, sonra da nehirler aracılığıyla denize geri dönmektedir.[11] Bu sürekli devir daim içinde olan su buharının ne kadarının atmosferde kaldığı ve sera etkisine katkıda bulunduğu havanın sıcaklığına bağlıdır. Hava ne kadar sıcaksa o kadar su buharı muhafaza edebilir. Bunu her sabah gözlemleyebilirsiniz: Hava sıcaklığı arttıkça çiy buharlaşır. İnsan eliyle havaya pompalanan ekstra su kısa sürede geri yağacak ve dolayısıyla sera etkisine neden olamayacaktır.

Buna karşın karbondioksit insan etkinliklerinin iklime dayattığı etki konusunda merkezi bir rol oynar. Sera gazı olarak su buharının arkasından ikinci sırada gelse de ve su buharının neden olduğunun dışındaki sera gazı etkisinin yüzde 60'ından sorumlu olsa da (bkz. **TABLO 1.**1) CO_2'nin iklim değişikliğini açıklamaktaki rolü su buharıyla kıyaslanamayacak kadar büyüktür, çünkü atmosferde bulunmasının yegâne belirleyeni doğal süreçler değildir, aksine insan etkinliği nedeniyle sürekli miktarı artmaktadır.

Karbondioksit kolaylıkla su buharıyla bağlanarak karbonik asit oluşturur ve yağmurla birlikte okyanuslara yağar. Ardından dalgalar, tıpkı gazoz şişesini salladığınız zaman karbondioksidin baloncuklar halinde ortaya çıkmasına benzer bir biçimde onu atmosfere geri bırakır. Ancak bu değiş tokuş süreci su döngüsüne pek benzemez, çünkü atmosferin emebileceği CO_2'nin miktarı doğal kuvvetlerce sınırlanmamıştır; insan eliyle neredeyse sonsuza kadar artırılabilir. Sınırlı olan, okyanus üst tabakalarının CO_2 emme kapasitesidir. Hava ile su arasındaki değiş tokuştan sorumlu olan bu tabakalardaki CO_2 derişimi arttıkça daha fazla miktarda CO_2 dalgalar tarafından atmosfere bırakılır. Dolayısıyla, insan eliyle üretilen CO_2'nin sadece sınırlı bir kısmını denizler emilebilir. Geri kalanı atmosferde birikir ve biyokütleyi artırır.

Yukarıda belirttiğimiz gibi su buharı iklim içinde bir geribildirim etkisi ortaya çıkarır, çünkü yüksek sıcaklıklar daha fazla su buharına neden olur, bu da sera etkisinin artırır. Karbondioksit de benzer bir pekiştirici rol oynar. Okyanusların sıcaklığı arttıkça CO_2 emme kapasitesi düşer. Bu olguyu sıcak bir gazoz şişesini açınca karşılaştığımız püskürtme olayından biliyoruz. Eğer dış etkenler Dünya'nın sıcaklığında bir artışa neden olursa denizler daha fazla karbondioksit salar, atmosferde bu gazın derişimi artar ve dünyanın ısınması daha da kuvvetlenir. Biz buna "köpürme etkisi" diyoruz. Köpürme etkisi yani sıcaklık artışlarıyla denizlerin CO_2 emme kapasitelerinin düşmesi, iklimimiz açısından en istikrarsızlaştırıcı etkenlerden biridir.

Bir başka istikrarsızlaştırıcı etken, büyük bölümü Sibirya ve Kanada'da bulunan donmuş toprakların çözülmesidir. Eğer bu olursa, bu tundra bölgelerinde bir çürüme süreci baş gösterecek, karbondioksit ve metan salınacak ve dolayısıyla sera etkisinin ivmesi artacaktır. Neyse ki bu istikrarsızlık etkenleri gezegenin sıcaklığını tepe noktasına getirecek kadar güçlü değil. Sıcaklık artışına bağlı olarak uzaya geri yayılan yüksek miktardaki kızılötesi dalga boylarının istikrar getirici etkisi çok daha güçlü olacağından, ortaya çıkan sera etkisi gezegenin sıcaklığını hatırı sayılır oranda artıracak ama bu kontrolden çıkmış bir artış olmayacaktır.

Karbondioksit sadece okyanuslar değil bitkiler tarafından da emilir. Atmosferde daha yüksek oranda karbondioksit varsa bazı bitkiler daha hızlı büyür, zira büyümelerinde anahtar öneme sahip bir besin bol miktardadır. Öte yandan, sonrasında bu bitkilerin çürümesi daha fazla karbondioksidin salınmasına da neden olacaktır. Yine de bitki ve hayvan anlamındaki biyokütle stoku artacağından salınandan daha fazla karbondioksidin emileceğini söyleyebiliriz. Bu da sıcaklığın artış hızını yavaşlatacak ve dolayısıyla iklim dengeleyicisi rolünü oynayacaktır. Daha fazla bitki örtüsü atmosfere salınan CO_2 miktarını sadece yavaşlatabilir ancak durduramaz. Bitki örtüsü etkisi sıcaklığın artışını önlemekte son derece zayıf kalır. Bunun bir nedeni de daha yüksek sıcaklıkların bitkilerin ölümüne neden olabilecek olmasıdır.

Karbondioksit diğer sera gazlarına göre kimyasal olarak çok daha kararlıdır. Havadaki diğer gazlarla tepkimeye girmez, dolayısıyla çözülmez. Fosil yakıtların yakılmasıyla atmosfere pompalanır ve mevcut stoka eklenir. İklim konusundaki endişelerimizin en büyük kaynağı olmasının temel nedeni budur. Fakat yağmurla birlikte okyanusa düştüğü zaman kalsiyumla tepkimeye girer, kalsiyum karbonat oluşturur ve yavaş yavaş okyanusun daha alt tabakalarına doğru çöker. Ancak o zaman atmosferdeki CO_2 stoku düşer, fakat bu tür süreçler bizim insan bakış açımızla iklim değişikliğine çare olmak için son derece yavaştır. Bugün atmosfere salınan CO_2 ortalama 30.000 ila 35.000 yıl kadar orada kalacaktır.[12]

Diğer Sera Gazları

Bir diğer önemli sera gazı 1.8 ppm derişimle metandır (CH_4). Metan çoğu yeraltındaki çökeltilerden sızan doğal bir gazdır. Ama organik maddenin doğal çürümesiyle de ortaya çıkabilir. Eğer çürüme sürecinde oksijen varsa CO_2 üretilir. Çürüme oksijenin olmadığı bir ortamda oluyorsa metan üretilir. Bu genelde humuslu tabakalar için geçerlidir, ancak geviş getiren hayvanların midelerinde fermantasyon yoluyla da olabilir. Metan CO_2'ye oranla ağırlık birim başına çok daha fazla radyasyon emer. Neyse ki, oksijenle tepkimeye girer ve suda ve CO_2'de ortalama 15 yıl içinde çözülür. İklimimiz için tehdit oluşturmaya devam eder ama bu tehdit, çözülmeden öncekine kıyasla çok daha sınırlıdır. Bu nedenle küresel ısınmaya olan katkısını ölçerken mevcut radyasyon emme kapasitesine bakılmaz. Bunun yerine bir kilogram metanın bir kilogram CO_2'ye kıyasla küresel ısınmaya belli bir süre zarfında ne kadar katkıda bulunduğu dikkate alınır. Bu şekilde ölçüldüğünde metanın ağırlık birimi başına neden olduğu sera etkisi CO_2'ninkinin 20 yılda 72 katı, 100 yılda 25 katı ve 500 yılda 8 katı kadardır.[13] 100 yıllık bir dönem içindeki molekül başına sera etkisi CO_2'nin 9 katıdır. Şu son rakam önemli, çünkü metan yakmanın sonuçlarını anlamamızı sağlıyor. Bir molekül metan yakmak, bir molekül CO_2 ve iki molekül su oluşturduğu ve fazla su yağmur olarak atmosferden hemen çıkarıldığı için, yakma metanın sera etkisinin 100 yıllık bir süreç içinde 9 kat kadar azaltıyor. Bu nedenle metanın atmosfere yanmadan ulaşmasına asla izin vermemeliyiz. Petrol çıkarırken sızan gazın kârlı bir şekilde kullanılmaktan ziyade yanıp gitmesi çok yazık ancak yakmak onu doğrudan atmosfere pompalamaktan çok daha iyidir. Ayrıca çiftçiler de organik atıkları ortalık yerde çürümeye bırakmaktansa ısınma amacıyla kullanarak gaza çevirdikleri için tebrik edilmelidir.

0,3 ppm ile azot oksit (N_2O), 0,015-0,050 ppm ile ozon (O_3) ve 0,0009 ppm ile CFC'ler de iklim açısından biraz önemlidir.[14] Azot oksit genelde tarımda kullanılan suni gübre aracılığıyla üretilir. 20 ila 40 km yüksekliklerde doğal olarak oluşan ozon, morötesi radyasyona karşı engel oluşturur. Ozon ayrıca büyük ölçüde araba egzozunun Güneş ışığıyla tepkimesinden oluşup yeryüzü seviyesinde biriken ve oldukça sağlıksız olan yaz sisinin de ana bileşenidir. Bir ağırlık birim azot oksidin 100 yılda neden olduğu sera gazı etkisi CO_2'ye kıyasla 298 kat daha fazladır ve bu bir birim ozonun ağırlığı CO_2'nin yaklaşık 2000 katıdır. Fakat derişimleri düşük olduğundan bu sera gazları insan kaynaklı sera gazı etkisinin ancak yüzde13'ünü teşkil eder (N_2O yüzde 4; O_3 yüzde 9).

Kloroflorokarbonlar nispeten daha önemlidir. "Kloroflorokarbon" terimi görece daha karmaşık kimyasal formüllere sahip gaz grubuna işaret eder. Bu gazlar atmosferde oldukça büyük tahribata yol açar çünkü sadece sera gazı etkisine katkıda bulunmayan, aynı zamanda bizi Güneş'ten gelen morötesi radyasyonlardan koruyan ozon tabakasını tahrip ederler. CFC'ler sentetik gazlardır yani doğada bulunmazlar.

Bir zamanlar teneke spreylerde ve buzdolaplarında kullanılırlardı ve buradan atmosfere sızdılar. 1987'de Montreal Protokolü ile birlikte üretimleri yasaklandı; o günden bugüne atmosferdeki oranları giderek düşüyor ve kutuplar üzerindeki ozon delikleri tekrar kapanmaya başladı. Bu gazlardan biri olan CFC-11'in atmosferdeki oranı 1993'te tepe noktasına ulaştı, o günden beri yavaş ama aşamalı bir şekilde düşüyor. CFC-12'nin oranındaysa herhangi bir azalma tespit edilemedi ancak 1990'ların başından bu yana artış oranında ciddi bir düşüş gözlemliyoruz.[15] CFC'ler iklim değişikliği için önemli, çünkü boyutlarına kıyasla neden oldukları sera gazı etkisi çok fazla. Molekül başına 5.000 ila 10.000 kat, ağırlıklarına göre bakıldığında karbondiokside göre 11 kat daha etkili olduğunu görüyoruz. Halihazırda atmosfere salınmış olan CFC'ler önümüzdeki 100 yılki küresel ısınmanın dokuzda birinden sorumlu olacak.

TABLO 1.1 Sera gazları (su buharı hariç).

Sera gazları	Bugünkü derişim (ppm)	Ortalama yaşam (yıl)	Ağırlık birimi başına 100 yıl boyunca sera gazı potansiyeli	CO_2 eşdeğeri bugünkü derişim (ppm, 100 yıl)	Sera gazı etkisinin yüzdesi (100 yıl)
Karbondioksit (CO_2)	380	30.000-35.000	1	380	%61
Metan (CH_4)	1,8	15	25	26,3	%15
CFC	0,0009	100	1.810-10.900*	14,3	%11
Ozon (O_3)	0,015-0,05	0,16 (2 ay)	<2.000	18,9	%9
Nitrik oksit (N_2O)	0,3	114	298	8,5	%4

*CFC-11, CFC-12, CFC-22

Kaynaklar: C.D. Schönwiese, *Klimatologie*, ikinci baskı (Ulmer, 2003), s. 337; S. Solomon vd., *Climate Change 2007: The Physical Science Basis* (Cambridge University Press, 2007); L.K. Gohar ve K.P. Shine, "Equivalent CO2 and its use in understanding the climate effects of increased greenhouse gas concentrations," *Weather* 62 (2007): 307-11.

Önümüzdeki 100 yılda, karbondioksit ve su buharı dışındaki mevcut sera gazları bir araya getirildiğinde, 50 ila 70 ppm karbondioksidin sera gazı etkisine denk bir etkiye neden olacaklar. Bu yüzden "CO_2 muadili" sera gazı derişimi (su buharı hariç) yaklaşık 430 ila 450 ppm'e denk gelmektedir.[16] **TABLO 1.**1 sera gazlarının günümüzdeki kaynaklarına dair genel bir taslak sunuyor. İlk sütun atmosferdeki çeşitli gazların hacim oranlarını veriyor. İkinci sütun bu gazların havada ortalama ne kadar kaldığını gösteriyor. Değerler ozon için iki aydan CO_2 için 35.000 yıla kadar değişiyor. Üçüncü sütun ise söz konusu gazların önümüzdeki 100 yıl süresince CO_2'ye kıyasla kilogram başına ne kadar sera gazı etkisine neden olacağını gösteriyor. Dördüncü sütun adı geçen gazların atmosferdeki şu anki derişimlerinin (ppm) CO_2 karşılığını veriyor. Bu, önümüzdeki 100 yıllık süre boyunca bu gazların sera gazı etkilerinin hesaplanışının temelini oluşturuyor. Her bir gazın (su buharı hariç) sera gazı etkisini yüzdelik olarak gösteren son sütun ise iklim politikaları geliştirirken neden karbondokside bu kadar büyük bir önem atfedildiğini son derece net bir şekilde ortaya koyuyor.

İnsan Tesiri

Doğanın geçmişten bugüne bize bıraktığı pek çok hava numunesi sayesinde, atmosferdeki karbondioksit oranının Sanayi Devrimi'nden bugüne ne kadar değiştiğini oldukça doğru bir şekilde bilebiliyoruz. Bu hava numuneleri kaya tabakalarının, buzulların veya kutup buz örtüsünün arasında sıkışmış hava baloncuklarında bulunur. Ne kadar derine inerseniz numune o kadar eski olur.

Doğu Antarktika'daki Law Kubbesi'nden çıkarılan buz çekirdekleri özellikle iyi ölçümler vermektedir.[17] Buna göre, karbondioksit derişimi 280 ppm oranında neredeyse sabit kalmış, 1800 yılından itibaren keskin bir şekilde artmaya başlamış ve bugünkü seviyesi olan 380 ppm'e ulaşmıştır. Sanayileşme dışında bu artışı açıklamanın bir başka yolu yoktur. Başta çoğunlukla kömür ve ardından 19. yüzyılın sonuna doğru petrol kullanımıyla fosil yakıt yakımı gezegenimize izlerini bıraktı. Hem daha az tüketilmesi hem de yüksek hidrojen oranı nedeniyle doğalgazın şimdiye kadarki etkisi küçüktü. Öte yandan ormanların tahrip edilmesinin bir etkisi oldu, bkz. Üçüncü Bölüm. Üretim sürecinde bol miktarda CO_2 salınan çimentonun rolü de bir miktar önemli. Çimentonun hammaddesi olan kalsiyum karbonat ısıtıldığında kireç ve CO_2 üretir. Bu sürece kireçleştirme denir. Kireçleştirme sırasında salınan CO_2, bu sürecin gerçekleştiği kireç ocaklarını yakmak için kullanılan fosil yakıtlardan salınan CO_2'ye eklenir. Bu da çimento üretimini iklimimiz için ölümcül bir şeye dönüştürür. En optimum koşullarda bile bir ton çimento üretimi 1,4 ton CO_2 açığa çıkarır. Çimento üretimi bugün dünya genelindeki insan kaynaklı CO_2 emisyonunun yüzde 4'üne neden olmaktadır.[18]

ŞEKİL 1.2, atmosfere salınan sanayi kaynaklı CO_2 emisyonlarının nasıl arttığını göstermektedir. Eğri dramatik. Sadece İkinci Dünya Savaşı'ndan bu yana sanayi CO_2 emisyonları beş katına çıkmış ve artış hızının ivmesi artar görünüyor.

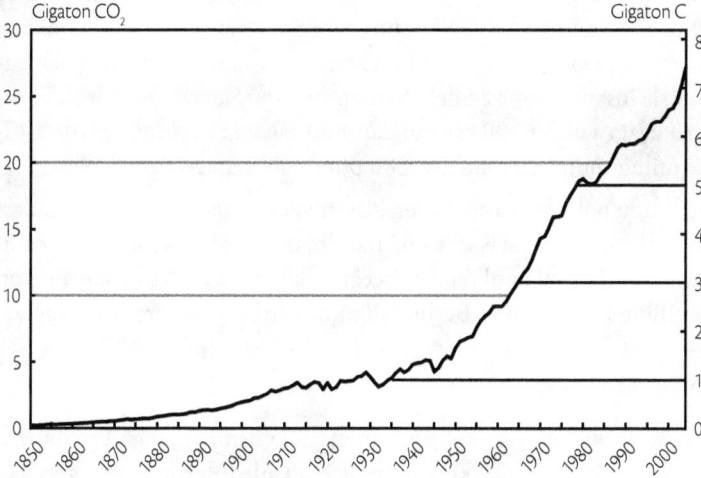

ŞEKİL 1.2 Yıllık küresel karbon salınımları, ormanların tıraşlanması gibi arazi kullanım biçimlerindeki değişimlerden kaynaklanan CO_2 salınımları hesaba katılmamıştır. Kaynak: *Climate Analysis Indicators Tool* (CAIT), Version 5.0, World Resources Institute [Dünya Kaynakları Enstitüsü], 2008, gigaton CO_2'ye çevrilmiştir (GtC).

ŞEKİL 1.2'nin sol tarafındaki ölçek karbondioksidin gigaton olarak değerini gösteriyor. Sağdaki ölçek CO_2'de bulunan karbonu gigaton cinsinden gösteriyor. Gigaton milyar metrik ton demenin bir başka yolu. Halihazırda yeraltında bulunan karbon stoku ile fosil yakıtların karbon içeriğini karşılaştırma işini kolaylaştırmak için bu kitapta, ağırlık özellikleri olarak CO_2'nin karbon içeriği temel alınacaktır. Çünkü CO_2 her bir karbon atomuna bağlı iki oksijen atomu içerir ve oksijen atomu bir karbon atomuna göre 1,33 kat daha ağırdır. Bu iki ağırlık arasında bir oran kurmak kolaydır. Belirli bir miktar CO_2'nin ağırlığını elde etmek için tek yapmanız gereken, belirtilen CO_2 miktarındaki karbonun ağırlığını 3,66 ile çarpmak. Yukarıdaki grafik 2005'te fosil yakıt yakımı ve çimento üretiminin dünya genelinde 7,4 gigaton karbon salınımına neden olduğunu gösteriyor. Bu da 27 gigaton CO_2 demek oluyor.[19]

ŞEKİL 1.2'deki eğri, karbondioksit emisyonunun yıllık akışını gösteriyor. Eğrinin altında kalan alan, salınan toplam CO_2'yi gösteriyor. Tabii ki sera gazı etkisi açısından asıl önemli olan salınan stok ya da yıllık emisyon akışı da değil, salınan stokun okyanuslar ya da biyokütle tarafından emilmemiş kısmıdır. Orman tıraşlama kesimlerinin eklenmesiyle insanlar atmosferdeki karbon stokunu Sanayi Devrimi'nden bu yana aşağı yukarı 600 gigatondan 800 gigatona çıkardı, bu da CO_2 yoğunluğunun 280 ppm'den 380 ppm'e yükselmesi demek oluyor.

Kamu politikalarının küresel ısınmayı yavaşlatmak üzere insanları fosil yakıt çıkarımını ve havaya bırakılmasını azaltmaya itip itmeyeceği meselesi ve bunun nasıl yapılabileceği bu kitabın konularını oluşturuyor. Özellikle Dördüncü ve Beşinci Bölümlerde bu konuları tartışacağız.

Bir Derece Daha

Esas soru şu: Sera gazı derişiminin insan kökenli artışı gezegenimizin yüzey sıcaklığını nasıl etkiliyor? Sıcak dönemlerle buzul çağları arasında daima büyük sıcaklık dalgalanmaları vardı; bu göz önüne alındığında insanoğlunun şu an yaşamakta olduğumuz iklim değişikliğini ne ölçüde kışkırttığını sorgulamamız son derece meşru. Mesela araştırmalar 15. yüzyılın ikinci yarısında ufak çaplı bir buzul çağının Avrupa'daki sıcaklıkları 0,3°C kadar düşürdüğünü gösteriyor. Ondan üç yüz yıl önce sıcaklıklar alışılmışın 0,2°C üzerindeydi. Son buzul çağı yaklaşık 18.000 yıl önce sona erdiğinde Dünya şu an olduğundan 5,5°C daha soğuktu.[20] İnsan edimlerinin etkisini ayrıştırmanın önündeki bir diğer engel, sıcaklıkların Dünya'dan yansıyan ısı radyasyonuna çok yavaş tepki vermesidir. Az önce yukarıda bahsettiğimiz sera gazı derişiminin değişiminden kaynaklanan yeni sabit dengeye erişmemiz jeolojik bakış açısından oldukça çabuk, kendi insan bakış açımızdan çok daha uzun olacak. Havanın, kayaların ve su kütlelerinin ısınmasının tamamlanması on yıllarca sürer. Uçakların uçtuğu hava tabakasındaki (troposfer) sıcaklık değişimi birkaç günde olurken stratosferde bu çok daha uzun sürer. Yeryüzü seviyesinde süreç ondan da yavaş ilerler, çünkü iklim değişikliğine son derece ağır bir şekilde tepki veren okyanuslar bu seviyede baskın bir rol oynar. Tahminler sanayi öncesi dönemden bugüne salınan sera gazlarının bu yüzyılın sonunda Dünya'nın sıcaklığını günümüz ortalamalarının 0,5°C üzerine çıkaracağını söylüyor. Üstelik bu, sera gazı derişiminin bugünkü değerlerinde sabitlenmesi halinde gerçekleşecek durum.[21]

Süreç ağır işlese de Dünya bugün fark edilir derecede daha sıcak. Başta termometrenin icadından beri yapılan doğrudan sıcaklık ölçümleri olmak üzere pek çok gösterge bunu açığa çıkarıyor. Pek çok dalgalanmaya rağmen gezegenin ortalama sıcaklığı 1855'ten bu yana yaklaşık 0,7 veya 0,8°C artmış ve şu an 14,48 dereceye ulaşmış görünüyor.[22] İklim modelleri ve sıcaklık anomalileri gibi başka göstergeler kullanan karmaşık ölçümler ise ortalama sıcaklığın 13,52°C olduğu 1800 yılından bugüne neredeyse 1°C artış olduğunu gösteriyor.[23] ŞEKİL 1.3 bu durumu betimliyor.

ŞEKİL 1.3'teki sıcaklık eğrisini dikkatle yorumlamak gerekir. Ölçüm yöntemleri zaman içinde değişmiş olabilir ve verilerin hava ölçüm istasyonlarının çevresindeki kentleşmeye uygun olarak ayarlanıp ayarlanmadığı da çok net değil. Ancak şu an için bu eğri, hava sıcaklıklarına dair elimizdeki en iyi doğrudan ölçüm değerlerini veriyor.[24]

Sıcaklık artışı her yerde eşit bir şekilde olmadı, kara içlerinde kıyılara göre ve ekvatordan uzaklaştıkça artış daha fazlaydı. Almanya'da mesela

Potsdam'daki bir istasyon 1890'dan bugüne 8,3°C'den 9,9°C'ye, yani bir 1,6°C artış gösteriyor ki bu, küresel ortalamanın çok üzerinde.[25] Termometrenin icadından bugüne geçen sürede ölçülen en sıcak on yılın son on bir yıl içinde yaşanmış olması dikkat çekici (Bu kitabın Almanca basımından önceki dönemi kastediyorum). En sıcak yılların küresel ortalamasının azalan sırayla şöyle: 1998, 2005, 2003, 2002, 2004, 2006, 2007, 2001, 1997 ve 1999.

ŞEKİL 1.3 sıcaklık artışının iki ani dalgalanmada olduğunu gösteriyor: Birincisi 1990 ila 1945 civarı, diğeri ise 1975'ten günümüze uzanan dönem. 1945-1975 döneminde neredeyse hiçbir sıcaklık artışı tespit edilmemiştir. Bunun nedeni İkinci Dünya Savaşı'nı takip eden hızlı

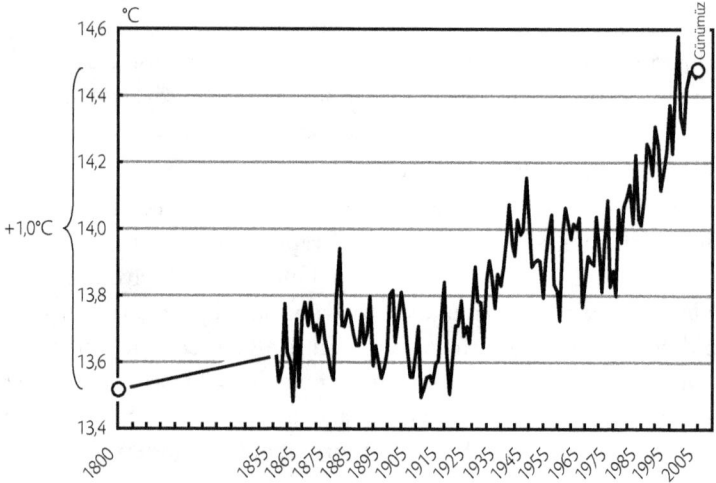

ŞEKİL 1.3 Termometrelerle ölçülen küresel ortalama sıcaklıklar. Not: Küresel ortalama sıcaklık 3000 hava durumu istasyonuna ait ölçümlere dayanarak hesaplanmıştır. Soldaki skalanın alt kısmında yer alan nokta, 1800 yılına ait sanayi öncesi sıcaklık düzeyini göstermekte olup Otto-Bliesner vd. hesaplamalarına göre 13,52°C'dir. Mevcut küresel ortalama sıcaklık, Jones vd. hesaplamalarına göre 14,48°C'ydi; bu sıcaklık eksenin sağ tarafındaki noktayla gösterilmiştir. Kaynaklar: P.D. Jones vd., "Global and hemispheric temperature anomalies-land and marine instrumental records," *Trends: A Compendium of Data on Global Change* içinde, Carbon Dioxide Information Analysis Center [Karbondioksit Bilgi Analiz Merkezi], Oak Ridge National Laboratory, 2006; B.L. Otto-Bliesner vd., "Last glacial maximum and holocene climate in CCSM3," *Journal of Climate* 19 (2006): 2526-44.

ekonomik kalkınma sırasındaki yüksek kükürt dioksit emisyonu ola-
bilir. Kükürt dioksit, kömür ve petrol yandığında ortaya çıkar. Ardından
Güneş ışınlarını engelleyen sülfat parçacıklarına dönüşür, bu da Dünya
yüzeyinde daha serin sıcaklıklara yol açar. Hava kirliliğini ve kükürt
dioksit emisyonlarını azaltmak amacıyla 1970'lerde küresel ölçekte
uygulanan önlemlerle birlikte bu etki ortadan kalktı ve sera gazı etki-
si tekrar öne çıktı.[26] Küresel ısınmadaki bu kesinti, hem bilim insan-
larının hem de kamuoyunun neden sera gazı etkisine yakın geçmişte
ilgi duymaya başladığını ve neden sera gazı etkisinin 1974 ve 1982'de-
ki petrol krizi dönemlerinde bile alakasız bir mevzu olarak görüldüğü-
nü açıklamaktadır.

İnsan kaynaklı küresel ısınmanın söz konusu olup olmadığı son
yıllarda ateşli tartışmaların konusu haline geldi. Aralarında Scafetta
ve West'in de bulunduğu bazı şüpheciler,[27] sıcaklık artışını Güneş'ten
gelen radyasyonun 1900'den bu yana çok güçlü bir şekilde artmasına
bağlar. Ancak bu sav, 20. yüzyıldaki küresel ısınmanın en fazla yüzde
8'inin bu etkiye bağlanabileceğini gösteren Benestad ve Schmidt tara-
fından çürütülmüştür.[28] Lockwood ve Fröhlich bir adam ileri gider ve
sıcaklıkların özellikle hızlı artış gösterdiği 20. yüzyılın son çeyreğinde
(bkz. ŞEKİL 1.3) Güneş'teki değişikliklerin sıcaklıkları "ters" yönde etki-
lediğini, küresel ısınmayı artırmaktan ziyade düşürdüğünü iddia eder.[29]

Diğer şüpheciler Sanayi Devrimi'nden bugüne sıcaklık artışına
işaret eden ölçümlerin hatalı olduğunu iddia etti. Eleştirileri, "buz
hokeyi sopası" tartışmasına neden oldu. Mann, Bradley ve Hughes[30]
tarafından sunulan uzun vadeli bir veri seti, özellikle IPCC raporunda
yayımlandıktan sonra çok ilgi gördü. Yazarların, ağaç halkalarının
genişlikleri, mercanların taşlaşma hızı ve tortu oluşumu gibi dolaylı
göstergeler kullanarak yeniden oluşturduğu sıcaklık eğrisi son yüzyıl
dışında son milenyumda sıcaklıkların çok değişmediğini gösterdi.
Veriyi temsil eden eğri, bıçağı yukarıyı gösterir halde yatay uzanan bir
buz hokeyi sopasını andırır.

McIntyre ve McKitrick,[31] Mann, Bradley ve Hughes'un veri setinin
işe yaramadığını, çünkü dolaylı verilerden sıcaklık göstergesi yaratma
yönteminin hatalı olduğunu iddia etti. Dolaylı verileri sıcaklığa dönüş-

34 | YEŞİL PARADOKS

türme yöntemini kullanarak rastgele birkaç rakam seçseniz yine aynı "buz hokeyi sopası" sonucunu elde edeceğinizi gösterdiler.[32]

Bu mesele pek çok yazar tarafından tartışıldı ve tekrar tekrar araştırıldı. Bulgular, Ulusal Araştırma Konseyi'nin 2006 yılında yayımlanan raporunda bir araya getirildi.[33] Bu rapora göre, meseleye eğilen diğer araştırmacıların hemen hemen hepsi dolaylı veriden hareketle küresel ısınma etkisini tespit etti. Büyük çoğunluğu Mann vd.'nin tespit ettiği sıcaklık artışı büyüklüklerinin son 400 yıl için isabetli olduğunu ancak geriye gidildikçe belirsizliğin arttığını gösterdi. Taranan veride başta sondaj deliği sıcaklıkları, buzul uzunlukları, ağaç halkaları olmak üzere çeşitli karma dolaylı göstergelere başvurulmuştu.

Bu arada, eleştirilen yazarlar kendilerini eleştirenleri meseleyi tekrar gözden geçirmek üzere daha büyük bir araştırma projesinin parçası olmaya davet etti. Başlangıçtaki hatalarını düzettikten sonra, gözden geçirilmiş bir veri seti sundular. Sonuç daha önceki gibi "buz hokeyi sopası" benzeri bir eğriydi. McIntyre ve McKitrick bu yeni veri setini de eleştirdi ve bu eleştiriler yazarlarca tekrar çürütüldü. Bu kitap yazılırken tartışmalar halen devam ediyor ve henüz ulaşılmış kesin bir sonuç yok.[34]

Sonucu ne olursa olsun bu tartışma bugüne kadar toplanmış ve taranmış pek çok veri setinden sadece birini ele alıyor. Çeşitli veri setleri küresel ısınma etkisinin varlığına dair pek az şüpheye yer bırakıyor. Bunlardan birisi ŞEKİL 1.3'te gösterdiğimiz termometrelerle elde edilmiş doğrudan ölçümler. Burada gösterilen eğri McIntyre ve McKitrick'in eleştirisine maruz kalmış bir veri değil ve dolaylı veri de içermiyor.

Geçtiğimiz 800.000 Yıl

Avrupa Birliği'nin EPICA Projesi çatısı altında çalışan bir grup uluslararası araştırmacının Antarktika'daki buz çekirdeği sondajlarından baş döndürücü veriler elde edildi. Araştırmacılar C Kubbesi adı verilen buz dağının 3.270 metre derinine inmeyi başardı, böylece daha önce elimizde bulunan 650.000 yıllık kaydın çok ötesine geçerek 800.000 yıl geçmişe ulaşıldı.[35] Atmosferdeki CO_2 derişimi ve hava sıcaklıkları üzerine veri elde edildi.

CO_2 derişim verisi Antarktik buzul içinde hapsolmuş hava kabarcıklarından geldi. Bu kabarcıklar hiç erimeden bir araya toplanmış basınçlı kar tanelerini içerir. Sıcaklık verisinin elde edilişi ise daha karmaşıktır. En nihayetinde buz her yerde aynı soğukluktadır. Ancak sıcaklık verisi, iklim araştırmaları için hayati öneme sahip dahiyane izotop yöntemiyle bulunabilir. Su, homojen olmayan hidrojen ve oksijen atomları içerir. Bu atomlar çekirdeklerindeki nötron sayısına göre değişebilirler. Çekirdekteki farklı nötron sayısından kaynaklanan bir varyasyona izotop denir. Su içeren oksijen 16 ile su içeren oksijen 18 farklı hızlarda buharlaşır. Oksijen 16 daha hafif bir suya neden olurken oksijen 18'in suyu daha ağırdır. Hafif olan su ağır olana göre daha hızlı buharlaşacağından bu iki izotopun Antarktik buz çekirdekleri içindeki oranı eski çağlarda hâkim olan sıcaklıklara dair net ölçümler verir. Bu oranlar buharlaşmış deniz suyunun sıcaklıklarını ortaya çıkarır. Deniz suyu Antarktika'ya rüzgârla taşınmış, kar olup yağmış ve en nihayetinde Antarktik buzulun içinde sıkışmıştır. İzotop yönteminin en büyük avantajı, hava kabarcıklarından CO_2 içeriğini ölçtüğümüz aynı buz kütleleri üzerinde kullanılabilmesidir. Böylece hava sıcaklıkları ve CO_2 içeriğine dair veriyi aynı numuneden elde edebiliyoruz. (Bkz. **ŞEKİL 1.4**)

Daha önce belirtildiği gibi Dünya'nın bugünkü ortalama yüzey sıcaklığı 14,5°C'dir. Bu sadece son yılların değil geçtiğimiz 100.000 yılın en yüksek ortalama sıcaklığıdır. Bundan daha yüksek bir sıcaklık en son 128.000 yıl önce başlayıp 11.000 yıl süren Eemian buzul arası döneminde yaşanmıştır. Bu dönem insanoğlunun *Homo erectus*'tan *Homo sapiens*'e evrildiği son 800.000 yıl içindeki en sıcak dönemdir. Eemian buzul arası döneminde Dünya'nın ortalama yüzey sıcaklığı son 800.000 yıldaki ortalama değer olan 11 dereceyi yaklaşık 4 derece aşmış ve yaklaşık 15°C'ye ulaşmıştır. 14,5°C'mizle bugün bu seviyeye çok yakınız. Apaçık görülüyor ki insanlık tarihinin en sıcak dönemlerinden birinde yaşıyoruz.

ŞEKİL 1.4 son 800.000 yıldaki sıcaklıkları kapsayan bir eğri gösteriyor. Her bir nokta arasındaki boşluk 50.000 yıla işaret ettiğinden zaman ekseni biraz zihni uyarlama gerektiriyor. Değerler günümüzden geçmişe doğru sayıldı. Son 500 yılı kapsayan "mevcut" ortalama CO_2 seviyesi

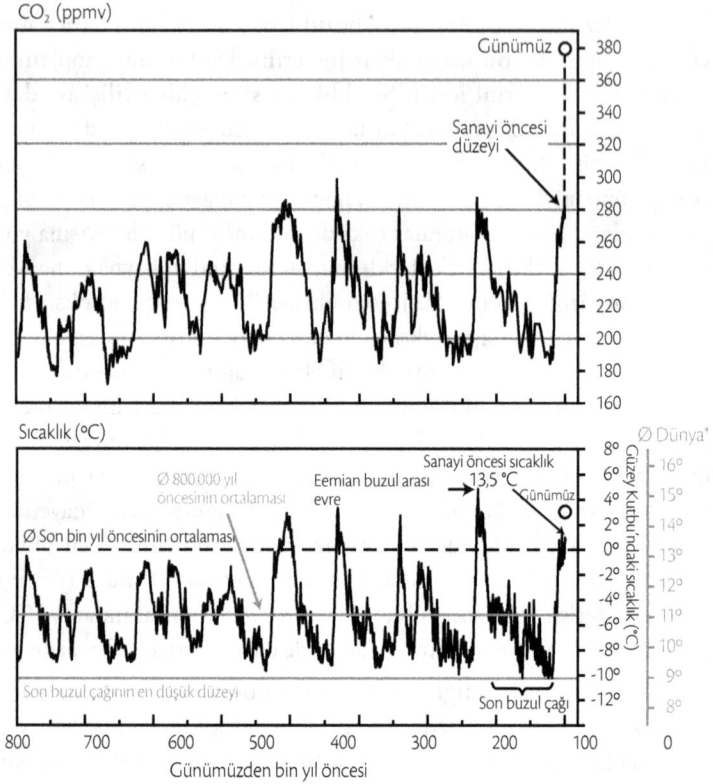

ŞEKİL 1.4 Buz çekirdeği sondajları. Üstteki panelin sağ tarafındaki sıcaklık ölçeği, Antarktika'daki sıcaklık derecelerinin son 1000 yıldaki ortalamadan ne ölçüde saptığını, alttaki panelin sağ tarafındaki sıcaklık ölçeğiyse buna tekabül eden ortalama sıcaklığı gösteriyor. Bu ölçek şu bilgiye dayanan veriler temel alınarak düzenlenmiştir: 1) Sıcaklık eğrisindeki son değer Antarktika'nın 1912'deki sıcaklığını gösteriyor. Bu sıcaklık son 1000 yılın ortalamasının tam olarak 0,88°C üzerindedir. 2) Antarktika'nın son buzul çağındaki (yaklaşık 18.000 yıl önce) en düşük sıcaklığı son 1000 yılın ortalamasının 10,2°C altındaydı. 3) 1912 yılında ortalama sıcaklık 1800 yılındaki "sanayi öncesi" sıcaklığın 0,1°C üzerinde olup 13.6°C'dir (56.5°F); bkz. Şekil 1.3. 4) Otto-Bliesner vd.'ye göre son buzul çağının en soğuk evresinde ortalama sıcaklık 8,99°C'dir. Kaynaklar: D. Lüthi vd., "High resolution carbon dioxide concentration record 650,000-800,000 years before present," *Nature* 453 (2008): 379-82; J. Jouzel vd., "Orbital and millennial Antarctic climate variability over the last 800,000 years," *Science* 317 (2007): 793-96; B. L. Otto-Bliesner ve ark., "Last glacial maximum and Holocene climate in CCSM3," *Journal of Climate* 19 (2006); 2526-44; kendi hesaplamalarım.

CO_2 eğrisinin sağ tarafında gösterildi. Bu değer 280 ppm'e denk gelmektedir ve daha önce söylendiği gibi sanayi öncesi dönemin değeridir. ŞEKİL 1.4'te ikisi de sağ tarafta olmak üzere iki tane sıcaklık ölçeği var. Bunlardan biri 1000 yıllık ortalamalarla Antarktika'daki sıcaklık dalgalanmalarını gösteriyor, diğeri bu değerleri küresel sıcaklık ortalamalarına çeviriyor. Sol ölçekteki sıfır değeri sağ ölçekteki 13,3°C küresel ortalamaya tekabül ediyor. ŞEKİL 1.3'e göre bu ortalama sanayi öncesi dönemde hâkim olan ortalama değerin yani 13,5°C'nin çok az altında. Sağ taraftaki sıcaklık ölçeği sol taraftakine göre daha yayılmış durumda, çünkü gezegenimizin diğer pek çok bölgesindeki ortalama sıcaklıklar Antarktika'ya kıyasla çok fazla dalgalanma göstermez.

Son buzul çağının 115.000 yıl öncesinden 10.000 yıl kadar öncesine kadar uzandığı rahatlıkla söylenebilir. Son buzul çağının en soğuk dönemine yaklaşık 9°C ortalama değerleriyle 18.000 yıl önce ulaşılmıştır. Eemien buzul arası dönemi de son derece net gözlemlenebilir. Yaklaşık 125.000 yıl önce meydana gelmiştir ve ortalama sıcaklık 15,3°C'dir.

Dünya'nın sıcaklığının bu kadar dalgalanmış olması şaşırtıcı. Dalgalanmalar alınan ve yayılan enerjinin miktarını değiştiren aksamalarla izah edilebilir. Bu aksamalardan biri, Dünya'nın ekseninin sürekli kaymasıdır. Dünya daha yavaş döndükçe yalpalar. Dünya'nın ekseni her 26.000 yılda yaklaşık bir tur atacak hızda yalpalar. Bu yalpalama gezegenin karanlık ve aydınlık bölgelerinin Güneş'ten aldığı radyasyonun miktarını değiştirir, bu da emilen ısının miktarını etkiler. Meteorlar ve volkanik patlamalar da iklimimizi etkileyebilir. Atmosfere saldıkları tozlar yeryüzüne ulaşan güneş ışığı miktarını azaltırken saldıkları karbondioksit de sera gazı etkisini artırarak aksi bir etki yapar. Ayrıca, güneş lekesi olgusunun gösterdiği gibi, solar radyasyon miktarında büyük değişiklikler yaşanmıştır. Tüm bu etmenler bir araya gelerek ŞEKİL 1.4'te gösterilen sıcaklık dalgalanmalarına neden olmuştur.

Atmosferden doğrudan ölçümlerle elde edilen günümüz değerleri de ŞEKİL 1.4'te gösterilmiştir. Bu değerler 380 ppm karbondiokside ve küresel olarak ortalama 14,5°C sıcaklığa tekabül eder. Dünya'nın jeolojik çağlarına kıyasla değerlendirildiğinde bu değerler, içinde bulunduğumuz durumun emsalsiz olduğunu gözler önüne serer. Geçtiğimiz 800.000

yılda hiçbir dönemde atmosferde şimdiki kadar karbondioksit bulunmuyordu.[36] Dahası, şimdi sıcaklıklar da oldukça yüksek seviyelerde seyrediyor, bugünkü sıcaklıklar sadece buzul arası sıcak dönemlerde zaman zaman aşılmıştı.

Korelasyon ve Nedensellik: Çözülebilir Bir Bilmece

CO_2 eğrisiyle sıcaklık eğrisi arasındaki yakın korelasyon çok çarpıcı. İlk bakışta aralarındaki bu ilişkiyi sera gazı etkisinin bir kanıtı olarak alabiliriz. Öyle görünüyor ki atmosferdeki CO_2 içeriğinin değişimi sıcaklık üzerinde etkili olmuş. Ancak daha yakından incelediğimizde bunun doğru olamayacağını görüyoruz, çünkü sıcaklık aşırılıklarının çoğu CO_2 içeriğindeki artıştan biraz da olsa önce gerçekleşmiş. Veriler Dünya'nın sıcaklığındaki değişikliklerin, atmosferdeki CO_2 içeriğindeki değişimlerden ortalama olarak 800 yıl kadar önce oluştuğunu gösteriyor. Bu da sera gazı etkisinin gözlemlenen korelasyonun ardındaki asıl neden olması ihtimalini ortadan kaldırıyor.

Korelasyonun ardındaki gerçek nedenler köpürme etkisi, donmuş toprak etkisi ve biyolojik süreçler incelenerek anlaşılabilir. Sera gazı etkisinin kendi kendine enerjilenme süreçleriyle ilgili olarak bu etkilerden daha önce bahsetmiştik. Güneş'ten gelen radyasyon miktarını artıran dış etmenler Dünya sıcaklığını artırdığında okyanusların CO_2 depolama kapasiteleri düşer ve dalgalar CO_2'yi atmosfere geri aktarır. Donmuş topraklar da bu durumda çözülmeye ve organik maddenin çürümesi yoluyla atmosfere CO_2 salmaya başlar. Bunu ya doğrudan ya da metan üreterek yapar ki metan da oksitlenmeyle çabucak CO_2'ye dönüşür. Sıcaklıklar yükseldikçe çöl alanları genişleyeceğinden, biyokütle içinde muhafaza edilen karbon da azalacak. Sıcaklıklar düştüğünde ise tam tersi gerçekleşir. Bu durumda okyanuslar tekrar daha fazla CO_2 emecek ve belli bir seviyeye kadar daha fazla bitki büyüyecek ki onlar da fotosentez yaparak atmosferden CO_2 alıp biyokütle olarak saklayacak. Tüm bu etkiler sıcaklık dalgalanmalarının neden atmosferdeki CO_2 derişiminde dalgalanmalara karşılık geldiğini açıklamaktadır.

Bazı şüpheciler bu bulguları sera gazı etkisinin iklimimiz üzerindeki etkilerine gölge düşürmek için kullandı. İklim araştırmacılarının sıcaklık dalgalanmalarını atmosferdeki CO_2 içeriğinin değişimiyle açıklayarak aradaki korelasyonu açıkça yanlış yorumladıkları iddia edildi. Dolayısıyla şüpheciler, tüm dünyada curcunaya neden olan iklim tartışmasının bir yanlışa dayandığını ve bu nedenle sanayi CO_2 emisyonlarını azaltmaya yönelik önlemleri bırakmamız gerektiğini söylüyorlar.

Bu iddiaların içi boş. Bugüne kadar hiçbir ciddi iklim araştırmacısı atmosferdeki CO_2 içeriğiyle sıcaklık arasındaki korelasyonun atmosferdeki CO_2 içeriğindeki sıcaklıktan bağımsız sapmalardan kaynaklandığını iddia etmedi. Gerçekte, iklim araştırmacıları elde ettikleri sonuçlara temelde teorik modellerden hareketle varıp bunları istatistiksel yöntemlerle rafine ettiler. Bu istatistiksel yöntemler her şeyin söz konusu korelasyonun basit bir yorumundan ibaret olduğu suçlamasını yalanlar niteliktedir.

Yukarıda belirttiğimiz gibi, teorik açıklamamızın merkezi öğesi kızılötesi geri yansımanın sera gazları tarafından emilmesidir. Bu emiş teorik olarak mutlak bir şekilde temellendirilmiş ve pek çok deneyle tasdik edilmiş fiziksel bir etkidir. Bu emişin doğrudan kanıtına son yıllarda uydularca elde edilen spektral ölçümlerle ulaşılmıştır. Uydular atmosferin dışında olduğundan "atmosferik filtre"nin ardındaki geri yansımayı ölçmemize olanak sağlar. Ölçümler gösteriyor ki hem teori hem de deneylerimizden bildiğimiz CO_2'nin spektral frekansları emişi gerçek bir olgu ve atmosferimizi ısıtıyor.[37]

Harries, Brindley, Sagoo ve Bantges'in 2001'de yayımladığı, NASA'nın 1970'teki spektral ölçümlerini bir Japon uydusunun 1997'deki verileriyle karşılaştıran çalışmaları özellikle ilgi çekicidir.[38] Bu iki veri setinin karşılaştırılabilir olduğunu gösterdikten sonra Harries vd. sera gazlarının filtrelediği kızılötesi geri yansımanın ölçüm sürecinde kayda değer oranda azaldığını tespit etti. Dolayısıyla bu dönemdeki sıcaklık artışı gerçekten de sera etkisine bağlanabilir.

ŞEKİL 1.4'teki korelasyonun ardında yatan nedenin sera etkisinden çok donmuş toprak ve köpürme etkileri olduğu bir gerçek. Ancak asıl neden Güneş radyasyonundaki farklılığın atmosferdeki sera gazı konsantrasyonu gibi diğer dış değişkenlere göre daha büyük ve daha sık olması, ki bunun için insan etkisi dışında, volkanik patlamalar hariç, hesaba katılacak pek bir şey yok. Bu hâkim etki sera gazı etkisinin hiç olmadığı anlamına gelmez. Genelde bir arabanın durmasının nedeni sürücünün frene basmasıdır. Nadiren de araç bir engele çarptığı için durur. Birincisinin ampirik açıdan daha sık gerçekleşmesi ikincisinin ilgili olmadığı ya da ondan kaçınmamızın lüzumsuz olduğu anlamına gelmez.[39]

Atmosferdeki CO_2 içeriğinin sıcaklık dalgalanmalarına bağlı olarak değişmesi jeolojik dönemler arasındaki iklim dalgalanmalarına yol açmamış, ancak onların etkisini artırmıştır. Bu dalgalanmaların ŞEKİL 1.4'teki boyutlara ulaşmış olması da bir ivmelendirici etmene veya yükselen sıcaklıklar nedeniyle okyanusların dışa attığı sera gazlarının neden olduğu geribildirim etkisine bağlıdır.[40] CO_2 üzerindeki dış etmenler sanayi öncesi dönemde nadir olsa da, CO_2 her zaman sıcaklık dalgalanmalarının bu kadar büyük olmasının ardındaki önemli nedenlerden biri olmuştur. Okyanuslar Güneş'ten gelen radyasyonlar yüzünden artan sıcaklıklar nedeniyle ısındığında ve daha fazla CO_2 saldığında, ilave CO_2 gezegenin daha fazla ısınmasına neden oldu. Bu bile sanayileşmeyle birlikte gelen dış etmenlerden korkmak için yeterli bir neden.

Maalesef, yukarıda belirttiğimiz gibi şu an sıcak bir dönemde yaşıyoruz. Eğer bir buzul çağının ortasında yaşasaydık sanayi sera gazlarından kaynaklanan ekstra küresel ısınmayı son derece hoş karşılayabilirdik; jeolojik döngüye karşı koyar ve dengeleyici bir rol oynardı. Bugünkü gerçek ise bunun tam tersi. Sanayi öncesi zamanlarda küresel sıcaklık zaten uzun vadeli ortalamaların üzerindeydi. Şimdi insan kaynaklı etkiler bu artışı iyice körüklemekte ve geçtiğimiz milyonlarca yılın en yüksek seviyelerine benzer noktalara çekmektedir.

Şu an temel olarak 280 ila 340 milyon kadar önceki karbonifer dönemde uçsuz bucaksız ormanlardan oluşmuş karbon stoklarını yakıyoruz. Geniş orman alanlarının tektonik hareketler nedeniyle yeraltına gömülmesi bitkilerin büyüdüğü, öldüğü ve ardından aşamalı olarak daha da derine battığı bataklıkların oluşmasına neden oldu. Bunun sonucunda oluşan kömür, petrol ve doğalgaz insanoğlu onları çıkarıp yeniden döngüye pompalayana kadar biyolojik döngüden çıkarılmıştı.

DÜNYA NEDEN ISINIYOR? | 41

ŞEKİL 1.4'te gösterilen atmosferdeki CO_2 içeriğinin dalgalanmasında yeraltındaki fosil yakıt depolarının hiçbir etkisi olmadı. O kadar derindeler ki oksijenin onlara ulaşması, dolayısıyla yanmaları veya herhangi bir şekilde oksidize olmaları ve karbondioksit salmaları mümkün değildi. Bu dalgalanmaların temel nedeni okyanuslar, biyokütle ve atmosferdeki belirli bir miktar karbonun köpüren su etkisi veya biyolojik süreçlerle yerinden edilmesidir. Sadece gezegenin yüzeyindeki volkanik patlamalar döngüdeki karbon miktarını artırmıştır, ancak bunun etkisi görece marjinaldir. Volkanik emisyonlar bir yılda bir gigaton karbonun ancak onda biri kadar etkide bulunur; bu da insan kaynaklı yıllık emisyonun yüzde 1,25'ine denk gelir.[41]

İklim değişikliği sorunu insanlığın atmosferdeki, okyanuslardaki ve biyokütledeki karbon miktarını, karbonifer dönemde oluşmuş ve bugüne kadar dokunulmamış, doğanın karbon döngüsüne milyonlarca yıldır girmemiş fosil karbon yakıtları yeniden döngüye katarak karbon döngüsünü artırmasından kaynaklanmaktadır. Önümüzdeki 500 yıl süresince (ki bu Şekil 4'te temsil edilen zaman dikkate alındığında olağanüstü derecede kısa bir süredir), oluşması aşağı yukarı 120.000 kat daha uzun süre almış kaynakları kullanacağız ve belki de tamamen tüketeceğiz. Bu da sıcaklık eğrisindeki trendlerde bir kırılmaya yol açacak ve Güneş radyasyonunun dalgalanması nedeniyle sıcak ile soğuk dönemler arasında oluşan sıcaklık dalgalanmalarından bağımsız olarak buzul çağları ve buzul arası dönemlerin ortalama sıcaklıklarını yukarıya çekecek şekilde kalıcı bir etkide bulunacaktır. Elbette tıpkı karbonifer dönemde olduğu gibi Dünya'nın kabuğundaki tektonik hareketler karbonu kalıcı olarak karbon döngüsünden tekrar çıkarabilir. Ancak bu, mesela önümüzdeki 800.000 yıl boyunca beklenmemelidir. Yeni karbon döngüden çıkılana kadar insanlık yeryüzünden çoktan silinmiş olacaktır.

Kuzey Kutbu'nda

Küresel ısınmanın ilk sonuçları pek çok noktada görülebilir. 20. yüzyılın ilk yarısında çekilen fotoğraflar Alpler'deki dağ buzulların geri çekildiğini gösteriyor. Watzmann buzulu mesela 1897'den 2006'ya yüzde 64, kuzey Schneeferner buzulu 1892'den 2006'ya yüzde 70, güney Schneeferner buzulu da 1892'den 1999'a yüzde 90 oranında küçüldü.[42] Arktik bölge bir başka vaka. 1996 ile 2006 arasında Kuzey Kutbu'nu kaplayan buz tabakası 1,5 milyon kilometrekare azaldı, bu da toplam alanın yüzde 23'üne tekabül ediyor. Küçülme o kadar aşırı boyutlardaydı ki 2007 yazında Alaska ile Labrador arasındaki Kuzeybatı Geçidi ilk kez buzlardan arınmıştı. Bu durum, Rusya'nın derhal harekete geçip Arktik üzerinde toprak hak iddia etmesine neden oldu.

Gezegenimiz Kuzey Kutbu'nda Güney Kutbu'na kıyasla daha fazla ısınıyor, çünkü Kuzey Kutbu okyanus Güney Kutbu ise kıta üzerinde duruyor olmasına rağmen güneyde daha fazla okyanus ve daha az toprak var. Güney Kutbu hep çok soğuk olagelmiştir ve öngörülebilir gelecekte de soğuk kalacaktır. O kadar ki oradaki buzun bu yüzyıl içinde erimesi öngörülmemektedir.[43]

Şimdiye kadar sadece Kuzey Kutbu'ndaki buzullar eridiğinden deniz seviyesindeki yükselme sanayi öncesi dönemki seviyesinden çok az artmıştır. Bir buzdağı erirse, eriyen su tam olarak buzdağının yüzeyin altındaki kısmı kadar bir alanı doldurur. Deniz seviyelerindeki artışın bir nedeni Kuzey Yarımküre'de eriyen buzullardır. Bu bakımdan en büyük katkıyı Grönland'daki buz kütlesi yapmaktadır. Grönland'da insan yaşamı 1000 yılı civarı Kızıl Eric adı verilen bir Viking tarafından görece sıcak bir dönemde başlatıldı. Ancak daha sonra çok soğudu ve insan yerleşiminin artmasını engelledi. Bugün ada kelimenin tam anlamıyla bir kez daha çiçek açıyor. Orkide bile yetişiyor. Küresel ortalama sıcaklıkların sanayi öncesi döneme göre 2 3 santigrat derece kadar artmasıyla Grönland'daki buz kütlesinin küçüleceği öngörülüyor.[44] Oradaki bütün buz erirse (ki bu yüzlerce yıl sürecektir) deniz seviyesi altı metre kadar yükselecektir. Deniz seviyesindeki artışın bir diğer nedeni, suyun ısındıkça genleşmesidir. Bu iki etki şu ana kadar sadece 20 santimetrelik bir artışa neden oldu,[45] ancak daha fazlası yolda.

Ne Kadar Isınacağız?

Gezegenimizin yüzey sıcaklığı ne kadar artacak ve bunun yaşamsal sonuçları ne olacak?

En kötüsünü beklememeliyiz. Gezegenimizdeki yaşam sera etkisi nedeniyle yok olmayacak. İlgili modeller bu konudaki korkularımızı hafifletebilir. Dünya'nın fiziki nitelikleri Venüs'tekine benzer bir kontrolden çıkmışlığa izin vermez. Böylesi bir durum ancak atmosferdeki insan kaynaklı karbondioksit içeriği seviyesinin kendi kendini tetikleyecek bir reaksiyonla daha fazla ısınmaya, daha fazla su buharına ve dolayısıyla okyanusların içerdikleri karbondioksidi salmak için kelimenin tam anlamıyla kaynamaya başlamasına yol açacak seviyelere gelmesiyle tahayyül edilebilir.[46] Bunun olamayacak olmasının bir nedeni, Dünya'nın Venüs'ünkinin yarısı kadar Güneş radyasyonuna maruz kalmasıdır.

Yine de bazı tetikleyici olaylar, başlangıçtaki sıcaklık artışı ufak olsa da küresel ısınmanın ivmesini artırabilir.[47] Grönland'ın buz örtüsü ve Antarktika'daki buzlar artık koyu tonlu toprakları kaplamaz olursa daha fazla Güneş ışığı emilecek ve ısınmanın ivmesi artacaktır. Benzer bir etki Arktik'te görülebilir. Arktik buzunun erimesi su seviyesini artırmasa da açık deniz suyu daha fazla radyasyon emer, bu da küresel ısınmayı ivmelendirir. Dahası, sıcaklıklardaki artış kuzey ormanlarındaki (Rusya taygasındaki ve kuzey Kanada'daki iğneyapraklı ormanlar), Amazon yağmur ormanlarındaki ya da batı Afrika'nın muson bölgelerindeki ağaç fizyolojisi, yangın ve yağmurun oluşturduğu karmaşık dengeyi yok edebilir. Sonucunda ağaçlar ölebilir ve bünyelerindeki karbon açığa çıkabilir. Donmuş toprakların erimesi devasa oranlarda metan ve CO_2'nin açığa çıkmasına neden olur, ki bu da küresel ısınmayı ivmelendirir.

Britanya hükümetince atanan ve Dünya Bankası eski baş ekonomisti Nicholas Stern'ün liderliğini yaptığı komisyonun ortaya koyduğu olması muhtemel senaryo zaten yeterince kötü.[48] 2007'de yayımlanan Stern Komisyonu Raporu büyük ilgi gördü ve geniş halk kesimlerince son yıllarda yürütülen küresel ısınma tartışmalarına güçlü bir kaynak sağladı.

Stern Komisyonu küresel iklimin ileride nasıl evrileceğine dair alternatif senaryoları değerlendirdi. Komisyon'un en olası senaryosuna göre (referans senaryo*) atmosferdeki karbondioksit derişiminin 1800

---

* İng. *business-as-usual scnerio*. Referans senaryosu mevcut politikalarda, ekonomide ve teknolojide değişiklik olmadığı varsayımına dayalı olarak yapılan emisyon tahminidir –en.

yılındaki 280 ppm seviyesinden bugün 380 ppm seviyesine, 2050'de ise 560 ppm seviyesine geleceği hesaplanıyor. En kötü senaryoda ise bu seviyelere 2035 yılında varılabileceği öngörülüyor.[49]

Bu orandaki karbondioksit artışına bağlı sıcaklık artışı sanayi öncesi döneme kıyasla 3°C, günümüze göre 2°C artışa işaret ediyor. Bu Grönland'ın buz tabakasının erimeye başlaması için yeterli bir sıcaklık artışı. Yüzeydeki sıcaklık sanayi öncesi dönemdeki değeri olan (1800'deki) 13,5°C'den bugünkü ortalama olan 14,5'i geçip 16,5°C'ye ulaşacak. Son 150 yılda artış hızının kayda değer bir şekilde arttığını gösterir bu. ŞEKİL 1.4 ile karşılaştırdığımızda bu yeni seviyenin 800.000 yılın en yüksek seviyesi olacağını görüyoruz. Geride bıraktığımız 800.000 yılın rekoru olan 15,3°C sınırı 2030 kadar erken bir tarihte kırabiliriz.

Eğer insanlık bir şey yapmazsa atmosferik CO_2 içeriği dinmek bilmeyen bir hızda artmaya devam edecek. Ne kadar ileri gidebileceği bir tartışma konusu, çünkü kimse dünya ekonomisinin ne hızda büyüyeceğini, fosil yakıt rezervlerine sahip olanların karşılaştıkları koşullara nasıl tepki vereceğini tam olarak kestiremez. En sofistike modeli kullanan en iyi ekonomistler bile sadece belli varsayımlara dayanarak çeşitli tahminlerde bulunabilir. Kaldı ki bu varsayımların kendisi tahmin değil çeşitli olasılıkların değerlendirmelerinden ibarettir. Stern Komisyonu literatürde yayımlanmış bir dizi farklı trend tahminlerini, özellikle de IPCC'ninkileri inceledi. Referans senaryo durumunda en olası gördükleri CO_2 derişiminin 2100 yılında 900 ppm'e çıkması. Bu da sıcaklığın 18,6°C'ye yani sanayi öncesi dönemin 5,1°C üzerine çıkacağını öngörüyor.[50]

Stern Komisyonu'nun referans senaryosu kabaca 2001 IPCC Raporu'nun A1FI senaryosuna benziyor. IPCC senaryosunda dünya nüfusunun 6,5 milyardan 2100 yılında 7,1 milyara ulaşacağı öngörülmüştü. Küresel GSYH'nin de bugünkü fiyatlarla 25 trilyon ABD dolarından 48,5 trilyona çıkacağı öngörülmüştü. Yıllık karbondioksit emisyonunun ise 1990'daki seviyelerinden dört kart artarak 30,3 gigaton karbona çıkacağı hesaplanmıştı.[51] A1FI senaryosu IPCC'nin araştırdığı pek çok senaryodan biriydi. Tüm bu senaryolar küreselleşmenin hızla gelişerek hızlı bir ekonomik büyümeye ve bölgesel yaşam koşullarının benzeşmesine yol açacağını öngörüyordu. A1FI senaryosuna göre dünya nüfusu yüzyılın ortasında tepe noktasına ulaşacak ve gelişmekte olan ülkeler o kadar hızı büyüyecek ki kişi başına gelirleri gelişmiş ülkelerin üçte ikisine ulaşacak. Bu senaryo aynı zamanda enerjinin yoğun bir şekilde fosil yakıt yakarak elde edileceğini varsaymaktadır.

Alternatif senaryo A2 ise dünyanın farklı bölgelerinin o kadar hızlı bir biçimde birbirine yaklaşmayacağını varsayıyor. Gelişmekte olan ülkelerin kişi başına gelirleri 2100 yılına kadar gelişmiş olanlarınkinin dörtte birini bile geçemeyecek, çünkü bu ülkeler nüfuslarını kontrol altına almayı başaramayacak. Dünya nüfusu dolayısıyla 2100 itibariyle 15 milyara çıkacak, GSYH ise bugünün fiyatlarıyla 250 trilyon ABD doları seviyesine gelecek. ŞEKİL 1.5 bu iki projeksiyonu göstermektedir.

Umarız iki senaryo da gerçekleşmez ve insanoğlu CO_2 emisyonunu zamanında azaltmayı başarır. Ancak bu senaryolar hiçbir şey yapmamamız halinde ve her şeye günümüzü referans alarak devam ettiğimiz takdirde olabilecekleri gerçekçi trend tahminleriyle sunuyor. Bunlar en kötümser senaryolar bile değil. Çünkü iklimdeki kendi kendini tetikleyen etkileri ancak bir noktaya kadar tahmin edebiliriz, gerçek çok daha kötü olabilir. ŞEKİL 1.5'teki dağılım aralığı sapmanın her iki yönde de ne kadar uzaklara varabileceğini gösteriyor. En iyimser senaryolar küresel sıcaklık ortalamalarında sanayi öncesi döneme göre 3°C bir artış öngörürken kötümser olanlarda artış 6°C'yi buluyor.

Son zamanlarda yayımlanan raporlar kötümser senaryoların gerçekleşme ihtimallerinin arttığını gösteriyor. 2008 yılının Kasım ayında OECD'nin desteklediği, Paris merkezli ve 190 çalışanı olan bir araştırma ekibi olan Uluslararası Enerji Ajansı'nın başkanı, eğer radikal önlemler alınmazsa 2100 yılı itibariyle Dünya'nın sanayi öncesi dönem ortalamalarına kıyasla 6°C ısınacağını ileri sürdü.[52] Bu iddia Stern Komisyonu'nun referans senaryosu ve IPCC'nin A1FI senaryosuyla uyumlu. Nicholas Stern'ün kendisiyse bu arada çok daha korkutucu uyarılarda bulundu. Karbondioksit emisyonunun 2050 yılı itibariyle 1990 yılındaki seviyesinin yarısına çekilmesi çağrısında bulundu.[53]

5-6°C sıcaklık artışının çok olmadığını düşünenler, ortalama sıcaklıkların son buzul çağının tepe noktası olan 18.000 yıl öncesinden beri ancak bu kadar arttığını akılda tutsunlar. Öncesinde 18.000 yıl süren bir süreç önümüzdeki 100 yılda aşılabilir.

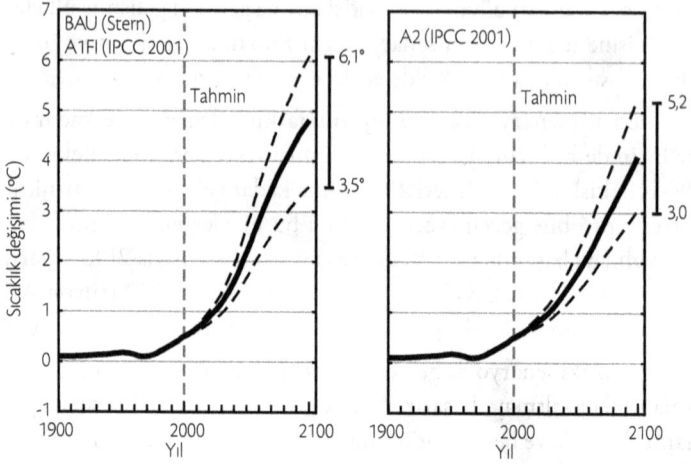

ŞEKİL 1.5 İklim politikası yokluğunda sıcaklık artış tahminleri. IPCC TAR Raporu 2001'deki A1FI senaryosu, Stern Komisyonu'nun sanayinin bugünkü halini koruması halinde gerçekleşeceğini söylediği senaryo ile kabaca örtüşür. Kesikli çizgiler projeksiyonların, varsayımlardaki değişikliklere göre nasıl farklılık gösterdiğini ortaya koymaktadır. Kaynaklar: J.T. Houghton, Y. Ding, D.J. Griggs, M. Noguer, P.J. van der Linden, X. Dai, K. Maskell ve C.A. Johnson, *Climate Change 2001: The Scientific Basis.* (Cambridge University Press, 2001), s. 554; hesaplamalar H.-W. Sinn'e aittir.

Dahası, sıcaklık artışı tüm dünyaya eşit bir şekilde dağılmayacak. Okyanuslar 4°C, Batı Avrupa 6°C, kuzey Finlandiya ve Sibirya ise en az 8°C daha sıcak olacak. Ortalama sıcaklık 19-20°C'ye ulaşacak ve böylece geçtiğimiz 800.000 yılda ulaşılan maksimum ortalamanın 4-5°C üzerine çıkacak. Tüm bunlar insanların nasıl yaşadığını ve nasıl birbiriyle etkileşime girdiğini etkileyecek. Bu sıcaklık değerleriyle beraber insanlık, Stern Komisyonu'nun sözleriyle "bilinmeyen topraklar"a ayak basmış olacak.

Isınmanın Nesi Bu Kadar Kötü?

Herkes bu endişelerimizi paylaşmıyor. Dünya'nın biraz ısınması neden bu kadar kötü olsun? 2035 yılına kadar birkaç santigrat derece ısınsak ne olur ya da üzerine 2100 yılına kadar dört beş santigrat derece daha koysak ne çıkar? Kuzey Yarımküre'nin büyük bölümü zaten fazla soğuk değil mi? Yazın teraslarında oturup serin havanın tadını çıkaranlar birkaç derecelik ısınmayı çok kafaya takmayabilirler. Ne de olsa tatil için daha sıcak daha güneşli yerler istemiyor muyuz? Tropik bölgelerde hava kuzey Avrupa'ya göre 17°C kadar daha sıcak. Kuzey İtalya bile mesela Almanya'ya göre 5,5°C daha sıcak.[54] İtalya'nın havasını Almanya'ya götürsek Almanlar yaz tatili seyahati masraflarından kurtulmuş olmaz mı? O kadar da kötü olamaz yani.

Bir de Sibirya'yı düşünün. Norveç'ten Çin'in kuzeyine uzanan dünyanın en büyük kesintisiz kara parçası, ama çok soğuk olduğundan büyük çoğunluğu tarıma elverişli değil. Eski Sovyetler Birliği'nin donmuş toprakları, aşağı yukarı 11 milyon kilometrekare kadar bir alan kaplıyor, yani ABD'nin tüm alanından yüzde 10 daha fazla bir alan. Bu bölge daha sıcak olsa, daha fazla insanın yaşamına olanak sağlasa güzel olmaz mıydı? Ayrıca Rusya'nın Arktik Denizi'ndeki kutup buzlarının çekilmesiyle deniz ticareti canlanır ve yeni yeni gelişen sahil kasabalarını birbirine bağlar. Evet, aynı zamanda Sicilya haritadan silinebilir ama Sibirya'nın yanında Sicilya çok küçük değil mi?

Ne var ki bu tür görüşler yüzeysel bilgilerle bile çürütülebilir. Teknik literatür şu olası etkileri somut bir şekilde ortaya koymuştur:

- Bozkırlar ve çöller genişleyecek. Bugün pek çok insanın yaşadığı alt tropikal bölgeler kuraklıkların yoğun etkisinde kalacak. Kuraklıklar bugün dahi bütün bir Akdeniz bölgesini etkiliyor, ancak zamanla Batı Afrika, Meksika, California ve Avustralya'ya yayılıp bu bölgelerde yaşamı zorlaştıracak.[55] 15.000'i Paris'te olmak üzere toplam 35.000 kişinin ölümüne neden olan 2003'teki sıcak hava dalgaları gibi hava olayları[56] ile çalılık ve orman yangınları sıklaşacak. Bu tür olaylar bugün de Avrupa, California ve Avustralya'da düzenli bir şekilde görülüyor.

- Deniz seviyesi yükselmeye devam edecek, Grönland'daki buz örtüsü başta olmak üzere karasal buz kitlelerinin erimesi ve yüksek sıcaklıklarda deniz suyunun alanının genişlemesiyle bu süreç daha da güçlenecek.[57] Tahminler bu yüzyılın sonunda sanayi öncesi döneme göre yaklaşık 1 metrelik artış gösteriyor. Bu sadece Bangladeş'te değil pek çok sahil bölgesinde soruna yol açacak. Hollanda, Avrupa'da bu durumdan en çok etkilenen ülke olacak.[58] Hollandalıların halihazırda kullandıkları setleri bir metre daha yükseltmekle bir sorunları olmayacaktır ama Ren Nehri'nin Kuzey Denizi'ne nasıl akıtılacağı şimdiden büyük bir tartışma konusu.

- Daha yüksek ortalama sıcaklıklar bölgeler arası (yani karayla deniz ve hava tabakaları arasındaki farklar) sıcaklık farklarının artması anlamına geleceğinden, hava hareketleri daha kuvvetli hale gelecek. Kasırgalar ve tayfunların sayısı ve gücü artacak.[59] Özellikle güney ABD, Japonya ve diğer iç Asya ülkeleri bu durumdan etkilenecek.[60]

- Yaşanabilir bölgelerin yer değiştirmesi buzul çağlarında ve buzul arası dönemlerdekine benzer göç hareketlerine neden olacak.[61] Kuzey Yarımküre'de güneyden kuzeye büyük göç dalgaları bekleyebiliriz. Bu elbette silahlı çatışmalar, etnik çatışmalar, iç savaşlar ve devasa bir sosyal yoksullukla birlikte gelecektir.[62] Dünyanın yeni bir yerleşim yapısı bulması gerekecek. Bu sera etkisinin neden olacağı en büyük potansiyel tehlikedir.

- İklim değişikliğiyle birlikte hava olaylarında meydana gelecek değişimler, özellikle bulaşıcı hastalıkların yayılması ve solunum ve deri hastalıklarının artışı nedeniyle insan sağlığı etkilenecek.[63]

Bir diğer endişe de daha fazla tatlı suyun okyanuslara ulaşması halinde Gulf Stream sıcak su akıntısının durmasıdır. Bunun batı Avrupa için çok ciddi sonuçları olacak ve genel eğilimin tersine batı Avrupa soğuk bir bölgeye dönüşecektir. Avrupa'nın Alpler'in kuzeyinde kalan kısmında iklim koşulları bugünkü kuzey Kanada'ya benzeyecek ve bu bölge yaşanabilir olmaktan neredeyse çıkacaktır. Ancak bu endişe literatürdekilerin çoğu tarafından paylaşılmamaktadır. En kötü ihtimalle Gulf Stream'in zayıflaması beklenmekte, bunun da Batı Avrupa için o kadar kötü olmayabileceği çünkü küresel ısınmanın etkilerini dengeleyeceği düşünülmektedir. Leibniz Deniz Bilimleri Enstitüsü'nün (IFM-Geomar olarak da bilinir) yeni bir çalışmasına göre Gulf Stream'in zayıfladığına dair herhangi bir işaret yok. Gulf Stream tamamen dursa bile Avrupa'daki ısınma trendi çok az bir artış gösterirdi.[64]

Ayrıca daha önce belirttiğimiz gibi, önümüzdeki 100 yıl boyunca Güney Kutbu'nun ısınıp buradaki buzların erimeye başlaması konusunda endişelenmemize gerek yok. Ancak sıcaklıklar bir gün Antarktik buzulları erimeye başlamasına neden olacak kadar artmaya devam ederse, her ne kadar bu yüzyıllar sürse de o zaman deniz seviyesi 61 metre yükselebilir.[65] O durumda Hollanda tamamen su altında kalacak, Düsseldorf, Hannover ve Berlin liman kentleri olacaktır. Pek az kimse böylesi kötü senaryolarla uğraşmak ister.

Stern Komisyonu küresel ısınmanın etkilerini parasal ölçekte de tespit etmeye çalıştı. Sıcaklıkların bugüne kıyasla 4,5°C (sanayi öncesi döneme göre 5,5°C) arttığı referans senaryosuna göre yıllık hasar, yıllık dünya tüketiminin −"şimdi ve sonsuza dek"− yüzde 5'i ila 10'u kadar olacaktır.[66]

CO_2 emisyonlarını azaltarak sıcaklık artışından kaçınmak ve etkilerini sınırlamak da pahalı bir şey ancak Stern Komisyonu'na göre insanlık için çok daha ucuz olacaktır. Değerlendirmeye göre sıcaklık artışını bugünkü değerlerin 2°C üzerinde sınırlanmasını (ki bu da CO_2 derişiminin 550 ppm'de sınırlanması anlamına geliyor) sağlayacak önlemlerin yıllık maliyeti yıllık dünya tüketiminin yüzde 1'ine denk gelmektedir.[67] Referans senaryosuna kıyasla bu tür bir önlem hasarı dünya tüketiminin yüzde 2,8 ile 5,6 arasında azaltacaktır. Dolayısıyla sıcaklık artışını bugünkü seviyenin 2°C üstüyle sınırlayacak böyle bir hafifletme senaryosundan elde edilecek net kazanç yıllık tüketimin yüzde 1,8'i ila 4,6'sına denk gelecektir. Her ne kadar bu tür sayısal hesaplamaların ardında pek çok varsayım yatsa ve bunlar kesinlikle keyfiyetten azade olmasa da söz konusu hesaplamalar ekonomik bakış açısından neden iklim değişikliğine karşı harekete geçmemiz gerektiğini gösteren makul savlar içermektedir. Aynı sonuca varan muhtemelen daha güçlü bir niteliksel argüman Dördüncü Bölüm'de sunulacaktır.

İKİNCİ BÖLÜM

Dünyanın Enerji Matrisini Yeniden Şekillendirmek

Hadi hava keseleri yapalım.

İlk İklim Sözleşmeleri

İklim değişikliğine dair bilimsel bulgular tüm dünyayı alarma geçirdi. Bu da, dünyanın enerji matrisini yeniden şekillendirerek CO_2 emisyonlarını kısmayı hedefleyen politika önlemlerinin destekçilerinin artmasına etki eden geniş ölçekli bir tartışmanın önünü açtı. Bu bölüm önce ülkelerin ürettiği enerji türünü ve miktarını genel olarak sunmakta, ardından karbonsuz enerji alternatiflerini tartışmakta ve daha karbon dostu olan enerji kaynaklarına yönelmek amacıyla seçilen politika önlemlerini ele almaktadır. Biyoenerji ve kaynak koruma meselelerine henüz girilmemektedir; bu meseleleri ilerleyen bölümlerde ele alacağız.

İklim tartışması oldukça eski olsa da küresel ısınma sorununa dünya genelinde bir kamuoyu oluşması ABD Eski Başkan Yardımcısı Al Gore'un 2006 yılında geniş kitlelere ulaşan *Uygunsuz Gerçek* adlı filmiyle gerçekleşti. Al Gore bu çalışmasıyla 2007 Nobel Barış Ödülü'nü IPCC ile paylaştı. 2007'de yayımlanan Stern Raporu da hem bilime hem de siyasete güçlü bir etki yaptı. Stern Komisyonu, Başbakan Tony Blair tarafından atandığı için Britanya hükümeti raporun tanıtımına büyük çaba harcadı ve iklim değişikliğini Avrupa başkentlerinde hâkim mesele haline getirmeyi başardı. 2007'de Almanya'daki Heiligendamm'da bir araya gelen G8 ülkeleri sera etkisiyle savaşmak için geniş yelpazede öneriler ileri sürdü ve bu öneriler bir sonraki G8 toplantısının yapıldığı Japonya'nın Toyako kentinde prensipte benimsendi. Temel olarak G8 ülkeleri 2050 yılı itibariyle karbon emisyonlarını yarıya indirme sözü verdi.[1] 2009'da Kopenhag'da düzenlenen BM İklim Konferansı'nda bu hedefi daha geniş bir ülkeler yelpazesinin destekleyeceği yönünde bir umut vardı ancak konferans başarısızlıkla sonlandı.[2] Her ne kadar bir sonraki yıl Meksika'da düzenlenen konferanstan bir bildiri[3] çıksa da ne bu hedefe ulaşmak üzere yükün paylaşılacağına dair bir plan ne de herhangi bir somut adım vardı.

Kamuoyunun meselenin farkına varması, iklimbilimcilerin pek çok uyarıda bulunduğu otuz yılı aşan yoğun bilimsel tartışmaların ardından oldu. Sera etkisine dair bilimsel tartışmalar Fourier, Tyndall ve Arrhenius gibi isimlerin çalışmalarıyla 19. yüzyılda çoktan başlamıştı. Bu etkinin insan eliyle güçlendirilmesinden çıkacak olası felaketlerden ilk defa Revelle ve Suess'ün 1957 tarihli çalışmasında bahsedildi,[4] ancak 1978'de Cenevre'de Dünya Meteoroloji Örgütü (DMÖ) tarafından düzenlenen ilk küresel iklim konferansına kadar bilimsel uyarıların sesi yüksek çıkmıyordu. Cenevre'deki konferansın mevcut iklim araştırmaları dalgasını başlattığına ve nihayetinde Birinci Bölüm'de ele aldığımız bulgu ve görülere yol açtığına inanıyoruz. 1972'den bu yana çeşitli BM alt ajansları zamanlarını iklim anomalileriyle insan etkinliklerinin etkisi arasındaki ilişkiye ayırıyor. Atmosferdeki CO_2 derişiminin uluslararası toplumun en çok dikkat etmesi gereken konu olduğunun, çünkü küresel iklimde büyük değişikliklere yol açabileceğinin altını çiziyorlar.

Siyasal aktörler meseleyi ilkin 1988'deki Toronto konferansında ele aldılar ve küresel CO_2 emisyonunda 2005 yılı itibariyle yüzde 20 azaltmaya gitme çağrısında bulundular, ayrıca konu üzerine uluslararası bir kongre kurulması istendi. Konferansta 48 ülkeden 300 civarında doğabilimci, iktisatçı, sosyolog ve çevreci yer aldı. Birleşmiş Milletler aynı yıl Dünya Meteoroloji Örgütü ile birlikte Hükümetler Arası İklim Değişikliği Paneli'ni (IPCC) kurdu. Buradaki "panel" ifadesi bir araya getirilen devasa boyuttaki küresel araştırma ağının hakkını vermiyor. IPCC ilk raporunu 1990'da Cenevre'de toplanan ikinci Dünya İklim Konferansı'nda sundu. Bu konferansta iklim değişikliği konusunda uluslararası bağlayıcılığı olan bir anlaşmanın pazarlıklarına başlanması üzerinde uzlaşıldı. 1992'de 178 ülkenin katılımıyla Rio de Janeiro'da düzenlenen Birlemiş Milletler Çevre ve Kalkınma Konferansı'nda, Birleşmiş Milletler İklim Değişikliği Çerçeve Sözleşmesi oluşturuldu. Bu sözleşme çerçevesinde o zaman sayısı 189 olan ülke, iklim değişikliğini azaltmak için karbondioksit emisyonlarını azaltma sözü verdi. İlk ve şimdiye kadarki tek somut eylem sözü Kyoto Konferansı sırasında geldi. Bu ileri yönde atılmış bir adım olsa da gerçek bir çözüm olmaktan uzaktı.

Kyoto Protokolü

1997'de imzalanan Kyoto Protokolü belli ülkelerin ilk kez sera gazı emisyonlarını belli oranlarda azaltma taahhüdü içerdiği için iklim politikalarında yeni bir sayfa açtı. Ondan beş yıl önce imzalanan Rio de Janeiro Çevre Antlaşması sadece CO_2 üretiminde kesintiye gidilmesi yönünde verilen taahhütler içeriyor, hangi ülkenin ne kadar kesintiye gideceğine dair bir şey söylemiyordu. Bu nedenle 1995'te Berlin'de düzenlenen bir sonraki Dünya İklim Zirvesi'nde sanayileşmiş ülkeler için kesinti hedefleri ve bunların vadelerinin belirleneceği bağlayıcı bir protokol geliştirme müzakerelerine başlanması kararı alındı. Bu "Berlin Şartı" daha sonra Kyoto Protokolü'ne eklendi.

189 ülkenin onayladığı Kyoto Protokolü, 2008-2012 döneminde sera gazı emisyonlarının 1990 yılındaki ortalamalara kıyasla yüzde 5,2 oranında azaltılması hedefini belirledi. Kyoto Protokolü iklim değişikliğiyle mücadelenin uluslararası koordinasyonu yönünde atılmış büyük bir adım oldu. Ancak gerçek anlamda başarılı olmaktan çok uzak, çünkü imzacı ülkelerin çoğu hiçbir yaptırımla karşılaşmadı. Sadece, 2005 yılında insan kaynaklı CO_2 emisyonlarının yüzde 28'inden sorumlu olan 51 ülke için tavan değer belirlendi.[5] Bunlara Avrupa Birliği'nin 27 üye ülkesi (küresel CO_2 emisyonlarının yüzde 15'inden sorumlu), Rusya (yüzde 5,7), Japonya (yüzde 4,5), Kanada (yüzde 2), Ukrayna (yüzde 1,1), Norveç (yüzde 0,14), Yeni Zelanda (yüzde 0,12) ve İzlanda (yüzde 0,008) dahil.

Çin ve Hindistan da protokolü imzalayıp onayladı ancak ekonomik kalkınmalarını sekteye uğratmamak için iki ülke de tavan değer uygulamasından muaf tutuldu. Amerika Birleşik Devletleri protokolü imzaladı fakat ABD senatosu onaylamadı. Kişi başına CO_2 emisyonu en yüksek ülkelerden biri olan ve dünya toplamının yüzde 1,3'ünden sorumlu olan Avustralya, protokolü başta reddeden ülkelerden biriydi. Ancak daha sonra konumunu değiştirdi ve 2007'de İşçi Partisi lideri Kevin Rudd başbakan olunca etkin emisyon sınırlamalarını kabul etti. Avustralya aynı yılın Aralık ayında protokolü imzaladı ve onayladı.

2010 yılı itibariyle küresel CO_2 emisyonlarının yüzde 27'si Kyoto sınırlamalarına dahil ülkelerden geldi. Bu rakam, sınırlamaya tabi tutulmayan ülkelerin emisyonlarındaki hızlı artış nedeniyle beş yıl öncesinden biraz düşük. Uzun bir süre küresel CO_2 emisyonunun yüzde 19'undan sorumlu olan Amerika Birleşik Devletleri'nin duruşunu gözden geçirip protokolü onaylayacağına dair umut devam etti. Bu durumda dünya çapındaki emisyonların yüzde 46'sı protokolün koşullarına tabi olacaktı. Başkan Barack Obama başta ABD'nin duruşunu değiştireceğine dair işaretler verdi, ancak maalesef 2008 ve 2009 ekonomik krizleri kısa ve orta vadede bu hedeflerin peşinden koşmak için gereken kaynak ve dikkati tüketti.

Kyoto Protokolü tek tek ülkelerin 2008-2012 yılları arasında 1990 yılına kıyasla ortalama emisyonlarının belirli oranlarda düşürülmesini öngörüyordu. Japonya örneğin emisyonlarını yüzde 6 oranında, AB-15 ise kolektif olarak yüzde 8 oranında azaltmak zorundaydı. Bireysel ülke hedefleri külfet paylaşımı mantığı çerçevesinde belirleniyordu. 27 üyeli bugünkü AB'nin Kyoto Protokolü çerçevesinde herhangi bir ortak hedefi yok.[6] Buna karşın Polonya, Macaristan, Malta ve Kıbrıs hariç diğer yeni AB üyeleri Kyoto Protokolü ile bireysel olarak yüzde 8 indirim taahhüt anlaşması yaptılar. (Polonya ile Macaristan yüzde 6 taahhüt etti.)

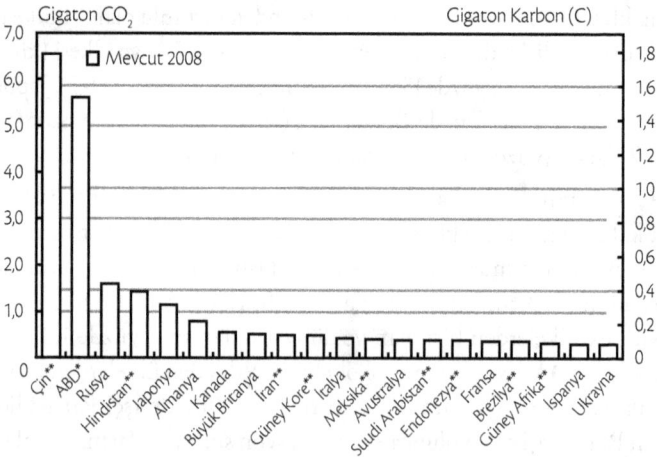

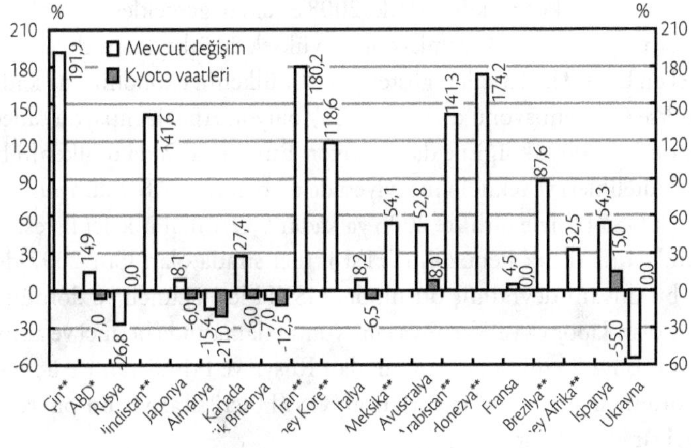

ŞEKİL 2.1 1990-2008 Kyoto Protokolü çerçevesinde en fazla CO_2 salınımından sorumlu 20 ülke ve azaltım vaatleri. * Kyoto Protokolü'nü onaylamamış. ** Tavan sınırlamasına tabi değil. Üstteki panel 2008 emisyonlarını gösteriyor. Alttaki panelin açık renkli sütunları, temel alınan 1990 yılına kıyasla her bir ülkenin 2008'e kadarki emisyonlarının mevcut değişim yüzdesini gösteriyor. Koyu renkli sütunlar, temel alınan 1990 yılından 2008-2012 yıllarının ortalamasına kadar, Kyoto Protokolü kapsamındaki (söz verilmişse) düşüşü gösteriyor. Fransa, Ukrayna ve Rusya düşüş vaadinde bulunmadı fakat emisyonlarını yükseltmelerine de izin verilmedi. AB toplamda ülke başına yüzde 8 düşüş sözü verirken külfet paylaşım planına göre üye ülkelerin her biriyle farklı anlaşmalara varıldı. Alttaki panelde külfet paylaşım planı neticesinde ulaşılan anlaşmalar görülüyor. Kaynaklar: Uluslararası Enerji Ajansı, *CO_2 Emissions from Fuel Combustion*, Temel Noktalar, 2010 baskısı (http://www.oecd-ilibrary.org), s. 13; Uluslararası Enerji Ajansı, *CO_2 Emissions from Fuel Combustion Statistics*, CO_2 Emisyonu Göstergeleri, CO_2 Sektörel Yaklaşım, 2010 baskısı (http://www.oecd-ilibrary.org/statistics).

Avrupa Birliği, Kyoto sonrası bir anlaşma çerçevesinde daha iddialı hedefler için zorluyor. Birlik emisyonlarda 2050 yılı itibarıyle 1990'a kıyasla yüzde 80 değilse de yüzde 50'lik bir azaltmanın, küresel ortalama sıcaklıkları sanayi öncesi döneme göre 2 derecelik bir artışla sınırlamak için gerekli olduğunu iddia ediyor.[7] Hatta G8'in AB üyesi ülkeleri bu hedefi İtalya'nın L'Aquila kentinde düzenlenen 2009 G8 Zirvesi'nde resmi bir hedefe dönüştürmeyi bile başardı. Her ne kadar herhangi bir taahhüt ile sınırlı olmasa da buna göre sanayileşmiş ülkeler yüzde 80 diğer ülkelerse yüzde 50 oranında emisyonlarını düşürecekti.[8]

ŞEKİL 2.1 hukuki taahhütlerle 2008'e kadar gerçekleşen düşüşleri karşılaştırıyor. Şekil CO_2 emisyonu en yüksek 20 ülkeyle sınırlı. Üstteki panel en büyük kirleticileri gösteriyor. Bir ülkenin ekonomisi ne kadar büyükse CO_2 emisyonu da o kadar çok oluyor. Ancak emisyon sadece ekonominin büyüklüğüne dayanmıyor. Bunun yanında o ülkenin bireysel nitelikleri ve teknolojik seviyesi de rol oynuyor. ABD dünyanın en yüksek GSYH'siyle birlikte 2006'ya kadar CO_2 salan ülkeler listesinin başındaydı. Ancak henüz GSYH'si ikinci sırada olan Çin 2007'den beri bu unvanı devralmış durumda. GSYH'leri üçüncü ve dördüncü sırada olan Japonya ve Almanya emisyon sıralamasında beşinci ve altıncı geliyor. Büyük emisyonculardan olan Rusya ve Hindistan ise üçüncü ve dördüncü sırayı paylaşıyor ancak GSYH'leri sırasıyla on bir ve on ikinci sırada geliyor.

Alttaki panelin gösterdiği gibi Rusya, Almanya ve Ukrayna yüksek azaltma oranları elde ettiler. Bunun şüphesiz komünizmin çöküşüyle doğrudan bağlantısı var, çünkü çöküşle birlikte üç ülke de eski büyük sanayi temelini ortadan kaldırdı. Esas vurguya değer olan Çin, Hindistan, Brezilya, Endonezya, İran ve Güney Kore'nin başını çektiği gelişmekte olan ülkelerin yarattığı büyüyen iklim sorunudur. Bu ülkelerin muazzam ekonomik büyümeleri fosil yakıtların hızlıca artan bir şekilde tüketilmesiyle mümkün oldu, bu da karbondioksit emisyonlarında buna mukabil bir artışa neden oldu.

Almanya **ŞEKİL 2.1**'de temsil edilen tüm ülkeler arasında yüzde 21'le en büyük taahhütte bulunan ülkeydi. Ve 2008 itibariyle ulaştığı yüzde 15,4 kesinti seviyesiyle hedeflediği noktaya yaklaştı.[9] (2009 yılı itibariyle Almanya sınırlama hedefini çoktan aştı.) Eski Demokratik Alman Cumhuriyeti'nin sanayi kartellerinin terk edilmesinin yanında oldukça ağır büyüyen ekonomisi de bu hedeflere ulaşılmasını mümkün kıldı. Çarklar daha yavaş dönünce daha az enerji yakar. İtalya'nın ardından Almanya'nın ekonomisi 1995-2008 yıllarında AB'nin en yavaş büyüyen ekonomisiydi, bu da CO_2 emisyon hedefine görece daha hızlı büyüyen Kanada, İspanya ve Güney Kore gibi ülkelere kıyasla daha hızlı varmasını sağladı.

Çok daha büyük hedefleri olan ve 2008 itibariyle bu hedeflere kısmen ulaşan İngiltere de ayrıksı bir örnek. Buna karşın ABD, Japonya,

Kanada, İran, Avustralya ve İspanya gibi ülkeler ve AB'nin diğer çekirdek üyelerinin sabıkası parlak değil. Hatta bu ülkelerin birkaçının emisyonları dikkate değer bir oranda artış gösterdi.

İklim Günahkârları

Ülkeleri mutlak emisyon değerlerine göre karşılaştırmak biraz adaletsiz, bu yüzden ŞEKİL 2.2'nin solundaki sütun kişi başına karşılaştırma veriyor. Çok küçük olmalarına rağmen çok fazla fosil yakıt yakan 13 OPEC ülkesi Suudi Arabistan hariç listeye eklenmedi. Kişi başına düşen emisyonu en yüksek ülkeler elbette ABD, Rusya, Avustralya, Kanada, Almanya ve Japonya. Tüm bu ülkeler yüksek kişi başına GSYH'ye ve güçlü imalat sektörlerine sahip, dolayısıyla bu değerler şaşırtıcı değil.

ŞEKİL 2.2'nin sağ sütununda gösterilen GSYH'ye oranlanmış CO_2 emisyonuna bakmak daha ilginç. Söz konusu ülkenin üretim süreçlerinin iklime faydalı mı zararlı mı olduğu hakkında bir şey söyleme imkânı veriyor bu. İsviçre ve İsveç göz alıcı örnekler olarak öne çıkıyor. GSYH'sinin bir doları başına sadece 150 gram CO_2 (2000 yılı fiyatları ve ABD doları baz alınmıştır) üreten bu ülkeler üretim süreçlerinin iklim dostu olması konusunda dünya şampiyonları. Büyük ülkeler arasında Fransa ve İngiltere de iyi performans sergiliyor. Hidroenerji ve nükleer enerji sıralamanın yukarılarında yer almalarının başlıca nedenleri.

ABD on sekizinci sırada. En kirli üreticiler ise komünist dönemdeki sanayi tesislerinden henüz tamamen kurtulmayı başaramayan Rusya ve Ukrayna. Büyüklüğü ve baş döndürücü ekonomik büyümesiyle Çin dünya için zor bir sorun. Ülke son zamanlarda dünyayı CO_2 emisyonlarını kısma arzusu içinde olduğuna ikna etmek için bazı elektrikli araç projelerini vitrine çıkardı ancak püskürttüğü CO_2 miktarı ekonomisine denk gelmesi gereken miktarın çok üzerinde ve işler düzelmeden önce çok daha kötüye gidecek. Halihazırda Çin her yıl 75 adet 500 megavatlık kömür santrali işletmeye açıyor. Bu santraller Çin'in elektriğe aç sanayisini besliyor, aynı zamanda elektrikli araçlarına batarya üretiyor. 2008 yılında Çin'in toplam elektrik ihtiyacının yüzde 17,4'ünün yenilenebilir kaynaklardan geldiği ve bunun AB'nin yüzde 16,6'sından fazla olduğu bir gerçek. Ancak bu miktarın

ŞEKİL 2.2 — Kişi başına ton CO$_2$ (sol eksen: 0 – 2,5 – 5,0 – 7,5 – 10,0 – 12,5 – 15,0 – 17,5) ve kg CO$_2$ / GSYH ($) (sağ eksen: 3,5 – 3,0 – 2,5 – 2,0 – 1,5 – 1,0 – 0,5 – 0)

Ülke (kişi başına ton CO$_2$)	Değer	Değer	Ülke (kg CO$_2$ / GSYH)
Avustralya	18,48	0,15	İsveç
ABD	18,38	0,15	İsviçre
Kanada	16,53	0,19	Norveç
Suudi Arabistan	15,79	0,22	Japonya
Rusya	11,24	0,24	Fransa
Çek Cumhuriyeti	11,20	0,27	Danimarka
Hollanda	10,82	0,29	Birleşik Krallık
Finlandiya	10,65	0,31	Avusturya
Belçika	10,36	0,32	İrlanda
Güney Kore	10,31	0,37	İtalya
İrlanda	9,85	0,37	Finlandiya
Almanya	9,79	0,38	Almanya
Japonya	9,02	0,40	Hollanda
Danimarka	8,82	0,41	Belçika
Birleşik Krallık	8,32	0,43	İspanya
Yunanistan	8,31	0,43	Portekiz
Avusturya	8,31	0,43	Brezilya
Norveç	7,89	0,48	ABD
Polonya	7,84	0,50	Yeni Zelanda
Yeni Zelanda	7,74	0,53	Meksika
İtalya	7,18	0,54	Yunanistan
İran	7,02	0,63	Kanada
İspanya	6,97	0,67	Güney Kore
Güney Afrika	6,93	0,70	Türkiye
Slovakya	6,70	0,77	Avustralya
Ukrayna	6,69	0,86	Macaristan
Fransa	5,74	1,10	Slovakya
İzveç	5,67	1,26	Polonya
Macaristan	5,28	1,48	Çek Cumhuriyeti
İsviçre	4,96	1,54	Suudi Arabistan
Portekiz	4,94	1,56	Endonezya
Çin	4,92	1,73	Hindistan
Meksika	3,83	1,84	Güney Afrika
Türkiye	3,71	2,30	Çin
Brezilya	1,90	3,15	İran
Endonezya	1,69	3,71	Rusya
Hindistan	1,25	5,79	Ukrayna

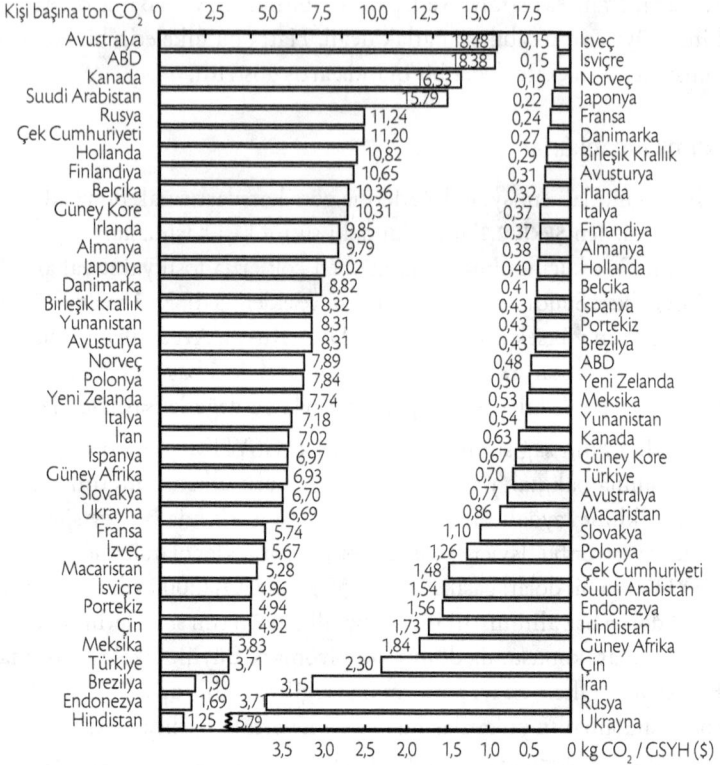

ŞEKİL 2.2 OECD ülkelerinin ve başlıca büyüyen ekonomilerin 2008'deki kişi başına düşen ve GSYH ile orantılı CO$_2$ salınımları. Kaynak: Uluslararası Enerji Ajansı, *CO$_2$ Emissions from Fuel Combustion Statistics*, CO$_2$ Salınım Göstergeleri, CO$_2$ Sektörel Yaklaşım, 2010 baskısı (http://www.oecd-ilibrary.org/statistics).

neredeyse tamamı geleneksel hidroelektrik santrallerinden geliyordu. Çin büyük ölçüde AB'nin yenilenebilir enerji kaynaklı elektrik için uyguladığı gümrük kolaylıklarından faydalanarak dünyanın önde gelen güneş enerjisi paneli ve rüzgâr gücü istasyonu ihracatçısı olduğu halde güneş ve rüzgâr gibi daha sofistike kaynaklardan elde edilen elektrik bunda hiçbir pay almadı. Hatta Uluslararası Enerji Ajansı'nın yaptığı bir çalışmaya göre Çin fosil yakıt tüketimini sübvanse ediyor. Çin'in petrol, kömür, elektrik ve doğalgaz için nihai tüketiciden aldığı ücretler dünya piyasa değerlerinin altındadır. Sanayileşmiş ülkeler tam tersini yapar: Vergiler koyarak fosil yakıtların fiyatını dünya piyasasındaki ortalama fiyatların üzerine çekerler.[10] Ancak adil olmak için Avrupa'nın ve Amerika Birleşik Devletleri'nin uzun zamandır ucuza ithal ettiği karbon yoğun Çin menşeli ürünlerin sefasını sürdüğünün altı çizilmeli.

Görece düşük olan sanayileşme seviyelerinden dolayı Çin ve Hindistan'ın mutlak veriler ışığında kişi başına karbondioksit emisyonu hâlâ görece küçüktür, ancak bu gayet hızlıca değişebilir. Komünizmin sonundan bugüne iki ülkenin de ekonomisi yüksek oranlarda büyüdü. Çoğunlukla yıllık yüzde 10'u aşan bu büyüme oranı artan CO_2 emisyonlarında kendini gösterdi. Çin 2008 itibariyle dünya GSYH'sinin sadece yüzde 6,4'üne sahip olsa da insan kaynaklı CO_2 emisyonunun yüzde 22'sinden sorumlu. Bu değer Rusya, Hindistan, Japonya, Kanada, Büyük Britanya, İran ve Almanya'nın birleşimi kadar.

Dünyanın Enerji Matrisi

Fosil yakıtların yerini alacak fosil dışı yakıtların durumu nedir? Pek çokları geleceğin ekonomisinin güneşten, rüzgârdan ve sudan gelen enerjiyle tamamen karbonsuz olacağına inanıyor; kimiyse nükleer enerjiye bel bağlıyor. Bu hayallere ulaşmanın ne kadar muazzam bir çaba gerektireceğine değinmeden önce gelişmiş ülkelerdeki gerçek enerji akımına bir göz atmak faydalı olacak.

Çevrenin güneş ışığını doğrudan emmesinin dışında, insanoğlunun işlediği birincil enerji kaynaklarının (fosil yakıtlar, yenilenebilir enerji ve nükleer enerji) yüzde 35'i ısınma için (yakma yoluyla), yüzde 59'u enerji santralleri ve içten yanmalı motorlar dahil çeşitli motorları çalıştırmak için kullanılıyor. Birincil enerjinin yüzde 6'sı enerji üretimi için değil kimyasal madde üretim sürecinde girdi olarak kullanılıyor. Motorlar için kullanılan yüzde 59'luk kısmın yaklaşık yüzde 38'i elektrik üretimine; yüzde 20'si hava, su ve kara ulaşımına ve kalanı birincil enerjiyle çalışan −pompalama istasyonlarındaki gaz türbinleri veya sabit dizel motorlar gibi− diğer makinelere gidiyor.[11]

Birincil enerji rafine yakıt, elektrik, ısı, kinetik enerji ve benzeri biçimlerde nihai enerjiye dönüştürülür. **ŞEKİL 2.3** tüketilen nihai ener-

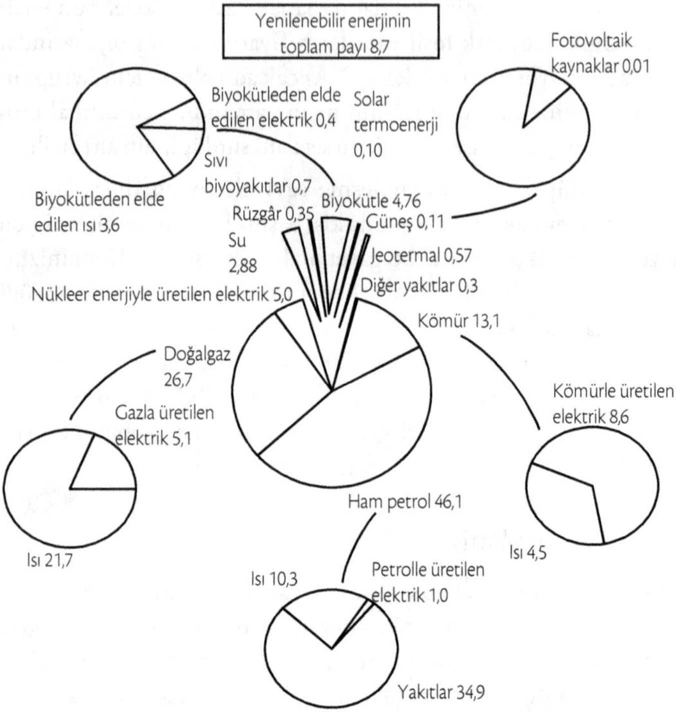

Yenilenebilir enerjinin toplam payı 8,7

Biyokütleden elde edilen elektrik 0,4
Solar termoenerji 0,10
Sıvı biyoyakıtlar 0,7
Biyokütleden elde edilen ısı 3,6
Rüzgâr 0,35
Biyokütle 4,76
Güneş 0,11
Su 2,88
Jeotermal 0,57
Nükleer enerjiyle üretilen elektrik 5,0
Diğer yakıtlar 0,3
Fotovoltaik kaynaklar 0,01
Kömür 13,1
Doğalgaz 26,7
Gazla üretilen elektrik 5,1
Kömürle üretilen elektrik 8,6
Ham petrol 46,1
Isı 21,7
Isı 10,3
Petrolle üretilen elektrik 1,0
Isı 4,5
Yakıtlar 34,9

ŞEKİL 2.3 OECD ülkelerinin nihai enerji matrisi (2007 yüzdeleri). Resimde her bir enerji taşıyıcısının, üretildikleri birincil enerji taşıyıcısına göre gruplanan başlıca nihai kullanımları görülüyor. Örneğin ham petrol otomotiv yakıtı, elektrik ve ısıtma yakıtı üretmek için kullanılıyor. "Diğer yakıtlar" atık yakma tesislerindeki girdileri kapsıyor. Kaynaklar: Uluslararası Enerji Ajansı, *Energy Balances of OECD Countries*, 2009 baskısı, s. II.13; *OECD Total: 2007*, Yenilenebilir Enerji ve Atıklardan Elde Edilen Enerjinin Katkısı, s. II.206; Ifo Enstitüsü hesaplamaları.

jinin nereden geldiğini gösteriyor. OECD ülkelerine uygulanıyor ve 2007 verilerine dayanıyor.

Şekil yüzde 46,1'lik payla ham petrolün uzak ara dünyada tüketilen nihai enerjinin en büyük kaynağı olduğunu gösteriyor. Onu yüzde 26,7'yle doğalgaz ve yüzde 13,1'le kömür takip ediyor. Kömür büyük oranda elektrik üretimi için kullanılırken ham petrol yakıt üretimi, doğalgaz da ısınma için kullanılıyor. Birlikte bu fosil enerji kaynakları OECD ülkelerinin enerji tüketiminin yüzde 85,9'una tekabül ediyor. Nükleer enerji toplam nihai enerji tüketiminin yüzde 5'ine tekabül ediyor. Tüm dünyanın bel bağladığı yenilenebilir enerji, kullanımın yüzde 8,7'sini karşılıyor. Yenilenebilir enerjinin uzak ara en büyük payı hâlâ biyoenerjiye ait; burada temel öğe odun. Biyoenerji aşağı yukarı nükleer enerjiyle aynı oranda katkı sağlıyor (yüzde 4,76).

Ancak yukarıdaki değerleri yorumlarken dikkatli olmak gerek, zira nihai enerjiyle birincil enerji aynı değildir. "Nihai enerji" son kullanıcıya sunulan enerjidir. "Birincil enerji" ise nihai enerjinin üretiminde girdi olarak kullanılan enerjidir. Çeşitli teknik işlemlerin verimlilik faktörleri değiştiğinden birincil enerji ve nihai enerji hakkındaki istatistikler her bir enerji taşıyıcı için farklı miktarlar üretir. Eğer nihai enerji birincil enerjiye benzer biçimde tüketilirse verimlilik faktörü genelde yüksektir, bu durum örneğin petrol ürünleri ve doğalgaz için böyledir. Aksine, nihai enerji elektrik gibi tamamen değiştirilmiş bir biçimde tüketilirse verimlilik faktörü küçük olur. Mesela bir nükleer reaktörde üretilen ısı enerjisinin ancak üçte biri elektriğe dönüştürülür. Kömür yakıtlı bir enerji santralinde verimlilik faktörü tesisin teknolojik yapısına göre yüzde 35 ila 46 arasındadır. Modern bir dizel motor, yakıtta bulunan potansiyel enerjinin yüzde 40'ını kinetik enerjiye dönüştürür. Bodrumlarımızdaki gaz veya benzin kullanan bazı modern yoğuşmalı kazanların verimlilik faktörleri neredeyse yüzde yüzdür. Bu yüzden evinizi kazanla ısıtmak fosil yakıtlar kullanılarak elde edilmiş elektrikle çalışan fanlarla ısıtmaktan çok daha ucuzdur.

ŞEKİL 2.3 nihai enerjiye bakıyor. Buna tekabül eden birincil enerji istatistiği bize kömürün katkısının yüzde 13,1'den yüzde 21,1'e çıktığını gösterecektir. Ham petrol ve doğalgazın katkılarının sırasıyla yüzde 46,1'den 39,9'a, yüzde 26,7'den yüzde 22,9'a düştüğünü görebiliriz. Nükleer gücün katkısı ise yüzde 5'ten yüzde 10,8'e çıkmaktadır.[12]

Birincil enerjiden ziyade nihai enerjiye referans verdiğimizde nihai enerjinin yüzde 34,9'unun sıvı yakıtlardan geldiğine dikkat ediniz. Dünyanın birincil enerji tüketiminin yüzde 20'sinin ulaşıma gittiğine dair az evvel verdiğimiz istatistikle çelişiyor gibi görünüyor bu, ancak öyle değil. İlk olarak **ŞEKİL 2.3**'ün tüm dünyaya değil sadece OECD ülkelerine bakıyor. İkinci olarak nihai enerjiyle birincil enerji arasındaki ayrım bu farkı açıklıyor. Kullanılan birincil enerji içindeki sıvı yakıtlarda OECD ülkelerinin payı yaklaşık yüzde 24'tür, bu pay neredeyse ulaşım için kullanılan paya eşittir. Dünyanın nihai enerji tüketimi içindeki sıvı yakıt payıysa aşağı yukarı yüzde 30,6'dır.[13] Bu tablo sudan, atıktan veya biyokütleden üretilen elektrik için de farklıdır. Bu elektriğin nihai enerji istatistiklerine katkısı genelde ikame yöntemiyle hesaplanır ve bu yöntem aynı miktardaki elektrik üretimi için kömür yakıtlı bir güç santralinde meydana getirilebilecek ortalama termal verimliliği hesaba katar. Bu tuhaflıklar "yeşil" elektriğin birincil enerji istatistiklerindeki payının yüzde 2,7 olmasına rağmen neden **ŞEKİL 2.3**'te yüzde 3,8 olduğunu açıklar. Genel olarak yenilenebilir enerji nihai enerjinin yüzde 8,7'sine tekabül ederken birincil enerji istatistiğindeki payı yüzde 6,5'tir.

"Yeşil" Elektrik

Pek çok insan güneş ve rüzgârdan elde edilen elektrikle birlikte karbonsuz enerjinin geleceğine bel bağlıyor, üstelik bu yönde pek çok ülke çok ciddi emekler harcıyor. Buna rağmen bu iki yenilenebilir enerji kaynağının nihai enerji tüketimine bu kadar az katkıda bulunuyor olması son derece şevk kırıcı. **ŞEKİL 2.3**'e göre şu an için dünya nihai enerji tüketiminin yüzde 86'sı fosil yakıtlardan sağlanıyor; rüzgâr ve güneş ışığından elde edilen elektrik gücü ancak yüzde 0,4 katkıda bulunuyor, fotovoltaik enerjiyse sadece yüzde 0,01. Bu enerji kaynaklarının önemsiz boyutlardaki katkılarından fazla bir şeyler yapabilmeleri için daha çok yol gidilmesi gerektiği apaçık ortada.

Şu an için, hidroelektrik rüzgâr ve hatta güneş ışığından çok daha önemli. Hidroelektrik, elektrik üretilen yenilenebilir enerji kaynakları arasında çok uzun süredir en önemlisidir. 1880 yılında Kuzey İngiltere'de kurulan ilk hidroelektrik santralinden sonra benzer santraller dünyanın dört bir yanında bitmeye başladı. Bugün hidroelektrik dünya çapında nihai enerji kullanımının neredeyse yüzde 3'ünü (2,88), dünya elektrik üretimininse yüzde 16'sını karşılıyor.

Doğada son derece bol bulunmasına rağmen güneş ve rüzgâr enerjisinin bugüne kadar bu kadar zayıf bir performans sergilemesinin nedeni bu enerjinin ince bir şekilde dünyanın dört bir yanına dağılmış olması ve dolayısıyla bir araya toplanmasının zor olması. Geniş toprak ve su parçalarına dağılmış bu enerji kaynaklarını bir araya toplamak için gerekli olan şebeke yüksek mali yatırım gerektiriyor. Gökten düşen yağmurdaki enerji de son derece küçük parçalar halinde geniş bir alana yayılmış durumda. Ancak doğa dere, nehir ve göller aracılığıyla bu enerjiyi belirli yerlerde bir araya getiriyor ve enerjiyi buralardan elde etme işini nispeten kolaylaştırıyor.

Avusturya, İsveç ve İsviçre özellikle yüksek hidrokaynaklara sahip. Yenilenebilir kaynaklardan elde edilen elektrik bu ülkelerdeki nihai enerji tüketiminin yüzde 15'ine, elektrik tüketimininse yüzde 57'sine denk geliyor. Elektrik tüketiminin yüzde 53'ü hidroelektrikten karşılanıyor. Dağlardan çağlayarak akan çok sayıda nehre sahip olan Norveç'te yenilenebilir enerji nihai enerji tüketiminin yüzde 57'sini, elektrik tüketimininse yüzde 99,6'sını karşılıyor; bu miktarın yüzde 98'i de hidroelektrik santrallerinden geliyor.[14]

Almanya'daysa yenilenebilir enerji toplam nihai enerji tüketiminin yüzde 3,3'üne, elektrik tüketiminin yüzde 14'üne denk geliyor.[15] Bu değer, 2009 itibariyle 21.000 rüzgâr türbini kurmuş, yarım milyonun üzerinden fotovolatik çatı sistemi ve diğer fotovoltaik aygıtlar kullanmaya başlamış Almanya için oldukça şaşırtıcı.[16] Bu durumun en bariz izahı yukarıda bahsettiğimiz ülkelerin hidroelektrik güç elde etmek için son derece ideal jeolojik koşullara sahip olmaları, bunun yanında rüzgâr ve güneş enerjisi açısından verimsiz bir konumda olmaları. Fotovoltaik aygıtlar nihai enerji tüketiminin sadece yüzde 0,2'sini, toplam elektrik tüketimin de yüzde 1'ini karşılasa da Alman kamuoyu bu enerji kaynaklarının fosil yakıtların yerini alacak mükemmel seçenekler olduğu konusunda kesin bir şekilde ikna olmuş durumda.[17]

Tüm çabalara rağmen Amerika Birleşik Devletleri'nde de yenilenebilir enerjinin rolü şu an için sınırlı. San Francisco'dan biraz içeride binlerce rüzgâr türbini dönerek şehir için elektrik sağlar. Gündüzleri deniz karadan daha sıcaktır, dolayısıyla rüzgâr okyanusa doğru eser. Öğleden sonra tablo tersine döner. Dolayısıyla tam da insanların evde

Rüzgâr gücü

2008 Sonu: % cinsinden paylar

Portekiz 2,6 — Fransa 2,6
İtalya 3,0 — Japonya 1,3
Danimarka 3,2 — Diğer ülkeler 11,2
Birleşik Krallık
3,3
Hindistan — ABD 24,1
7,6
Çin 8,0
İspanya 14,5
Almanya 18,6

Güneş gücü

Avustralya 0,1
Avusturya 0,1
Fransa 0,4
Hollanda 0,4 — Diğer OECD ülkeleri 2,0
İtalya 2,1 — Diğer ülkeler 3,9
Güney Kore 2,7
ABD 6,2
Almanya 41,0
Japonya 15,9
İspanya 25,2

Su gücü

İsveç 2,1 — Fransa 2,0
Japonya 2,2 — Kolombiya 1,4
Venezuela 2,7
Hindistan 3,7 — Diğer ülkeler 26,8
Norveç 4,4
Rusya 5,3
ABD 7,9
Çin 18,5
Brezilya 11,5 — Kanada 11,7

Biyoelektrik*

Hollanda 1,9 — Meksika 1,6
İtalya 2,0 — Diğer OECD ülkeleri 12,0
Avusturya 2,1
Birleşik Krallık 4,4
Finlandiya 4,5 — Diğer ülkeler 18,9**
Kanada 4,5
İsveç 4,5
Japonya 7,0 — ABD 25,5
Almanya 11,1

Nükleer enerji

İspanya 2,2 — Birleşik Krallık 1,9
İsveç 2,4 — Diğer ülkeler 11,1
Çin 2,5
Ukrayna 3,3
Kanada 3,4
Almanya 5,4 — ABD 31,1
Güney Kore 5,6
Rusya 5,9
Japonya 9,3 — Fransa 16,2

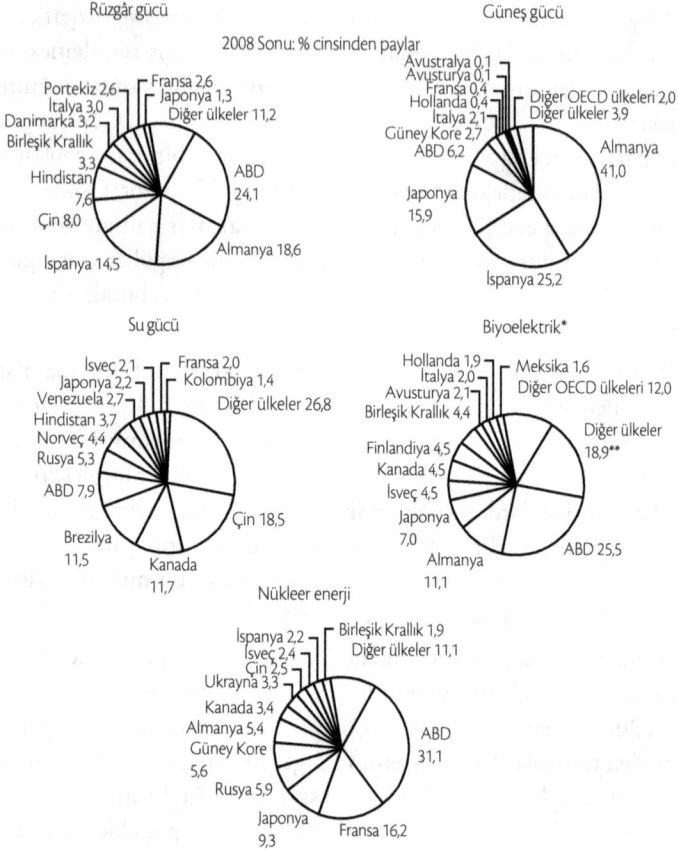

ŞEKİL 2.4 Fosil olmayan yakıtlardan elektrik üretiminin dünya piyasalarındaki payı (2008). * Odun, biyogaz ve biyoyakıttan elde edilen elektrik. ** Biyoelektrik için 2008 verileri 2007 verilerine dayanarak tahmin edilmiştir. Kaynaklar: Uluslararası Enerji Ajansı (UEA), *World Energy Outlook 2009*, 2009; UEA, *Energy Balances of OECD Countries*, 2009; UEA, *Energy Balances of Non-OECD Countries*, 2009; UEA, *Electricity Information 2009*, 2009; *EurObserv'ER* no. 6, Mart 2010, Rüzgar Enerjisi Barometresi; Renewables Global Status Report 2009 update [Yenilenebilir Enerjilerin Küresel Durumu Raporu 2009 güncellenmiş versiyon], REN21 Renewable Energy Policy Network for the 21st Century [REN21 21. Yüzyıl için Yenilenebilir Enerji Politikası]. *Hydro power: BP Statistical Review of World Energy*, Haziran 2009; Nükleer: Uluslararası Atom Enerjisi Ajansı, *Nuclear Power Reactors in the World*, 2009 baskısı, Viyana 2009; Biyokütle: UEA, *Electricity Information 2009*; Ifo Enstitüsü hesaplamaları.

olup yemek yaptığı saatlerde rüzgâr ideal bir enerji kaynağı sağlar. Ayrıca çölün ortasında olduklarından bu rüzgâr türbinleri kimseyi rahatsız etmez. Yine de yenilenebilir enerji ABD'de toplam nihai enerji tüketiminin ancak yüzde 6,7'sini, 2009 itibariyle elektrik tüketiminin de yüzde 8,3'ünü karşılamaktadır. Rüzgâr bu tablo içinde nihai tüketimin yüzde 0,2'sini, elektrik kullanımın yüzde 0,8'ini üretir.[18]

Yenilenebilir enerji ülkenin kendi içinde sınırlı bir role sahip olsa da ABD'nin devasa boyutları yüzde 24,1'lik küresel üretim payıyla rüzgâr enerjisi üretiminde (ve tüketiminde) dünya lideri olmasına neden oluyor. Onu yüzde 18,6 ile Almanya, yüzde 14,5 ile İspanya, yüzde 8 ile Çin takip ediyor. Bu değerler aynı zamanda ülkelerin güneş, hidro, biyokütle ve nükleer gibi diğer fosil dışı elektrik enerjisi kaynaklardaki paylarını da veren ŞEKİL 2.4'te gösterildi.

Öte yandan Almanya dünyanın en büyük fotovoltaik enerji üreticisi; onu İspanya ve Japonya takip ediyor. Güneş enerjisinin genel hacim içindeki cüzi yeri göz önüne alındığında bu şampiyonluğun çok bir önemi yok, ancak bu, Almanya'nın geliştirdiği kendine has siyasi tercihleri ve en önemlisi tarife garantisi olan yenilenebilir enerji için ayrılmış hacimli kamu sübvansiyonu sistemini gözler önüne seriyor. Tarife garantisi kamunun üretilen "yeşil" elektrik için belirlediği ve üreticiye garanti ettiği bir fiyat mekanizması; bu fiyat piyasa fiyatlarının üzerindedir ve şebeke sahiplerinin zorunlu satın alma sözüyle birlikte veriliyor.

Alman politika önlemleri büyük ölçüde Yeşiller Partisi'nin yükselişine bağlanabilir. Şu an için sadece 49.000 üyesi olan parti 1980'de kurulmuş nükleer silahlanma karşıtı eylemlerden doğdu. Son parlamento seçimlerinde toplam oyun yüzde 11'ini alan parti muhtemelen dünyanın en güçlü çevreci partisi. Yeşiller bazen doğrudan bazen de kendi seçmenlerini korumak isteyen diğer partilerin benzer inisiyatifler almasına neden olarak dolaylı bir biçimde Almanya'nın enerji arzının yenilenebilir enerji yönüne çevirmeyi başardı ve Almanya'yı fosil karbonsuz bir geleceğe giden yolda dünyanın laboratuvarı yaptı. Sahra Çölü'ne devasa bir güneş enerjisi kompleksi kurup Afrika ve Avrupalı ülkelerin elektriğini üretme planı Almanların ümit bağladığı pek çok iddialı projeden biri.

ŞEKİL 2.4'ün gösterdiği gibi, İspanya şu an dünyanın ikinci büyük güneş enerjisi üreticisi. Piyasa payı yüzde 25 civarında. Ülkenin uygun hava koşulları bunun nedenlerinden sadece biri. Daha önemlisi İspanya'nın da benimsediği tarife garantisi. Bu sistem güneş enerjisi üretimini özel sektör için kârlı hale getiriyor. Daha önce belirttiğim gibi İspanya'daki fotovoltaik paneller evlerin çatılarıyla sınırlı değil, ayrıca toplanan güneş enerjisinin buhar türbinlerini harekete geçirmek için kullanıldığı büyük güneş enerjisi güç istasyonları da çalıştırılıyor.

Tıpkı Almanya gibi Japonya'nın da milli enerji kaynakları önemsiz denecek kadar az, dolayısıyla ülke güneş enerjisi üretimini teşvik ediyor. Japonya'da haneler sadece kullanılan net elektrik için para ödüyor. Eğer hane şebekeye kendi ürettiği elektrikten verirse sayaçlar geriye doğru işliyor. Bu durum ülkedeki güneş enerjisi paneli sayısını kesinlikle açıklıyor ve ülkeyi güneş enerjisi üretiminde dünyada üçüncü sıraya yerleştiriyor. Japonya'nın iklim ve coğrafya koşulları sadece son kullanıcının çatılarındaki güneş panelleriyle geriye doğru işleyen sayaçlardan istifade etmesini sağlıyor. Dahası Japonya özel devlet programlarıyla çatı panellerini teşvik ediyor.

Şaşırtıcı bir şekilde rüzgâr enerjisinin Japonya'daki önemi güneş enerjisininkinden çok daha az. Belki de sık sık görülen tayfunlar, rüzgâr türbinlerinin dalları kuvvetli rüzgârlarla baş edemeyebileceğinden rüzgâr enerjisini biraz riskli kılıyor; sarp sahil şeridi türbinlerin kurulumunu olanaksız kılıyor da olabilir. Yine de ülkenin dünya piyasasında güneş enerjisi üretimindeki güçlü, rüzgâr enerjisindeki zayıf küresel payına rağmen Japonya güneş ışığına kıyasla rüzgârdan daha fazla elektrik üretiyor. Bu bize güneş enerjisinin katkısının ne kadar sınırlı olduğunu gösteriyor.

ŞEKİL 2.4 coğrafi koşulların hidroelektrik üretimi için ne kadar önemli olduğunu gösteriyor. Ancak Norveç, İsveç, İsviçre ve Avusturya gibi bu enerjinin nispeten önemli olduğu ülkeler, küçük boyutları nedeniyle küresel ölçekte pek bir rol oynamıyor. Çin, Kanada ve Brezilya gibi büyük ülkeler bu enerji biçiminin arzında başat konumunda.

Biyoelektrik, fosil olmayan yakıtlardan elektrik üretiminde genelde zannedildiğinden çok daha fazla bir rol oynar. **ŞEKİL 2.3**'ün gösterdiği gibi biyoelektrik küresel ölçekte rüzgâr kadar sayısal öneme sahip ve fotovoltaik elektrikten çok daha önemli. Biyoelektrik, genelde çiftliklerde kurulan küçük güç istasyonlarının odun yakarak veya fermantasyonla biyokütleyi dönüştürerek yanan metanın elektrik jeneratörlerini çalıştırmasıyla üretilen elektriktir. **ŞEKİL 2.4**'ün gösterdiği gibi ABD dünyanın biyoelektriğinin yaklaşık dörtte birini üretiyor. Onu yüzde 11 ile Almanya takip ediyor.

Nükleer Alternatif

Nükleer enerji katı anlamıyla yenilenebilir enerji değilse de fosil yakıt kullanmaz ve CO_2 emisyonu olmaksızın elektrik üretir (elbette yatırım aşamasındaki ve çeşitli hizmetlerden açığa çıkan cüzi karbondioksit miktarını saymazsak). Bu yüzden nükleer enerji, ABD'nin dünyanın nükleer gücünün yüzde 31,1'ini ve Fransa'nın yüzde 16,2'sini ürettiğini gösteren **ŞEKİL 2.4**'e eklendi. Japonya, Rusya, Güney Kore ve Almanya'nın daha küçük ama yine de önemli pazar payları var.

Nükleere olan ilginin bugün canlanmasının ardında fosil yakıtların küresel finansal kriz öncesindeki yıllarda dramatik bir şekilde artması yatıyor. Temmuz 2008'de bir gün ham petrolün varil fiyatı 147 ABD dolarını buldu, bu fiyat 1990'lardaki ortalama fiyatın yedi kat üzerindeydi.

ŞEKİL 2.5 mevcut ve yapımı planlanmış nükleer santrallerin genel bir tablosunu sunuyor. 2010 yılında dünyada 440 adet nükleer santral vardı. 59 yeni santral yapım aşamasında, 149 tanesi planlanmış, 344 tanesi de ön planlama aşamasındaydı. Avrupa Birliği şu an için 49 reaktör inşa ediyor ya da inşa etmeyi planlıyor. 24 yeni ve 153 planlanan santraliyle Çin bu alanda önde gidiyor. Çin halihazırda yılda üç tane bir gigavatlık nükleer santral açıyor.

Almanya, İspanya ve Belçika, Mart 2011'deki Fukuşima kazasından çok önce nükleer gücü tamamen terk etmeye karar vermişti. Almanya mevcut 17 reaktörünü de kapatmayı planlıyor. (Komünist dönemden kalma 5 tesis 1990'ların başında kapatılmıştı.) Almanya'nın "nükleerden çıkış"ının ne zaman olacağı ateşli bir tartışma konusuysa da çıkış kararı Alman parlamentosunda sandalyesi bulunan beş partinin hepsi

ABD $104 + \underline{1} + \overline{9} +$ 22
Fransa $58 + \underline{1} + \overline{1} +$ 1
Japonya $55 + \underline{2} + \overline{12} +$ 1
Rusya $32 + \underline{10} + \overline{14} +$ 30 ⟨29⟩
Güney Kore $20 + \underline{6} + 6$ ⟨1⟩
Büyük Britanya $19 + \overline{4} + 6$ ⟨19⟩
Hindistan $19 + \underline{4} + \overline{20} +$ 40
Kanada $18 + 2 + \overline{4} +$ 3
Almanya 17 ⟨17⟩
Ukrayna $15 + \overline{2} + 20$ ⟨15⟩
Çin $12 + \underline{24} + \overline{33} +$ 120
İsveç 10
İspanya 8 ⟨8⟩   1 Malezya
Belçika 7 ⟨7⟩   1 Kuzey Kore
Çek Cumhuriyeti $6 + \overline{2} + 1$ 1 İsrail
İsviçre $5 + 3$ ⟨5⟩   2 Litvanya
Slovakya $4 + \underline{2} + 1$ ⟨2⟩   2 Bangladeş
Macaristan $4 + 2$ ⟨4⟩   10 İtalya
Finlandiya $4 + \underline{1} + 2$ $\overline{1}$ Ürdün
Güney Afrika $2 + \overline{3} +$ 24 $1 + \overline{1}$ Mısır
Romanya $2 + \overline{2} + 1$ $4 + \overline{2}$ Tayland
Pakistan $2 + \underline{1} + \overline{2} +$ 2 $2 + \overline{2}$ Kazakistan
Meksika $2 + 2$ $4 + \overline{2}$ Endonezya
Bulgaristan $2 + \overline{2}$ $2 + \overline{2}$ Belarus
Brezilya $2 + \underline{1} +$ 4 $10 + \overline{4}$ Vietnam
Arjantin $2 + \underline{1} + \overline{2} +$ 1 $10 + \overline{4}$ BAE
Slovenya $1 + 1$ $4 + \overline{4}$ Türkiye
Hollanda $1 + 1$ ⟨1⟩ $\overline{6}$ Polonya
Ermenistan $1 + \overline{1}$ $1 + \overline{2} + 1$ İran

□ Faaliyette 440
■ Yapım aşamasında +59
□ Planlanmış +149
▨ Ön planlama aşamasında +344
⟨⟩ Devreden çıkarılması planlanan -143

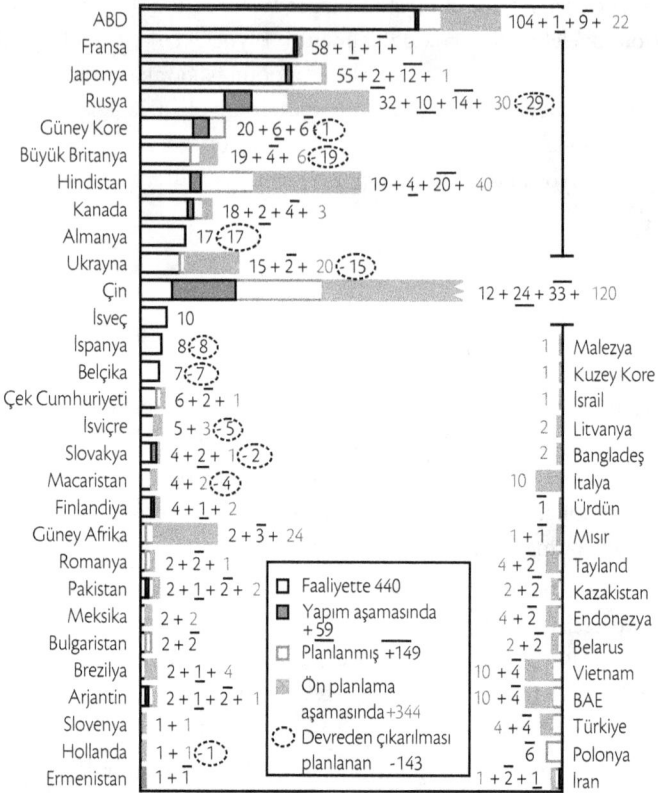

ŞEKİL 2.5 2010 itibariyle dünya üzerindeki nükleer tesisler. Kaynaklar: Dünya Nükleer Birliği, *World Nuclear Power Reactors and Uranium Requirements* (http://www.world-nuclear.org), Ocak 2011 ve ulusal raporlar.

tarafından destekleniyor. Fukuşima'dan sonra Almanya planlarını hızlandırdı. Alman hükümeti ülkenin elektrik ihtiyacının yüzde 7'sini karşılayan yedi nükleer santralini derhal kapattı ve diğerlerini de 2022'ye kadar kapatmaya karar verdi. Buna karşın İspanya ve Belçika dışında halihazırda nükleer enerji üreten ülkelerin hepsi santrallerini işletmeye devam edeceklerini beyan etti, ancak çoğu güvenlik önlemlerini artırmak üzere yatırımlar yapma sözü verdi. Bu durum yukarıda ileri sürdüğümüz iddiayı destekler niteliktedir: Almanya, Yeşiller'in etkisi altında kalarak kendine has bir yol seçip kendini neredeyse diğer tüm ülkelerden ayrıştırır gibi görünüyor. Otto Frisch, Otto Hahn, Lise Meitner ve Fritz Strassmann gibi bugün tüm nükleer santrallerin temelini oluşturan nükleer fizyon kuramını geliştiren bilimcilerin Almanya ve Avusturya'dan çıktığı düşünülürse bu son derece dikkat çekici bir gelişme (Hahn çalışmaları için daha sonra Nobel Ödülü'ne layık görüldü).[19]

Şüphesiz, nükleer enerjinin riskleri var. Mart 2011'de Fukuşima'da normalin çok üzerinde güçte bir tsunami santralin beş reaktör blokunun soğutma sistemlerini yok etti. Altı reaktör blokun dördü infilak etti, üçünün çekirdeği kısmen eridi. Felaketin bir ay sonrasında ben bu satırları yazarken 16.000 kişinin deprem ve tsunamiden öldüğü tahmin ediliyor ancak şu ana kadar nükleer felaketten kaynaklanan herhangi bir ölüm kaydedilmedi.* (Kurtarma personeli için çok ciddi uzun vadeli sonuçlar beklenebilir.) 1979'da Three Mile Adası'nda yaşanan kaza reaktörün çekirdeğinin kısmen erimesine neden oldu, ölü ya da yaralı kaydedilmedi. 1986'da Çernobil'de bir reaktör aşırı ısınmış, hidrojen patlamasına neden olmuş ve çok sayıda insan öldürmüştü. Tam olarak kaç kişinin öldüğü epey tartışmalı. Uluslararası Atom Enerjisi Kurumu, Dünya Sağlık Örgütü ve Birleşmiş Milletler Kalkınma Programı mevcut çalışmaları değerlendirip bilimsel testlere tabi tuttu ve konuyla ilgili ortak bir metin yayınladı. Bulgularına göre 50 kadar kişi kazadan doğrudan etkilenerek hayatını kaybetmişti. Uzun vadeli etkilerin ölü sayısını 4.000'e çıkarabileceği öne sürüldü.[20] Dünya Sağlık Örgütü kazadan etkilenen alanları ayrıca inceledi ve bu alanlardaki ölü sayısının uzun vadede 5.000'e varabileceğini belirtti.[21]

Şüphesiz, felaketler can sıkıcı ve uluslararası standartlara dayalı acil güvenlik kontrollerini gerektiriyor. Pek çok reaktör ilave güvenlik aygıtlarına ihtiyaç duyabilir, hatta bazılarının kapatılması gerekebilir. Ancak siyasi karar alıcıların Almanya'da aceleci adımlar atmadan evvel çeşitli reaktörler arasındaki temel farkları anlaması lazım.

---

* Daha sonra da rapor edilen radyasyondan kaynaklanan ölüm veya hastalık olmadı (http://www.world-nuclear.org/information-library/safety-and-security/safety-of-plants/fukushima-accident.aspx) -en.

Bir nükleer reaktörün zincir reaksiyonunu devam ettirebilmesi için bir moderatöre ihtiyacı vardır. Çernobil moderatör olarak grafit kullanırken Batı'da kullanılan bütün modern reaktörler, hatta Rusya'da kullanılanların bazıları normal (hafif) su kullanır. Fukuşima reaktörleri de bu gruba mensuptu, ancak onlar türbinlerin merkezinden çıkan iki su devresi yerine sadece bir su devresi (kaynar su reaktörü) olan daha eski bir modeldi. Grafitin aksine su, reaktör aşırı ısınmaya başladığında genleşir ve sızar, bu da otomatik olarak en azından bir süreliğine zincir reaksiyonunu durdurur. Fukuşima'da zincir reaksiyon tsunami vurunca kesintiye uğramıştı, Çernobil'deyse reaktörü kapamak için yapılmış yanlış bir deneyin neden olduğu kontrolden çıkmış bir zincir reaksiyon felakete neden oldu. Zincir reaksiyon kesintiye uğramadığı halde, soğutma sistemleri yok olduktan sonra biriken artık ısı Fukuşima'daki reaktörlerde üçünün patlamasına neden oldu.

Pek çok insan Çernobil ve Fukuşima'da nükleer bombalarınkine benzer patlamalar olduğuna inanıyor. Bu doğru değil. Bir nükleer patlamanın olması için iki hayli zenginleştirilmiş kritik olmayan metalik kütleden oluşan Uranyum 235'in (ya da Plütonyum 239'un) kritik kütle oluşturacak şekilde birleştirilebilmek üzere çok sıkışık bir ortamda çok yüksek hızda bir araya getirilmesi gerekir. Ancak bu şekilde yeterli miktarda bir kütle bir araya getirilebilir.[22] Bunun dünya üzerindeki hiçbir nükleer güç reaktöründe olması mümkün değil. Burada olan, reaktörün çekirdeğinin aşırı ısınmasından dolayı, nükleer reaksiyonu kontrol eden çubukları içeren metal kabın suyla reaksiyona girerek hidrojen meydana getirmesi ve bu hidrojenin patlayarak reaktör binasını yok etmesidir. Çernobil reaktöründe çekirdeği kaplayan bir muhafaza kazanı olmadığından patlama, anında tonlarca radyoaktif maddeyi açığa çıkardı ve sonrasında yanmaya devam eden radyoaktif grafit günlerce buharlaşıp atmosfere karışmaya devam etti. Fukuşima'da radyoaktif madde büyük ölçüde muhafaza kazanında kaldı. Ancak güvenlik vanaları kazanların içindeki kirlenmiş su buharının bir kısmını dışarı saldı ve kirli su beş kazandan birinden bir süre sızmaya devam etti. Ben bu metni hazırlarken Fukuşima reaktörleri halen geçici olarak dışarıdan soğutuluyordu ve kalıcı soğutma sistemlerinin kurulup kurulamayacağı ya da ne zaman kurulacağı konusu belirsizdi.* Kalıcı soğutma sistemi çekirdeğin tamamen erimesinin önlemek için şarttır, çünkü böyle bir erimenin ardından parçalanabilir malzeme o kadar yoğun hale gelir ki tekrar bir zincir reaksiyon başlatabilir. Çernobil ve Fukuşima kazaları pek çok gözlemci tarafından eşit derecede ciddi vakalar olarak görüldü, ancak kazadan altı hafta sonra Çernobil'den salınan radyasyon Fukuşima'dakinin on katı kadardı. Bu yüzden Rus Atom Enerjisi Kurumu (ROSATOM) Fukuşima'nın Çernobil'le karşılaştırılabilecek bir nükleer felaket olarak sınıflandırılamayacağını iddia etti. Japon atom enerjisi yetkilileri bu konuda aksi iddiaya sahipti.[23]

Bu olaylar depreme tamamen dayanıklı acil soğutma sistemlerinin yanında nükleer reaktörlerin güvenlik seviyelerinin çekirdeğin erimesini kontrol altında tutacak şekilde geliştirilmesinin de esas olduğunu gösteriyor. Şu anda Olkiluoto Finlandiya'da inşa edilmekte olan Avrupa'nın en büyük reaktörünün bir "çekirdek yakalayıcı"sı bile var. Düz bir seramik kefe olan bu yapı çekirdek eridikten sonra dahi zincir reaksiyonu engelleyecek. Sistemde ayrıca erimiş maddeyi zincir reaksiyonun olmayacağı bir seviyede soğutmaya yetecek kadar suyun olduğu dahili bir su sağlama mekanizması bulunuyor. Ayrıca uçak saldırılarına dayanacak güçte çift muhafaza kazanı var. Benzer bir reaktör Fransa'da bulunan Flamanville'de yapılıyor.

Radyoaktivite çoğu insan için endişe konusu. Ancak aynı zamanda en başından beri yaşama yoldaşlık etmiş doğal bir olgu, çünkü Dünya oluştuğu ilk günden beri çürümekte ve etrafa yayılmakta olan radyoaktif maddeler içeriyor. Doğal radyoaktif çürüme Dünya'nın sıcaklığının yüzde 62'sinden sorumlu.[24] Uranyum ve Dünya'nın kabuğunda bulunan bir dizi başka element (özellikle toryum 232 ve potasyum 40) tıpkı nükleer reaktördeki yakıt çubuğu gibi çürüyor ve radyoaktivite yayıyor. Evlerini jeotermal enerjiyle ısıtan insanlar aslında nükleer enerji kullanıyor. Geçmişte uranyumun doğal olarak yoğunlaştığı yerlerde ve suyun moderatör gibi davranarak işin içine dahil olduğu yerlerde doğal yollardan zincir reaksiyonlar oluştu. Gabon'daki Okla bölgesinde böyle bir doğal reaktör yaklaşık 2 milyon yıl önce harekete geçti ve yaklaşık yarım milyon yıl aktif kaldı.

---

* Bu sistemler 10 Ağustos 2011'de devreye girdi -en.

Ancak uranyum genelde herhangi bir zincir reaksiyona neden olmaksızın çürür. Çünkü U^{235}'in yarılanma ömrü 700 milyon yıldır. Süreç azalan bir yoğunlukta çok uzun bir süre devam eder. Yeryüzü oluştuğunda yarılanma ömürleri çok daha kısa olup daha hızlı çürüyen çok daha fazla radyoaktif madde vardı. Plütonyum bunlardan biriydi. Görece daha kısa yarılanma ömründen dolayı (yaklaşık 24.000 yıl) artık doğal yollardan oluşan plütonyum bulunmuyor. Aşırı nadir bir başka madde de yarılanma ömrü 245.500 yıl olan (jeolojik açıdan bu süre bir göz kırpması kadardır) U^{234}.

Dünya'da yaşam yaklaşık 3,5 ila 4,5 milyar yıl kadar önce başladı. Radyasyon içinde yüzen ve yaşayan tüm organizmaların parçası olan hücreler radyasyon kaynaklı genetik hasarı tamir etmek için gerekli mekanizmalar geliştirmeyi öğrendi. Bu mekanizmalar bugünkü düşük seviyelerdeki artık radyasyonla kolaylıkla baş edebiliyor. Daha ağırlarıyla mücadele etmek için geliştirildiler, çünkü Dünya'da yaşamın başladığı dönemde bugüne kıyasla beş kat daha fazla radyasyon vardı.[25] Radyasyon gendeki genetik bilgiye hasar vererek hücre çekirdeğine zarar verebilir. Fakat insan da dahil olmak üzere organizmalar bununla baş etmeyi öğrendi. Kulağa inanılmaz gelebilir ancak radyasyonun ve diğer nedenlerin bir günde insan bedenindeki her bir hücrede neden olduğu gen bozulmalarının sayısı 50.000'i bulur.[26] Ancak bedenimiz kolaylıkla bu bozulmalarla başa çıkabilir ve derhal onları tamir edebilir.[27]

Bu açıdan bakıldığından nükleer reaktörlerden gelen ekstra radyasyon göz ardı edilebilecek boyutta. Bir kömür santrali 50 kilometrelik bir mesafe içinde nükleer santrale göre 3 kat daha fazla radyasyona neden olur. Nükleer santrali çevreleyen çitlerdeki radyasyon Dünya yüzeyindeki ortalama radyasyondan sadece yüzde 0,25 daha fazla. Farklı noktalar arasındaki doğal çeşitlilikten bile çok daha az bir orandır bu. Dolayısıyla bir İsviçreli kayalık ve radyoaktif mahallesini bırakıp kuzey Fransa'nın nükleer reaktörlerinin birinin çitleri dibinde yaşamaya kalkarsa yüzde 50 daha az radyoaktiviteye maruz kalacaktır.[28] Elbette bu, radyoaktif atığın herhangi bir tehlike arz etmediği ve imha edilmemesi gerektiği anlamına gelmez.

Fosil Yakıt Atıklarını ve Nükleer Atıkları Depolamak

Nükleer yakıtı güvenli bir şekilde depolayacak bir yer bulmanın zorluğu çevrecilerin nükleer enerjiye karşı dillendirdiği en büyük iddialardan biridir. Sorunu daha iyi anlamak için zayıf radyoaktif maddelerle güçlü radyoaktif maddeler arasındaki yani düşük seviyeli atıklarla yüksek seviyeli atıklar arasındaki farkları bilmemiz lazım. Yüksek seviyeli atıklar çoğunlukla harcanmış nükleer yakıt, yeniden işleme sürecinden meydana gelmiş camlaşmış fizyon ürünleri ve aktive edilmiş çekirdek parçacıklardan oluşur. Düşük seviyeli atığın başlıca içeriğiyse nükleer santrallerin normal işleme süreçleri sonunda oluşmuş atıklar (sıvı arıtma sistemlerini soğutmakta kullanılan iyon değiştiriciler, filtreler, buharlaştırıcı konsantreleri vb.) ve artık kullanılmayan nükleer reaktörlerden kalan radyoaktif enkazdır. En sorunlu yüksek seviyeli atık plütonyumdur; 24.390 yıllık yarılanma ömrüyle insanlar için neredeyse sonsuza kadar tehlike arz eder.

Plütonyumun depolanması sorunu, harcanan yakıtın ışıyan plütonyumun, Pu^{239}'un, yakalanması için yeniden işlenmesiyle ve bunun, normal uranyum yakıt çubukları yerine kullanılabilecek MOX yakıt çubuğu üretiminde kullanılmasıyla azaltılabilir. Uranyum doğada saf bir metal olarak bulunmaz, uranyum maden filizinin 200'den fazla çeşidi vardır ve en önemlileri uraninit ve kofinittir. Doğal uranyumun iki izotopu (yani atomun çekirdeğinde farklı sayıda nötronu olan varyasyonlar) vardır: U^{235} ve U^{238}. Bunlardan sadece birincisi parçalanabilir ve ağırlığı doğal uranyumun yüzde 0,7'sine denk gelir. Basınçlı su reaktörlerinde kullanılabilmesi için oranının en az yüzde 3'e çıkarılması gerekir. Aksi takdirde zincir reaksiyonu oluşamaz. Bu derişime ulaşılabilmesi için U^{235}'in zenginleştirilmesi gerekir. Bu, U^{238}'in bir kısmı çıkarılarak yapılır. Zenginleştirilmiş uranyum gaz haline getirilir, sonra da yakıt çubuklarının yapıldığı katı hale geri döndürülür. Kurala göre U^{235}'in küçük bir kısmı yakıt çubuğu yapmak için yüzde 4 veya 5 oranına kadar zenginleştirilir. Bu çubuklar bir reaktörde kullanıldığında U^{238}'in bir kısmı nötron kapar ve plütonyuma dönüşür. Nükleer atığın yeniden işlenmesi yoluyla MOX yakıt çubuklarına eklenen plütonyum da parçalanabilir ve bir noktaya kadar U^{235}'in yerine geçebilir. Dolayısıyla yeniden işlemenin hem nükleer atığı azaltma hem de çıkarılan uranyumdan elde edilen enerjiyi artırma gibi ikili bir faydası vardır. ABD, Fransa, Büyük Britanya, Hindistan, Rusya ve Japonya'nın yeterli tesislere sahip olduğu biliniyor ancak kullanılmış yakıtın nakliyesine karşı güçlü siyasi direnç bu tesislerin her zaman tam kapasiteyle çalışmasının önünde bir engel. Ancak yeniden işleme belirli bir uranyum cevherinden elde edilen enerjiyi yüzde 1,4 yüzde 1,5 oranında artırır. Yüksek seviyeli atığı da yaklaşık yüzde 7 azaltır. Hızlı besleme ise çok daha verimlidir, çünkü bu yöntem sadece uranyum kaynaklarının ömrünü 60 kat artırmakla kalmaz, (ömür derken yeraltı kaynaklarının bugünkü hızında kullanmaları halinde stokların tükenmesi için geçecek süreyi kastediyoruz) yüksek seviyeli atığı da aynı oranda düşürür.

Öte yandan düşük seviyeli atık da depolanmalıdır. Bu, nükleer santrallerden çıkan atığın yüzde 90'ına tekabül eder ancak kullanılmış yakıttan çok daha az tehlikeli olduğundan depolanması daha kolaydır. Radyoaktivitesi yüksek seviyeli atığın çok küçük bir miktarına denktir, dolayısıyla ilgili güvenlik standartları biraz daha düşüktür. Bu atığın bir kısmı atık konteynırları ve benzeri şeyler için zırh olarak kullanılır.

Eğer yeniden işlemek mümkün değilse plütonyum ve diğer yüksek seviyeli atığı depolamanın en iyi yolu çok derine gömmektir. Granit oyukları hem güvenlidir hem de sonraki nesillerin yeniden işlemek üzere bunlara ulaşmak istemesi halinde ulaşılabilir olma avantajına sahiptir. Tuz tümsekleri ise ısıyı kaya formasyonlarından çok daha iyi iletir. Esneklikleri radyoaktif maddenin sızabileceği herhangi bir çatlak ya da deliğin oluşmasına engel olur. Fakat nükleer maddenin daha sonra ulaşılmasını güçleştirir. Her halükârda nükleer yakıtın depolanması günümüz nesillerinin gelecekteki pek çok neslin sırtına yüklediği bir yüktür. Düşük seviyeli atık yirmi otuz yıldan sonra tehlikeli olmaktan çıkacakken yüksek seviyeli atık binlerce yıl tehlikeli kalmaya devam edecektir. Bu açıdan bakıldığında etkileri, karbondioksit üretimi gibi fosil yakıt yakmanın neden olduğu uzun vadeli etkiye benzer. Çünkü üretilen karbondioksidin önemli bir bölümü okyanuslar veya biyokütle tarafından geri emilmeyecek, aksine uzun süre atmosferde kalacak, sera etkisini artıracak ve insanlık da artan sıcaklıklar ve bu sıcaklıkların öngörülebilir gelecekte neden olacağı zararlarla baş etmek durumunda kalacaktır. Bu karbondioksidin atmosferde ortalama kalış süresi 30.000 yıldır, bu da plütonyumun ömrüyle karşılaştırılabilir bir süredir.[29] Fosil yakıt yaktığımız zaman oluşan atığın nihai deposu soluduğumuz havadır. Bu nihai depolanma sorununun insan sağlığı için önemi kesinlikle nükleer atık sorununa göre daha büyüktür.

TABLO 2.1 1 metreküp fosil yakıtı tarafından üretilmiş ve 20°C ve 55 barda sıvılaştırılmış CO_2 hacmi.

Antrasit	5,4 m³
Linyit (kahverengi kömür)	1,4 m³
Ham petrol	3,7 m³
Metan (sıvı)	1,6 m³
Metan (gaz)	0,002 m³
Metan (donmuş, metan hidrat)	0,4 m³

Antrasit, gaz halindeki metan ve linyitin yoğunlukları şu kaynaktan alınmıştır: H. Recknagel, E. Sprenger ve W. Hönmann, *Taschenbuch für Heizung und Klimatechnik* 1992/93 (Springer, 1992), s. 76; ham petrol yoğunluğu için kaynak: *Dubbel-Taschenbuch für den Maschinenbau*, 17. baskı, ed. K.-H. Grote ve J. Feldhusen (Springer, 1990). Enerji birimi başına salınan CO_2 için geçerli salınım faktörleri şuradan alınmıştır: http://www.dehst.de. Not: Bir metreküp antrasit ağırlığı 1,4 metrik tondur. Yakıldığında yaklaşık 4 metrik ton CO_2 açığa çıkartır ki bunun da hacmi, sıvı haldeki yoğunluğundan dolayı (metreküp başına 0,74 metreton) yaklaşık 5,4 metreküptür. Bir metreküp linyit yaklaşık 1 metreton CO_2 açığa çıkartırken bu oran ham petrolde 2,7 metreton, sıvı metanda 1,18 metreton, gaz halindeki metanda yaklaşık 0,0017 metreton ve içeriğinde bulunan metanın haldeki suyu da içerecek şekilde donmuş haldeki metanda 0,4 metretondur. Sıvı CO_2'nin spesifik ağırlığını kullanarak yapılacak birim çevirisi, tabloda gösterilen sıvılaştırılmış CO_2 hacimlerini verecektir.

Bugünlerde fosil yakıt yakma sonucunda oluşan karbondioksidi "temizleyip" sıvılaştırmak ve uygun konteynırlara doldurup yeraltında depolamak gibi bir olanak da var. Buna zapt diyoruz. Bu terim eskiden bir suçlunun alıkonması anlamında kullanılıyordu. Dünya'nın kabuğunda böylesi bir zapt için yeteri kadar yer olduğunu varsayabiliriz. Ne de olsa oksitlenmiş karbonu çıkardığımız yere geri gömebiliriz. Aşırı bir durumda CO_2'nin borularla son kullanıcıdan geldiği petrol yatakları ve kömür madenlerine geri pompalanması bir çözüm olarak düşünülebilir. Bu, yakıtı kısa süreliğine çıkarıp ondan enerji elde etmek, sonra da kalanını geri göndermek demek oluyor. Ancak bunu söylemesi yapmaktan daha kolay. Sorun fosil yakıtları yakınca karbon atomunun iki oksijen atomuyla birleşmesinden ve sonuçta bunların da bertaraf edilmesi gerekmesinden kaynaklanıyor. TABLO 2.1 çeşitli yakıtların yakılmasından oluşan CO_2 emisyonlarının depolanması için ne kadar bir alana ihtiyaç duyulduğunu gösteriyor. Sıvı karbondioksit hacmi orijinal fosil yakıtın bir metreküpüne göre ifade edilmiştir. Sonuçlar iç karartıcı. Tabloya göre oluşan sıvı karbondioksit çoğu zaman orijinal yakıt hacminden çok daha büyük bir yer kaplıyor. Mesela bir metreküp linyit (kahverengi kömür) yakmak 1,4 metreküp sıvı karbondioksit, bir metreküp birinci sınıf maden kömürü yakmak 5,4 metreküp sıvı CO_2, bir metreküp ham petrol 3,7 metreküp sıvı CO^2, bir metreküp sıvı metan 1,6 metreküp sıvı CO_2 oluşmasına neden oluyor. Bir metreküp metan buzu (metan hidrat) ise 0,4 metreküp CO_2 oluşturuyor. Ancak okyanus yüzeyinin çok derinlerinde genelde kıta sahanlığında bulunan bu havzalar çok da güvenli depolama alanları teşkil etmiyor. Sadece gaz metan, yakıldığında arkasında CO_2 depolayacak kayda değer bir alan bırakıp erişilebilir depolama alanları sunuyor.

Dolayısıyla pek çok durumda sıvılaştırılmış karbondioksidi çıkarıldıkları havzalara geri pompalamak yeterli olmayacaktır. Bu durum özellikle kömür için böyle. Mevcut CO_2 temizleme süreçleri sadece kömür yakıtlı santrallerde kullanılıyor, çünkü süreç o kadar büyük enerji gerektirir ki ancak bu tür santraller bu enerjiyi sağlayabilir. CO_2 önce sürekli ısıtılıp soğutulması gereken kimyasal çözücüler tarafından temizlenir. Nihayet CO_2 izole edildiğinde pompalar tarafından sıvı hale dönüştürülür. Yeryüzündeki elektriğin yüzde 54'ünü sağlayan antrasit kömürü konusunda tablo talihsiz bir hacim oranı gösteriyor. Boşaltılmış kömür madenleri, ortaya çıkan sıvılaştırılmış CO_2'nin sadece beşte birini depolamak için yeterli. Orantı linyitte daha makul çünkü antrasitin ürettiğine eş oranda enerji üretmek için daha fazla linyit gerekir. O zaman teorik olarak linyit yakımı sonrasında ortaya çıkan CO_2'yi depolamak için yeteri kadar alan kalır. Fakat maalesef linyit açık ocaklardan çıkarılır, dolayısıyla yeraltı madeni söz konusu değildir. (Aynı durum Amerika'daki antrasit kömürü için de geçerlidir, çünkü o da açık ocaklardan çıkarılır.)

Eğer mevcut kömür madenleri CO_2 depolamak için yeterli alan sağlamıyorsa belki de daha eski zamanlarda tükettiğimiz maden ve gaz yataklarını kullanabiliriz. Özellikle gaz yatakları daha büyük depo hacmi sunabilir, çünkü konvansiyonel metan sıvı ya da katı değil gazdır. Tabloda görüldüğü gibi bu yataklar bu tür metanın ürettiği CO_2'nin gerektirdiğinden 500 kata kadar daha fazla hacim (1/0,002) sunar. Fakat maalesef bu alan diğer fosil yakıtların yakılmasından oluşan CO_2'yi sıvı halinde depolamak için bile yeterli değil. IPCC'nin bir çalışmasına göre, dünya genelinde eski petrol ve gaz yataklarında maksimum 900 gigaton, kömür yataklarında ise maksimum 200 gigaton CO_2 depolayacak kadar yer var.[30] Bu toplamda 1.100 gigaton CO_2'ye, yani yaklaşık 300 gigaton karbona denk geliyor. Ancak toplam fosil yakıt kaynakları yaklaşık 6.500 gigaton karbon civarında. Dolayısıyla kullanılabilir depolama alanı açığa çıkan CO_2'nin sıvılaştırılmış halinin yirmide birine ancak yetiyor. Referans senaryosuna göre bu yüzyılın ortasına kadar 900 gigaton karbonun yakılacağı tahmin ediliyor.[31] Kullanılabilir depolama alanı o zamana kadar çoktan dolmuş olacak.

Bu durum, umutların halihazırda suyla dolu olan gözenekli kaya tabakalarıyla doğal tuz tümseklerine çevrilmesine neden oldu. Önce bu suyun dışarı pompalanması lazım. IPCC'nin çalışmasına göre buralarda en azından yaklaşık 270 gigaton karbona denk gelen 1.000 gigaton sıvı CO_2 muhafaza edilebilir. Boşaltılmış petrol ve gaz yataklarıyla birlikte buralarda yaklaşık 600 gigaton karbon depolanabilir ancak bu da yüzyılın ortasına kadar bile yetmez.

1.000 gigatondan fazla karbon için bir yer bulunup bulunamayacağı ucu açık bir soru. IPCC'nin en yüksek hipotetik tahmini 10.000 ton CO_2 kadar yer olduğunu söylüyor ancak bu tahmine son derece şüpheyle yaklaşılıyor. Bu kadar yer bulunsa bile bu ancak 2700 gigaton karbona yeter. Boşalmış petrol ve gaz yataklarını da eklersek aşağı yukarı 3.000 gigaton karbon depolanabileceği anlamına gelir ki bu da mevcut karbon rezervlerinin ancak yarısına denk geliyor. Yeterli değil ama az da değil. Maalesef başka birkaç sorun bu teknik çözümün çekiciliğine ciddi bir şekilde azaltıyor.

İngiltere'nin Sheffield bölgesindeki ya da Almanya'nın Ruhr bölgesindeki kömür madenlerini alalım. 200 yıllık madenciliğin ardından yeraltı dev bir İsviçre peynirine benziyor. Eğer kuyu ve tünellerdeki suyu dışarı çıkartabilirsek aşağıda epey bir süre yetecek kadar alan var. Fakat bu hemen hemen hiçbir işe yaramaz, çünkü birbirine sıkıca bağlanmış olan bu maden kuyu ve tünelleri kısmen gözenekli toprak tabakalarının altında bulunuyor. Bu da buraları hava geçirmez yapmayı hemen hemen olanaksız kılıyor. Bu depolama alanları sadece iklimsel kaygılar nedeniyle değil CO_2 zararsız bir gaz olmadığı için de hava geçirmez olmalı. Kimyasal olarak zehirli olmadığından insanlara doğrudan zarar vermez. Biz besinleri yakmak suretiyle kendi vücudumuzda bile bir miktar üretiriz. Ancak bir yerde oksijeni yerinden edecek kadar yüksek derişimde bulunması tehlikelidir. Oksijenden daha ağır olduğundan hava durgunken yere yakın seviyelerde birikir. Bir depolama alanında sızıntı olursa yüksek basınçlı gaz kaçabilir ve oksijeni yerinden etmek suretiyle boğularak ölümlere neden olur. Durumun benzer olduğu tuz madenleri için ayrıntılı hesaplamalar yapıldı. Tipik kapasiteli bir tuz madeninde (7 ila 12 megaton CO_2) rüzgârsız koşullarda oluşacak bir sızıntı geçici olarak on metre kalınlığında bir karbondioksit tabakası oluşumuna neden olur, bu da durumdan etkilenen çevredeki tüm insan ve hayvan yaşamının silinmesi anlamına gelir.[32] Bu tehlike vadilerde özellikle büyük.

Bu durumun deneysel kanıtları doğa tarafından çoktan sunuldu. 1986 yılında Kenya'nın Nyos Gölü yakınlarındaki bir volkanik alanda bir anda salınan karbondioksit yaklaşık 1700 kişinin oksijensiz kalarak ölmesine neden oldu. Bu tehlike göz önüne alındığında eski kömür ve tuz madenlerinin karbondioksit deposu olarak kullanılması fikri oldukça zoraki bir fikir.

Dolayısıyla sıvılaştırılmış karbondioksit sırf yer var diye her boş görülen yere pompalanamaz. Muhtemel depolama alanları insan yerleşiminden uzak alanlarda seçilmeli ve nükleer atık depolama alanlarında gösterilen ihtimamın aynısı buralarda da gösterilmeli. Pek çok ülkede birkaç yıl kullanılabilecek böylesi yerler bulmak mümkün ancak bu gerçek bir çözümden ziyade insanların korkusunu geçici olarak dindirecek bir plasebodan ibaret.

Esas ihtiyaç duyulan sıvılaştırılmış karbondioksidin Sibirya'da, Kazakistan'da ve Arap ülkelerinde insanların yaşamadığı ıssız yerlerdeki eski fosil yakıt havzalarına pompalanmasını sağlayacak yeni bir boru hattı inşa etmek. Bu sistemin fosil yakıtları tüketici ülkelere getiren mevcut boru hatlarından çok daha büyük olması gerekecek, çünkü bu sefer karbona eklenmiş oksijen atomları da depolama alanlarına geri pompalanacak.

Oksijenin karbonla beraber yeraltına geri pompalanacak ve dolayısıyla biyolojik döngüden çıkarılacak olması Dünya'daki yaşam için bir sorun teşkil etmiyor. Atmosferdeki oksijen oranına kıyasla bertaraf edilecek oksijen o kadar az ki, bu oksijen kaybı insan ve hayvanlar için bir tehdit oluşturmaz. Oksijen şu an atmosferin yüzde 20,946'sını oluşturuyor. Eğer yaklaşık 6.500 gigatonluk bütün karbon rezervi yakılsa ve oluşan gazlar atmosfere salınsa oksijenin oranı yüzde 20,023'e düşecek, çünkü fotosentez CO_2'de karbona yapışık olan oksijenin bir kısmını ayrıştıracak ve atmosfere geri gönderecek.[33] Atık gazların tamamı fotosenteze olanak tanımayacak şekilde zapt edilse bile atmosferdeki oksijen oranı yüzde 19,629'a düşer. Bu durumda düşüş zapt edilme olmadan oluşacak düşüşe göre biraz daha fazla, ancak bunlar o kadar cüzi farklar ki yaşayan organizmalar açısından herhangi bir önemleri yok. Fakat atmosferin sadece yüzde 0,038'ini teşkil etmesine rağmen atmosfere salınan karbondioksidin sera gazı etkisiyse hiç de önemsiz değil. Ayrıca zapt etmenin yarattığı lojistik sorunlar göz ardı edilmemeli. Atmosferin sadece küçük bir parçası bu işe girse de insanların üzerine düşen görev muazzam boyutlarda.

Her halükârda fosil yakıt atığına nihai bir depolama alanı bulma sorunu nükleer atık için yer bulmak gibidir. Eğer zapt etmeden istifade edip atmosferi CO_2 için nihai depo olarak kullanmaktan vazgeçmeyi düşünüyorsak, sıvı karbondioksit depolamak için kullanılacak yatakların nükleer atık depolanacak alanlara göre çok daha uzun bir süre idare edilmesi gerekecektir; çünkü sera etkisine yol açmaması için sıvılaştırılmış karbondioksidin buharlaşmasına izin verilmemelidir. Buna karşın nükleer atık, depolandığı yeraltı oyuklarındaki sıcaklık ve karbondioksit oranı sabit kaldığı takdirde zamanla radyoaktivitesini kaybeder. İnsanlık bu depolama alanlarını sonsuza kadar ya da en azından sera etkisinden korunması gerektiği kadar el değmemiş halde korumak zorunda.

Fakat depolanmak istenen CO_2 miktarı bin kat daha büyük bir problem. O kadar büyük ki nükleer atığı idare etmek yanında hafif kalıyor. Bunun nedeni küçük bir hesaplamayla gösterilebilir. 1.225

megavatlık bir nükleer elektrik santralini aynı kapasiteye sahip bir kömür santraliyle değiştirdiğimizi varsayalım. Bu durumda yılda 11,2 milyon metreküp sıvılaştırılmış karbondioksit çıkarmamız gerekir.[34] Karbondioksidi temizlemek ve sıkıştırarak sıvılaştırmak için gereken enerji bu kömürden elde edilen enerjinin üçte biri kadardır ve bu hesaba dahil bile değildir. Dolayısıyla gerçekte sıvılaştırılmış karbondioksit miktarı 14,9 milyon metreküptür. Bu hacimde bir yükü taşımak için her bir vagondaki tankın yaklaşık 62 metreküp sıvı karbondioksit taşıyacağı 6000 tane kırk vagonlu tren gerekir. Pazarları tatil kabul edersek günde 19 tane trenin güç istasyonundan atık taşıması gerekir. Buna karşın bir nükleer santralin bir yılda ürettiği yüksek seviyeli nükleer atık (yaklaşık 45 metreküp) iki CASTOR içinde bir vagonla tek seferde taşınabilir. Bu hesaba düşük ve orta seviyeli nükleer atıkları eklesek bile 300 metreküplük bir hacme ulaşırız ve bu da idare edilebilir bir miktardır. Kısa bir yük treni bu atığı kolayca götürebilir.

Son seçenek sıvılaştırılmış CO_2'yi okyanusa dökmek olabilir. Ancak yüzeye yakın dökülürse hemen köpürecektir. Hadi o zaman daha derinlere dökelim. Yüzeyin 500 metre altındaki basınç sıvılaştırılmış CO_2'yi orada ve sudan daha ağır bir durumda tutmaya yeter.[35] Su yeteri kadar sakin kalırsa CO_2 okyanusun daha derinlerine batacak ve sonuçta okyanusun dibinde CO_2 gölü yaratacaktır. Fakat açık denizdeki akıntılar ve depremler zaman içinde gazların tekrar salınmasına neden olabilir. IPCC mevcut koşullarda okyanusların CO_2 havuzlarını ancak birkaç yüzyıl tutabileceğini iddia ediyor. Dahası okyanusların aşırı asitlenmesi riski de söz konusu ki bunun sualtındaki bitki ve hayvan yaşamı için ciddi sonuçları olabilir. Sıvılaştırılmış karbondioksidin okyanuslara dökülmesi seçeneği ve olası sonuçları bir politika olarak yeterince araştırılmış değil. Bu yüzden Birleşmiş Milletler Deniz Hukuku Sözleşmesi gereğince yasaklandı ve 2009 yılında uygulamaya konan bir AB yönergesi BM yasağını üye devletler için de bağlayıcı hale getirdi.[36]

Hangi açıdan bakarsak bakalım fosil yakıt emisyonlarının nihai olarak depolanması sorunu nükleer güç santrali atıklarının depolanmasıyla karşılaştırılamayacak ölçüde büyük. Bu da nükleer güç seçeneğinin tamamen göz ardı edilmemesi gerektiğine işaret ediyor.

Yer mi Atık mı?

Nükleer atık ve fosil yakıt atıklarının imhasının bu denli zor oluşu, şüphesiz yenilenebilir enerji kaynakları lehine güçlü bir kanı ortaya koyuyor ancak bu teknolojilerin bazılarının kapladıkları alan nedeniyle çevre üzerinde oluşturdukları muazzam yük göz ardı edilmemeli. Bu konuda bir yanılsama içinde olan herkesi kuzey Almanya üzerinde şöyle bir uçmaya davet ediyorum. Burada rüzgâr türbinlerinden oluşan beyaz orman göz alabildiğince geniş bir alana yayılmakta, pervaneleri "yeşil" elektrik üretmektedir. Evet doğru, rüzgâr gücü 2008 yılında Almanya'nın elektrik üretiminin yüzde 6,4'ünü üretti, bu güneş enerjisinden elde edilenin dokuz katına denk geliyor. Ancak en güzel araziler görünüşte çevre dostu enerji kaynağı adına çürümeye bırakılıyor. Bir kez daha vurgulayalım, mesele rüzgâr gücünün Dünya'nın tüm yüzeyine ince bir örtü gibi dağılmış olması. Her ne kadar gezegenimizdeki rüzgârın kinetik enerjisi tüm enerji ihtiyacımızı karşılamaya yetecek kadar olsa da bu enerjiyi toplamaya çalışmak nafile bir uğraş.

Büyük sorunlardan biri rüzgârın kararsız olması; bazen ağır eserken bazen o kadar hızlı eser ki türbin pervanelerinin zarar görmemeleri için durdurulmaları gerekir. Rüzgârın durgun olduğu dönemlerde gerekli enerjinin elektrik hattına sürekli akışını mümkün kılmak için pek çok doğalgazla çalışan santralin hazırda beklemesi gerekir. Elektrik gücünün akışını sürekli kılmak için genelde hidroelektrik veya kömür santrallerine ya da nükleer santrallere ihtiyaç duyulur, doğalgaz santralleri ve pompajlı hidrolik santraller genelde talebin tepe noktasına çıktığı dönemlerde devreye girer. Rüzgârdan daha fazla elektrik elde edildikçe daha fazla elektrik arzı eksikliği yaşanacaktır. Bu durumda, pompajlı hidrolik santrallerin kurulabileceği alanlar kısıtlı olduğundan eksiklik büyük ölçüde doğalgaz santrallerinden giderilecektir.

Elektrik Avrupa'da sürekli uluslararası şebeke aracılığıyla takas edilir. Fiyatlar gün içinde talebin zaman zaman tavan yapması veya rastgele arz etkilerine göre sürekli ve güçlü bir biçimde dalgalanır. Bazen mesela pazar sabahları insanlar daha uykudayken rüzgâr öyle bir sert eser ki elektrik şirketleri geleneksel elektrik istasyonlarını yeteri kadar hızlı kapatamaz ve kendilerini ne yapacaklarını bilemedikleri rüzgar gücüyle üretilmiş bir elektrik fazlası içinde buluverirler. Elektrik fazlasından çeşitli şekillerde –mesela nehir suyunun sıcaklığını küvetteki su seviyesine çıkararak– kurtulamayacaklarından, başta tarife garantili ve siyasi olarak sabitlenmiş fiyatlardan rüzgâr enerjili elektrik satın almaya zorlanmış olan elektrik şirketleri bir anda kendilerini fazla elektrikten kurtulmak için harici şirketlere para verirken bulur. Avrupa'da elektrik fiyatının gün içinde negatife döndüğü birkaç rüzgârlı "tatil günü" her yıl yaşanır.

Dolayısıyla rüzgâr gücünü geleneksel güç kaynaklarıyla karşılaştırırken rüzgâr arzının rastgele doğası dikkate alınmalı. Bir ülkenin yüzde 99'luk bir arz garantisi oranını, yani elektrik güç kapasitesi hesaplanırken normal kabul edilen bir seviyeyi hedeflediğini düşünelim. Rüzgârın rastgeleliği hesaba katıldığında kurulmuş kapasitenin ancak yüzde 6'sına, yani rüzgâr türbinlerinin gerçekteki güç üretiminin üçte birinden daha azına (ki bu oran kurulu kapasitenin yüzde 19'u civarında) garanti gözüyle bakabiliriz.[37] Bir an için rüzgârın bu rastgele niteliğini bir kenara bırakalım ve yüzde 19'luk kurulu kapasitenin tamamının hiç ara vermeksizin aktığını ve bu durumda AB'nin yılda toplam 935.000 gigavat elektrik üreten tüm nükleer santrallerini rüzgâr türbinleriyle değiştirmek için ne kadar daha türbin dikmemiz gerektiğini hesaplayalım. Rüzgâr tribünleri 3 megavat nominal kapasiteye ve 0,57 megavat gerçek üretime sahip en modern, en verimli modeller olacak. Tanesi yılda ortalama 5 gigavat-saat elektrik üreteceğinden AB'de bulunan 60.000 rüzgâr türbininin yanına 187.000 tane daha dikmemiz gerekecek. Bir başka deyişle mevcut sayının dörde katlanarak 247.000'e çıkması gerekiyor. Bu ünitelerin her birinin yerden rotor göbeğine kadarki yüksekliği yaklaşık 100 metre, rotor diskinin tepe noktasına olan mesafesi ise 150 metredir. Bu bir nükleer santralin soğutma kulesinden yaklaşık 50 metre daha fazladır.

AB Avrupa'sında yaklaşık 90.000 tane belediye var. Belediye başına iki kilise olduğunu varsayarsak rüzgâr türbinleri sayıca kiliseleri üçe katlayacak ve her biri kilisenin yaklaşık iki katı uzunluğa sahip olacaktır. Bu durumda Avrupa sahiden de farklı görünürdü.

Rüzgâr türbinleri ana rüzgâr yönüne göre birbirinden beş rotor çapı kadar uzakta ve üç çap kadar da doğru açıda konumlandırılmalıdır. Dolayısıyla böyle bir türbin 15 hektarlık bir alana ihtiyaç duyacaktır.

Bu türbinleri yukarıdaki aralık hesabı elverdiğince tıkış tıkış diksek de tüm bu türbinler için 37.050 kilometrekare gerekir. Bu alan Belçika ve Lüksemburg'un veya New Jersey ve Connecticut'ın birleşiminden büyüktür.

Sadece bir büyük reaktörün, mesela Almanya'nın en büyüğü olan 1.485 gigavatlık kapasiteye ve yılda ortalama 10.000 gigavat-saat gerçek üretime sahip Isar 2'nin yerine rüzgâr enerjisi koymak için bu devasa rüzgâr türbinlerinden iki bin tane gerekir. Bu türbinler söz konusu santralin kapladığı alanın 600 katı bir alana yayılacaktır.

Peki neden burada duralım ki? Nükleere ek olarak fosil yakıttan elde edilen elektriğin yerine rüzgâr türbinleri koysak ne olur acaba? Nükleer ve fosil yakıtlar beraber AB'de 2.910.000 gigavat-saat enerji üretir. Fosil yakıt kullanan santrallerin yerine dikilen rüzgâr türbinleri 59.250 kilometrekare alan kaplar.

Şu anda çalışan rüzgâr türbinleri ile nükleer enerji santrallerinin yerini alacak olanlarla birlikte tüm türbinlerin toplam alanı 96.300 kilometre kareye ulaşır; bu da Hollanda, Belçika, Lüksemburg ve Slovenya'nın birleşiminden biraz daha büyük ya da ABD'nin Indiana eyaletinden daha büyük bir alana denk gelir.

Elbette rüzgâr türbinleri ancak nerede yer varsa oraya dikilecek, bu da Avrupa'da kırsal kesim demek. Bu da Avrupa'da rüzgâr türbini görmeyeceğiniz ya da rotorunun vızıltısını duymayacağınız bir yerin kalmaması demek.

Rüzgâr türbinlerinin göze hoş gelmeyen manzarasından kurtulmanın bir yolu onları açık denize sahilden görülemeyecek kadar uzağa dikmek. Avrupa'nın elimizde kalmış son doğal noktalarından olan ve Hollanda ve Almanya'nın kuzey sahilleri boyunca uzanan Wadden Denizi rüzgâr gücü savunucularına göre bu iş için özellikle ideal bir nokta. Wadden Denizi yaklaşık 900.000 hektarlık bir alana sahip. Ancak hidroelektrik ve diğer yenilenebilir enerji kaynaklarına ek olarak Avrupa Birliği'nin elektrik ihtiyacını sadece rüzgârla karşılamak için bunun 11 katı alana ihtiyaç var.

Tüm hesaplamaların rüzgârın düzenli esmesi gibi gerçekdışı bir varsayımla yapıldığını hatırlatalım. Rastgeleliği hesaba katarak çıkarım yapılsaydı, genelde güç santrallerinden beklenen yüzde 99 dağıtım garantisi için yukarıdaki rakamların üçe katlanması gerekirdi. Ama şimdilik yukarıdaki daha optimist varsayımlarla ve rastgelelikten bağımsız bir şekilde devam edelim.

Rüzgâr enerjisi yerine güneş enerjisi seçilseydi bu rakamlar daha da etkileyici olurdu. Yukarıda varsaydığımız devasa ve verimli rüzgâr türbinleri 15 hektarlık bir alana oturuyor ve yılda 5 gigavat-saatlik bir üretim yapıyordu. Modern güneş panelleriyle kaplanmış bir hektarlık bir alan 0,21 gigavat-saatlik bir enerji üretir. Her iki üretim değeri de Almanya gibi ülkelerde görülen Avrupa'nın tipik koşullarına göre hesaplanmıştır. Bu durumda güneş panelleriyle kaplı 15 hektarlık bir arazide yılda 3,15 gigavat-saatlik üretim elde edilirdi, yani rüzgâr türbininin üretiminde yüzde 37 daha az. Güneş enerjisinin aradaki farkı kapaması için rüzgâr tribünlerininkinden yüzde 58,7 daha büyük bir alana ihtiyacı vardır. Arzın rastgeleliğini göz ardı ederek bütün rüzgâr, nükleer ve fosil yakıt kullanan enerji santrallerinin yerine fotovoltaik enerji üretimi yapılması durumunda 56.557 kilometrekare daha büyük bir alana ihtiyaç olurdu. Bu durumda yukarıda bahsedilen ülkelere bir Slovakya kadar daha eklemek gerekirdi. Küçükten büyüğe AB ülkelerini doğru seçmeye kalksak güneş paneli için en küçük yedisinin yani Malta, Lüksemburg, Kıbrıs, Slovenya, Belçika, Hollanda ve Danimarka'nın tamamına ek olarak hâlâ 5.000 kilometrekareye daha ihtiyacımız olur. En küçük Amerikan eyaletleriyle ifade edersek Rhode Island, Delaware, Connecticut, New Jersey, New Hampshire, Vermont, Massachusetts ve Hawaii kadar bir alan gerekir. Tüm bunlar elbette saçmalık.

Avrupa güneş seçeneğine yönelmek istiyorsa panellerini güneş ışığının çok daha bol olduğu ve verimli arazileri işgal etmeyeceği güneydeki çöllere yerleştirmesi çok daha akıllıca. En nihayetinde Avrupa'nın hemen güneyinde, kimseyi rahatsız etmeyecek kadar geniş bir yer olan dünyanın en büyük çölü, Sahra Çölü bulunmaktadır. Sahra Çölü'nü güneş enerjisi üretimi için kullanmak nüfuz sahibi Alman mühendis Ludwig Bölkow'un eski bir rüyasıydı.[38] Orada elde edilen enerjiyle hidrojen üretip Almanya'ya boru hattıyla aktarmak istiyordu. Güneş enerjisini hidrojene dönüştürmek istemesinin nedeni o zamanki elektrik aktarım hatlarının aktarma sırasında büyük miktarda enerjiyi zayi edecek olmasıydı.

Bu düşüncenin bir türevi, Avrupalı elektrik firmalarıyla dünyanın en büyük reasürans şirketi olan Munich RE tarafından oluşturulan konsorsiyum tarafından Desertec adıyla yeniden ortaya atıldı.[39] Desertec Fas'tan İsrail'e Kuzey Afrika çölü boyunca güneş panelleri kurmak istiyor. Enerjiyi hidrojen formundan transfer etmektense aktarım kaybı çok az olan yüksek voltajlı doğru akım hatlarıyla aktarmayı planlıyorlar. Planlanan 400 istasyon 2500 kilometrekare yani Lüksemburg kadar bir alan kaplayacak ve 100 gigavat kapasiteye sahip olacak. Bu da 75 nükleer santrale veya 140 kömür santralinin kapasitesine denk demek. Elektrik, yoğunlaştırılmış güneş ışığıyla suyun buhara çevrilmesi ve bu buharla geleneksel türbinlerin döndürülmesiyle üretilecek. Bu yöntem Endülüs'te başarıyla uygulanıyor. Bu teknoloji, bugün Avrupa'nın çatılarında parıldamakta olan ve yavaş yavaş sadece İtalya'nın güzelim tarihi peyzajındaki tarım arazilerni değil başka pek çok yerdekileri de kaplamaya başlayan fotovoltaik panellere göre çok daha verimli.

Desertec projesinin bir diğer avantajı, elde edilen güneş enerjisinin geceleri yüksek basınçlı tuzlu su konteynırlarında saklanacak olması. Güç istasyonundaki su, güneş battıktan sonra ısınmış konteynırlar aracılığıyla iletilecek ve suyu buhara çevirmeye devam edecek dolayısıyla türbinlerin çalışma süresini uzatacak. Bu proje için gereken başlangıç yatırımının 400 milyar avro veya kurulan kapasitenin kilovatı başına 4.000 avro olarak hesaplandı. İşletme maliyetleriyle birlikte bu kilovat-saat başına 6,5 ila 16 avro sentlik bir fiyata denk geliyor. Bu da elektriğin şu an Avrupa'daki toptan satış fiyatı olan 5 avro sentin yüzde 30 ila 200'ü kadar üstünde. Maalesef Arap ülkelerinin için bulunduğu mevcut siyasi durum da Desertec projesi için iyiye işaret değil. Bu projenin ne kadar gerçekçi olduğunu, güneş enerjisinden elektrik üretimi için bir dönüm noktası olup olmadığını zaman gösterecek.

Fosil ve Nükleer Yakıtlar Ne Kadar Daha Dayanacak?

Küresel ısınmayı yavaşlatmasının yanında yenilenebilir enerji kaynaklarının avantajı, fosil karbon veya uranyum gibi tükenebilir kaynakların çıkarılmasına dayanmamaları ve sürdürülebilir olmaları. İnsanlık, Roma Kulübü'nün 1970'lerin başında yayımladığı *Büyümenin Sınırları*'ndan bu yana "petrol zirvesi" (yani petrol üretiminin tepe noktasına ulaşması) ihtimalinden ve sonrasında fosil yakıt kaynaklarının tükenmesinden endişe duyuyor. Bunun modern ekonominin çarklarını durma noktasına getireceğinden korkuluyor.[40] O dönemde petrol rezervlerinin kırk yıl içinde tükeneceği öngörülüyordu. En azından rapor bu şekilde anlaşılmıştı. O zamanki tahminleri açıkça aşırı kötümserse de, Dünya'nın kabuğundaki kaynak yataklarının sonlu olduğu ve sonsuza kadar var olmayacağı tartışılamaz bir gerçek.

Antrasit (sert kömür) muazzam miktarlarda ve dünya çapında oldukça eşit bir şekilde yayılmış durumda. Pek çok ülke kendi kömür yataklarını işletiyor ve kendine yeter durumda. En büyük üç kömür üreticisi Çin, ABD ve Hindistan'ın dünya pazarındaki payları sırasıyla yüzde 44,9, yüzde 17,5 ve yüzde 8,2. 60 ülkede kömür çıkarılıyor.[41]

Linyit (kahverengi kömür) daha da bol. Özellikle ABD (yüzde 32,2), Rusya (yüzde 31,6) ve Çin'de (yüzde 7,3) bulunuyor. Ancak şaşırtıcı bir biçimde dünyanın en büyük üreticisi yüzde 18,4'lük pazar payıyla Almanya. Onu yüzde 7,4'le Avustralya ve yüzde 7,3'le Rusya takip ediyor. Almanya küresel toplamın yüzde 1,7'sini elinde tutuyor, ancak İsveçli Vattenfall firması doğu Almanya'nın Polonya sınırındaki geniş topraklarında son sürat üretim yapıyor; komünizmin yıkılmasından hemen sonra sudan ucuza bu bölgeyi kapatmıştı. Linyit yüksek kükürt içeriğiyle kirli bir kömür türü. Yaydığı kötü koku kış aylarında doğu Avrupa ülkelerinde sıradan bir şey, ziyaretçilerin bu kokuyu almaması mümkün değil. Dahası linyit açık ocak madenciliğiyle çıkarılıyor ve kullanılan alan çoğu zaman başka işler için kullanılamıyor. Bazı Avrupa ülkeleri, önemli tarihsel kültürel yerleri (mesela Bohemya) açık ocak madenciliğine feda etme konusunda hiç tereddüt etmiyor. Sonuçta Ay yüzeyi gibi delik deşik alanlar ortaya çıkıyor.

Ham petrol konsantredir. Ortadoğu bilinen kaynakların yüzde 48,8'ine sahip. Bağımsız Devletler Topluluğu (eski Sovyet cumhuriyetlerinin oluşturduğu grup) yüzde 16,5'ini, Afrika yüzde 10,4'ünü elinde bulunduruyor. Kuzey Amerika (yüzde 9,4) ile güney ve orta Amerika'nın da (yüzde 7,5) kayda değer oranda rezerveleri var.

Doğalgazın çoğu Sibirya'dan çıkıyor ve yoğun boru hatlarıyla Batı Avrupa'ya pompalanıyor. Rusya bilinen kaynakların yüzde 36,4'üne, İran yüzde 9,2'sine, Katar yüzde 6,7'sine sahip. Sibirya dünya çapındaki arzın yüzde 19,4'ünü sağlıyor. Arkasından yüzde 6,2'le ABD ve yüzde 4,3'le Suudi Arabistan geliyor.

Dünyanın en büyük uranyum kaynakları ABD'de bulunuyor (yüzde 18,4). Güney Afrika (yüzde 10,4), Kazakistan (yüzde 10,1) ve Rusya (yüzde 9,6) onu takip ediyor. Mevcut çıkarım oranları açısından Kanada yüzde 23'lük payıyla lider konumunda. Onu yüzde 21'le Avustralya ve yüzde 16'le Kazakistan takip ediyor.

Mevcut kaynak stoklarını mevcut çıkarım oranlarına bölmek, kaynağın potansiyel ömürlerini gösterebilir. **ŞEKİL 2.6**, geleneksel kaynaklar ve geleneksel olmayan kaynaklar arasında bir ayrım yaparak yukarıda bahsedilen doğal kaynakların ne kadar gidebileceğinin genel bir tab-

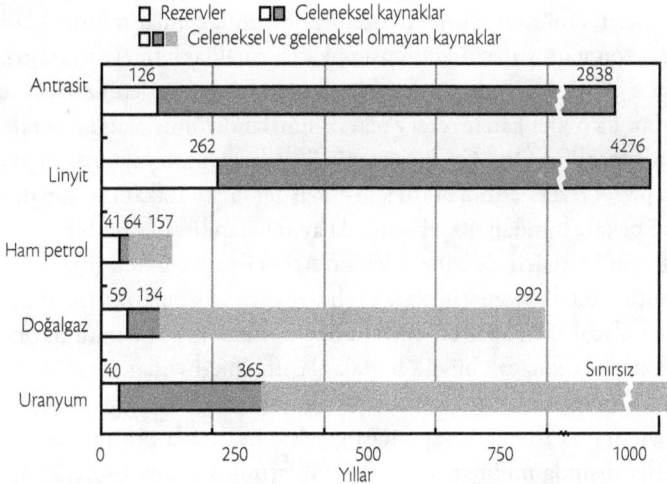

ŞEKİL 2.6 Kaynakların ömürleri. Rezerv-üretim oranları 2008'deki stokların (rezervlerin veya kaynakların) o yıl gerçekleştirilmiş her bir yakıt tipinin üretimine bölünmesiyle tanımlanmıştır. Burada "kaynak" teriminin uluslararası çevrelerce kabul edilmiş tanımı kullanılmakta olup rezervleri de kapsamaktadır. Kaynaklar: Bundesamt für Geowissenschaften und Rohstoffe, *Reserven, Ressourcen und Verfügbarkeit von Energierohstoffen 2009*; Ifo Enstitüsü.

losunu veriyor. Rezerv, mevcut çıkarma maliyetinin daha altında bir maliyetle çıkarılabilecek doğal yataklardaki yakıt stoku anlamına geliyor.[42] Kaynaklar kavramsal olarak daha geniş. Bu kitapta kaynakları, hem rezervleri hem de çıkarma maliyetleri mevcut fiyatların üzerinde olacak bilinen stokları da içerecek şekilde kullanıyoruz. Geleneksel kaynaklarla geleneksel olmayan kaynaklar arasındaki ayrım ise biraz daha keyfi. "Geleneksel olmayan" kaynaklar bugün yaygın bir şekilde kullanılan tekniklerin dışındaki tekniklerle ulaşılabilen kaynaklardır. Katranlı kum, metan hidrat (donmuş doğalgaz) ve yeniden işlenmiş nükleer atık buna örnek verilebilir.

Roma Kulübü'nün düştüğü hataya düşmemek için, kaynakların ömrünü dünyanın fosil yakıtlarının ne zaman tükeneceğinin öngörülmesi şeklinde algılamamalıyız. Bunlar gayet basit (ve dolayısıyla kullanışlı) "Öyle olursa böyle olur" tarzı ifadeler. Eğer bugünkü hızıyla çıkartmaya devam edersek o zaman stoklar şu tarihe kadar yetecektir gibi. Bu, rezervlerin ömürleri açısından özellikle önemli. Bunlar tahmin olarak ortaya konmamıştır, çünkü şurası açık ki kaynaklar bitmeye yaklaştıkça fiyatlar artacaktır. Bu yüzden bir yandan mevcut talep azalacak bir yandan da o ana kadar rezerv olarak sınıflandırılmış olan kaynaklara talep artacaktır. Örneğin *Büyümenin Sınırları* raporu yayımlandığında ham petrol rezervlerinin ömrü için 40 yıl denmişti. Rakam bugün de 40 yıl ve pekâlâ bundan 40 yıl sonra da aynı kalabilir. Benzer bir etkiden kaynağın ömrü için de bahsedilebilir. Artan fiyatlar arama girişimlerini artıracak, bu da otomatik olarak bilinen kaynak stoklarının artmasına neden olacaktır. Fakat bu etkinin önemi daha kısıtlı çünkü haritada artık petrol aranacak büyük boş alanların olduğu yıllar geride kalmış gibi görünüyor. Her ne kadar belirli bir noktada üretime geçilmesi için detaylı arama işlemleri yapılması gerekse de, arada bir duyulan yeni keşifler dışında muhtemel petrol yataklarının aranması süreci büyük ölçüde tamamlanmış durumda.

ŞEKİL 2.6, 41 yıl içinde ham petrol rezervlerinin görece kısa bir ömrünün kalacağını gösteriyor; benzer bir tahminle uranyum için 40, doğalgaz içinse 59 yıldan bahsedebiliriz. Sert kömür ve linyit ise o kadar bol ki, bu madenler mevcut çıkarma hızı ve fiyatlarıyla gidilse dahi sahiplerine sırasıyla 126 yıl ve 262 yıl boyunca kârlı bir gelecek garanti ediyor.

Maalesef ham petrolün geleneksel kaynaklarına yönelim yukarıda bahsettiğimiz kullanım sürelerinin üzerine çok bir şey eklemeyecektir. Artan fiyatlar ve bugünkü çıkarım hızıyla gidilirse, geleneksel petrol kaynaklarının 64 yıl içinde tükeneceği tahmin ediliyor. Doğalgaz 134 yıl, uranyum 365 yıl dayanacak; sert kömür yaklaşık 2.000, linyitse 4000 yıl daha dayanacak.

Şekilde uranyuma biçilen ömür biraz açıklama gerektiriyor. Bugün dünya çapında mevcut teknolojilerle kilogramı 40 ABD doları civarında çıkarılabilecek uranyum miktarı 1,77 milyon ton.[43] Yılda yaklaşık 44.000 ton çıkarılıyor. Bu da şekilde gösterildiği gibi 40 yıllık bir kullanım süresine denk geliyor. Ancak bugünkü tüketim senelik 64.000 ton civarında. Aradaki fark ara depolardan, yeniden işlenmiş yakıt çubuklarından ve açığa alınan nükleer silahlardan gelen uranyumun kullanılmasıyla kapatılıyor. Mevcut rezervlerin ömrü yıllık tüketime göre hesaplansaydı kullanım süresi sadece 28 yıl olurdu. Bu her ne kadar uranyumun en az sürdürülebilir kaynak olduğunu düşündürse de durum aslında tam tersi olabilir. Bir yandan geleneksel uranyum kaynaklarının 12,67 milyon ton kadar olduğu tahmin ediliyor; bugünkü çıkarım hızını referans alırsak uranyumun ömrünü 365 yıla kadar çıkarıyor. Öte yandan, son derece rutin bir teknik olmasına rağmen bazı ülkelerin politik nedenlerle yapmadığı bir işlem olan nükleer atığın yeniden işlenmesi büyük bir potansiyele sahip. Yukarıda açıklandığı gibi yeniden işleme verili uranyum miktarından elde edilen enerjiyi 1,4-1,5 kat kadar artırıyor. Bu çarpan etkisi kaynakların kullanım sürelerine de eklenmeli.

Hızlı besleyici reaktörlerin sunduğu potansiyel daha da büyük. Bu reaktörler daha fazla nötron yakalamak için parçalanmayan U^{238} yayar ve normal reaktörlerden daha fazla plütonyum oluşturuyor. Fransa, Phénix besleyici reaktörünü araştırma amaçlı işletiyor. Rusya, ABD, Hindistan ve Japonya da benzer reaktörler işletiyor. Almanya Kalkar'da bir tane inşa etti ancak siyasi direnç nedeniyle reaktörü kullanıma sokmadı. Bugünkü uranyum fiyatları besleyici reaktörlerin işletmesini ekonomik kılmıyor ancak fiyatlar artarsa bu durum değişir. Besleyiciler doğal uranyumdan elde edilen enerjiyi 60 kat uzatacaktır. Çin hızlı besleyici reaktörler inşa edeceğini ilan etti, bu uranyum rezervlerinin kullanım ömrünü 50-70 yıldan 3000 yıla kadar çıkaracaktır.[44]

Bununla ilişkili bir diğer mesele parçalanabilir malzemenin ara depolarda bulunan kullanılmış yakıttan kurtarılması çabası. Hızlı besleyici reaktörlerle aynı çizgide çalışan ve yaklaşık 20 yıl içinde işler hale gelecek olan "dördüncü nesil" reaktörlerde harcanmış yakıt çubukları tekrar yakıt olarak kullanılabilecektir. Dahası, bu tür reaktörler atığın önemli bir kısmını doğrudan reaktörün içinde yakacak ve yeniden işlenmiş yakıtı reaktörün döngüsüne entegre edecektir. Bu da çok daha küçük ölçekli atık üretilmesi ve kullanılmış yakıtın çok daha az radyotoksik olması demek.[45] Dördüncü nesil reaktörler hem kullanım ömürlerini muazzam bir ölçüde uzatacak hem de nihai depolama sorununa son derece şık bir çözüm sunacak.

Bir başka ümit verici yenilik Japonya'da yaşanıyor. Japon araştırmacılar deniz suyundan uranyum çıkarmayı başardı. Uranyum düşük miktarlarda olsa da Dünya'nın hemen hemen her noktasında mevcut. Bir kilometreküp okyanus suyunda 3,3 ton uranyum bulunuyor. Özel bir zar kullanan Japon araştırmacılar bu uranyumu sudan süzmeyi başardı. Bunun yakın zamanda endüstriyel ölçekte yapılması ve maliyetlerin, uranyumun bugünkü fiyatının üç katına kadar düşmesi umuluyor.[46] Yeteri kadar deniz suyu bulunduğundan ve doğal uranyumun maliyeti nükleer reaktörlerin toplam maliyetinin zaten sadece küçük bir kısmını oluşturduğundan bu oldukça makul bir seçenek gibi görünüyor. Ancak bu işlemi büyük ölçeğe taşımanın hâlâ oldukça uzağındayız.

Fransa, Japonya, Almanya ve diğer ülkeler ITER adı verilen ve Fransa'da bulunan, nükleer füzyon üzerine incelemeler yapan ortak bir araştırma reaktörü işletiyor. Bu, nükleer kaynaklardan tamamıyla farklı bir enerji üretme yöntemi.

Almanya araştırma için kendi füzyon reaktörüne de sahip. Greifswald'da bulunan Stellarator adlı reaktör Max Planck Enstitüsü tarafından işletiliyor. Atomik çekirdeği bölmek için onu nötron bombardımanına tutan fizyon reaktörlerinin aksine füzyon reaktörleri hidrojen çekirdeğini helyum oluşturmak için eritir, bu süreçte de büyük miktarlarda enerji açığa çıkar. Füzyon elde edebilmek için hidrojen çekirdekleri birbirine çok yaklaştırılmalıdır. Amacı aralarındaki karşılıklı elektrik itme etkisini bertaraf etmektir, en hafif deyimiyle oldukça zor bir iş. Çok büyük bir basınç ve bilinen hiçbir malzemenin dayanamayacağı kadar yüksek sıcaklık gerektirir. Bu plazma yani içinde füzyonun meydana geldiği ve hidrojen izotopu döteryum ve trityumdan oluşan gaz güçlü manyetik alanlarca başka katı bir malzemeyle temas etmemesi için zapt edilmelidir. Nükleer füzyon son derece düşük miktarda nükleer atık üretir[47] ve aşırı derecede güvenlidir çünkü güç seviyesindeki herhangi bir düşüş, süreci anında durduracaktır. Patlama veya çekirdek erimesi mümkün değildir. Dahası hidrojen girdisi o kadar azdır ki kullanım süresi hemen hemen sonsuzdur.

CO_2 Emisyonlarını Azaltmanın Ucuz ve Pahalı Yolları

Enerji tasarrufu yapmak ve dünyanın enerji matrisini "daha yeşil" kaynaklara döndürmek iklim sorunuyla savaşmanın en temel yolları. Bunun yanında motorların verimini artırarak ya da daha iyi izolasyonla ısının kaçmasını önleyerek de enerji tüketimini düşürebiliriz. Ev izolasyonundan güneş enerjisi ve biyoenerji kullanımını artırmak gibi bir dizi teknik olanağa sahibiz. Bunların hepsi pahalı yöntemler ve başka amaçlar için kullanılabilecek kaynak ve insan gücü gerektiriyor. Ancak bazı yollar diğerlerinden daha ucuz ve elbette en ucuz yöntemlere yönelmek kamu politikası açısından verilebilecek en akıllıca tavsiye. En ucuz yöntemlere başvurmak sadece CO_2 azaltma hedefine minimum maliyetle ve dolayısıyla maddi yaşam standartlarında minimum azalmaya ulaşılmasını sağlamakla kalmaz, "yeşil" bir bakış açısıyla toplumun üstlenmeyi kabul ettiği maliyetler göz önüne alındığında aynı zamanda maksimum oranda CO_2 düşüşü sağlar. Basit ekonomik ve ekolojik kaygılar bir araya gelip herhangi bir "yeşil" politikanın saygı duyabileceği köklü bir verimlilik kıstası oluşturabilir.

ŞEKİL 2.7 Almanya'da CO_2 emisyonlarını düşürmek için kullanılan alternatif önlemlerin maliyetlerini ülkenin hâkim ücret ve hava koşullarına orantılı bir şekilde ortaya koyuyor.[48] Elbette kamu sübvansiyonlarıyla sosyal maliyetin altına düşen özel sektör maliyeleri burada hesaba katılmamış. Bu rakamlar başka ülkelerde ve zaman geçtikçe değişecekse de **ŞEKİL 2.7** olayın büyüklüğünü ortaya seriyor. Göz önünde bulundurulan alternatifler nükleerden fotovoltaik hücrelere kadar uzanıyor ve rüzgâr enerjisi ile yeni araçların yapımında araba üreticilerinin erişebileceği enerji türlerini içeriyor. Dikey hattın solundaki ve sağındaki sayılar alternatif teknik çözümün söz konusu kategori içindeki maliyet azaltma aralığını veriyor.

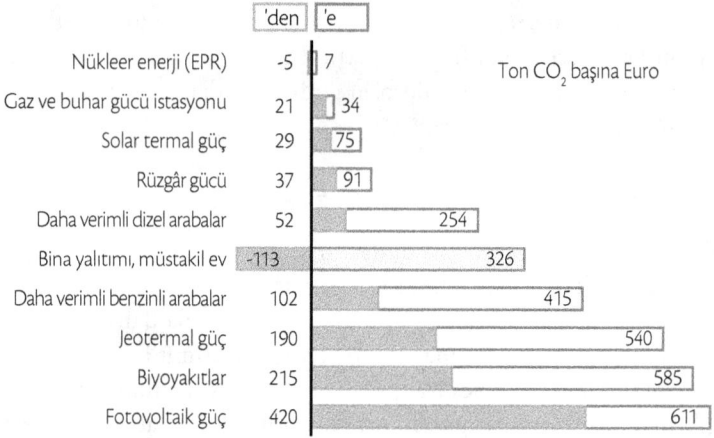

	'den	'e	
Nükleer enerji (EPR)	-5	7	Ton CO_2 başına Euro
Gaz ve buhar gücü istasyonu	21	34	
Solar termal güç	29	75	
Rüzgâr gücü	37	91	
Daha verimli dizel arabalar	52	254	
Bina yalıtımı, müstakil ev	-113	326	
Daha verimli benzinli arabalar	102	415	
Jeotermal güç	190	540	
Biyoyakıtlar	215	585	
Fotovoltaik güç	420	611	

ŞEKİL 2.7 CO_2 azaltımının belirli giderleri. Gider artışı ve CO_2 azaltımının alternatif referans sistemleriyle ilişkisi somut projeler temelinde incelenmiştir. Örneğin elektrik üretimi söz konusu olduğunda referans sistem, öğütülmüş kömürün yakıldığı modern bir antrasit kömür-buhar gücü tesisidir. Isıtma durumundaysa Almanların bina ısıtması için kabul ettikleri ortalama karışım referans değer olarak kullanılmıştır. Kaynak: U. Fahl, "Optimierter Klimaschutz—CO_2- Vermeidungskosten von Massnahmen im Vergleich," *Abgas- und Verbrauchsverringerungen—Auswirkungen auf Luftqualitat und Treibbauseffekt* içinde, ed. N. Metz ve U. Brill (Expert, 2006), s. 73-94.

ŞEKİL 2.7 CO_2 çıkışını azaltmanın maliyetlerinin ne kadar değişkenlik gösterdiğini ortaya koyuyor. Bu, kömür yakıtlı modern güç istasyonlarına alternatif olarak incelenen elektrik üretimi durumunda özellikle çok açık görülür. Maksimum 7 avro ödeyip bir ton CO_2 salınımından kurtulmanın en ucuz yolu kömür santralinden nükleere geçmektir. Bu tür bir santralde elektriği kömürden daha ucuza üretmek bile mümkün olabilir. Bu da negatif azaltım maliyeti, bir başka deyişle kazanım demektir. En pahalı seçenek ise kömürle elektrik üretiminden fotovoltaik güce geçmektir, ton başına maliyeti 420 ila 611 avrodur. Kömürle üretilen elektrikten rüzgârla üretilene geçiş çok daha ucuzdur. Bu durumda bir ton CO_2'den kurtulmanın maliyeti 37 avro ila 91 avro arasında değişir. Nükleer ve doğalgazdan sonraki en ucuz seçenek termal güneş enerjisidir. Güneş panellerinin sıcak su üretimi ve ısınma için kullanıldığı bu yöntemde CO_2 kaçınma maliyeti 29 ile 75 avro arasındadır. Hemen arkasından fosil yakıtla üretilen elektriğin yerine kullanılabilecek rüzgâr türbinleri geliyor, onun maliyeti de 37 ila 92 avro. Daha sınırlı etkiye sahip değişiklikler eski motorların yeni ve daha verimlilerle değiştirilmesi olabilir. Pek çok otomobil üreticisi bu konuda sınırları epey zorlamış durumda. Ancak modern benzinli motorlarla verimlilik kazanımlarının maliyeti kaçınılan bir ton metreküp CO_2 başına 415 avro ile aşırı pahalıdır.

Benzer bir şey bina izolasyonu için söylenebilir. Eski bir eve izolasyon uygulamak kaçınılan bir ton CO_2 için 113 avro kadar büyük nakit tasarrufu sağlayabilir. Ancak yeni bir evin izolasyonunu geliştirmek ilave bir tonluk CO_2'nin azaltılmasının maliyetini 326 avroya kadar çekebilir.

Listenin sonunda jeotermal güç, biyoyakıtlar ve çatılardaki fotovoltaik paneller bulunuyor. Jeotermal enerji ve güneş panelleri aşırı pahalıdır. Biyoyakıtlar ise çok az CO_2 tasarrufu sağlar, hatta belki de hiç sağlamaz. Ancak Desertec projesi hayata geçerse güneş enerjisi için hesaplanacak azaltım maliyeti ŞEKİL 2.7'dekinden çok daha düşük olacaktır. Ancak öngörülebilir gelecekte güneş enerjisi bırakın nükleer gücü, rüzgâr veya termal güneş enerjisiyle bile rekabet edebilecek gibi görünmüyor.

Tek Fiyat Yasası ve Avrupa Emisyon Ticaret Sistemi

Her ne kadar belli bir anda en ucuz azaltma teknolojisinin ne olduğunu tespit etmek mümkünse de teknolojik ilerlemenin kendisi öngörülebilir değildir. ŞEKİL 2.7'de geçen her bir kategorinin yüzlerce değilse de onlarca varyantı olan alt kategorileri vardır ve bunların sırası teknolojik ilerlemenin geldiği düzeyiyle kullanılacak hammaddenin fiyatına ve ücretlere bağlıdır. Hatta yukarıda anılan genel teknoloji kategorilerinin sıralaması bile değişebilir. Kim bilir belki güneş enerjisi bir gün gerçekten en ucuz teknoloji olabilir. O halde bu koşullar altında, toplumun CO_2 emisyonlarını en verimli şekilde kısacak yöntemi seçeceğinden nasıl emin olunabilir?

Çoğu, bu işin bürokratlar tarafından veya parlamentolarda demokratik süreçler işletilerek kararlaştırılması gerektiğini düşünüyor olabilir. Fakat bu merkezi planlama yaklaşımı demektir ve bir şekilde başarısızlığa mahkûmdur çünkü siyasi yapılar bunun için gerekli bilgiyi toplama yetisine sahip değildir, dahası onları doğru teknolojileri seçmeye teşvik eden bir şey de yoktur. Aksine, "yeşil" teknolojilerin söz konusu koltukları halihazırda işgal eden üreticilerin siyasi karar alma süreçlerini kararları kendi taraflarına döndürecek şekilde etkileyebileceğinden söz etmek mümkün. Bu durum Fransa ve Almanya'yı karşılaştırdığımızda net bir şekilde ortaya çıkar. Fransa'da nükleer enerji bir milli servet (*patrimoine nationale*) olarak görülürken Alman siyasetçiler ondan nefretle uzak durarak rüzgâr ve güneş enerjisini över. Fransa nükleerden elektrik üretiminde dünya şampiyonu, Almanya ise rüzgâr ve güneş enerjisinde şampiyon. Söz konusu endüstriler her iki ülkede de yerleşik çıkarları ve çalıştırdıkları binlerce çalışan sayesinde kamuoyunu belli bir ideolojik eğilime çekebilmiştir.

Siyasetçilerin aksine ekonomistler piyasanın "tek fiyat yasası" aracılığıyla en uygun teknolojiyi seçmesinde ısrar eder. Hem emisyon vergisi hem de salınan CO_2'nin bir tonu için ortak fiyat belirleyecek bir emisyon ticaret sistemi gerekli teşviki sağlayacak ve piyasa aktörlerinin en ucuz azaltma teknolojisini seçmesini sağlayacaktır. Herkes saldığı CO_2'nin bir tonu için aynı fiyatı ödemek zorunda kalırsa o zaman ellerindeki azaltma seçeneklerinden bu fiyatın altında olanı seçeceklerdir. Kirleticilerin azaltma araçlarını, ton başına azaltma sürecine ters bir mantıkla uygulayacaklarını düşünmek mantıklı olabilir. Böylece her kirletici için ton başına marjinal azaltma maliyeti, bu kirleticinin toplam azaltım miktarı arttıkça artacaktır. Kirleticiler bu durumda aradaki fark önemsizleşene kadar sıradaki diğer azaltma teknolojilerine yöneleceklerdir. Bir taraftan bir ton daha salacak ve onun bedelini ödeyecek öte yandan tonajı azaltıp azaltma maliyetini düşürecekler. O noktada emisyon fiyatlarının altında azaltım maliyeti olan bütün ucuz seçenekler tükenmiş olacağından geriye kalan pahalı seçeneklere hiç başvurulmamış olacak. Tüm kirleticiler aynı emisyon fiyatıyla karşı karşıya olduğundan azaltma faaliyetlerinin bu şekilde tüm firmalara dağıtılması toplumsal olarak verimlidir. Bu, kimsenin mevcut azaltma teknolojilerine dair kolektif bir bilgiye sahip olmamasına ve azaltma faaliyetlerinin nasıl dağılacağına dair bir dayatma olmamasına rağmen böyledir. Tek fiyat yasasına göre ekonomi görünmez bir el tarafından yönlendirilmiş gibi kendi kendini kısmen düzenler. Elbette kendi kendini düzenleme sadece kısmi bir şeydir. Emisyon vergi oranını veya takas sistemi içinde ne kadar emisyon hakkı olacağını belirleyecek bir merkezi otoriteye gerek vardır ki piyasa uygun fiyatı bulabilsin. Piyasanın bu işlevi görmesi mümkün değildir çünkü aşırı CO_2'nin atmosferden çıkarılması ve çevre kalitesi meseleleri kamu yararınadır ve sadece bu hizmeti sağlayanlara değil tüm halka fayda sağlar. Yine de kirleten şirketler, hiçbiri fedakârlık motivasyonuyla hareket etmeyecek ve azaltma tercihlerini açıklamayacak olsa da, siyasi karar alıcılar birincil kararları aldığı takdirde toplumsal açıdan doğru ikinci derecede kararlar alacaktır.

Şüpheciler, şirketlerin azaltma tercihlerini açıklamaları ve sonra da en iyi azaltma teknolojilerini uygulamaları gerektiğini söyleyebilir. Ancak o zaman her şirketin, kendisi için düşük maliyetli azaltma standardı oluşmasını umarak gerçek azaltma maliyetini fazla göstermede stratejik bir çıkarı olacaktır. Marjinal azaltma maliyetinin sadece kâr saikiyle ve kendi kendine örtük bir şekilde açıklanması tarafsız ve toplumsal olarak verimli azaltma stratejilerine yol açar. Tek fiyat yasası, herhangi bir çevre kalitesi için oluşacak toplam azaltım maliyetinin asgariye indirilmesini ve toplumun toplam azaltma maliyetine razı olması durumunda çevre kalitesinin maksimuma çıkarılmasını mümkün kılar.

AB, Kyoto Protokolü hedeflerine ulaşmak adına bu yaklaşımı çevre politikasının kalbine yerleştirdi. Ekim 2003'te yayımladığı bağlayıcı bir yönergeyle üye ülkelere CO_2 ve diğer sera gazları için emisyon ticaret sistemi kurulmasını bildirdi.[49] Bu yönerge 2005'te uygulamaya kondu. Bu sistem *emisyon üst sınırı ve ticareti* sistemi adıyla da anılır. Özünde düzenleyicinin belirli sayıda takas edilebilir hak veya emisyon sertifikasını piyasaya çıkararak toplam emisyon miktarını (sınır) belirlemesi yatar. Sınır kesin bir dille belirlenmiş bir takas süresini kapsar ve haklar bu sürenin bitmesiyle sona erer. Bu sertifikalar Avrupa Birliği Emisyon Tahsisleri (European Union Allowances – EUA) olarak bilinir. AB muhasebe sistemi içinde yer alan sanal birimlerden oluşur. Takas sistemi tüm 27 üye ülkeyi kapsar.

AB sistemi şu an için bu sertifikaları şirketlere ücretsiz, bağış şeklinde, siyaseten belirlenmiş bir dağıtım planına göre veriyor. Şirketler bağış miktarını, borsa gibi düzenlenmiş olan ortak pazarda sertifika takas ederek artırabilir ya da azaltabilir. Bu süreçte CO_2 için bir piyasa değeri oluştururlar. Eğer bir şirket başlangıçta kendisine verilenden daha fazla emisyon salmak istiyorsa yeni izinler satın alması gerekir, eğer bu miktarın altında kalacaksa ihtiyaç duymadığı izinleri satabilir.

Sertifikaları satabiliyor olmak tek fiyat yasasının ortaya koyduğu dağıtım işlevini engellemez. Yukarıda da açıklandığı gibi sertifika satın almak zorunda kalan şirket, azaltma faaliyetlerini marjinal azaltma maliyetleri sertifika fiyatına veya emisyon hakkına denk gelene kadar götürmek durumda kalacaktır. Satan şirket için de aynı kural geçerlidir. Şirketin ton başına tüm azaltma seçeneklerini tükettiği ve satacağı sertifikadan elde edeceği gelirin azaltmadan elde edeceğinden daha az olduğu anlamına gelir bu. Böylece uyguladığı marjinal azaltım aracı elindeki sertifikayı satışa çıkarıp bu araçtan elde edeceği gelire denk düşmektedir. Şirket için bu araçta ısrar edip sertifika fiyatının üstünde bir maliyetle azaltıma gitmenin mantıklı bir yanı yoktur. Dolayısıyla satan firma da alan firma da Coase Teoremi'nin[50] öngördüğü gibi toplumsal olarak verimli azaltma kuralını izlemektedir.

Takas firmalar arasında ikili olarak yapılabilir veya daha formel bir biçimde simsarlar ve özel piyasalar aracılığıyla da yapılabilir. Piyasaların en büyüğü, 20 ülkede 200'den fazla ticari teşekkülün kullandığı ve Almanya'nın Leipzig kentinde bulunan Avrupa Enerji Borsası'dır.

Emisyon ticaret sisteminin en temel ön koşulu karbon kaydı sistemidir. Avrupa'daki her ülkenin kendi ulusal kayıt sistemi var. Tüm şirketlerin izin kaydı burada tutulmakta ve süreç ulusal bir otorite tarafından denetlenir. Ulusal kayıt sistemleri Brüksel'deki bir Avrupa takas kurumu tarafından bir araya getirilir. Ulusal denetleme otoriteleri aynı zamanda, fosil yakıt girdileri için bir muhasebe sistemi yöneterek ve teknolojik katsayılar temelinde emisyonları hesaplayarak CO_2 emisyonlarını da takip ediyor. Hiçbir şirket sınırları mutlak olarak belirlenmiş bir ticaret döneminde kendisine izin verilenden daha fazla emisyon yapamaz. Eğer bir şirket izin verilen sınırı aşarsa saldığı CO_2'nin tonu başına ceza ödemek zorunda. Bu ceza birinci ticaret dönemi süresince ton başına 40 avro olarak belirlenmiş durumda, bu, 15 ila 25 avro olarak belirlenen izin sertifikası fiyatının oldukça üzerinde bir rakam. Ayrıca fazla emisyon miktarı firmaya bir sonraki ticaret döneminde tanınacak sınırdan düşülüyor. Cezalar gaddarca tahsil ediliyor ve emisyon miktarları çok yakından takip ediliyor. Şu ana kadar hiçbir büyük sözleşme ihlali tespit edilmedi.

AB ticaret sistemi enerji santralleri, petrol rafinerileri, kömür santralleri, demir çelik fabrikaları gibi enerji üreticilerini ve çimento, cam, kireçtaşı tuğla, seramik, selüloz ve kâğıt endüstrileri gibi enerji yoğun endüstrileri kapsar, kimya endüstrisi başlangıçta bu listede yoktu. Kimya endüstrisindeki ağır yağlardan hafif yağ üreten parçalayıcılar yüksek CO_2 üretimi nedeniyle 2008 yılında dahil edildi.

Ticaret sistemi Avrupa Birliği'nin CO_2 emisyonlarının yüzde 45'ini ve diğer sera gazları hesaba katıldığında sera gazı emisyonlarının yüzde 30'unu oluşturur.[51] Almanya'da ticaret sistemi karbondioksit emisyonlarının neredeyse yüzde 51'ine neden olur.[52]

Emisyon hakları ticaretinden etkilenen ekonomik sektör içindeki en büyük pay elektrik hizmetlerinindir, Avrupa'nın CO_2 emisyonlarının yüzde 32'si neredeyse istisnasız ticaret sistemine entegredir. Sadece yanma kapasitesi 20 megavatın veya enerji üretme kapasitesi 7 megavatın (kömür yakıtlı bir enerji santralinin kapasitesinin yüzde biri) altında olan küçük enerji santralleri dışarıda bırakıldı. Tüm bu küçük enerji santralleri bir araya getirildiğinde üretilen elektriğin sadece yüzde 1'ini karşılar. Dolayısıyla Avrupa'nın emisyon ticareti sistemi AB içinde üretilen elektriğin yüzde 99'unu kapsıyor. Hemen hemen tüm enerji istasyonlarının dahil edilmesinin ulusal enerji politikaları hakkında yapılacak değerlendirmeler için çok önemli olduğu ortaya çıkıyor.

Başta evlerin ısıtılması ve ulaşım için kullanılan yakıt ile genelde imalat sanayisinin çoğu olmak üzere diğer sektörlerden gelen emisyonlar her ne kadar Kyoto Protokolü'nün parçası olsalar da ticaret sistemine entegre edilmediler. Sistem önümüzdeki yıllarda aşamalı olarak ekonominin kalan sektörlerini kapsayacak şekilde genişleyecek. 2011'den başlayarak Avrupa içindeki uçuşlar ve 2012'den başlayarak uluslararası uçuşlar ticaret sisteme dahil edilecek.[53]

Avrupa Birliği, tahsis edilen izinlerin değiş tokuşu için yasal olarak bağlayıcı iki ticaret dönemi belirledi ve bir üçüncüsü için teklifler verdi. İlk dönem (2005-2007) deneme aşaması niteliğindeydi. İkinci dönem 2008-2012 arasını, üçüncü aşama da 2013'ten 2020'ye kadarki dönemi kapsıyor.[54] İzinler bir dönemden diğerine taşınamıyor, çünkü dönem bittiğinde kullanım süreleri doluyor. İlk dönem için izin verilen toplam CO_2 emisyon miktarı 2,19 gigaton. Bu, 2,48 gigaton olan 1990 emisyonlarına göre yüzde 11,7 daha az bir miktara denk geliyor, ancak izin ticareti için baz alınan 2000-2002 dönemindeki ortalamaya göre yüzde 14 daha fazla ve ekonomik büyüme için epey cömert bir fazlalık sunuyor.[55] Ticaret başladığında şirketler 2006 baharına kadar ton başına yaklaşık 30 avro civarında fiyatlar teklif etti.[56] Fakat fiyat daha ani bir düşüş yaptı, birkaç ay istikrardan sonra neredeyse sıfıra düştü ve 2007 ilkbaharından yıl sonuna kadar o seviyede kaldı.[57] Fiyat düşüşü büyük olasılıkla şirketlerin gelecekte oluşabilecek belirsiz ihtiyaçları için sertifika istiflemelerinden kaynaklandı, doğal olarak bu sertifikalar son kullanım tarihleri yaklaştıkça değerlerini yitirdi. Ayrıca Avrupa Birliği ilk ticaret döneminde siyasi direnci kırmak için biraz fazla cömert davranmış, bu da tüm projeyi riske atmış olabilir.

İkinci ticaret dönemi başladı ve 2012'ye kadar sürdü. Bu dönemde sadece 2,081 gigaton yani birinci döneme göre yüzde 5 daha düşük CO_2 emisyonuna izin verildi.[58] Yine de bu, referans alınan 2000-2002 dönemine göre yüzde 8,4 daha fazla, fakat özel bir enerji tasarrufu çabasının olmadığı, normal bir ekonomik büyüme halinde ulaşılacak değer kadar fazla değil. Daha az izin verilmesi, 2008 ortasında fiyatları yeniden bir metrik ton CO_2 başına 27 avro civarına çekti, önceki ticaret döneminin ortalarında ulaşılana yakın bir değer bu. Ancak 2010 yılında fiyat 14,30 avro seviyelerine geriledi. Sebep muhtemelen yine ticaret döneminin sonuna yaklaşılıyor olmasıydı.

Ticaret dönemleri arasında sert düşüşlerden kaçınmak için 2013'te kurulacak sistemin öncekilerden temel olarak farklı olması gerekir.* Her şeyden önce izinlerin yıllık dağıtılması (veya açık artırmaya çıkarılması) gerekir. Bir diğer mesele ise izinlerin geçerlilik sürecinin her geçen yıl değerlerinden biraz kaybetseler de daha uzun olması gerektiği.[59] Bu yıpranma payı ve yıllık dağıtım, Avrupa Komisyonu'nun emisyon ve izin fiyatlarının evrimini daha düzgün idare etmesi ve stabilize etmesini sağlayacak.

Avrupa Komisyonu izinleri gelecekte bedelsiz dağıtmak yerine açık artırmayla satmayı tercih edecek.[60] En erken üçüncü ticaret döneminin başlayacağı 2013 yılı olmak üzere elektrik kısmı için verilen izinlerin tamamı (ki elektrik en büyük pay sahibidir) açık artırmayla satılacak. Elde edilen gelir söz konusu ulusal hükümetlere gidecek. Alman hükümeti çoktan 2013 sonrasında yıllık 10 milyar avro kadar bir gelir elde edeceğini hesaplıyor.[61] 2020'den başlamak üzere tüm izinler açık artırmayla verilecek ve ekonominin geri kalan sektörleri de aşama aşama sisteme dahil edilecek.

Ticaret hakları daha kıt hale geldikçe, ihtiyaç sahibi şirketler için bu mesele oldukça pahalı bir soruna dönüşebilir. Sonuçta hava tüm halka ait ve onu temsil eden de devlet. Şirketler de tıpkı diğer hammaddeler için yaptıkları gibi havayı kullanmak için gerekli tüm bedeli ödemek zorunda. Buradaki düzenlemenin iç mantığında hata bulunamaz. Çevre bir başka üretim öğesi ve birisi onu kullanmak isterse o öğenin sahibine bedel tam olarak ödenmeli.

Avrupa Birliği Emisyon Tahsislerinin ticaret sistemi AB'yi tüm dünya için bir çeşit kobay haline getiriyor, çünkü 1997 Kyoto Protokolü'nün 17. maddesi imzacı ülkeler arasında daha fazla bu tür sistemlerin kurulmasını destekliyor. Dahası, yukarıda açıklandığı gibi, AB sistemi Birleşmiş Milletler'in bağlayıcı emisyon sınırlamalarını kabul eden 52 ülke için 2008'de uygulamaya koyduğu bir uluslararası ticaret sistemine model oldu. BM kendi sertifikalarına tahsis edilen miktar birimi (AAU) adını verdi. Avrupa Birliği Tahsisleri ile BM birimleri özü itibariyle aynı şey ve bir bakıma aynı para birimini temsil ediyor. İkisi de ticaret dönemi

---

* 2013'te başlayan üçüncü dönem, önemli farklılıklar içermektedir -en.

başına bir metrik ton CO_2 emisyonuna izin veriyor ve AB-BM arasında entegre bir muhasebe sistemince listeleniyor. Bunlar tıpkı bir avroluk demir paraların bir tarafında farklı ulusal simgeler olmasına rağmen hepsinin aynı değerde olması gibi birbirleriyle yakından bağlantılı. Temel bir fark, BM birimlerinin ticaretinin şirketler arasında değil devletler arasında yapılabilmesi. Bir ülke, fazla AAU'su varsa bunu bir başka ülkeye satabilir. Alıcı ülke de, bazı hukuki sınırlamalar olmakla birlikte, hangi sektörün daha fazla CO_2 emisyonu yapacağına karar verebilir. Buna karşın, azaltım hedeflerini tutturmakta sorun yaşayan bir ülke söz konusu izinleri bir başka ülkeden satın alabilir. Bu, emisyonların Kyoto ülkeleri arasında dağıtımı ve denetiminin daha verimli yapılması adına atılmış çok mutlak bir adım demek. Ama maalesef dünya üzerindeki ülkelerin sadece yüzde 30'u bu sisteme dahil.

BM diğer ülkelerin ileride tahsis ticareti sistemine tıpkı AB'de olduğu gibi katılacağını ya da AB'nin genişleyip diğer ülkeleri kendi sistemine dahil edeceğini umuyor. Etrafta dolanan fikirlerden biri, Kaliforniya'yı AB sistemine dahil etmek. Bu, kulağa biraz tuhaf gelebilecek olsa da iklim sorununun küresel doğasıyla tamamen uyumlu bir fikir.[62]

Tarife Garantileri, Araçsal Hedefler ve Avrupa'nın Politika Kaosu

Tek fiyat yasası ekonominin bir yasası, piyasa ekonomisinin başarısının ardındaki sır ve akılcı bir "yeşil" politika için kurulan emisyon ticaret sisteminin avantajının ardındaki temel öğedir. Ancak bu yasa siyasetin yasasıyla çok sert bir biçimde çelişiyor. Akılcı bir CO_2 politikası bir azaltma hedefi belirler ve sonra sahneyi bu hedefe en iyi hangi araçlarla ulaşılacağını belirlemek üzere uzmanlara bırakır. Siyasi değer yargıları hedefle ilgilidir, araçlarla değil. Maalesef gerçek politika böyle işlemiyor çünkü araçlarla amaçlar arasında ayrım yapmıyor. Aksine çeşitli değer yargıları atfederek araçları amaçlara dönüştürüyor. Dolayısıyla politika, uygulamada, siyasi sürecin inatçı öncelikleri dışında herhangi bir mantık olmadan kaotik bir şekilde bir araya gelen hedefler ve araçlar tarafından belirleniyor.

Avrupa Birliği ve üye ülkelerin CO_2 politikası böyle örneklerle dolu. Bir tanesi Avrupa Komisyonu'nun 2007'de yayınladığı yönergede formüle ettiği 20-20-20 hedefi.[63] Bu hedefe göre AB ülkeleri Ocak 2020'ye kadar 1990'a kıyasla CO_2 emisyonlarını ortalama yüzde 20 oranında düşürmeli ve yenilenebilir enerjinin toplam enerji tüketimi içindeki payını ortalama yüzde 20 oranında artırmalı. Her iki hedef de ülkelere özgü belirli hedeflere ayrılmış durumda. Yönerge belirli bir oda sıcaklığındaki ısınma amaçlı kullanılan enerjinin de yüzde 20 oranında düşürülmesini şart koşuyor. Açıkça görülüyor ki bu yönerge amaçlarla araçları birbirine karıştırıyor çünkü yenilenebilir enerjinin payını artırmak emisyonları düzeltme amacına hizmet edecek bir araç. Elektrik üretiminin yüzde 99'unu kapsayan ve tek fiyat yasası nedeniyle, AB'nin elektrik santrallerine genel azaltım maliyetini minimize edecek şekilde emisyon düşüşünü ayarlayan bir emisyon ticaret sistemi kullanımdayken bu yönergeyle getirilen yüzde 20'lik yenilenebilir enerji hedefi muhtemelen azaltım maliyetleri üzerinde gereksiz bir yük yaratacaktır. Bu hedefin, ekonominin emisyon ticaretine girmeyen yüzde 20'lik kesimlerinde yani ısıtma ve nakliyat gibi alanlarda ulaşılabilir olması, iklim hedefine ve araçsal hedefe ulaşmakta ilave bir avantaj sağlayabilir. Ancak bu sadece bir teori.

Uygulamada, pek çok AB ülkesi, yenilenebilir enerji payı için AB'nin belirlediği ulusal kullanım oranı hedeflerine ulaşmak yolunda "yeşil" elektrik kullanımını teşvik etmede olağanüstü çabalar harcıyor. 27 AB ülkesinde "yeşil" elektriği desteklemek adına federal yönetimden yerelde belediye düzeyine kamunun çeşitli seviyelerinde yenilenebilir kaynaklardan enerji kullanımını özendiren yüzlerce, belki de binlerce kararname, yasa ve sübvansiyon programı mevcut. Bu politik önlemler var olduğu sürece, emisyon ticaret sistemiyle birlikte gelen CO_2 emisyonunu düşürme çabalarını baltalayacak ve dolayısıyla azaltım maliyetlerini artıracak çünkü o zaman standart altı bir güç jeneratörü karışımları kurulacak.

Tarife garantileriyle "yeşil" elektriğe özendirme politikası Avrupa'da oldukça yaygın ve bu tür politikalar, politika irrasyonalitesinin özellikle önemli bir örneğini teşkil ediyor. Tarife garantileri şebekeye toptan piyasa fiyatının üzerinde bir fiyatla iletilen elektriği ödüllendiriyor. Bu fiyatlar o kadar yüksek ki "yeşil" elektriğin su, rüzgâr veya güneş enerjisiyle üretim maliyeti ile söz konusu şebekeden elektrik satın alma yükümlülüğünün maliyetini birlikte karşılayacak büyüklükte. Bu garantiler tedarikçinin yatırım riskini asgariye indirmek adına çok uzun süreli veriliyor. Şebeke işletmecisi ekstra maliyetlerini karşılamak için nihai tüketicilere sattığı elektriğin fiyatını artırmakta da serbest. Elektriğin perakende fiyatındaki artışın elektriğin hangi kaynaktan geldiğiyle bir ilgisi olmadığından tüketicin yenilenebilir kaynaklardan gelen pahalı elektrikten ne kaçınması mümkün ne de onu buna yöneltecek bir teşvik mekanizması var. Tarife garantileri kamu bütçesinin dışında işlese de etkin bir şekilde "yeşil" elektrik üreticilerine ödenen sübvansiyonlar olarak iş görüyor ve elektrik tüketimine uygulanan genel bir vergiyle finanse ediliyorlar. Bu tür tarife garantilerini kullanan 20 AB ülkesi Avusturya, Bulgaristan, Kıbrıs, Çek Cumhuriyeti, Danimarka, Estonya, Fransa, Almanya, Yunanistan, Macaristan, İrlanda, İtalya, Letonya, Litvanya, Lüksemburg, Hollanda, Portekiz, Slovakya, Slovenya ve İspanya.

Bu ülkeler güneş kaynaklı elektriğin fiyatını normal toptan fiyatının (şu an için 5 avro sent) yüzde 30'u ila (Slovenya) yüzde 1.020 (Lüksemburg) üstünde belirledi. Rüzgâr ve hidroenerji için tarife garantilerinin seviyesi genelde daha düşük, çünkü bu teknolojiler başa baş noktasına daha yakın. Yine de yüzde 80 (Almanya) ile yüzde 160 (Letonya) arasındaki fiyat artışları nadir değil. Bunların tüketiciye maliyeti devasa büyüklükte. Sadece Almanya'da halihazırda monte edilmiş fotovoltaik gereçler için garanti edilen sübvansiyonlar 85 milyar avroyu buluyor. Bu miktar giderek daha çok endişelenen Alman hükümetinin 2010 yılında yeni istasyonlar için tarife garantilerini acilen azaltmaya karar vermesine rağmen bu kadar yüksek.[64]

Tarife garantilerinin en bariz eksikliği Avrupa'nın genel CO_2 emisyonunu azaltma yönünde bir etkisinin olamaması, çünkü Avrupa Birliği'nin yayımladığı emisyon sertifikalarıyla belirlediği tavan değer nedeniyle sabitlenmiş durumda.[65] Elbette bir ülkenin yeteri kadar büyük sayıda tarife garantisi sunması halinde kendi CO_2 emisyonunu azaltması mümkün. Çünkü elektriğin nakliye maliyetleri, elektriğin bu tarife garantilerinin teşvik ettiği "yeşil" enerjinin üretildiği "yeşil" enerji üretim bölgelerine yakın yerlerde fosil yakıtlardan elde edilen geleneksel elektrikten daha ucuza gelmesine neden olacaktır. Ancak bu aynı zamanda emisyon sertifikalarının lüzumsuz hale gelmesine ve satışa çıkarılmasına veya Avrupa borsasında satın alınmamasına neden olacaktır; bu da daha uzaktaki fosil yakıtlı santrallerin, "yeşil" santrallerin çevrelerinde kısılan CO_2 kadar ek salınım yapmasına olanak sağlar. "Yeşil" ülke, tarife garantileriyle emisyon sertifikalarının piyasa değerini düşürmekte ve aslında Avrupa'nın başka bir ülkesindeki fosil yakıt kullanan santralleri sübvanse etmektedir. Tarife garantili ülkelerin siyasetçilerinin Avrupa'nın emisyon ticareti sistemiyle çatıştığı için bu tarifelerin tamamen işlevsiz oluşunu göz ardı etmeleri inanılır gibi değil ama gerçek.

Daha kötüsü tarife garantileri "yeşil" teknolojileri teşvik etmeyecektir bile, aksine diğer ülkeler bu tarife garantilerine karşın kendi garantilerini çıkarmadıkça "yeşil" teknolojilerin gelişimine ket vurur. Bunun nedeni, emisyon sertifikası fiyatında yol açtıkları düşüşün hem fosil yakıttan üretilen elektriğin maliyetinin hem de elektriğin toptan fiyatının düşmesine neden olmasıdır. Bu da yenilenebilir enerji tedarikçilerinin piyasada kendilerine yer bulmalarını güçleştirir. Güneş ışığının nadir bir meta olduğu Danimarka'da tarife garantilerinin teşvik ettiği kadar fazla güneş enerjisi, güneşin bol olduğu İspanya'daki Extremadura bölgesinin üretiminden çıkacaktır. Danimarka'nın çayırlarına dikilen her bir rüzgâr türbini veya tarife garantisi nedeniyle Almanya'da çatılara dikilen her yeni güneş enerjisi paneli, Almanya ve Danimarka'da azalttığı miktardaki sera gazı üretimini Avrupa'nın geri kalanında artıracaktır. İspanya'da yeni bir güneş enerjisi kompleksi inşa edilmeyecek, İtalyanlar klimalarını geleneksel yollarla üretilmiş elektrikle çalıştırmaya devam edecek ve Polonyalılar kömür santrallerini modernize etmekten kaçınacaktır. Fransızlar bile fazladan nükleer santral yapma fikirlerinden cayabilir, onun yerine gaz yakıtlı bir santrale yatırım yapabilirler.

Emisyon sertifikalarının fiyatı, zaten tarife garantisine gerek olmaksızın "yeşil" elektriğin üretimini teşvik ediyor ve tek fiyat yasasına riayet ettiğinden bunu verimli bir şekilde yapıyor. Avrupa genelinde "yeşil" elektrik üretiminin en verimli noktasının neresi olduğuna ve bu elektriğin en düşük maliyetle nerede üretileceğine piyasa karar veriyor. Buna karşın tarife garantileri, "yeşil" elektrik istasyonlarını bu tür enerjileri üretmek için doğal avantajlara sahip ülkelerden tarife garantilerini veren ülkelere kaydırıyor, bu sırada kullanılan fosil yakıt miktarı da sabit kalıyor. Sonuç olarak yenilenebilir enerjiden elde edilen elektrik gerekenin üzerinde bir maliyetle üretiliyor.

Araştırmalar bile yolunu şaşırmış durumda, çünkü güneş panelleri ve rüzgâr istasyonları çalışacakları en uygun doğal yerlere göre optimize edilmekten ziyade tarife garantisi veren ülkelere göre optimize edilecektir. Bu iki yer genelde aynı değil.

Tarife garantileri toplam CO_2 üretimini etkilemese de, tavan değer sabit tutulduğunda, bir sonraki emisyon ticareti döneminde bu tavan değerinin iyice sıkılaşmasına yol açacağı bazen iddia edilir; çünkü tarife garantileri, yenilenebilir enerji teknolojilerinin gelişimi için bir endüstri oluşturup daha büyük azaltma hedeflerinin oluşturulmasına yardımcı olacaktır.[66] Fakat bu iddia bütünüyle yanlıştır. Tarife garantileri, Avrupa'nın yenilenebilir enerji piyasasını tahrif ettiği ve emisyon ticareti piyasasının tek başına elde edileceğine kıyasla "yeşil" elektriğin üretim maliyetini artırarak tüketicilerin daha çok ödemesine neden olduğu için kamuoyunun bir sonraki emisyon ticareti döneminde tavan değerinin sıkılaşmasını desteklemesine değil aksine ona daha fazla direnmesine yol açacaktır. CO_2 azaltma politikalarının yarattığı acı ne kadar büyük olursa ona karşı direniş de o kadar büyük olur.

Öte yandan yenilenebilir enerjinin desteklenmesinin iklim için bir faydası olmasa da en azından tek tek ülkelerin Kyoto sözlerini tutmasına yardım ettiği söylenebilir. Ne de olsa, pek çok AB ülkesi 2008-2012 aralığında CO_2 emisyonlarını kayda değer oranda düşüreceklerine dair bağlayıcı vaatler vermişti. Eğer güneş panelleri ve rüzgâr türbinleriyle düşürülen ulusal CO_2 emisyonlarının tümü o ülkede tarife garantisi olmasıyla mümkün olmuşsa ve bu da ülkenin Kyoto hedeflerine ulaşması yönünde kullanıldıysa o ülke Kyoto hedeflerini tutturabilir; artık ihtiyaç duymadığı izinleri başka ülkelere satsa ve bu ülkelerin de CO_2 emisyonlarını daha yüksek seviyelere çekmelerine yol açsa bile .

Maalesef bu da doğru değil, çünkü Kyoto hesabına göre ihraç edilen emisyon hakları ihracatı yapmış ülkenin hesabına yazılıyor. Bir ülkenin elektrik santrallerinin daha fazla CO_2 salabilmek için emisyon sertifikası almasının Kyoto Protokolü çerçevesindeki resmi emisyon hedeflerine bir etkisi olmaz, çünkü ilave CO_2 emisyonu sertifikayı satan ülkenin hesabına yazılır. Aksine, bir ülke emisyon sertifikası satmak suretiyle Kyoto azaltım hedeflerini tutturamaz, çünkü sertifikayı alan ülkenin emisyonları kendi hesabına yazılacaktır. Bir ülke yenilenebilir enerji kaynaklarından elektrik üretimini şart koşma ve fosil yakıt kullanan santrallerini başka ülkelere kaydırma konularında çok başarılı olsa da bu onun Kyoto hedeflerine yaklaşması anlamına gelmez, çünkü esas önemli olan gerçekte üretilen emisyon değil sertifikaların izin verdiği emisyondur.

Tahsis edilmiş miktar biriminin (assigned amount unit – AAU) yani Birleşmiş Milletler'in himayesinde değiş tokuş edilebilen emisyon haklarının bir ülkenin Kyoto vaatlerini değiştireceği doğru. AAU'ların satın alınması yoluyla Kyoto Protokolü vaatleri gevşetilebilir ya da satılması yoluyla daha da sıkılabilir. Ancak şirketlerin birbiriyle yaptığı gibi emisyon tahsis ticaretiyle (EUA) Avrupa'daki emisyonların yerini değiştirmek, ülkeler arası AAU değişimi anlamına gelmez. Bu tür takaslar Kyoto bakiyesinde hesaba katılmaz. Mesela bir Alman elektrik santrali fosil yakıttan "yeşil" yakıta geçtiği için izinlerinin bir kısmını Polonya'ya satsa ve dolayısıyla emisyonlarını düşürse bile Polonya'da üretilen emisyon BM hesabına göre Almanya hanesine yazılacaktır. Bu, ticaret aşaması 2012 sonunda bittiğinde ve her bir ülkenin Kyoto Protokolü vaatlerine ne kadar uyduğu hesap edildiğinde önemli olacaktır. O zaman ülkelerin takas sisteminin kapsamı dışındaki kaynakları kullanarak ürettikleri emisyon bir sonraki dönemde hesaplarına eklenecek ve genel toplam başlangıçta belirlenen hedefle kıyaslanacaktır. İzin ticaretinin kapsadığı sektörlerde bir ülkenin gerçekte ne kadar emisyon yaydığının Kyoto bakiyesinde bir rolü yoktur, çünkü diğer Avrupa ülkelerinin başta verilen izinlerden eşit veya tersi yöne sapması bu etkiyi her zaman sıfırlayacaktır. Elbette burada tüm şirketlerin oyunu kurallara göre oynadığını ve ticaret haklarının kendilerine tanıdığından daha fazla emisyon üretmediklerini varsayıyoruz ki bu, AB'nin çok sıkı denetlediği ve ihlal edenlere çok ağır cezalar verdiği bir sistemdir.

Bu tuhaf muhasebe yöntemleri Danimarka'nın hedefini tutturmanın çok uzağında kalmasının bir nedeni olabilir. Danimarkalılar 1990'a kıyasla emisyonlarını 2008-2012 döneminde yüzde 21 oranında düşürmeyi vaat etmişlerse de 2008 yılında ancak yüzde 4 oranında düşürebildiler. Bu da kalan sürede hedeflerini tutturmak bir yana bu hedefin yanına bile yaklaşamayacakları anlamına gelir.* Bu ilk bakışta şaşırtıcı gelebilir çünkü açıkça görülüyor ki Danimarka enerjisini rüzgârdan üretmek için büyük bir çaba harcıyor, Almanya'dakinden bile daha yoğun bir rüzgâr türbini ağıyla kaplı. 2008'de Almanya toplam elektriğinin sadece yüzde 6,4'ünü rüzgârdan üretebilmişken Danimarka yüzde 18,4'ünü üretmiştir. Sadece 5,5 milyonluk bir nüfusu olmasına rağmen Danimarka şu an için dünyanın altıncı büyük rüzgâr enerjisi üreticisidir.

Ancak Kyoto hesabının nasıl yapıldığı göz önüne alınınca bilmece ortadan kalkıyor. Danimarka istediği kadar rüzgâr türbini diksin yine de emisyon azaltma vaadine bir adım bile yaklaşamaz, çünkü rüzgârla elde edilen enerji önceden kendisine tahsis edilen emisyon sertifikalarını boşa çıkaracak ve bunlar başka ülkelere satılacak, o ülkeler de bu sertifikaları kullanıp emisyon ürettiklerinde tüm o emisyonlar Danimarka'nın hesabına yazılacak. Benzer bir hesap dünyanın ikinci büyük rüzgâr enerjisi üreticisi İspanya için de yapılabilir. Tıpkı Danimarka gibi İspanya da Kyoto sözünü tutma konusunda büyük bir başarısızlığa uğradı. İspanya'ya yüzde 15'lik bir emisyon artırma hakkı tanındı ancak ülkenin emisyonları 2008 itibariyle yüzde 54,3 oranında arttı. Fosil enerjinin yerine geçen rüzgâr enerjisi, İspanya'nın Kyoto hesabından emisyon düşürmedi.

Bu rahatsız edici hususlar "yeşil" enerji politikaları ve emisyon ticaret haklarıyla çifte müdahalenin ne kadar saçma olduğunu gösteriyor. Tarife garantileri tamamen iptal edilse ve tamamen emisyon ticaretine dayanan bir teşvik mekanizması kurulsa hem Avrupa ülkeleri için daha iyi olur hem de iklim için nötr bir durum ortaya çıkar.

---

* 2011 sonunda Danimarka'nın azaltım miktarı %12,9'da kalmıştır (Avrupa Çevre Ajansı, http://www.eea.europa.eu/publications/ghg-trends-and-projections-2012) -en.

ÜÇÜNCÜ BÖLÜM
Sofraya mı Arabanın Deposuna mı?

Birleşik Devletler Çiftçiler Birliği'ne, OPEC'e
katılmaları dileğiyle...

Güneşi Yakalamak

Uygarlık biyoenerji yardımıyla gelişti. Atalarımız ilk kez ateşin tadını çıkardığı veya hayvanların kas gücünü taşımacılık için kullandığı sırada enerjinin kaynağı bitkilerdi. Dünyanın pek çok bölgesinde bugün de bitkiler halen hâkim enerji kaynağıdır.

Biyoenerji depolanmış güneş ışığından başka bir şey değildir. Fotosentezde bitkiler karbondioksidi ve suyu karbonhidrata dönüştürmek için güneş ışığını kullanır. Oksijeni karbondan ayırır ve onun yerine hidrojen bağlarlar. Oluşan karbonhidratlar kimyacıların *indirgenmiş karbon* dediği türdendir. Bitkiler bu karbonhidratlardan şeker, nişasta ve selüloz gibi bitkinin hem yapısını hem de meyvesini oluşturan kompleks biyolojik bileşikler yapar.

İndirgenmiş karbon, içindeki enerjiyi açığa çıkarmak için yakılabilir. Bu enerjiyi basitçe odunu kamp ateşinde yakarak veya bitkiyi sindirip içindeki karbon bileşikler, yağ, protein ve karbonhidrat gibi öğeleri vücudumuzda yakarak açığa çıkarabiliriz. Karbon yandığında oksitlenir, yani oksijenle tekrar birleşir. Oksitlenme ve yanma bir ve aynı şeydir; alev çıkıp çıkmaması konu dışıdır. Fotosentez karbondioksidin karbon ve oksijene ayrılması için enerji kullanır. Yakmak bu enerjiyi tekrar açığa çıkarır, çünkü karbon ve oksijen yeniden birbirine bağlanır.[1] Enerji depolanırken yanma sırasında açığa çıkanla aynı miktarda CO_2 kapılacaktır. Bu nedenle biyokütle ideal koşullar altında yakıt olarak kullanıldığında CO_2 nötrdür.[2]

Fotosentez ve bitki çürümesi doğada bir denge halindedir. Bitkiler büyür, ölür ve çürür. Ortamda oksijen varken çürürlerse bünyelerindeki karbon yanar ve karbondioksit açığa çıkar. Oksijen yoksa metan açığa çıkar. Ancak Birinci Bölüm'de açıkladığımız üzere, metan atmosferdeki oksijenle temas ettiğinde ortalama on beş yılda karbondioksit haline oksitlenir. Fotosentez oksijeni bir daha karbondioksitten ayırarak indirgenmiş karbon ve dolayısıyla biyokütle üretir. Döngüyü bu tamamlar.

Okyanuslar da karbondioksit emer. Karbondioksit okyanusun üst tabakalarında oldukça gevşek bir biçimde suyla birleşir ve karbonik asit oluşturur, sonuçta da dalgaların hareketiyle atmosfere geri salınır. Okyanusların üst tabakalarının belirli bir sıcaklıkta CO_2'ye doyma noktasına gelmesi atmosferin CO_2'ye doyma noktasına gelmesiyle oldukça yakından ilintilidir. Neredeyse sabit miktardaki CO_2, havanın, biyokütlenin ve okyanuslarının üst tabakalarının dahil olduğu kapalı bir döngü içinde uzun dönemler boyunca dolanır. Verili herhangi bir anda, okyanusta, atmosferde ve biyokütlede belli oranlarda karbon bulunur.

İnsanlık, İngiltere'nin Sheffield kasabasındaki kömür madenleri etrafında sanayileşmenin başladığı 18. yüzyılın ortalarına kadar biyolojik karbon döngüsünün bir parçası olarak yaşadı. Buhar makinesinin ve onu takip eden tüm diğer içten yanmalı motorların icadıyla birlikte sanayileşmenin çarkları dönmeye başladı. Bu, büyük bir ekonomik kalkınmayla birlikte Batı uygarlığındakilerin keyfini çıkardığı ve Asyalı toplumların özendiği bir hayat standardı yükselişine neden oldu. Ancak insanlık yavaş yavaş sanayileşmeyle birlikte atmosfere salınan karbonun gelecek nesillere bırakılan müthiş bir borç olduğunu fark etmeye başlıyor. Bu döngüye eklenen fosil karbonun bir kısmı (uzun vadede yaklaşık dörtte biri) atmosferde birikiyor ve gezegeni ısıtıyor. Çünkü CO_2, güneşten gelen ve gözle görülebilen kısa dalga radyasyonun gözle görülemez uzun dalga termal radyasyon biçiminde uzaya geri yansıtılmasına engel oluyor. Biyolojik enerji kaynaklarına dönüşün ardındaki mantık budur. Eğer biyokütle enerji taşıyıcısı olarak kullanılırsa karbon döngüsüne ilave bir CO_2 eklenmeyecek, dolayısıyla atmosferin CO_2 doygunluğu artmayacak.

Elbette diğer önemli teknolojik seçenekler olan rüzgâr, güneş, su ve nükleer enerjinin de benzer bir faydası vardır. Ancak potansiyel faydası en yüksek olan biyoenerji kullanımı olabilir, çünkü bitkiler çok az miktarlarda etrafa dağılmış enerjiyi toplayan doğal ve ucuz araçlardır. Daha önce açıklandığı gibi yenilenebilir enerji son derece bol olsa da çok az miktarlar halinde gezegenin tüm yüzeyine serpilmiştir. Dolayısıyla fosil yakıtın yerine geçebilmesi için bu dağınık enerjiyi belirli yerlere makul fiyatta toplayacak tekniklerin gelişmesi gerekir. Modern ekme ve biçme yöntemlerinde bu tür teknikler kullanılır.

Ne var ki biyoenerjinin iklim için gerçekten nötr olması ve atmosfere daha fazla karbondioksit eklememesi için bir dizi koşulun sağlanması gerekir. Bu koşulların en önemlisi, sadece normalde çürüyecek olan biyokütleyi kullanmamız ve enerjisini doğal olarak çürüyeceği haldekinden daha hızlı elde etmek amacıyla biyokütleyi yakmamamızdır. Mesela odun yaktığımızda çürüme sürecini hızlandırdığımızdan, yakmamamız halinde odunun bünyesinde daha uzun süre kalacak olan CO_2'yi atmosfere salmış ve CO_2'nin yukarıda bahsedilen üç depolama alanındaki oranlarını değiştirmiş oluruz. Yeni açığa çıkan CO_2 atmosferde kalacak ve sera etkisine katkıda bulunacaktır. Ancak onlarca yıl sonra eski dengeye erişilince okyanus tarafından geri emilebilecek ve nihayet yeni büyüyen biyokütleye katılacaktır. Dünya'nın eski dengesine dönmesinin yaklaşık 300 yıl kadar süreceği tahmin ediliyor. Emme işlemini gerçekleştiren ağacın türüne göre bu süre daha da uzayabilir. Eğer binlerce yıl yaşayıp büyüyen dev sekoyaları kesersek bunun etkisi fosil yakıt çıkarmaktan farksız olacaktır, çünkü bu Dünya'da depolanan indirgenmiş karbonun oranını ciddi ölçüde azaltacaktır. Neyse ki Amerikan Anayasa Mahkemesi, George W. Bush yönetiminin bu kıyıma izin verecek planının yasa dışı olduğuna hükmetti.[3] Bu açıdan bakıldığında yakıt elde etmek için odun kesmek iklim açısından nötr değildir.

Biyokütle ve iklim açısından yapabileceğimiz en iyi şey yakmaktan ziyade biyokütle stokunu artırmak olacaktır. Bu yüzden ağaçlandırma iklim değişikliğini yavaşlatacak önemli bir etkendir. Gezegenimizdeki orman stoku ne kadar büyük olursa o kadar çok CO_2 biyokütle içinde hapsolur ve atmosfere zarar veremez.

Aynı şekilde biyokütle kullanarak ev veya mobilya yapmak da iklim açısından bir sorun yaratmaz, aksine faydalıdır. Bu amaç için kullanılan odun kuru tutulur ve oksitlenmesinin önüne geçilir, en azından atık haline gelene kadar. İnşaatta kullanılan kereste sadece karbon depolamakla kalmaz, aynı zamanda yeni ağaçlar için ormanda yer açar; böylece biyokütle içinde muhafaza edilen genel karbon oranı artmış, atmosferdeki de azalmış olur. Bu açıdan bakıldığında hem inşaat sektörü hem de mobilya sektörü iklimimiz için faydalı olduklarından teşvik edilmelidir. Belki de tik kerestenin kullanımı önündeki toplumsal itiraz geri çekilmelidir, gerçi bu konu biraz daha karışık. (Tik kerestesi plantasyonu kurmak için çoğu zaman geniş orman arazilerini açmak gerekir.)

Enerjisini almak için biyokütle yakmak, sadece yaşayan biyokütle stokunu değiştirmemesi halinde iklim için zararsızdır. Pratikte nadasa bırakılmış arazilere mısır (darı) veya şekerkamışı gibi enerji açısından zengin bitkilerin ekilmesi politikası bu koşulu sağlamaya yakındır. Bu şekilde elde edilen enerji gezegenin biyokütle stokunu çok cüzi miktarda azaltacak ve böylece büyük ölçüde CO_2 nötr olacaktır. Ve bu şekilde elde edilen biyoenerji fosil yakıtların yerine geçerse iklim değişikliğinin hızını düşürebilir bile.[4] Ancak bu durumda dahi (ki böylesi bir beklenti içinde olmak Dördüncü ve Beşinci Bölümlerde tartışacağımız üzere çok makul değildir) toprağın işlenmesi ve gübrelenmesi sürecinde hiçbir sera gazının salınmaması koşulunun sağlanması gerekir. Maalesef bu koşul çok nadiren sağlanabiliyor.[5]

Biyoenerji bitkileriyle gıda bitkileri arasındaki rekabet de göz önünde bulundurulmalıdır. Sadece nadasa bırakılan arazilerin enerji bitkileri için kullanılması ideal olurdu. Maalesef pratikte durum pek öyle olmaz. Pek çok örnekte enerji bitkileri aksi takdirde gıda bitkileri ekilebilecek arazilere ekilir. Bu da gıda fiyatlarının artmasına yol açar ve yoksul ülkelerde kıtlığa neden olabilir.

Biyoenerji Nedir?

Biyoenerji, performans açısından su, güneş ve rüzgâr gücünün çok ötesine geçen en önemli yenilenebilir enerji kaynağıdır. Aslında diğer bütün yenilenebilir enerji kaynaklarının toplamından daha önemlidir ve OECD ülkelerinde yenilenebilir enerji tüketiminin yüzde 55'ine tekabül eder. Dünya genelindeki oran ise daha yüksektir: yüzde 79. Biyoenerji kullanımı ABD'de genel kullanımın yüzde 65'i, AB'de yüzde 68'i düzeyindedir.

İnsanlık binlerce yıldır odundan enerji elde ediyor ve odun halen en önemli biyoenerji kaynağı olma özelliğini sürdürüyor. **ŞEKİL 3.1**'in gösterdiği gibi odun yakmak yoluyla elde edilen biyoenerji OECD ülkelerinin kullandığı biyoenerjinin yüzde 72'sini teşkil eder. Dünya çapındaki payı ise yüzde 94'le çok daha yüksektir, çünkü gelişmekte olan ülkeler gelişmiş ülkelere nazaran oduna daha çok bağımlıdır.

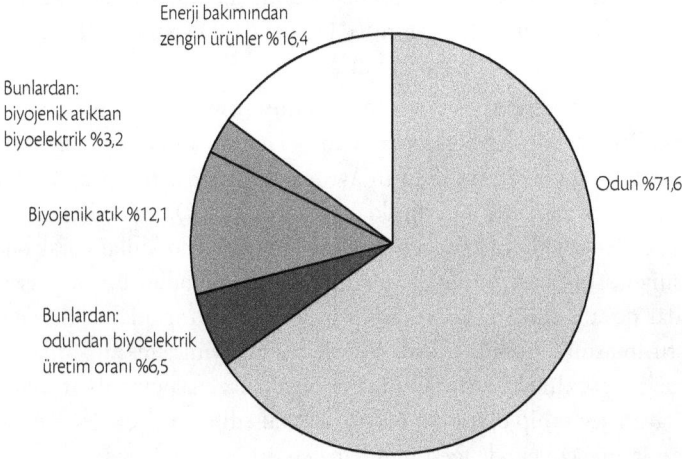

Enerji bakımından
zengin ürünler %16,4

Bunlardan:
biyojenik atıktan
biyoelektrik %3,2

Biyojenik atık %12,1

Odun %71,6

Bunlardan:
odundan biyoelektrik
üretim oranı %6,5

ŞEKİL 3.1 OECD üyesi ülkelerde biyoenerji, 2007. Kaynaklar: Uluslararası Enerji Ajansı, *World Energy Outlook 2009, Renewables Information 2009* ve *Electricity Information 2009*; tahminler ve hesaplar Ifo Enstitüsü'ne aittir.

Odunun içindeki enerjiyi çıkarmak için yakmak, ille de geleneksel yollarla yani odunu ocağa atmakla yapılmak zorunda değil. Avrupa'da sıkıştırılmış odun peletleri son zamanlarda çok popüler hale geldi. Hollanda ve Belçika bunların kullanımını sübvanse bile ediyor. Peletlerin nakliyesi neredeyse sıvı yakıtlarınki kadar kolay. Tanker kamyonlarla evlere kadar getiriliyor ve evlerin bodrumlarında özel hazırlanmış konteynırlara pompalanıyor. Oradan da otomatik olarak evin kazan ya da sobasına aktarılıyor. Peletle ısınma daha çevreci görünüyor ve çoğu zaman kalorifer yakıtıyla ısınmaktan daha ucuza geliyor. Almanya'da bir litre sıvı kalorifer yakıtının KDV dahil fiyatı 2007'de 0,59 avroydu. Eşdeğer odun peletinin (2,3 kilogram) fiyatıysa sadece 0,47 avro.[6] Ancak gerçek biraz farklı. Bir kere pelet yakmak kalorifer yakıtı ya da gaz yakmaya kıyasla daha fazla tortu üretir. Dumanındaki parça maddeler sağlıksızdır ve komünist dönemde doğu Avrupa'nın dört bir yanında kullanılan korkunç linyit ocaklarını andıran kötü bir kokusu vardır. Eğer bir ev sahibi "daha yeşil" olmak ve çevreyi korumak için talaşlı bir ısıtma sistemi satın alıyorsa, bunun sonucunda mahallesindeki hava kalitesinin ciddi bir şekilde düşeceğini ve bunun da bölgedeki ev fiyatlarını düşürebileceğini hesaba katmalıdır.

Bir başka mesele pelet üretim sürecinin nispeten kirli bir süreç olması. Peletler eskiden bıçkı tozundan ve kereste fabrikalarından çıkan talaşlardan yapılırdı, ancak şu an Avrupa'da talep o kadar yüksek ki peletlerin çoğu artık doğu Avrupa'dan ithal ediliyor. Özellikle Belarus'tan ithal edilen peletlerin üretiminde odun ucuz doğalgaz kullanılarak önce kesiliyor, sonra kurutuluyor ve ısıtılıyor. İşleme odun özü sıvılaşana kadar devam ediliyor ki bu, odun özünün ufak topaklar şeklinde sıkıştırılmasını mümkün kılıyor. Odun özü soğuyunca tekrar katılaşıyor ve peletler şeklini koruyor. Otomatik olarak kazana pompalanmalarını sağlayan şey sahip oldukları bu şekil. İthal edilen bu peletlerin henüz hesaplanmayan ekodengesi muhtemelen ürkütücü düzeyde.

Kesilmiş odun bu yumakların bir akrabasıdır ve peletin üretim sürecinden kaynaklanan çevresel tahribatı düşürür. Kesilmiş odun endüstrisi, piyasaya evlerde kullanılmak üzere fiyatı uygun otomatik kazanlar sunmaya başlayınca son zamanlarda daha popüler oldu.

Odundan enerji elde etmenin daha sofistike bir yolu odunu gaza dönüştüren bir cihazla *sentetik gaz* üretmektir. Sentetik gaz, hidrokarbonların düşük oksijen seviyesinde alevsiz yakılmasıyla oluşan karbonmonoksit ile hidrojen karışımıdır. Tipik olarak sentez gazı, elektrik üretmek için türbin döndüren gaz motorlarında kullanılır. Bu elektrik formu, odunun biyoenerji içindeki payının yüzde 6,5'ini teşkil eder, bu da tüm rüzgâr istasyonlarından elde edilen elektrik enerjisinin yüzde 80'i kadardır.

Enerji bitkileri ve biyojenik atık, odunun ardından sırasıyla ikinci ve üçüncü en önemli biyoenerji kaynaklarıdır. Enerji bitkileri arasında şekerkamışı, palm yağı, mısır, pirinç, buğday, çavdar, kolza, şekerpancarı, ayçekirdeği, soya fasulyesi ve patates bulunur. Bunların meyve, tohum ve köklerinden etanol, biyodizel ve metan üretilebilir. Enerji bitkileri OECD ülkeleri içindeki biyoenerjinin yüzde 16,4'ünü oluşturur, küresel olarak payıysa yüzde 4'tür. ABD, Brezilya, Endonezya ve Almanya enerji bitkilerinin yetiştirilmesinde özellikle aktiftir. ABD'de bu bitkilerden elde edilen enerji tüm yenilenebilir enerjinin neredeyse yüzde 19'unu karşılar, bu, yüzde 7'lik AB ortalamasının çok üzerindedir. Ancak AB içindeki Almanya yüzde 19'la öne çıkar.[7]

Biyojenik atık, en önemli çeşitlerini sayacak olursak saman, odun artığı, sulu çamur, çöp gazı, gübre, lağım pisliği, tomrukçuluk artığı, mezbahane atığı ve evsel atıklardır. Bunlar metan elde etmek için fermente edilebilir ya da doğrudan yakılır. Fermantasyonla elde edilen metan gaz motorlarına güç vermek için kullanılır. Bazen çiftliklerde hem ısı hem de elektrik üreten kombine santrallerde bir yandan çiftliği ısıtmak, yan ürün olarak da elektrik üretmek için kullanılır. Biyoenerjinin tüm kullanım alanları arasında en sağlam temelli olanı ve ileri teknolojisiyle belki de en umut vaat edeni budur, çünkü iyi kurulmuş ve olgun bir teknolojiyle, aksi takdirde doğal çürüme ve fermantasyonla yok olacak bir enerjiden yararlanır. Biyojenik atık OECD ülkelerinde tüketilen biyoenerjinin yüzde 12,1'ini oluşturur. Bunun da yüzde 3,2'si elektrik üretimine gider.

Bunlara ek olarak, biyojenik atığı karmaşık kimyasal süreçlerden geçirip sıvı yakıt üretme çabaları da söz konusudur.

"Yeşil" Benzin

En heyecan verici ve en çok beklenti içinde olunan biyoenerji türü biyoyakıtlar yani biyoetanol ve biyodizeldi. Biyokütleden damıtılarak 2009'da üretilen 76 milyar litreyle biyoetanol çok daha önde bulunuyor. Biyodizel sadece 12,6 milyar litrede kalmış durumda.[8]

Biyoetanol konvansiyonel motorlara zarar vermeyecek şekilde yüzde 20 oranına kadar benzinle karıştırılabilir. Özel olarak tasarlanan motorlarsa tamamen biyoetanolle çalışabilir. Ancak etanolün benzine göre enerji içeriği daha düşüktür ve aynı performansa ulaşılması için yüzde 54 kadar daha fazla etanole gerek duyulur. Etanol alkol olduğundan içilemez hale getirilmesi için saframsı bir maddeyle karıştırılır. Tıpkı sert içkiler gibi biyoetanol de nişastalı hammaddenin mayalanıp fermente edilmesi ve sonra oluşan alkolün damıtılmasıyla elde edilir.

Biyoetanol geliştirmede süper yıldızlar ABD ve Brezilya'ydı. ABD'de genel olarak kullanılan gıda hammaddesi mısır ya da buğdaydır. Amerikan Tarım Bakanlığı'nın dünyanın tarım arz ve talebi tahminlerine göre, 2009-2010 mali yılında ABD'nin mısır üretiminin yüzde 35'i biyoetanol yapmak için kullanıldı. Bu, ekilebilir arazinin 130.000 kilometrekaresinin bu işe ayrılması demek; bir yıl sonraysa bu oranın yüzde 39,4'e çıkması, gerekli arazinin 140.600 kilometrekareye ulaşması bekleniyor.[9] Brezilya'da etanol üretimi için şekerkamışı kullanılıyor. Amazon havzasındaki devasa araziler Brezilya'nın enerji ihtiyacını karşılamasına yardımcı oluyor. Brezilya'nın benzin istasyonları çoktan saf etanol (E100) ve yüzde 25 etanol-benzin karışımı (E25) satmaya başladı. Biyoyakıtlar genel olarak Brezilya'da tüketilen yakıtın yüzde 25'ine tekabül ediyor. Kuzey, güney ve orta Amerika dünyanın etanol üretiminin yüzde 88'ini karşılıyor (ŞEKİL 3.2). AB küresel üretim sadece yüzde 5'ini yaparken, bunun yüzde 34'ü Fransa'dan, yüzde 20'si Almanya'dan ve yüzde 12'si İspanya'dan geliyor.[10] Avrupa'da mısır ve buğdayın yanında çavdar ve şekerpancarı da kullanılıyor.

Aynı miktarda enerji üretmek için hacmen yüzde 10 daha fazla biyodizel yakıta (kısaca biyodizel) ihtiyaç olmasına rağmen biyodizel, fosil dizel yakıtın iyi bir alternatifidir. Pek çok modern dizel motor herhangi bir problem olmaksızın bu yakıtla çalışabilir. Çok az üretici yakıt borularını, enjeksiyon pompalarını ve partikül filtrelerini tıkayacağı gerekçesiyle biyodizel kullanımını onaylamaktan kaçınmıştır.

Biyodizel yağca zengin tohumlardan elde edilir ki bu, Avrupa'da temel olarak kolza tohumu kullanılması demektir. Soya fasulyesi, ayçiçek yağı ve palm yağından da biyodizel elde edilebilir. Endonezya'da biyodizel üretiminde kullanılacak palm ekili araziler gözün görebileceği en uzak noktalara kadar uzanır. Biyojenik atıktan biyodizel üretme çalışmaları da bir yandan sürüyor.

ŞEKİL 3.2'nin gösterdiği gibi, Avrupa yüzde 70'lik pazar payıyla biyodizel üretiminde başı çekiyor. Almanya, büyük ölçüde kolza tohumu kullanarak AB içindeki üretimin yüzde 36,4'ünü gerçekleştirir. Yüzde 26 küresel üretim payıyla Almanya, yüzde 22 payı olan ABD'nin dahi önündedir. Enerji birimleriyle ölçüldüğü takdirde Avrupa 2009 yılında biyoetanolden 4,3 kat daha fazla biyodizel üretmiştir.[11] 1999'dan 2009'a Avrupa'nın biyodizel üretimi yüzde 1.748 oranında artmıştır, bu da yıllık yüzde 34 artışa denk gelir. Karşılaştırırsak, ABD'nin 2008'deki biyoetanol üretimi biyodizel üretiminden 14 kat daha fazlaydı.[12]

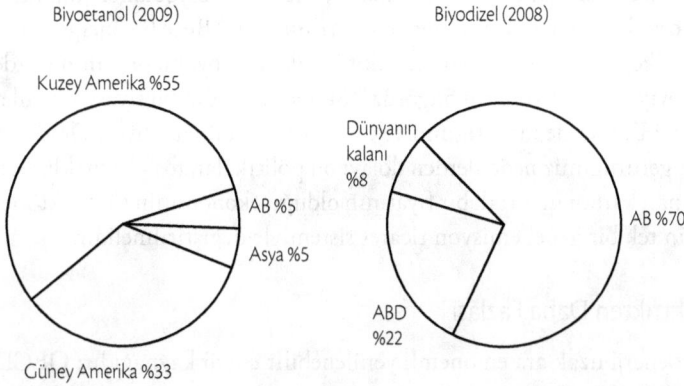

Biyoetanol (2009)　　　　　　Biyodizel (2008)

Kuzey Amerika %55

Dünyanın kalanı %8

AB %5

Asya %5

AB %70

ABD %22

Güney Amerika %33

ŞEKİL 3.2 Biyoetanol ve biyodizel üretimine ait siyasi bölgelerin pazar payları. Kaynaklar: Renewable Fuels Association [Yenilenebilir Yakıtlar Birliği], *2010 Ethanol Industry Outlook: Climate of Opportunity* (www.ethanolrfa.org); Emerging Markets Online [Yükselen Piyasalar Online], *Biodiesel 2020*, ikinci baskı (http://www.emerging-markets.com).

Biyoyakıtların artışını petrol fiyatlarının son yıllardaki artışına pazarın tepkisi olarak değerlendirebiliriz. Ancak hükümet politikaları (sübvansiyonlar, karışım yönergeleri ve altyapı) biyoenerjiyi destekledi. Amerikan Kongresi 2005 yılında, 500 milyon doları bulan biyoteknoloji ve biyoyakıt sübvansiyonları içeren Enerji Politikası Yasası'nı geçirdi. Amerikan enerji şirketleri artık yakıtlarına etanol karıştırmak durumunda. Örneğin 2007 yılında yakıtlara 4,5 milyar galon, neredeyse ABD'nin benzin tüketiminin yüzde 4,5'i kadar etanol karıştırılması şart koşulmuştu. Bu oran zaman içinde artacaktır. Ayrıca biyorafinerilerin gelişimini öngören bir Tarım Yasa Tasarısı da 2002 yılında geçmişti.[13] Brezilya yüksek miktarda biyoetanol tüketiyor, çünkü devlet yüzde 20 ila 25 oranında etanolün benzine karıştırılmasını şart koşuyor ve biyodizel üretimini destekliyor. Brezilya'nın otomotiv endüstrisi getirilen bu koşullara karşı benzin ve etanol karışımıyla optimum bir biçimde çalışacak esnek yakıt teknolojili araçlar geliştirdi.[14]

Pek çok AB ülkesi biyoyakıtlar için vergi indirimleri getiriyor ve buna ilaveten benzinliklerde satılan yakıtın belli oranda biyoyakıt içermesini şart koşuyor. Almanya'da normal dizelin içinde yüzde 4,4 oranında biyodizel, benzinin içindeyse yüzde 3,4 oranında biyoetanol olmalıdır. Bu oranlar enerji içeriğine göre tespit edilmiştir.[15] Bir AB yönergesi tüm AB ülkelerinin 2020 itibariyle yakıt içindeki biyoyakıt oranının yüzde 10 seviyesine getirmesini öngörür.[16] Şüphesiz ki tüm bu siyasi önlemler İkinci Bölüm'de tartıştığımız tek fiyat yasasını ihlal ediyor. Orada da dile getirdiğimiz nedenlerden dolayı bu politikalar, fosil kaynaklardan salınan karbonun ortak bir fiyatının olduğu ekonominin tüm sektörlerinin tek bir genel emisyon ticaret sistemiyle değiştirilmelidir.

Elektrikten Daha Fazlası

Biyoenerji uzak ara en önemli yenilenebilir enerji kaynağıdır; OECD ülkelerindeki (nihai) yenilenebilir enerji tüketiminin yüzde 54,5'ini, diğer üç yenilenebilir enerji türünün toplamından fazlasını karşılar. ŞEKİL 2.3'te gösterildiği gibi bu ülkelerin nihai enerji talebinin yüzde 86'sını karşılayan ham petrole, doğalgaza ve kömüre neredeyse mükemmel bir alternatif oluşturduğundan, sanayileşmiş ülkelerin enerji ihtiyacını karşılama potansiyeli en yüksek enerji kaynağının biyoenerji olduğu iddia edilebilir.

Biyokütle doğalgazın yerini alabilecek şekilde gaza çevrilebilir. Bu gazlar esnek gaz ve buhar gücü santrallerinde kullanılmaya uygundur ve hatta konutlardaki kazanlara adapte edilebilir. Doğalgaza kıyasla birim başına yüzde 40 daha düşük enerji verse de ısı elde etmek veya motor çalıştırmak üzere yakılabilir. Hatta biyodizel üretiminde kullanılabilir. Biyokütlenin fermantasyonundan oluşan metan özünde doğalgaza özdeştir.

SOFRAYA MI ARABANIN DEPOSUNA MI? | 117

Daha önemlisi, neredeyse tüm ulaşımda kullanılan fosil kökenli sıvı yakıtlara yaklaşan bir sıvı yakıt üretiminde biyokütlenin kullanılabilmesidir. Şu an için OECD ülkelerinin nihai enerjisinin yüzde 35'i su, kara ve hava ulaşımı için kullanılan fosil yakıtlardan geliyor. Teorik olarak biyoetanol ve biyodizel bunların yerini alabilir, ki yukarıda açıkladığımız üzere bunlar, hacmen biraz daha fazla gerektirse de fosil yakıtların yerine geçecek neredeyse mükemmel alternatiflerdir.

Buradaki mesele tüm bu maddelerin kimyasal olarak hidrokarbonlarla ilişkili olan karbonhidratlar olmasıdır. Hidrokarbonlar bu maddelerin fosil akrabasıdır ve neredeyse aynı yolla kullanılabilirler. Sonuçta fosil enerji de 300 milyon yıl boyunca Dünya'nın kabuğunda sıkışmış biyoenerjiden başka bir şey değildir.

Elektrik her ne kadar rafine ve sofistike bir enerji olarak sayılsa bile en nihayetinde sıvı ve gaz yakıtlar çok basit bir nedenden dolayı insanlık için daha kullanışlıdır: Basit konteynırlarla normal hava basıncı altında kolaylıkla depolanabilir ve etrafta taşınabilirler. Mobil motorlarda aynı rahatlıkla kullanılabilecek başka bir enerji taşıyıcısı yoktur. Hidrokarbon gemiler, arabalar ve uçaklar için ideal enerji rezervuarlarıdır, çünkü oksijenle tepkimeye girerler ve oksijen de her yerde bol miktarda bulunur yani taşınmasına gerek yoktur. Aslında oksijenin her yerde var oluşu hidrokarbonların büyük bir avantajıdır. Yanma için gerekli olan oksijen hidrokarbondan çok daha ağırdır. Bir kilogram benzin yakmak için 2,13 kilogram oksijen gerekir. Bir kilogram dizel yakıt yakmak için gereken oksijen miktarı daha da fazladır: 2,18 kilogram, aşağı yukarı kerosen için gereken miktar (2,17 kilogram). Hayvanlar ve insanlar dahil olmak üzere kara, deniz ve havada hareket eden her şeyin yanma süreci için yapmaları gereken tek şey, ağızlarını açıp gereken ağır katkı maddesini içlerine çekmektir, sadece ağırlığı daha az olan bileşen taşınmak zorundadır. Bu avantajın yitirildiği yegâne yerler deniz altı ve uzaydır. Giderken oksijeni yanımızda götürmemiz gerektiğinden buralara bir şeyler taşımanın maliyeti bu kadar yüksektir.

Elektrikli motorların içten patlamalı motorlardan daha basit ve verimli olduğu doğrudur. Dolayısıyla sabit elektrikli motorlar sabit içten patlamalı motorlardan daha iyi performans sergiler. Ancak elektrik enerjisi asli enerji kaynaklarından elde edilmelidir ve pillerle bu enerjiyi sağa sola taşımak meşakkatli bir iştir. Piller pahalı ve karmaşıktır ve en iyilerinin bile (dizüstü bilgisayarlarda ve bazı hibrid arabalarda kullanılan lityum iyon piller) birim başına nihai enerji yoğunluğu en iyi koşullarda yüzde 1,7'dir; belki ileride bu oran dizel yakıtın yüzde 2'sine kadar çıkabilir. Bu eksiklik elektrikli motorun dizel motora göre daha yüksek verimli olmasıyla kısmen kapanır. Bir elektrikli motor, bataryasındaki enerjinin yüzde 85'i ila 95'ini kinetik enerjiye çevirebilirken bu oran modern dizel enjeksiyonlu motorda yüzde 45 civarındadır. Bu iki etki bir arada hesapladığımızda bir kilogram lityum iyon pilden elde edilen enerji bir kilogram dizel yakıttan elde edilen enerjinin yüzde 4'ü kadardır.

Üstelik elektrik özellikle tercih ediliyorsa, buhar veya içten yanmalı motorların desteklediği jeneratörlerle kolaylıkla hidrokarbonlardan üretilebilir. Gemilerde, mekanik olarak hareket ettirmektense pervaneleri döndürmek için dizel motorlarda üretilen elektrik kullanılır. Ancak elektrikten hidrokarbon üretimi makul bir maliyetle başarılamaz. Sera tipi gökdelenleri Güneş kaynaklı biyokütle üretmek için bitki ve alglerle doldurmak teorik olarak mümkün ancak ekonomik ve teknik açılardan oldukça absürttür.

Elbette elektrik elektroliz yoluyla hidrojen üretmek üzere kullanılabilir. Hidrojen, yakıldığında havadan oksijeni çekebilecek bir gazdır. Enerji birimi başına benzinden yüzde 62 daha hafiftir. Ancak fosil yakıtın yerine geçebilecek iyi bir alternatif değildir, çünkü ortam sıcaklığında veya basıncında depolanamaz. Taşınması için soğutulmalı ve/veya sıkıştırılmalıdır, bu da oldukça büyük ve teknik araçlar gerektirir. 25°C'de 200 bar basınca sıkıştırılmış hidrojen, enerji içeriği baz alındığından benzine göre 15 kat, dizel yakıt ve kerosene göre 15,8 kat daha fazla yer kaplar. Bu ölçüde basıncı kaldırabilecek çarpmaya dayanıklı kamyonlar o kadar ağır olur ki taşımanın enerji ihtiyacı hidrojenin birim ağırlık başına enerji yoğunluğunu aşar. Bu mantığa göre tasarlanmış bir uçak en hafif ifadeyle hantal olacaktır. Modern orta boy bir yolcu jette hacmin yüzde 5'e kerosene, yüzde 45'i yolcu kabinine, yüzde 35'i bagaj ve kargoya ayrılır. Kerosenin yerine ondan 15 kat daha fazla yer kaplayacak bir yakıt koymak uçağın yüzde 75'ini kaplamak demektir, bu hesaba yakıt deposu dahil değil. Üstelik bir kaza anında hidrojen ateşlenmese bile bu depo tam bir bomba işlevi görecektir.

Hidrojen –250°C'de sıvı hale dönüşene kadar soğutulduğunda sadece benzinin dört katı kadar bir alan gerektirir. Ancak o zaman da kayda değer büyüklükte soğutma üniteleri ve yalıtılmış konteynırlara ihtiyaç duyulur ki bu da başta hava taşımacılığı olmak üzere pek çok taşıma seçeneğini ortadan kaldırır. Dahası enerjinin önemli bir kısmı gazı soğuk tutmak için harcanacaktır.

İhtimallerden biri, 1920 ve 1930'larda tüm dünyayı dolaşan zeplinlere benzer taşıtlar yapmak olabilir. Ancak o zeplinler hidrojeni yükselmek için kullanıyordu, itiş gücü için değil. İtiş gücünü sağlayan geleneksel motorlardı. Belki bir gün jetlerle zeplinlerin özelliklerini bir araya getirebilecek uçan aletler yapılır ve hidrojen hem yükselme hem de itiş gücü için kullanılır. Fakat hidrojenin aşırı yanıcılığından dolayı bu aletleri güvenli hale getirmek büyük bir engel olacaktır. Ne de olsa zeplin çağı 1937'de o zamana değin inşa edilmiş en büyük zeplin olan *Hindenburg*'un içindeki hidrojenin elektrik alevleriyle tutuşup patlamasından sonra sona ermiştir.

Tüm bu nedenlerden dolayı rüzgârdan, güneşten, sudan ve nükleer enerjiden elde edilen elektriğin fosil yakıtların yerini alması biyoenerjiden elde edilen elektriğinkine göre daha zordur. Biyoenerji insanlığın enerji sorunlarını çözme yolundaki altın seçenek gibi görünüyor.

Şaibeli Bir Ekobilanço Tablosu

Biyoyakıtlar muazzam boyutlarda sera gazı emisyonlarına yol açtığından, zannedildiği kadar çevre dostu değildirler. Dünya'nın biyokütle stokunun değişmeden kalması halinde bu yakıtların yanmasının atmosferdeki CO_2 içeriğine ölümcül bir katkı yapmayacağı doğru, çünkü karşılık gelen enerji taşıyıcısı daha önce havadan elde edilmiştir. Ancak bitkiler suni gübrenin içerdiği azotun tamamını ememediğinden tarlaları azotla gübrelemek azot oksit (NO_2) salınmasına yol açar. Birinci Bölüm'de açıklandığı gibi azot oksit birim ağırlığına göre yüz yıllık bir zaman dilimi içinde karbondikside göre 300 kat daha güçlü bir sera gazıdır.

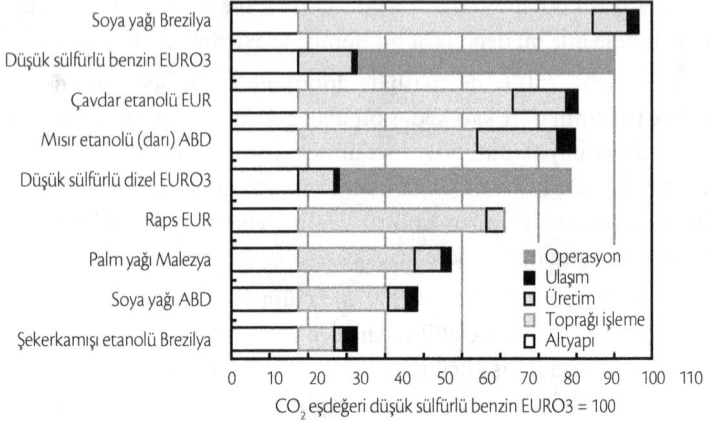

Soya yağı Brezilya
Düşük sülfürlü benzin EURO3
Çavdar etanolü EUR
Mısır etanolü (darı) ABD
Düşük sülfürlü dizel EURO3
Raps EUR
Palm yağı Malezya
Soya yağı ABD
Şekerkamışı etanolü Brezilya

■ Operasyon
■ Ulaşım
□ Üretim
□ Toprağı işleme
□ Altyapı

0   10   20   30   40   50   60   70   80   90   100   110
CO_2 eşdeğeri düşük sülfürlü benzin EURO3 = 100

ŞEKİL 3.3 Her ikisinin de aynı nihai enerji düzeyini sağlayacağı varsayımından hareketle, farklı yakıt tiplerinin kullanımından ve üretiminden kaynaklanan sera gazı salınımları. Tüm değerler, Euro-3 normlarını yerine getiren düşük sülfürlü benzin üretimi ve kullanımından kaynaklanan emisyonlara göre ifade edilmiştir. Kaynak: R. Zah, H. Böni, M. Gauch, R. Hischier, M. Lehmann ve P. Wäger, *Ökobilanz von Energieprodukten: Ökologische Bewertung von Biotreibstoffen,* İsviçre Federal Enerji Ofisi, İsviçre Federal Çevre Ofisi ve İsviçre Federal Tarım Ofisi, Bern, 22 Mayıs 2007, şekil 79, s. 92.

Azot sorunu, tarladaki suni gübre sürekli pay edilip her bir bitkinin üzerine sindirebileceği oranda dağıtılması halinde aşılabilir. Ancak böylesi sürekli ve tek tek müdahale gerektiren bir çaba pratikte olanaksızdır. Suni gübreleme kaçınılmaz olarak bütün tarlayı kaplayan aralıklı adımlarla yapılır. Böylece suni gübrenin gereğinden fazla olduğu ve oksitlenmenin gerçekleştiği uzun aralıklar kaçınılmaz hale gelir. Her bir bitkiyi tek tek gübrelemek ve büyümek için ihtiyaç duyduğu miktarda azot vermek kadar pratik değildir.[17] Çiftçiler ortalamalarla hareket ettikleri için bazı bitkilerin kullanabileceğinden fazla gübre alacaktır. Yağmur fazla azotu ya azotun hiç kullanılamayacağı ya da mevcut miktarda kullanılamayacağı yerlerde biriktirir. Tüm bu azot fazlası atık olarak azot oksit üreten bakterilerin beslenmesi için kullanılır, bu azot oksit de atmosferdeki diğer sera gazlarına katılır.

Bu sorun sadece enerji bitkileriyle sınırlı değildir. Diğer bitkilerde de gündeme gelir. Ancak enerji bitkilerinde özellikle büyük bir sorundur,

bu tür bitkilerin beraberinde getirdiği yüksek fiyatlar çiftçileri top-
raklarının her karışını sağmaya iter, çünkü en küçük toprak parçasına
atılacak suni gübreden elde edilebilecek marjinal bir getiri bile değerlidir.
İsviçre'de 2007 yılında biyoenerjinin sera gazı etkileri üzerine etraflı
bir araştırma yapıldı. Bu çalışmanın sonuçlarından birini gösteren ŞEKİL
3.3, biyoyakıt üretim sürecinde ne kadar sera gazı emisyonu yapıldığını
fosil dizel yakıt, doğalgaz ve benzinin üretim ve tüketim sürecinde
(Şekilde bu "operasyon" olarak ifade ediliyor) salınan emisyonlarla kı-
yaslıyor. Benzinin sera gazı emisyonuna katkısı 100 olarak belirlenmiş
(bkz. şekildeki ikinci sıra) ve diğerleri için bir ölçüt olarak alınmıştır.
Açık gri çubuk, biyoyakıtlar söz konusu olduğunda en büyük sera gazı
üretiminin bitkileri yetiştirirken oluştuğunu gösteriyor. Bu süreçteki
sera etkisi o kadar güçlü ki biyoyakıtlar fosil yakıtlar karşısındaki teorik
avantajlarını büyük ölçüde yitiriyor. Brezilya'da soya fasulyesi kullanı-
larak üretilen biyodizel, Avrupa'da biyoetanol üretmek için kullanılan
çavdar ve Amerika'da biyoetanol üretmek için kullanılan mısırın değerleri
oldukça kötü. Küresel olarak uzak ara en büyük biyoyakıt aracı olan ve
Amerika'da biyoetanol üretiminde kullanılan mısırın sera etkisi fosil dizel
yakıta göre sadece yüzde 10 daha düşüktür. Soya fasulyesi ve çavdardan
üretilen biyodizel hacim açısından göz ardı edilebilir. Emisyonların yüzde
70'i fosil benzinden kaynaklanan Avrupa'da, kolza üretimi meselenin tam
ortasında ya da ortasına yakın bir yerde duruyor. Bu arada Brezilya'da
şekerkamışından üretilen biyoetanolün iklim için gayet zararsız olduğunu
söylemekte fayda var, çünkü şekerkamışı üretiminde çok az suni gübre
kullanılır. Şekerkamışının hasat öncesinde saplarına daha iyi ulaşmak
için yakılmasına rağmen iklime etkisi oldukça azdır. Dolayısıyla soya
fasulyesi ve şekerkamışıyla beraber Brezilya sera gazı etkisi açısından hem
en zararsız hem de en zararlı biyoyakıtlara ev sahipliği yapar.

İsviçrelilerin çalışması hesaplamalarında fazla azotun atmosfere ne
kadar azot oksit saldığına dair (IPCC'nin onayladığı) var olan değerlere
başvurmuştur. Ancak bu değerler literatürde tartışılıyor. Patzek 2006'da
bu hesaplamalarda varsayıldığından çok daha fazla azot oksit salındığına
işaret eder.[18] Patzek'e göre, ABD'de biyoetanol kullanımının iklime ver-
diği zarar benzine göre yüzde 50 daha fazladır. Crutzen ve arkadaşları
da benzer sonuçlara ulaşmıştır.[19] Crutzen vd. fosil yakıtlara kıyasla biyo-

yakıtların sera etkisinin yüzde 50 daha yüksek olduğunu öne sürmüştür. Avrupa'da kolzadan elde edilen biyodizelin sera etkisinin normal dizel yakıta göre yüzde 70 daha yüksek olduğu sonucuna varmışlardır. Öte yandan Liska vd. bu çalışmaların kötümser sonuçlarının büyük ölçüde geleneksel etanol üretim yöntemlerine referans vermelerinden kaynaklandığını iddia ediyor.[20] Günümüzde kullanılan yeni yöntemler çok daha verimli ve dolayısıyla fosil yakıtlara göre daha düşük CO_2 emisyonuna neden olacaktır. Mesela yeni biyorafineri fabrikaları buharı sıkıştırmak için termo-kompresör, organik bileşiklerin yakılması için normalde boşa gidecek olan ısıyı tekrar kullanan bir sistem olan termal oksitlendirici ve fermantasyon sırasında gerekli olan ısıyı azaltan çiğ nişasta hidrolizi kullanıyor. Liska vd. tüm bu bileşenler bir araya getirildiğinde biyoyakıtların iklime zararının fosil yakıtlara kıyasla üçte iki oranında azaltılacağını iddia ediyor.

BKS Umudu

İkinci nesil biyoyakıtların gerçek bir atılım olacağı umuluyor. Birinci nesil biyoyakıt üretimi için sadece hammadde bitkilerinin yağlı, nişastalı veya şekerli tohumları kullanılıyordu ve geriye kalan kısımlar en iyi koşulda ısı elde etmek için yakılıyordu. Ancak teorik olarak lignoselülozik kabuk olarak bilinen odunsu kısımları da dahil bitkinin tümünü biyoyakıt üretiminde kullanmak mümkün, bu da salınan azot oksit başına enerji üretimini büyük ölçüde artıracaktır. Tuğla fırınında yakılan odunsu kısımlar, yanma için gerekli enerjinin tamamını değilse de büyük kısmını karşılayabilir. İkinci nesil yakıtlar bitkinin odunsu kısımlarındaki enerjiyi sıvıya dönüştürür ve motorlarda kullanılabilecek hale getirir. Buradaki teknik terim *biyokütleden sıvı*'dır (BKS [*biomass to liquid*, *BtL*]). Bu sıvılaştırmayı gerçekleştirmek için iki yol vardır.

Bir yöntem bitkinin tümünden biyoetanol üretmek için mikrobiyolojik fermantasyon kullanır. Kanada'nın Ottawa şehri ile Louisana'nın Jennings kasabasında pilot fabrikalar işliyor. Iogen Şirketi'nin işlettiği Ottawa fabrikası günde 30 tona kadar saman işleyip yılda 2 milyon litre kadar etanol üretebilecek kapasiteye sahip. Verenium Şirketi'nin Jennings'te işlettiği fabrikanın ise 5 milyon litreyi aşan bir yıllık kapasitesi var ve şirket daha büyük kapasiteli başka fabrikalar kurmayı planlıyor. Ottawa ve Jennings fabrikalarında yapılan işlemle bitkisel madde asit kullanılarak parçalarına ayrılıyor, ardından özel enzimler uygulanarak çeşitli şekerlere dönüştürülüyor. Bu şekerler de maya kullanılarak etanole fermente ediliyor. Bu yöntemle elde edilen her şeker türü maya kullanılarak kolayca etanole çevrilemiyor. Bu durum araştırmacıları çeşitli genetik mühendislik yöntemleri kullanarak daha geniş bir yelpazedeki şekeri etanole çevirebilecek mayalar üzerinde çalışmaya yönlendirdi.

Sıvılaştırmada kullanılan bir diğer yöntem, bitkilerden sentez gaz elde etmek ve daha sonra onu dizel benzeri bir yakıta rafine etmektir. Bu yöntem 1925'te Almanya'da Franz Fischer ve Hans Tropasch tarafından geliştirildiğinden Fischer-Tropasch sentezi olarak bilinir. 1930'larda Almanya'nın Ruhr bölgesinde büyük miktarlarda sıvı yakıt üretildi. Fischer-Tropasch yöntemi daha sonra eski Demokratik Alman Cumhuriyeti'nde yaygın bir şekilde kullanıldı. Bugün hâlâ Güney Afrika'da kahverengi kömürden ve sert kömürden yakıt üretmek üzere ve Almanya'nın Freiberg şehrinde Carbo-V sürecinde biyokütleden yakıt üretmek için kullanılır.[21] Önce biyokitle sentez gaza dönüştürülür, ardından sentez gaz dizel yakıt ve neft haline getirilir. Neft, kimya endüstrisinde polietilen, polipropilen ve diğer maddeleri üretmek için kullanılan bir yan üründür.

Sentez gazın enerji üretiminde kullanılması için sıvıya dönüştürülmesi şart değildir. Motor çalıştırmak için de kullanılabilir. Almanya'da İkinci Dünya Savaşı öncesinde termal yöntemler kullanılarak elde edilen gazların kamyonlarda kullanılması hiç de nadir değildi. Taşıtın dışına iliştirilmiş bir kutunun içinde bulunan odun, düşük oksijen seviyelerinde yakılarak gaza çevriliyor ve sentez gaz üretiyordu. Bu gaz ardından kamyonun motoruna yönlendiriliyordu.

BKS yakıtlar biyoenerji açısından bir atılım anlamına gelebilir, çünkü üretilmeleri için enerji bitkileri gerekmez. Mezbaha atığından samana her türlü hammadde kullanılabilir.[22] Bitkilerin odunsu kısımlarının kullanılması enerji bitkilerine göre birim başına çok daha fazla enerji üretilmesini sağlar. Bu da daha fazla fosil yakıta yer vermemesi anlamına gelebilir.

Ancak BKS teknolojisi henüz emekleme aşamasında ve piyasadaki gerçek potansiyeli net değil. Kimileri ekim alanlarının biyolojik dengesini alt üst edeceğinden endişe ediyor.[23] Yine de bu teknolojinin sofra mı araba deposu mu tartışmasını çevreleyen etik meselelerin etrafından dolaşmak ve doğrudan biyojenik atıktan istifade edilmesini sağlayacak bir biyoenerji stratejisi geliştirmek için iyi bir alternatif oluşturduğu söylenebilir.

Ormanların Tarım Alanları İçin Kesilmesi

BKS'nin parlak kıvılcımının yanında biyoenerjinin ekolojik yeterliliği üzerine daha kasvetli bir ışık tutan uygulamalar var. Bunların başında dünyanın mevcut biyokütle stokunun fakirleşmesi geliyor. Yukarıda değindiğimiz gibi biyoenerjiye yönelimin iklim etkisinin nötr olması için biyokütlede bulunan karbonun doğal oksitlenme sürecinde yanacağından daha hızlı yanmaması lazım. Ormanların yakıt bitkileri üretmek için kesilmesi bu ilkeyi göz göre göre ihlal ediyor zira kesim sonrasında bu alanlarda daha düşük oranda biyokitle kalıyor. Eski uzun ve büyük ağaçların yerini her yıl düzenli olarak hasat edilen kısa bitkiler alacak, dolayısıyla bu bitkilere asgari miktarda biyokütle bağlanacaktır.

Eğer ormanları kesmek yoluyla elde edilen kereste fosil yakıtların yerini alıp odun olarak kullanılırsa orman tahribatı kendi içinde CO_2 nötr olur, ancak durum nadiren böyledir. Aksine çoğu zaman yeni alanlar ağaçların kesilerek kalan köklerin yakılmasıyla açılır. Örneğin, Endonezya ve Malezya'da devasa yağmur ormanları palm plantasyonları açmak adına yok edildi.

Brezilya'daki durum da benzer. Amazon yağmur ormanının büyük kısımları şekerkamışı üretmek üzere yakıldı. Brezilya hükümeti yağmur ormanı arazisinin doğrudan şekerkamışı üretim alanına dönüştürülmesini yasaklayan sıkı imar düzenlemeleri getirince durum biraz değişti. Dolayısıyla son zamanlardaki şekerkamışı arazisi genişlemesinin yaklaşık üçte biri başka mevcut tarlalarda, kalanıysa meralarda oldu.[24] Ancak eski tarlaların kullanılmasının gerçekten bir fark yaratıp yaratmadığı tartışmalı, çünkü gıda bitkilerini yetiştirmek için gereken alanların bir şekilde başka kaynaklardan elde edilmesi gerekiyor. Yağmur ormanlarının tarla alanı açmak üzere katledilmesi piyasa faktörlerinin getirdiği bir sonuç olmuş olabilir: eski tarlalarda etanol üretilmesi bitkilerin fiyatını artırdı, bu da yağmur ormanlarını kesmeyi daha da cazip hale getirdi. Brezilya'da bir hektarlık şekerkamışı plantasyonu düşünün.

Üretilen şekerkamışı biyoetanol olmak üzere işleniyor, biyoetanol enerji içeriğine göre fosil yakıtların yerini alıyor, dolayısıyla küresel CO_2 emisyonunu her geçen yıl düşürüyor. Bu bir hektarlık alanın bir tarlanın yerini aldığını varsayın, bu tarla da başka bir yerde aynı büyüklükteki bir yağmur ormanının yakılarak üretime açılmasıyla şekillenmiş olsun. Ormanı yakmak bitkilerde ve toprakta hapsolmuş olan karbonu açığa çıkarır. Yakarak ortaya çıkarılan karbon, bedeli fosil yakıttan biyoyakıta geçerek ödenecek "karbon borcu" demektir. Bu biyoyakıt gelecekte temizlenen bu arazide üretilecektir. Karbon borcunun ödenmesi için ne kadar beklemeliyiz? Brezilya yağmur ormanları özelinde, açılan her bir hektarlık arazi için 737 ton CO_2 borcundan bahsediyoruz.[25] Fosil benzinin yerine geçen şekerkamışından elde edilmiş etanol, karbon borcunu yılda 9,8 ton azaltır. Bu da karbon borcunun kapatılması için 75 yıl gerektiği anlamına gelir.

Sorun Endonezya ve Malezya yağmur ormanlarında daha kötü görünüyor, çünkü oralarda biyodizel yapmak üzere üretilen palm yağı için yakılan ormanlardan doğan karbon borucunu ödemek 86 yıl sürüyor. Eğer yakılan yağmur ormanı, üzerinde herhangi bir şey yetiştirmek için önce kurutulması gereken turbalı toprakta yetişmişse atmosfere o kadar çok karbondioksit ve metan salınır ki karbon borcunun geri ödenmesi 423 yılı bulur. Brezilya'nın soya fasulyesinden elde edilen biyodizel için gereken süre 319 yıldır. Brezilya'nın Cerrado bölgesi gibi eski otlaklarda yetiştirilen şekerkamışından daha makul değerler elde edilebilir, çünkü ne otlarda ne de otların yetiştiği topraklarda fazla biyokütle bulunur. Bu durumda amortisman süresi 17 yıldır. **ŞEKİL 3.4** bu bulguları gösterir.

Bir bütün olarak alındığında, bulgular enerji bitkisi yetiştirmek için arazinin önce yakılmasının çevre için çok uzun yıllarca herhangi bir avantajı olmadığını gösteriyor. Eğer iklim değişimini durdurma konusunda ciddiysek bu tür stratejileri derhal terk etmeliyiz.

Palm yağı biyodizeli (yağmur
ormanları, turbalı toprak)
Endonezya, Malezya 423

Soya yağı biyodizeli
(tropikal yağmur ormanları)
Brezilya 319

Palm yağı biyodizeli
(tropikal yağmur ormanları,
mineral topraklar)
Endonezya, Malezya 86

Şekerkamışı biyoetanolü
(tropikal yağmur ormanları)
Brezilya 75

Şekerkamışı etanolü
(Brezilya otlakları) ... 17

0   100   200   300   400

Yıllar

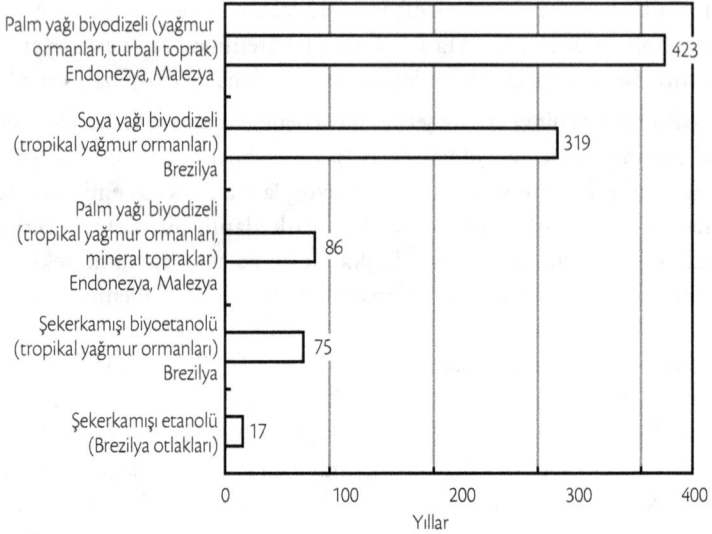

ŞEKİL 3.4 Arazilerin yakarak temizlenmesi sonrası ekolojik amortisman süresi.
Sayılar, belli bir ormanlık alanın yanması sonucunda salınan karbondioksidin
dengelenmesi için gereken yılları ifade eder. Bu dengelenmenin, biyo-alternatiflerle
ikame edilen fosil yakıtlarının yeraltında kalacağı varsayımından hareketle, söz
konusu arazilerde yetişen enerji ekinlerinden devşirilen yakıtları kullanmaktan
kaynaklanan daha düşük salınımlar yoluyla gerçekleşeceği kabul ediliyor. Kaynaklar:
J. Fargione, J. Hill, D. Tilman, S. Polasky ve P. Hawthorne, "Land clearing and the
biofuel carbon debt," *Science* 319, 2008: 1235-38; hesaplamalar H.-W. Sinn'e aittir.
Fargione vd. tarafından yapılan hesaplamalar, aynı makaledeki verileri tutarlılıkla
uyarlayarak temizlenen yağmur ormanı arazilerinde yetiştirilen Brezilya şekerkamışı
için tamamlandı.

Bana Bir Hektar!

Biyoyakıtlar ormanlardan arındırılan arazilerde üretilmek zorunda değil.
Mevcut ekilebilir arazilerde ya da marjinal topraklarda yetiştirilen diğer
ekinlerden, ayrıca yukarıda da belirttiğim gibi mezbaha atıkları, saman
ve diğer benzer atıklardan da elde edilebilirler. Ancak uygulamada
şimdiye kadar mevcut ekilebilir araziler hâkim bir rol oynamakta. Atık,
Avrupa'daki üretimin sadece yüzde 11'ini, OECD'deki üretimin yüzde
12'sini karşılıyor. Atık yakıldığında veya fermente edildiğinde genellikle

SOFRAYA MI ARABANIN DEPOSUNA MI? | 127

metan üretir ve bu metan da daha sonra elektrik üretimi ve ısınma için kullanılır. BKS'nin bu durumu ne kadar değiştireceğini göreceğiz. Biyoyakıt taraftarları marjinal arazilerin şiddetle altını çiziyor. Aslında jeolojik çalışmalar kalkınmakta olan ülkelerde ekilmemiş toprakların ve kullanılmayan otlakların olduğunu gösteriyor. Bu alanlar biyoyakıt üretiminde kullanılabilir. Köklerinde karbon tutan ve buna ek olarak yağlı tohumlar üreten jatrofa gibi uzun ömürlü bitkiler umut vaat eden seçeneklerdir. Ancak marjinal arazilerin kullanımı genelde nem yetersizliği, erişilebilirlik sorunları ve vahşi yaşamın yok edilmesi riski gibi nedenlerden ötürü pek kolay değildir.[26] Şu an için, tam da tanımı gereği, marjinal araziler pek önemli bir rol oynamıyor, çünkü enerji bitkileri yoğun bir şekilde toprağı işlemeyi gerektirir. Enerji bitkisi yetiştirmek için kullanılan arazilerin neredeyse tümü gıda üretimi için kullanılan arazilerden alınıyor.

Şüphesiz işler değişebilir. Artan enerji ihtiyacı insanlığı giderek daha uzaktaki arazilere yönlendirebilir. Öte yandan bu ancak, artan gıda fiyatları şu an için marjinal olan arazilerdeki üretimin kârlılık eşiğinin üstüne çıkarırsa mümkündür, yani ancak gıda arazileri yakıt arazilerine dönüştürüldüğünde. Biyoyakıt üretmek üzere tarlaları genişletmek arazinin gıda için mi yoksa enerji için mi kullanılması gerektiği şeklindeki temel çelişkiyi hafifletebilir ancak kökünden çözmez, çünkü tarlaların genişletilmesi sadece gıda fiyatları artarsa ve arttığı için mümkün olacaktır.

Bu çelişkinin büyüklüğünün ne kadar olduğunu anlamak için şu anda kullanımda olan ekilebilir arazi miktarını temel alarak birkaç hesaplama yapalım. Eğer bu toplam arazinin sadece küçük bir kısmının enerji bitkileri yetiştirmek için gerekli olduğu gibi bir durum ortaya çıkarsa o zaman makul bir fiyat artışının marjinal araziler üretime çok katılmadan yeterli olacağını umabiliriz. Ancak, büyük miktarlarda araziye gerek olursa, ihtiyaç duyulan arazinin bir kısmı Dünya'daki ekilmeyen alan rezervlerinden gelecek olsa dahi, gıda fiyatları üzerinde daha zararlı bir etki olabileceğinden korkmalıyız.

ŞEKİL 2.1'de gösterildiği gibi yakıtlar temel olarak ulaşım için kullanılıyor. O zaman biz de ulaşıma odaklanalım ve bir arabayı götürmek için ne kadar enerji gerektiğini hesaplayalım. İlk bakışta hesaplamalar idare edilebilir büyüklükte bir arazi ortaya koyuyor. Bir hektara ekilen kolza 3,4 ton kolza tohumu üretebilir. Bu da 1410 litre petrol dizel yakıta denk gelen 1550 litre biyodizele dönüştürülebilir. Yakıt tüketiminin litre başına 17 kilometre olduğunu varsayarsak (modern bir dizel araç için iyi bir değer) bu yakıtla aracı 23.500 kilometre sürebiliriz. Bu değer bir aracın yıllık ortalamasının üzerindedir. "Bana bir hektar!" pekala biyodönüm noktasına ulaşmak için kullanabilecek bir savaş çağrısı olabilir.

Kolza yerine mısır ve biyodizel yerine biyoetanol koyduğumuzda da benzer bir sonuç ortaya çıkıyor. Toplam çıktı olan yaklaşık 2.560 litre, etanolün düşük enerji içeriğinden dolayı 1.660 litre benzin veya 1.500 litre dizel yakıta denk gelir. Litre başına ortalama 13 litre tüketim değeriyle (benzinin daha düşük olan enerji içeriği ve motor teknolojisinin durumu göz önüne alındığında gerçekçi bir değer) bu miktardaki bir yakıt aracınızı yılda 22.100 kilometre götürebilir. **TABLO 3.1** bu veriyi özetliyor.

TABLO 3.1 Bir araç bir hektarla ne kadar çalışabilir? Varsayım: 1 litre dizel yakıtla 17 kilometre ve 1 litre benzinle 13 kilometre.

Yakıt	Randıman (litre/hektar/yıl)	Menzil (kilometre/hektar/yıl)
Biyodizel	1,410 (dizel eşdeğeri)	23,500
Biyoetanol	1,660 (benzin eşdeğeri)	22,100

Kaynak: Fachagentur Nachwachsende Rohstoffe, *Biokraftstoffe Basisdaten Deutschland*, 2008.

Bu hesap ne kadar makul görünürse görünsün modern bir ülkenin ihtiyacı olan yakıt miktarını karşılamak için ne kadar arazi gerekeceğini hesapladığımızda bir anda kendimize geliveririz. Uluslararası Enerji Ajansı (UEA) tüm dünya için bu hesaplamayı yapmış ve çok basit bir formüle ulaşmıştır: Tüketilen toplam sıvı yakıt içindeki her yüzde x oranındaki biyoyakıt için dünyanın yaklaşık yüzde x'i oranında ekilebilir arazi gerekir. Enerji birimi başına yüzde 10 biyoyakıt payı için gereken toprak miktarı dünyanın ekilebilir alanlarının yüzde 10'u olacaktır. Yukarıda da açıklandığı gibi, bu hesaplama başka koşullardan bağımsız bir tahmin değil, artan gıda ve arazi fiyatlarınca tetiklenebilecek marjinal arazi kullanımından soyutlanan kurgusal bir hesaptır.

Ekonomik terimlerle, biyoyakıt üretiminin tetiklediği mevcut fiyatlarda arazi talebi fazlasının hesabıdır. Diğer ekonomik değişkenlerin dahili, fiyatlara bağlı reaksiyonlarını tahmin etmeye çalışan her model, verili fiyatlardaki biyoyakıt üretimi için arazi talebi fazlasına ihtiyaç duyar. **TABLO 3.2** UEA'nın yaklaşımını 15 AB ülkesiyle ABD'ye uyguluyor.

Bunu yaparken bu ülkelerin spesifik enerji tüketim kalıplarını ele alıyor ve ülkelerin dünya genelindekine benzer bir arazi yapısına sahip olduğunu varsayıyor. AB'nin 2020 için şart koştuğu sıvı yakıtların yüzde 10'unun biyoyakıt olması koşulunu sağlamak için dünya genelinde 21,5 milyon hektar araziye ihtiyaç vardır. Bu da AB'deki mevcut bütün ekilebilir arazinin yüzde 31'ine denk gelir.[27] ABD içinse bu oran sadece yüzde 9,4'tür.[28]

TABLO 3.2 Yakıtlardaki biyoenerji payı ile gerekli ekilebilir arazi payı (UEA yaklaşımı).

Biyoyakıtlar	Dünya	ABD	AB15
%10	%10	%9	%31
%20	%20	%19	%62
%100	%100	%94	%308

Kaynaklar: International Energy Agency [Uluslararası Enerji Ajansı], *World Energy Outlook 2006*; Eurostat, *Energy-Monthly Statistics*, Ağustos 2007; Renewable Fuels Association [Yenilenebilir Yakıtlar Birliği], *2010 Ethanol Industry Outlook: Climate of Opportunity* (www.ethanolrfa.org).

AB için verilen rakamlar ilk bakışta AB Komisyonu'nun yüzde 10'luk biyoyakıt için ekilebilir (toplam) AB topraklarının yüzde 15'inin gerekeceği şeklindeki tahminiyle çelişir.[29] Ancak AB'nin hesaplamalarını yapan araştırmacıların açıkladığı üzere AB'nin rakamları, biyoetanolün kayda değer bir kısmının atıklardan üretileceği ve daha önemlisi AB'nin ihtiyaç duyduğu biyoyakıtın yarısına yakın bir kısmının dünyanın diğer bölgelerinden ithal edileceği varsayımlarına dayalıdır.[30] Bu iki varsayımın denklemden çıkarılması halinde gerekli arazi ihtiyacının yüzde 30'un üzerine çıktığı, bunun da **TABLO 3.2** ile tutarlı olduğu görülebilir.

AB'de ABD'ye kıyasla daha fazla araziye gereksinim duyulmasının nedeni nüfus yoğunluğudur. Bu da ekim için daha az araziye yer kalması demektir. ABD'deki değer dünya ortalamalarına yakındır, nitekim ABD'de arazi kullanımı biçimleri dünya geneliyle epey benzerdir.

Gelecekte fosil yakıtlar olmadan yaşayabilme, yani dünya genelinde birincil enerji tüketiminin beşte birini, nihai enerji tüketiminin ise üçte birini tek başına gerçekleştiren taşımacılık sektörünü tamamen biyoyakıtlarla çalıştırma rüyası maalesef sadece bir rüyadır. Bunun için, mevcut fiyatlar baz alındığında dünyanın tüm ekilebilir arazilerinin biyoyakıt üretimine ayrılması gerekir. AB şu an sahip olduğu ekilebilir arazinin üç katına ihtiyaç duyacaktır. ABD ise ekilebilir arazisinin yüzde 94'ünü bu işe ayırmak zorundadır, geriye bütün nüfusu beslemek için yüzde 6'lık bir alan kalır.

Belki bir gün BKS rakamları bu değerlerin düşmesine neden olacaktır, ancak BKS henüz deney aşamasında. Eğer vaat edildiği gibi BKS mevcut hasat verimini iki üç kat artırabilirse o zaman gereken ekili arazi miktarı yarı yarıya ya da üçte iki oranında azalacaktır. Bu, ABD ve dünya için çok daha dengeli bir sonuç ortaya çıkarır ancak AB'nin durumu hâlâ korkunç kalacaktır. Avrupa'nın ekili arazileri sadece taşımacılık için gereken yakıtı karşılamaya zar zor yetecektir. Doğal olarak gıda bitkileri bu durumda yolda kalacaktır.

Gübrelemekten kaynaklanan azot oksit sorunundan dolayı biyoyakıtların atmosfer için fosil yakıtlara göre daha zararlı olup olmadığı tartışmalıdır. Ancak enerji bitkilerinin ekimine yer açmak için kalkınmakta olan ülkelerde yakıp yıkılan yağmur ormanlarının neden olduğu karbon borcunun biyoyakıt kullanımıyla geri ödenmesi en iyi koşullar altında bile çok uzun yıllar gerektirecektir. Ayrıca biyoyakıt üretimi için gerekli olan ekilebilir arazi miktarı o kadar büyük ki BKS sözünü tutsa dahi gıda üretimi için aşırı yüksek fiyatlı olanlar dışında çok az arazi kalacaktır. Buradan çıkarılacak yegâne sonuç, üretimi biyojenik atıklara sınırlanmadığı takdirde biyoyakıtların insanlık tarihine bir hata olacak geçeceğidir.

Yukarıda açıklandığı üzere, tüm yenilenebilir enerji türleri aslında Güneş'ten gelen enerjiyi bir şekilde toplama ve bir araya yığma çabasıdır. Güneş'ten gelen enerji muazzam boyuttadır ancak ince bir örtü gibi Dünya'ya dağılmış durumdadır. Bu enerji türlerinin her biri asgari fırsat maliyetiyle bu enerjiyi nasıl toplayacağını göstermek zorundadır. Geniş alanları kaplayacak büyük teknik kurulumlar gerektirmediği ve yayılmış güneş ışığını toplayacak şekilde tasarlanmış çevresel olarak kabul edilebilir ya da en azından insanlığın aşina olduğu mevcut zirai üretim yöntemleriyle çalışabildiği için biyoenerji aralarındaki en ümit vaat eden aday gibi görünmüştü. Ancak ilk bakışta avantaj gibi görünen şeyin daha yakından bakıldığında büyük bir dezavantaj olduğu fark edildi. Devasa boyutlardaki ekili arazi ihtiyacı, beslenme için gerekli arazi sorununu doğuracaktır. Araçlarımızı biyoyakıt kullanarak hareket ettirmekte ısrar edersek açlık çekeriz.

Çiftçiden OPEC'e

Bu karamsar tabloya rağmen biyoyakıt üretimi **ŞEKİL 3.5**'in gösterdiği gibi dramatik bir artış içinde. 2000'den 2009'a küresel biyoetanol üretimi yıllık ortalama yüzde 17,9 arttı. Petrol karşılığı olarak büyüklüğü 9 milyon tondan 38 milyon tona fırladı. Biyodizel üretimiyse neredeyse sıfır noktasından yıllık petrol karşılığı olarak 10 milyon tona çıktı.

Biyoyakıtın bu yüzyılın ilk on yılında küresel ölçekte sıçrayışının ardında üç baskı unsuru vardı. İlki siyasiydi. "Yeşil" hareket pek çok Avrupa ülkesi ve ABD'de ivme kazandı. Daha fazla fosil yakıtla karbon döngüsünü bozmadan biyokütleden yakıt üretme fikri siyasi destek almaya yetecek kadar kadar baştan çıkarıcıydı. 2005'te uygulamaya giren Kyoto Protokolü emisyon hedeflerine ulaşılması için biyoyakıt kullanımını teşvik etti. Buna ek olarak, 11 Eylül 2001'de İkiz Kuleler'e yapılan saldırının ve 2003'te Irak'ın işgalinin ardından, ABD'de ülkenin enerji bağımlılığı ve Arap ülkelerinden petrol ithal etmedeki arz riskine dair bir bilinç oluştu. Bu da biyoenerjiye doğru giden yoldaki siyasi kararları destekledi. Karıştırma şartları, vergi indirimleri, sübvansiyonlar, bitkilerden yakıt elde edilmesinde yardımcı olacak altyapı yatırımları gibi siyasi önlemler pek çok ülkede tam da bu nedenlerden dolayı alınmıştır.

İkinci unsur enerji şirketleriydi. Petrol fiyatlarında son yıllarda görülen keskin artışlar karşısında şirketler fosil kaynaklara alternatif oluşturabilecek yakıtlara giderek daha fazla eğildi. Avrupa ve ABD'de biyoyakıtların rafinerisi için büyük üretim tesisleri kurarak biyoyakıt talebini önemli ölçüde artırdılar.

Üçüncü unsur elbette bu durumda bir iş fırsatı kokusu alan çiftçilerdir. Yeni müşteriler her zaman hoş karşılanır. Kâr her halükârda artar, ya üretim artışı nedeniyle ya da bu mümkün olmadığında fiyatlar arttığı için. Yeni müşterilerin eskilerine yer bırakmaması çiftçinin değil eski müşterilerin sorunu. Çiftçilerin dikkatlerini gıda piyasasından petrol endüstrisine yöneltmesinin, geleneksel değerlerini yansıtmadığı bir gerçek. Ancak para akmaya başlayınca duruma kolay alışıldı. Alman Çiftçiler Birliği (Deutscher Bauernverband) genel sekteri Helmut Born artık çiftçilerin gıda fiyatlarının petrol fiyatlarıyla eşgüdümlü artacağı fikrine alışmaları gerektiğini öne sürdü.[31]

Born haklı olabilir. Son on yılda ya da en azından 2008 ekonomik krizine kadar petrol ve gıda fiyatları sadece artmadı, adeta patladı. ŞEKİL 3.5'in gösterdiği gibi mısırın, buğdayın ve pirincin fiyatı 2008 yılında petrolle birlikte fırladı. Petrol ile gıda fiyatlarının artışı arasındaki gözle görülür paralellikler gerçekten çarpıcı. Çiftçilerin büyük çaplı kutlamalar yapması için her türlü neden mevcut. Belki de Petrol İhraç Eden Ülkeler Örgütü'ne [Organization of the Petroleum Exporting countries–OPEC] üyelik ücreti bile ödemeliler.

Elbette rastlantı nedensellik demek değil, hatta tek neden budur demek hiç değil. Artan dünya nüfusu, tahıl yerine ete yani yüksek değerli gıdaya olan talebin artışı, dünya genelinde gelir artışı ve kötü hava koşulları gibi faktörlerin hepsi tahıl fiyatlarını yukarı çekti. Yüksek

Fiyat endeksi, Ocak 2006 = 100

Buğdayın dünya piyasalarındaki fiyatı

Mısır (darı)   Tortilla Krizi →   Buğday   Pirinç

350   300   250   200   150   100   50

95 96 97 98 99 00 01 02 03 04 05 06 07 08 09 10

Fiyat endeksi, Ocak 2005 = 100 (ve varil başına dolar)

350
300 | Ham petrol fiyatı | 133
250
200   90
150   72
100   53
            43   41
50   (=100)
            19
0
95 96 97 98 99 00 01 02 03 04 05 06 07 08 09 10

40 Mtpe

    | Küresel biyoyakıt üretimi |

30
                                        Etanol
20

10
                            Biyodizel
0
95 96 97 98 99 00 01 02 03 04 05 06 07 08 09 10

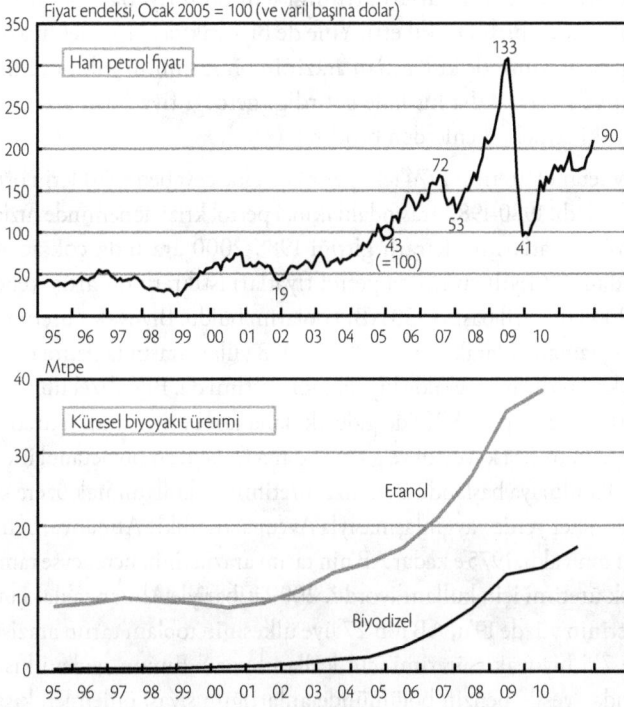

ŞEKİL 3.5 Gıda fiyatları, petrol fiyatları ve biyoyakıt üretimi – nedensellik mi rastlantı mı? Üstteki panel buğday, pirinç ve mısır fiyatlarınının aylık dünya endeksini gösteriyor. 2007'deki Tortilla Krizi'ne kadarki fiyat artışlarını gösterebilmek için Ocak 2006 taban çizgisi olarak alındı. Ortadaki panel ham petrolün varil başına aylık fiyatını endeks eğrisiyle gösteriyor. Taban çizgisi Ocak 2005. Eğri üzerindeki rakamlar varil başına dolar cinsinden fiyatlar. Alttaki paneldeyse etanol ve biyodizel üretiminin geçirdiği evrim petrol eşdeğeri enerji birimi cinsinden görülüyor. Mtpe, milyon ton petrol eşdeğeridir. (Bir kilogram petrol eşdeğeri 11,63 kilovat-saate denktir.) Kaynaklar: Hamburgisches WeltWirtschaftsInstitut, *Rohstoffpreisindex* (http://www.hwwi-rohindex.org); Earth Policy Institute [Dünya Politika Enstitüsü], *World Biodiesel Production 1991-2010* (http://www.earth-policy.org); J. Von Braun, *Promises and Challenges When Food Makes Fuel*, International Food Policy Research Institute [Uluslararası Gıda Politikaları Araştırma Enstitüsü], 2007; BP, *Statistical Review of World Energy – Renewables*, 2010.

petrol fiyatları da masrafları artırdığı için tahıl fiyatlarının artışının nedenlerinden birini teşkil etti. Yine de biyoyakıta olan talebin artmasıyla gıda üretiminde kullanılan arazinin bir kısmının yakıt üretimine geçtiği ve gıdayı daha kıt hale getirdiği gerçeği fiyatların artmasının ardındaki temel etkenlerden biridir.

Biyoetanol üretimi 1974'teki petrol krizine cevaben 1970'lerin ortalarında başladı. 1980-1982 arasındaki ikinci petrol krizi döneminde hızlansa da petrol fiyatlarının kararlı gittiği 1985-2000 arasında çok az arttı. Ardından 2001 yılı civarında petrol fiyatları istikrarlı bir artış trendine girip 2008'de varil başına 130 ABD dolarını buldu. Biyoyakıt üretimi bununla eşzamanlı olarak arttı. 2000 ile 2008 yılları arasında petrol fiyatları dörde katlandı, aynı şekilde biyoetanol üretimi de. Biyodizel üretimi on iki kattan fazla arttı. ABD'de giderek daha fazla tarım arazisi üretimini buğdaydan mısıra kaydırdı ve giderek daha fazla mısır biyoetanol üretimi için kullanılmaya başlandı. Biyodizel üretiminde kullanılmak üzere kolza ekiminin her yerde yaygınlaşmasıyla Avrupa, özellikle Almanya, belirgin bir sarı tonu aldı. 1975'e kadar AB'nin tarım arazilerinin neredeyse tamamı yiyecek üretimi için kullanılıyordu. 2009 itibariyle Almanya'daki tarım arazilerinin yüzde 19'u, AB'nin 27 üye ülkesinin toplam tarım arazisinin yüzde 7'si biyoyakıt üretimi için kullanılıyor.[32] Bunun nedeni kısmen yukarıda "yeşil" benzin bölümünde anlattığım siyasi önlemler, kısmen de artan petrol fiyatlarıdır.

Dünya mısır üretiminin yüzde 40'ını, ihracatınınsa yüzde 70'ini gerçekleştiren ABD'deki gelişmeler Avrupa'dakilerden çok daha önemlidir.[33] 2004-2007 arasında, küresel mısır üretim artışıyla oluşan fazlanın neredeyse tamamı ABD'de patlamakta olan biyoetanol üretimine hammadde olarak girmiştir.[34] Bu amaçla kullanılan bitkiler 2007'de ABD'deki ekili arazilerin yüzde 8'ini kaplamış ve ülke çapında mısır üretimin yüzde 30'u biyoetanol üretiminde kullanılmıştır.[35] Daha önce de belirtildiği gibi Amerikan Tarım Bakanlığı 2009 mali yılı için bu payın yüzde 35'i, 2010'da yüzde 40'ı bulabileceğini tahmin etmiştir.

Biyoetanol üretimindeki patlamanın bir nedeni petrol fiyatlarının artmasıyla biyoetanol üretiminin kârlı bir iş haline gelmesidir. Bir diğer neden de gıda ve enerji piyasalarını birbirine bağlayan bir kamu politikasıdır. Enerji Vergi Yasası, 1978 gibi erken bir tarihte içinde yüzde 10 oranında biyoetanol bulunan benzini vergiden muaf tutmuştur.[36] 2005 tarihli Enerji Politikası Yasası, biyoetanol tesisi kurulumuna ve yüzde 15 biyoetanol benzin karışımı üretimine vergi avantajları sunmuştur.[37] 2007 tarihli Enerji Bağımsızlığı ve Güvenliği Yasası, mısır nişastasından etanol üretiminin 2015'e kadar bir 15 milyar galon daha artırılmasının önünü açmıştır. 6,5 milyar galona denk gelen bu artış 2007 yılı üretim hacmine göre yüzde 131'lik bir artışa işaret eder. Ancak yasa, 2015 sonrasındaki ilave üretim artışının BKS türü "ileri biyoyakıtlar"dan gelmesini şart koşmuştur. Bu ürünlerin mısır nişastasından üretilmemesi gerekir.[38] 2008'deki Gıda, Koruma ve Enerji Yasası da sübvansiyon şartlarını biyoetanol ve biyodizel üretimini mısır nişastasından değil diğer tür biyokütleden üretilecek şekilde düzenlemiştir.[39] Bu politika değişiminin halihazırda müthiş bir momentumla büyümekte olan mısır kaynaklı biyoetanol üretimini 2015 sonrasında durdurup durduramayacağını göreceğiz.

Biyoetanol yapmak için mısır kullanmak, hem arz hem de talep taraflarında yaptığı ikame etkisinden dolayı dünya gıda piyasasını tepetaklak etti. Bir kere dünya genelinde çiftçiler buğdaydan mısıra geçti, çünkü mısırın piyasası daha çok şey vaat ediyordu. Artan buğday eksikliği buğdayın fiyatını yukarı çekti. Mısır ve buğday tüketicileri fiyat artışından kaçmak için pirince geçince pirinç fiyatları arttı.

Uluslararası Gıda Politikası Araştırma Enstitüsü'nün (International Food Policy Research Institute– IFPRI) yaptığı bir çalışmaya göre biyoyakıt üretimi buğdayın, mısırın ve pirincin ortalama fiyatlarının 2000-2007 arasındaki artışının yüzde 30'undan sorumludur. Mısır özelinde, artışın yüzde 39'unun kaynağı biyoyakıtlardır.[40] Mısır fiyatları 2007 yılında biyoyakıt üretimi olmasa olacağından üçte bir oranında daha yüksekti. Yine de IFPRI'nin çalışmasına göre aynı dönemdeki fiyat artışının yüzde 61'i nüfus artışı ve beslenme alışkanlıklarının değişimi gibi yapısal etkenlerden kaynaklanmıştı.

Dünya Bankası'nın kıdemli tarım ekonomistlerinden Donald Mitchell tarafından kaleme alınan bir Dünya Bankası makalesinin bulguları ise çok daha ürkütücüdür. Ocak 2002 ile Şubat 2008 arasındaki dönemi inceleyen Mitchell mısır fiyatındaki artışın sadece dörtte

TABLO 3.3 Alman basınına yansıdığı haliyle 2007 ve 2008'deki büyük gıda protestoları.

Ülke	Tarih	Protestocuların sayısı	Kayıplar
Haiti	7 Nisan 2008	Birkaç bin	En az 4 ölü, 30'dan fazla yaralı
Mısır	6 Nisan 2008	25.000	80 yaralı
Fildişi	Nisan 2008 başı	1.500	En az 1 ölü
Meksika	Ocak 2007	75.000	-
Peru	9 Temmuz 2008	6.000	Bilinmiyor
Honduras	17 Nisan 2008	Onbinlerce	Bilinmiyor
Moritanya	Kasım 2007	1.000	6 ölü
Senegal	Nisan 2008 sonu	Birkaç bin	Bilinmiyor
Burkina Faso	Nisan 2008	Bilinmiyor	Bilinmiyor
Kamerun	Mart 2008	Bilinmiyor	En az 100 ölü
Yemen	Mart 2008 sonu	Bilinmiyor	Bilinmiyor
Mozambik	Şubat 2008	Bilinmiyor	6 ölü
Bangladeş	12 Nisan 2008	20.000	Bilinmiyor
Hindistan	21 Nisan 2008	Birkaç bin	Bilinmiyor
Endonezya	Ocak 2008	10.000	Bilinmiyor

Kaynaklar: Haiti için AG Friedensforschung der Uni Kassel, *Aufruhr im Land der Berge*, 2008 (http://www.uni-kassel.de/); Mısır için "Egyptian workers riot over rising prices," *therawstory*, 6 Nisan 2008 (http://www.rawstory.com); Fildişi Sahilleri, Honduras, Moritanya, Kamerun, Senegal, Burkina Faso, Yemen, Mozambik, Hindistan ve Endonezya için "Droht uns eine globale Katastrophe?–Hungerproteste in aller Welt," *Die Zeit*, 3 Haziran 2008 (http://www.zeit.de); Peru için "Pfeile gegen die Regierung," *Süddeutsche Zeitung*, 10 Temmuz 2008 (http://www.sueddeutsche.de). Bangladeş için "Sandkastenliberale üben Schadensbegrenzung," *WOZ-Die Wochenzeitung*, 17 Nisan 2008 (http://www.woz.ch).

birinin doların değer kaybına, yükselen üretim maliyetlerine ve trend olgusuna atfedilebileceğini bulmuştur. Geriye kalan dörtte üçün çoğu ya da tamamı, ekilebilir arazilerin gıda üretiminden biyoyakıt üretimine kaymasındandır.[41] Mitchell'in hesaplamaları spekülasyon güdümlü kıtlık ile bazı üretici ülkelerin ihracat yasaklarının olası etkilerini de hesaba katmıştır. Mitchelle'a göre bu ülkeler de fiyat artışlarından etkilenecektir. Arjantin, Hindistan, Kazakistan, Pakistan, Ukrayna, Rusya ve Vietnam kendi vatandaşlarını yiyecek kıtlığından korumak için bu tür ihracat yasakları koymuştur.

Mitchell ve IFPRI'nin bulguları kamu politikası tartışmalarında[42] ve akademik yazında etraflıca tartışılmıştır. Piese ve Thirtle[43] ile Hadey ve Fan[44] gibi akademisyenler Mitchell'ı doğrulamıştır. Ancak daha şüpheci yaklaşanlar petrol fiyatlarıyla gıda fiyatları arasındaki nedensel bağ hakkındaki şüphelerini dile getirmiştir. Özellikle Gilbert'ın, fiyatlar arasındaki korelasyonun her iki fiyatı da açıklayan bir ortak talep etkisinden kaynaklandığı, son zamanlarda dikkat çekildiği gibi petrol fiyatlarıyla gıda fiyatları arasındaki nedensel bağ olmadığı iddiası önemlidir.[45]

Ancak bu görüş farkları ilk bakışta göründüğü kadar temel farklar değil. Kimse gıda fiyatlarıyla enerji fiyatları arasında bir korelasyon olduğunu reddetmiyor ve elbette kimse gıda fiyatlarının enerji fiyatlarını etkilediğini iddia etmiyor. Söylenen şey, petrol fiyatlarından gıda fiyatlarına giden kesin bir nedensellik hattı olduğu ile iki ürün fiyatının da genel bir enerji talebi artışıyla belirlendiği iddiaları arasında ampirik olarak net bir ayrım yapmanın zor olduğudur. Aslında, eğer mısır nişastası etanolü ve benzin birbirinin yerine neredeyse mükemmel bir şekilde geçebilecek şeylerse ve eğer enerji fiyatlarıyla gıda fiyatları arasında talep tarafında özellikle sıkı bir bağlantı varsa nedensellik sorusu önemini kaybedecektir.

Aksine ekonometrik bulgular, siyasi kararların etkisinin geri planda kaybolmasına neden oluyor. Bu siyasi kararların çevreci saiklerle veya ulusal enerji arzı güvenliği argümanlarıyla alınmış olması durumu değiştirmiyor. Belki de bu kararlar ilk bakışta göründüklerinden daha önemsizdi ya da daha yüksek ihtimalle bu kararların bizzat kendileri artan petrol fiyatlarından ve ona bağlı olarak güzel bir fırsat kokusu alan çiftçi lobileriyle enerji lobilerinin artan etkisinden içsel bir biçimde etkilenmişti.

ŞEKİL 3.5'e şöyle bir baktığımızda fiyatlar arasındaki kuvvetli korelasyonu görüyoruz. Ocak 2005'ten 2006 yazındaki geçici zirveye kadar petrol fiyatları yüzde 67 artmıştır. Yaklaşık yarım yıllık gecikmeyle mısır fiyatları da 2007 Ocak'ında zirve yapmış ve Tortilla Krizi'ni tetiklemiştir. Mısır fiyatları Ocak 2006 ile Ocak 2007 arasında yüzde 83 artmıştır. Buğday fiyatları tam olarak bir hasat döngüsü geriden gelmiş, çünkü buğday yetiştiricilerinin mısıra geçmesiyle buğday kıtlaşmış ve fiyatı artmıştır. Tüketiciler pahalı buğdaydan pirince geçince pirincin fiyatı da arkalarından gelmiştir. Bu da birkaç ay sonra görece hızlı bir şekilde gerçekleşmiştir. Mısır arzındaki büyük artış sonradan mısır fiyatının hızlı yükselişini yavaşlatmıştır. Yüksek buğday fiyatları çiftçilere kârlarını artırmak için mısıra dönmelerine gerek olmadığı sinyalini göndermiş, pek çoklarını da buğday üretimine geri döndürmüştür. Elbette bu da mısır fiyatlarını biraz gecikmeli de olsa bir kez daha yukarı çekmiştir. Bu süreç, mısır fiyatları 2008 başında zirveye çıkana kadar kendini tekrar etmiştir. Canı yanan, başta alım gücü gıdaya yetmediğinden açlıkla mücadele eden tüketiciler olmuştur.

Ortalama aylık petrol fiyatı 2008 Temmuz'unda varil başına 133 doları bulmuş, ardından finansal kriz gerçek bir ekonomik krize dönüşünce rakamlar sert bir şekilde düşmüş ve dünyayı 2008 ve 2009 yıllarında resesyona itmiştir. Aralık 2008'de petrol fiyatları varil başına 41 dolarla dibe düşmüştür. Buğday, mısır ve pirinç fiyatları da eşzamanlı olarak çökmüştür. Ancak düşük fiyat dönemi çok kısa olmuştur. Dünya devletleri tarafından alınan devasa kurtarma önlemleri (7 trilyon dolar banka kurtarma paketlerinin yanında 1,65 trilyon dolar Keynesçi iyileşme programı) dünya ekonomisinin hızlıca toparlanmasını sağlamıştır.[46] 2010 Aralık'ında petrolün varil fiyatı tekrar 90 doları bulmuştur. Onunla birlikte mısır, buğday ve pirinç fiyatları da mısırın öncülüğünde artmıştır.

Tortilla Krizi

Artan petrol fiyatları 2005 ile 2008 arasında petrol piyasalarıyla gıda piyasaları arasındaki bariyeri yıktı. O zamana kadar ayrı olan piyasalar birbirlerine bağlandı ve karbon gıda piyasalarından enerji piyasalarına sızdı. Bu da gıdayı daha kıt ve pahalı yaptı. İnsanların beslenmesi karbonhidratlara dayanır ve bunların tümü motorları, santralleri ve ısıtma sistemlerini çalıştıran fosil yakıtlardakine çok benzeyen karbon bileşiklerine sahiptir. Bu açıdan bakıldığında iki piyasanın birleşmesi makul bir piyasa mantığına dayanıyor. Ancak bu, süreçten etkilenenlere bir teselli sunmaz. Dünyanın yoksulları sofralarında görmek istedikleri şeyin zenginlerin arabalarının depolarına gittiğini gördü. Eğer yeni bariyerler bu gelişmeyi durdurmazsa dünyanın dört bir yanında çatışmalar kaçınılmaz olacaktır.

Bu krizin nasıl bir şeye benzeyeceğini 2007 yılında Mexico City'yi karıştıran Tortilla Krizi'yle biraz tahmin edebiliriz.[47] Tortilla Meksika'da temel bir gıda maddesidir ve ülke tortilla yapmak için gereken mısır ihtiyacını ABD'den ithal ederek karşılar. Mısırın biyoetanol üretimine kaymasıyla fiyatlar zıplayınca Meksikalıların tortilla'sının fiyatı da onu takip etti. 2005-2006 kışı ve sonraki kış arasında mısır fiyatlarının neredeyse ikiye katlanması tortilla fiyatını yüzde 35 artırdı. Bu durum büyük sokak protestolarına yol açtı.

Ancak gerçek kriz bir yıl sonra buğday ve pirinç fiyatlarının mısır fiyatının artışına tepkisiyle gerçekleşti. Pek çok insan bu durumdan mısır fiyatlarının artışına göre çok daha fazla etkilendi. 2008'in ilk yıllarında açlık neredeyse tüm gelişmekte olan ülkeleri vurdu. Haiti, Endonezya, Mısır ve Senegal özellikle etkilendi. Bütün dünyayı birbirine bağlayan gıda ürünleri piyasası nedeniyle sorun tüm dünyaya yayıldı. 37 ülkede pek çoğu şiddet içeren açlık protestoları yaşandı. **TABLO 3.3**, protestoların tepe noktasına ulaştığı Ocak 2007-Nisan 2008 dönemine dair bir genel değerlendirme sunuyor.

Petrol fiyatları artışı devam ettiği sürece insanlık az gelişmiş ülkelerde benzer olaylara alışmalıdır. Batılı ülkelerin siyasi liderleri enerji ve tarım alanlarında gezegeni istikrasızlığa itecek türden kararlar almaktan kaçınmalıdır. Eğer dünya çapındaki açlık isyanları gelişmekte olan ülkelerde iç savaşlara yol açarsa bir devrim dalgası tüm dünyadan geçebilir.

Tunus'ta 2010 Aralık'ında patlak veren ve takip eden aylarda Mısır, Libya, Yemen, Bahreyn ve Suriye'ye yayılan Yasemin Devrimi sadece yüzeysel olarak bakıldığında özgürlük ve demokrasi hedefleyen bir siyasi devrim olarak görülebilir. Daha derinde yatan neden, özellikle gelecek için hiçbir ümidi olmayan işsiz gençler başta olmak üzere Arap ülkelerindeki nüfusun ümitsiz ekonomik durumudur. Ülke içindeki gıda stoku azalıp pirinç ve buğday gibi ürünlerin ithalinin fiyatları giderek artırmasının neden olduğu ve 2010-2011 yıllarının kış aylarında hızla yayılan açlık, insanları sokağa döken ve şiddet içerikli eylemleri tetikleyen unsurlar arasındadır. ŞEKİL 3.5, dünya ekonomisinin 2009 resesyonundan çıkılmasıyla yeniden zirve yapan petrol fiyatlarını takiben 2010'un sonunda gıda fiyatlarının nasıl hızla arttığını gösteriyor. 2010-2011 kışında BM'nin Gıda ve Tarım Organizasyonu (Food and Agriculture Organization–FAO) tarafından yayımlanan gıda fiyat endeksi (yağ, şeker, tahıl, et ve mandıra ürünlerini kapsayan bileşik bir endeks) 2007-2008 kışı başındaki seviyelere çıktı. Tortilla Krizi'ni tetikleyen tepe seviyesinin de üzerine çıkıp Şubat 2011'de tarihin en yüksek seviyesine ulaştı.

Küreselleşmenin gezegenin yoksul ülkelerine pek çok faydası olduğu bir gerçek. Ulusal emek piyasaları arasındaki farkları azalttı ve tüm dünyada yoksulluğun büyük ölçüde azalmasına yol açan ücret yakınsamasına neden oldu. 1981'den 2005'e uzanan dönemde Dünya Bankası'nın belirlediği yoksulluk sınırının (günlük 1,25 dolar) altında yaşayan nüfus oranı yüzde 52'den yüzde 25'e düştü.[48] Ancak açlık krizinin gösterdiği gibi, küreselleşme yoksulları sofralarından araba depolarına kayan gıdaların fiyatındaki artışa karşı da kırılgan bir hale getirdi. Haklı olarak bu değişimi kabul etmeye gönüllü değiller. Tortilla Krizi gelecekte yaşanacak büyük çaplı çatışma ve kargaşaların habercisi olabilir.

Çark Etkisi

Petrol ve gıda fiyatların birbirine bağlanması geçtiğimiz birkaç yılda şaşırtıcı bir güç ve anilikte gerçekleşti. Muhtemelen zaten içsel olan siyasi etkiyi bir kenara bırakırsak bu aniliği ham petrol ve gıda ürünlerinin iki yönlü ikame edilebilir şeyler olmamasıyla açıklayabiliriz: Yani gıda ürünleri yakıta çevrilebilir ancak yakıt gıda ürününe çevrilemez, en azından doğrudan, kimyasal anlamda. Benzin istasyonundan aldığımız benzini yiyeceklerimizi kızartmak veya salatayı tatlandırmak için kullanamayız. Hatta ne kadar sofistike biyokimyasal yöntemler kullanırsak kullanalım hayvan yemine çeviremeyiz. Ancak 2007 ve 2008 yıllarında dizel yakıtın fiyatı zirve yapınca kimileri marketten aldıkları bitkisel yağı eski dizel araçlarını çalıştırmak için kullandı. Modern dizel araçları bitkisel yağla çalıştırmak zordur ancak kimya kolayca bu sorunun etrafından dolanabilir ve bitkisel yağı biyodizele dönüştürebilir. Benzinle çalışan motorların çoğu belli bir miktar biyoetanolü kaldırabilir, hatta Brezilya'nın esnek yakıt motorları saf etanolle bile çalışabilir.

Bu tek yönlü ikame edilebilirlik, enerji denkliğiyle ölçüldüğünde petrol fiyatları gıda fiyatlarının altında seyrettiği takdirde iki piyasadaki enerji dengi fiyatların çakışamayacağı anlamına gelir. Ham petrolü gıdaya çevirmek çekiciydi ancak bunu deneyen kimyagerlerin hepsi şimdiye kadar başarısız oldu. Petrol fiyatları bir anda gıda fiyatlarını yakalayınca ve üstüne çıkabileceğinin sinyalini verince durum büyük ölçüde değişti. Bu durumda iki piyasa birbirine bağlandı. Enerji şirketleri ve çiftçiler enerji bitkilerini benzin ve dizel yakıt üretiminde hammadde olarak kullanarak kâr elde edebiliyordu. Petrol fiyatları gıda fiyatlarına adeta bisikletin pedalının arka tekeriyle ilişkisinde olduğu gibi bağlıydı. Bisiklet boşa alındığında pedallarla teker arasındaki bağlantı kopuyordu. Ama pedalı daha hızlı döndürünce vites devreye giriyor ve pedala uygulanan kuvvet tekere aktarılıyor. Bir çeşit çark etkisi.

Küresel finansal krizin ardından petrol fiyatları sert bir şekilde düşünce bisiklet tekrardan boşa alınmıştı. Ancak bu geçici bir durumdu, dünya ekonomisi resesyondan çıkıp petrol fiyatları tekrar fırlayınca ortadan kayboldu. Muhtemelen gıda fiyatlarının vitesin boşa alınmış olduğu dönemdekine benzer bir şekilde seyretmesi ilerleyen yıllarda giderek daha nadir bir şeye dönüşecek, belki de tamamen yok olacak. Çünkü sonlu bir enerji kaynağı olan petrolün fiyatı ilelebet artacak ve gıda fiyatları üzerinde yukarı yönlü baskısını sürdürecek.

Elbette bu bağlanma gerçek hayatta bisikletin pedalıyla tekeri arasındaki kadar katı değil. Ancak, petroldeki fiyat artışlarının gıda fiyatlarını geçmesinin çiftçilerle enerji şirketlerinin arazilerini gıda üretiminden yakıt üretimine dönüştürmeleri yönünde bir teşvik olacağını görmek için ekonomist olmaya gerek yok. Bu trendin sonuç olarak gıda fiyatlarını yukarı çekeceğini görmek de çok kolay. Ancak tersi bir durum mümkün değil, çünkü salatanız fosil yakıtla iyi gitmez. O halde çiftçilerimizin OPEC ile ele ele tutuşmak istemesinden ciddi biçimde korkmalıyız.

Açlığın ve onunla birlikte siyasi çatışma potansiyelinin artacağı gelişmekte olan ülkelerden bu trende karşı güçlü bir muhalefet bekleyebiliriz. Bu sorunların boyutlarını şu aşamada ancak tahmin edebiliriz ancak Tortilla Krizi'yle birlikte insanlığın yeni bir döneme girdiği ortada.

Bir Karbon ve İnsan Masalı

Gıda ve enerji piyasalarının birbirine bağlanması tarihte ilk kez olmuyor; aslında 18. yüzyılın ortalarında Sanayi Devrimi başlayana kadar durum böyleydi. Su ve rüzgârı bir kenarda tutarsak, insan kaslarından gelmeyen her türlü kinetik enerjinin kaynağı biyoenerji tüketen hayvanlardı. Özellikle kara taşımacılığı tamamen hayvan kasları tarafından sağlanıyordu. İnsanlar kendilerini, alıp sattıkları malları ve aletlerini bir yerden bir yere taşımak için at, deve, sığır ve uygun olan diğer hayvanları kullandılar ki bu hayvanları beslemek için büyük ekilebilir araziler gerekirdi. Ulaşım bugün nihai enerji tüketiminin yüzde 30'unu çekiyor (Buna tarım makinelerinin çalıştırılması da dahil). Sanayileşmeden önce koşum ve yük hayvanlarını beslemek üzere kullanılacak yem yetiştirmek için gereken arazinin oranı da yüzde 30 hatta daha yüksek olabilir.

Oldukça ayrıntılı bir toprak kullanımı analizine göre Bavyera'da 1873'te tarımsal üretimin üçte biri yine tarımsal üretimde kullanılan koşum ve yük hayvanlarını beslemek için kullanılıyordu. Ayrıca yüzde 10'luk bölümünün de başka sektörlere satılan çiftlik hayvanlarını beslemek için kullanıldığı tahmin ediliyor.[49] Tarım sektörü dışındaki ulaşımda kullanılan atları da sayarsak koşum ve yük hayvanlarının beslenmesine ayrılan arazinin payının yüzde 50'yi bulduğu veya geçtiği söylenebilir. Bu değere demiryollarının çoktan işlediği ve buharlı gemilerin nehir ve kanallar üzerinden yük taşıdığı bir dönemde ulaşılmıştır. Zaman içinde ulaşımda kullanılmak üzere gereken enerjinin üretimine ayrılan toprak miktarı ciddi bir biçimde düştü, ancak demiryolu ve elektrikli motorların yaygın olduğu ama traktörlerin büyük ölçekli kullanımına henüz geçilmediği 1920'de dahi ABD'deki ekilebilir arazinin dörtte biri en nihayetinde ulaşım amaçlı kullanılıyordu.[50]

Toprağın hem gıda hem de yem için kullanıldığı zamanlar bugünden bakıldığında katı görünebilir çünkü iki amaç için de yetecek kadar biyokarbon yoktu. İnsanlık Malthusçu bir nüfus tuzağındaydı.[51] Basit bir ifadeyle Malthusçu nüfus yasası, nüfusun gıda arzından daha hızlı artması halinde kişi başına beslenmenin düşeceğini ve giderek daha fazla çocuğun öleceğini söyler. Eğer nüfus gıda arzından daha yavaş büyürse veya küçülürse kişi başına gıda arzı artar ve daha fazla çocuk hayatta kalır. Ortalamada nüfusla geçim için erişilebilir araçlar arasındaki dengeyi sağlayacak kadar çocuk hayatta kalır. Ancak erişilebilir hava, gıda ve yerin müsaade edebileceği kadar insan var olabilir. İskoçyalı Adam Smith bu durumu şu meşhur sözüyle ifade etti: "Her bir hayvan türü geçim araçlarıyla orantılı olarak çoğalabilir, hiçbir tür bunun ötesinde çoğalamaz."[52]

Malthusçu dönemde nüfusta görülen herhangi bir artış, daima sermaye birikimi, teknolojik ilerleme ve özellikle işbölümündeki sürekli iyileşmenin hayat standartlarında neden olduğu ilerlemeden çalmıştır. Ekonomik ilerleme ile nüfus artışı arasındaki amansız rekabet 19. yüzyıla kadar Avrupa'da tekrar eden açlık krizlerine neden olmuştur. 1750'den 1850'ye uzanan dönem yoksulluk dönemi olarak bilinir, çünkü güçlü nüfus artışı halkı yoksullaştırmıştır.

İşbölümünün ve ona bağlı olarak artan ticaretin daha fazla taşımacılık hizmeti gerektirmesi özellikle büyük bir sorundu. Gemicilik rüzgârla mümkün olsa da kara taşımacılığı daha fazla at ve onları beslemek için daha fazla toprak gerektiriyordu. Bu da Malthusçu kısıtlamaları iyice sıkılaştırdı. Dolayısıyla ulaşım maliyetleri yüksek ve kara taşımacılığından elde edilen getiriler kısıtlı kaldı.

Bu dönemde üretici faaliyetlerde kullanılmak üzere kömür kullanılabileceği biliniyordu ancak kömür arzı sınırlıydı. Derin ocak madenciliği henüz maden tünellerini su basması sorunu halledilmediğinden makul değildi. Yüksek taşma maliyetleri kömürün yaygın bir biçimde kullanılmasının önünde bir başka engeldi. Bu dönemde kömürün fiyatı neydi bilemiyoruz ancak yararlanıldığı alanlarda birim enerji başına maliyeti muhtemelen odununkine yakındı. Dönüm noktası 18. yüzyılda İngiltere'de buhar pompası ve buhar makinesinin icadı oldu. Buhar pompası daha fazla kömür damarını erişilebilir kılarak kömür arzını artırdı. Buhar makinesi kömür kullanarak kinetik enerji elde etmeyi mümkün kıldı, böylece pahalı hayvan gücünü daha ucuz bir alternatifle değiştirmiş oldu. Buhar makinesi erken dönem sanayileşmenin ana etkenidir. Demiryolları, buharlı gemiler ve kanallar taşımacılık maliyetlerini büyük ölçüde düşürdü ve kömürün uzaklarda inşa edilmiş fabrikalara götürülmesini sağladı. Sonuçta bu fabrikalardaki sofistike makine ve ekipmanların ardındaki enerji sağlanmış oldu. At ve diğer koşum hayvanlarını beslemek için gereken toprak artık ekonomik büyümenin önünde bir engel olmaktan çıkmıştı. Dünyanın sanayileşmesi artık harekete geçirilmişti, çünkü gezegenin karbon kaynaklarına –yani yaklaşık 300 milyon yıl önce toplanan ve saklanan biyokütle ve güneş enerjisine– ulaşmanın ve bunu insanlığın faydasına kullanmanın yolu bulunmuştu. Ekilebilir araziler artık yem yerine gıda üretmek için serbestti.

18. yüzyılın ikinci yarısında Almanya'da dinamo-elektrik motorun ve içten yanmalı motorun icat edilmesi sanayileşmeye ikinci itiş gücünü verdi, fosil enerji artık daha fazla sayıda uygulama için kullanışlı hale gelmişti. Ucuz kinetik enerji artık küçük makinelerde ve buhar makinelerin çok hantal kaçacağı küçük fabrikalarda bile kullanılabilecekti. Ayrıca araba ve kamyon yapımı ile elektrikli demiryolu yapımı mümkün hale geldi. Dizel motorlu traktörler 1920'lerde buharlı traktörlerin yerini aldı ve tarımdaki verimliliği daha da artırdı. Petrol ve gaz keşifleri bu gelişmeyi bir adım öteye götürdü ve daha önce biyoenerjiye mahkûm olan insanlığın asla başaramayacağı bir büyümenin itici gücünü oluşturdu. O zamana kadar insanlık her zaman, büyümenin bedelini boş mideyle ödeme ikilemine mahkûmdu.

Justus von Leiebig'in 19. yüzyılın ilk yarısında icat ettiği kimyasal gübrelerle tarımda verimliliği artırmasıyla büyüme iyice hızlandı. 20. yüzyılın başlarında icat edilen Haber-Bosch yöntemiyle sentetik olarak üretilen bu gübreler de büyük miktarlarda fosil yakıt gerektiriyordu. Toprağın gıda üretimi için kullanılmak üzere özgürleşmesi daha önce görülmemiş bir nüfus artışını mümkün kıldı. ŞEKİL 3.6 dünya nüfusunun Roma döneminden bugüne (ve BM'nin 2050 öngörüsüne) kadarki seyrini ele alıyor. Eğrinin Sanayi Devrimi dönemindeki kıvrımı çok bariz.

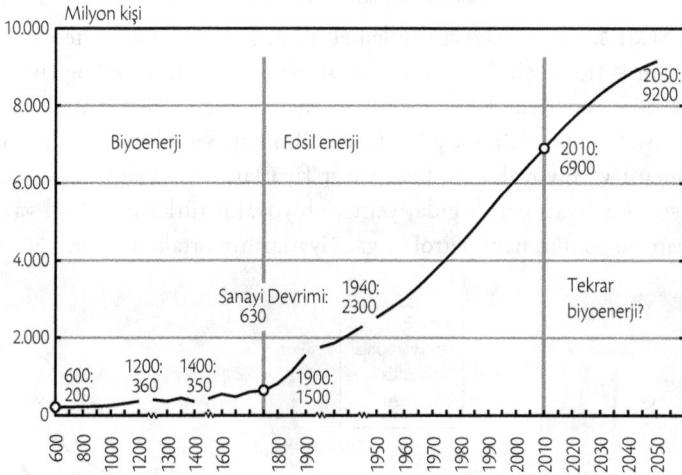

ŞEKİL 3.6 Dünya nüfusunun izlediği yol. Kaynaklar: ABD Nüfus Bürosu, *Historical Estimates of World Population*, 2010; Birleşmiş Milletler, *World Population Prospects: The 2008 Revision*, 2009.

18. yüzyılın ortasında Sanayi Devrimi başladığında dünyanın nüfusu 630 milyon civarındaydı. Bugün 6,9 milyar. 1750'den bu yana ortalama yıllık artış yüzde 0,9. Dünya nüfusunun 200 milyon olduğu 600 yılından 1750'ye bu oran 0,1 idi.

Nüfus 1750'den sonra katlanarak artmışsa da dünya ekonomisi daha hızlı artmıştır. Karbon kullanımı sayesinde insanlık tarihinde ilk kez kendini Malthusçu tuzaktan özgürleştirmeyi başarmış, kitlelerin kişi başına geliri geçim seviyelerinin üzerine çıkmıştır. Ardından tıptaki ve doğum kontrolü yöntemlerindeki ilerlemeler sayesinde nüfus artış hızını azaltarak elde edilen bu başarıları –en azından dünyanın bazı bölgelerinde– korumak mümkün olmuştur. Bu da yaşam standartlarında müthiş bir sıçramaya eşlik etmiştir.

Gıda ve enerji piyasalarının ucuz fosil yakıt nedeniyle birbirinden kopması yaklaşık çeyrek milenyum sürmüştür. Tortilla Krizi'nin işaret ettiği gibi bu dönemin artık sonuna gelinmiştir. Fosil yakıtların giderek azalması ve bir ölçüde de atmosferdeki atık karbonun nerede depolanacağı gibi çevresel endişeler petrolün fiyatını gıda fiyatları seviyesine çekmiş ve yiyecekleri tekrar sofradan arabaların deposuna yöneltmiştir.

ŞEKİL 3.7, bu hikâyeyi özetlemek ve ona daha soyut ve teorik bir yorum katmak için insanlığın kalkınma örüntülerini karbon fiyatlarına göre gösteriyor. Karbon fiyatları enerji içeriğine göre tanımlanmış ve vasıfsız emek ücretine göre ifade edilmiştir. Şekil bize üç kalkınma dönemi ve biyoyakıt ile fosil yakıt fiyatlarının seyrini gösteriyor. Biyoyakıt fiyatı çeşitli gıda, yem ve biyoyakıt türlerinin, fosil yakıt fiyatı ise kömür, ham petrol ve gaz fiyatlarının ortalamasıdır.

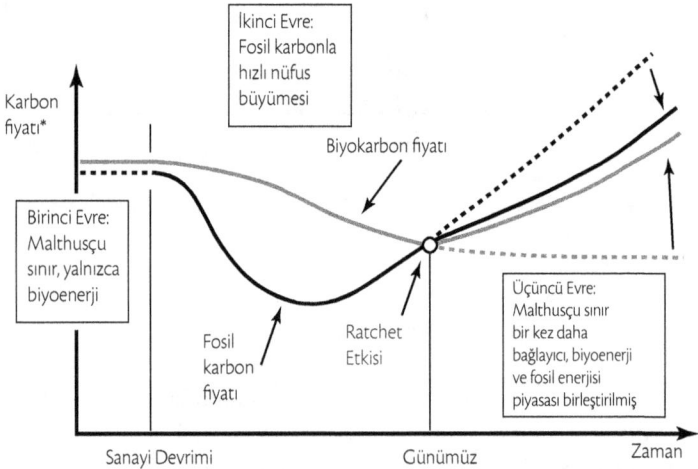

ŞEKİL 3.7 Fosil karbon ve biyokarbonun kısa tarihi. *Enerji içeriği birimi başına, vasıfsız ücrete göre.

Birinci evrede gıda ve enerji piyasaları birbirleriyle oldukça yakından bağlantılı, çünkü bu dönemde koşum ve yük hayvanları da insanlar da aynı topraktan beslenmek zorundaydı. Kömür biliniyor ancak ekonomi içinde özel bir rol oynamıyordu. Kömürün erişilebilir olduğu ve belirli alanlarda kullanıldığı bazı nadir durumlardaki fiyatı biyoenerjininkine, özellikle de odununkine yakın olmalı.

İkinci evrede buhar pompaları daha derin madenciliği mümkün kılarak kömür arzını artırdı. Buhar makineleri üretilen kinetik enerjinin demiryolları, buhar gemileri ve fabrikalarda kullanılmasını mümkün kıldı ve Sanayi Devrimi'ni tetikledi. Ardından fosil yakıtlar erişilebilir hale geldi. Fosil karbon doğrudan biyokarbona çevrilemese de zaman içinde biyokarbonu bir enerji kaynağı olmaktan çıkardı. Fosil karbonun fiyatı biyokarbonun altına düşünce gerçekleşti bu. Toprak kullanımı yem üretiminden gıda üretimine kaydı ve daha fazla gıda ortaya çıktı. İlave gıda nüfus artışını başlattı ve insanlığın Malthusçu tuzaktan kaçmasına izin verdi. Vasıfsız işçinin gıda bazındaki reel ücreti biraz gecikmeli de olsa arttı. Bu da biyokarbonun fiyatının çalışma saatleri karşılığı olarak düştüğünü söylemekle aynı şeydir, ancak fosil yakıtın fiyatından daha az düştü. Reel ücretler 19. yüzyılın ikinci yarısında artmaya başladı ve bu artışın ivmesi dizel motorlu traktörler ve hasat makinelerinin tarımda koşum hayvanlarının yerini aldığı 20. yüzyılda arttı. Bu dönemin simgesi olan artan nüfus ve büyüyen sermaye birikimi sonunda fosil karbon talebini arzdan daha yüksek bir hızda artırarak fosil yakıtların fiyatını (tekrar) biyokarbonun fiyatına gelene kadar artırdı.

Üçüncü evre şimdi başlıyor. Çark etkisi artık bu iki karbon piyasasının fiyatını birbirine bağlıyor, böylece gıda piyasasından enerji piyasasına doğru Tortilla Krizi'ne yol açan bir karbon sızıntısı yaşanıyor. Zaman içinde giderek daha fazla tarım arazisi biyoyakıt üretimine ayrılacak ve enerjiyle gıda arasındaki çatışma daha ciddi bir hal alacak.

Eğer tarımsal arazinin enerji tedarik zincirine entegrasyonu denetlenmeden devam ederse fosil karbonun fiyatındaki artış yavaşlayacak ve gıda piyasasındaki azalan biyokarbon arzı gıda ve biyokarbon fiyatlarındaki artışı hızlandıracak. Eğer, buna ilaveten, siyasiler küresel ısınmayla savaşmak adına veya güvenlik gerekçesiyle fosil karbon kullanımına yeni sınırlamalar getirirse gıda piyasalarından sızan karbonun hızı artacak ve bu da gıda fiyatlarının daha da hızlı artmasına neden olacaktır. Bu durum insanlığı tekrar Malthusçu tuzağa sokar ve pek çok insan açlıktan ölebilir. Evet, günümüzde tarım Sanayi Devrimi dönemindekine göre daha verimli. Bugün bir insanı doyurmak için çok daha az toprak gerekiyor. Ancak kısmen sentetik gübreye atfedilebilecek olan bu ilave üretkenliğin temel nedeni fosil karbon kaynaklarıdır ve bu kaynakların akışı giderek azalıyor. Üstelik bugün besleyecek insan sayısı on kattan fazla. Bu insanlar varlıklarını büyük ölçüde Sanayi Devrimi'nden bugüne değin istifade edilen fosil karbona borçlular ve sırf şimdi fosil karbon kanallarını kapatmak istiyoruz diye hüsnü zan içinde yok sayılamazlar.

Yukarıda betimlenen gelişme süreci o kadar korkunç ki insan gerçekçi olmamasını ümit ediyor. Ancak doğru olduğu ortaya çıkarsa ŞEKİL 3.7'de 2050 için öngörülen nüfus tahmini gerçekleşmeyecektir. Bu sadece açlık çekecekler için değil kendilerini bu kitlelere karşı korumaya çalışıp hayatta kalmaya çalışan kesimler için de sorun teşkil edecektir. Eğer bu piyasa mekanizmasının işlemesine izin verir ve fosil yakıtların yerini biyoyakıtların almasına göz yumarsak ve ayrıca bu yer değiştirmeyi küresel ısınmayla mücadele etmek gibi bariz bir amaç uğruna siyasi önlemlerle desteklemeye devam edersek yüz milyonlarca insan etkilenecektir. Bu insanlar sokaklara sadece barışçı eylemler için değil savaş için çıkacaktır.

Dolayısıyla bu bölümden çıkarılacak sonuç, biyojenik atık hariç biyoyakıt seçeneğinin insanlığın hiç girmemesi gereken ucu kapalı bir yolculuk olduğudur. Biyoyakıtı desteklemektense biyojenik atık yerine bitki kullanılarak bu tür yakıtların üretilmesini derhal yasaklamalıyız. Petrol fiyatları artık gıda fiyatlarını yakaladığına göre, gıda ürünlerinin araçların depolarına akmasını engellemek için yeni engeller koymalıyız. Gıda krizi sırasından enerji bitkilerinin ihracatını yasaklayan Arjantin, Hindistan, Rusya ve diğer ülkeler kendi halklarını tehlikeli piyasa gelişmelerine karşı korumaya çalıştıkları için suçlanmamalı. Elbette küresel ısınma sorunu hâlâ ortada ancak bu sorun, Tortilla Krizi'nin beraberinde getireceği küresel dehşete kıyasla ikinci plandadır. Gıda savaşlarının küresel ölçekte vereceği zarar şu an için küresel ısınmanın vereceği zararı gölgede bırakabilir.

Bu demek değildir ki küresel ısınmaya karşı savaşımızı bir kenara bırakalım. Ancak biyoenerjinin bu savaşta doğru silah olmadığı kesinlikle ortada.

İkinci Bölüm insanlığın emrinde olan ve mevcut durumun yerine geçebilecek "yeşil" teknoloji seçeneklerini teknik açıdan ele aldı. Ne yazık ki çok fazla seçenek yok. Rüzgâr gücü ve fotovoltaik araçlar maalesef fosil güce alternatif oluşturabilecek ciddi seçenekler değil. Ancak nükleer fizyon ve (belki de) Desertec gibi güneş enerjisi projeleri her ne kadar mükemmellikten uzak olsalar da fosil yakıtlara alternatif oluşturabilir. Belki nükleer füzyon bir gün hayata geçer ki bu yoksullar ve aksi takdirde küresel ısınmadan ciddi bir biçimde etkilenecekler için bir lütuf olabilir. Ancak şu an için biyoyakıt üretimini, kaynak yoğun ekonomik büyümeyi ve nüfus artışını destekleyen politikaları engellemek dışında insanlığın bir seçeneği yok.

DÖRDÜNCÜ BÖLÜM

Göz Ardı Edilen Arz

Hugo Chávez'e, şeyhlere ve tüm diğer petrol krallarına yeraltında
daha fazla petrol bırakmaları çağrısıyla...

Dereyi Görmeden Paçaları Sıvamak

İklim sorunu bir gerçek, illüzyon değil. Küresel ısınmadan kaynak-
lanacak sorunlar muazzam boyutlarda olacağından derhal harekete
geçmemiz gerekiyor. Gerçekten de bazı önlemler alınıyor. Tüketici
ülkeler Kyoto Protokolü ile CO_2 emisyonlarına bir tavan sınırı getir-
di. Avrupa Birliği emisyon ticaret sistemi kurdu. Bunlara ek olarak
pek çok ülke çok sayıda yasa ve düzenleme geçirerek çeşitli teşvik
mekanizmaları kurdu. Her yurttaş bir şekilde tüketimi kısarak buna
katkıda bulunmaya çalışıyor. Bu ortak çabanın bazı olumlu sonuçlar
ortaya koyması gerek. Ancak maalesef bu sonuçları tespit etmek çok
zor. Aslına bakarsanız gösterilen çabalar hiçbir sonuç vermemiş olabilir.
Bu bölüm ve bir sonraki bölüm neden böyle bir sonuçla karşı karşıya
olduğumuzu tartışıyor.

TABLO 4.1 fosil yakıt kullanımını azaltmak suretiyle karbondioksit
salınımını azaltmayı ve böylece iklim değişikliğinden kaçınmayı hedef-
leyen yasa, düzenleme ve teşviklerin sonucunda atılan somut adımların
genel bir değerlendirmesini sunuyor.

Fosil yakıt tüketimini öncelikle daha idareli davranarak azaltıyoruz.
Jimmy Carter'ın zamanında önerdiği gibi kaloriferin derecesini birkaç
derece düşürüp üzerimize bir hırka alıyoruz. Odadan dışarı çıkarken
ışıkları söndürüp, televizyonu izlemediğimiz zaman bekleme modunu
da kapatıyoruz. Daha iyi izolasyon ve buzdolapları sayesinde daha az

enerji ziyan ediyoruz. Daha az araba sürüyor, daha fazla toplu taşıma kullanıyor ya da evimize daha yakın yerlerde iş arıyoruz.

Fosil yakıt tüketimini azaltmak için hem çevreyi koruyan hem de enerji maliyetlerini düşüren akılcı önlemler geliştirmeye uğraşıyoruz. Akkor ampulleri floresan veya LED ampullerle değiştiriyor ve elektrikten tasarrufu için ısıtma sistemlerimize değişken hızlı otomatik pompalar koyuyoruz. Sanayi, makinelerde ve fabrikalarda kullanılmak üzere giderek değişken hızlı elektrik motorlarına yöneliyor. Araba üreticileri yüksek basınçlı enjeksiyon sistemine sahip dizel motorlarla bu sürece katkıda bulunuyor. Yeni DiesOtto motoru yakıttan diğer bütün içten yanmalı motorlara kıyasla daha fazla enerji çıkarıyor. Evlerde yoğuşmalı kazanlar tercih ediliyor. Enerji şirketleri, türbinleri çevirmek için gazı iki kez kullanan gaz ve buhar santrallerine geçiyor. "Geleneksel" enerji santralleri kömürü geride yanmamış bir tek molekül kalmasın diye daha da ince öğütüyor.

TABLO 4.1 CO_2 salınımlarını durdurmak için yaptıklarımız.

Fosil yakıt talebinin doğrudan azaltılması
Daha iyi yalıtım, daha hafif arabalar, daha az ısıtma, daha az araç kullanımı, ışıkların kapalı tutulması, stand-by modunun kapatılması
Enerjinin daha etkin kullanımı
LED ve floresan ışıklar, değişken hızlarda elektik motorları, akıllı enerji idaresi, dizel motorlarda sabit basınçlı püskürtme sistemi, DiesOtto motorları, yoğunlaştırıcı kazanlar, gaz ve buhar gücü tesisleri, yakıt olarak daha ince toz kömür kullanan kömür yakmalı tesisler, birleşik ısı ve güç üretimi
"Yeşil" elektrik
Rüzgâr, su, güneş, biyokütle, hibrid arabalar
Nükleer enerji
Elektrik ve hidrojen üretimi
Diğer "yeşil" enerji kaynakları
Peletler, odun yongası, odun, biyogaz, biyodizel, biyoetanol, ısı pompaları, güneş termopanelleri, jeotermal enerji

Rüzgâr, su, güneş ışığı ve biyokütle gibi yenilenebilir kaynaklardan enerji üretmeye yöneliyoruz. Rüzgâr türbinleri ve güneş panelleri her yerde. Bazı arabalar frenleme süresince ortaya çıkan enerjiyi ileride hızlanmak gerektiğinde kullanmak üzere depolayabiliyor. Bazı insanların bodrumlarında elektrik üretmek için jeneratörleri var, bu jeneratörler fazla ısılarını merkezi ısıtma sistemine aktarabiliyor.

İş nükleer enerjiye gelince görüşler çeşitleniyor, çünkü atığın nihai olarak nasıl depolanacağı ve ilgili riskler farklı şekillerde değerlendiriliyor. Nükleer enerji fosil yakıtla üretilen elektriğin yerine geçtiği sürece iklim dostudur ve Fukuşima kazası insanların şevkini büyük ölçüde kırmış olsa da, şu an için pek çok kişinin hayalini kurduğu hidrojen ekonomisi için en makul seçenektir.

Artık fosil yakıt kullanmadan, palet ya da yonga formunda odun yakarak da ısı ve elektrik üretebiliyoruz. Çatılarımız banyo suyumuzu ısıtmakta kullandığımız güneş panelleriyle dolu. Arabalarımızın deposunu biyoyakıtla ya da benzin-etanol karışımıyla dolduruyoruz. Çiftçiler evlerini çeşitli atıklardan elde edilmiş gazla ısıtabiliyor. Isıyı yerden veya havadan üfleyebiliyoruz. Hatta bazıları toprağı derinlere kadar kazıp jeotermal aktiviteyle ısıtılmış suyu çıkarıyor ve evlerini onunla ısıtıyor.

Avrupa "yeşil" enerjiye özellikle meraklı. Fransa elektriğinin çoğunu nükleer reaktörlerden üretiyor. Almanya güneş enerjisi ve biyodizelde dünya lideri, rüzgârda kendisinden çok daha büyük olan ABD'nin ardından dünya ikincisi. İsveç ve Avusturya büyük miktarda hidrogüç kullanıyor. Danimarka'nın rüzgâr enerjisi kullanımı ülke üzerinde uçanların gözden kaçıramayacağı kadar bariz. İtalya güzelim manzarasını güneş panelleriyle kaplıyor. Bunların yanında tüm Avrupa ülkeleri fosil yakıtlardan yüksek vergiler almakla kalmıyor, yakıt tasarrufuna zorlayan binlerce kural ve düzenleme getiriyor. Otomobil üreticisinin ürettiği modele göre kilometre başına ne kadar CO_2 üretebileceğine sınır getirmek gibi düzenlemeler bunlardan sadece biri. Doğu Avrupa ülkeleri komünist dönemden kalan karbon yoğun fabrikalarını büyük ölçüde kapattı ve ekonomilerini enerji açısından daha verimli bir şekilde yeniledi. ŞEKİL 4.1'in gösterdiği gibi tüm bunların sonucunda Kyoto Protokolü'nün temel aldığı 1990 yılına kıyasla CO_2 salınımında yüzde 11'lik bir azaltma elde edildi. AB-Kyoto anlaşması ülkelere bölündüğünde Lüksemburg'la birlikte en büyük CO_2 azaltma hedefini –1990 yılına kıyasla 2008-2012 ortalamasında yüzde 21'lik azalma– alan Almanya, bu hedefi çoktan aştı.

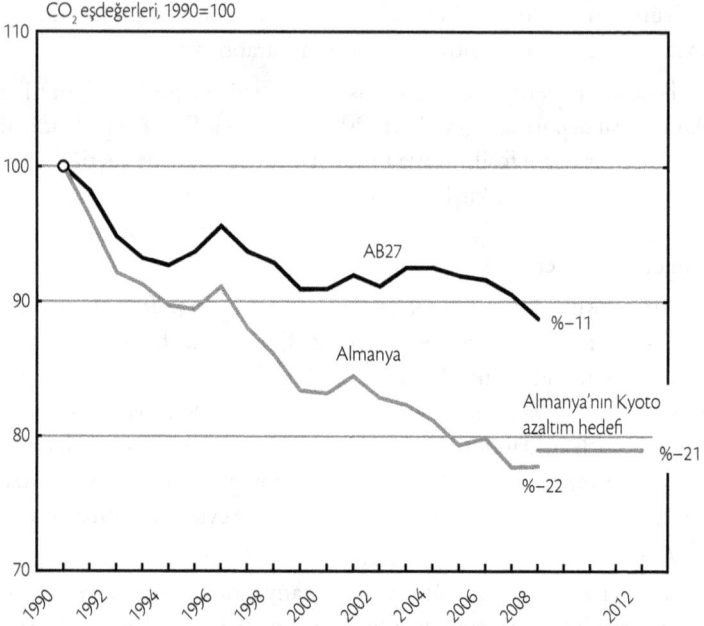

ŞEKİL 4.1 1990'dan bu yana Avrupa'nın CO_2 salınımları. Kaynaklar: Avrupa Çevre Ajansı [European Environment Agency – EEA], *EEA Greenhouse Gas Data Viewer; Annual European Union Greenhouse Gas Inventory 1990-2008 and Inventory Report 2010*, Avrupa Çevre Ajansı Teknik Rapor 6/2010 (http://www.eea.europa.eu).

Fakat bu çabaların iklime bir faydası var mı? Avrupalıların yaptıklarının gerçekten CO_2 emisyonlarının azaltması beklenebilir mi? Pek çok kişi işin bireylere kaldığında ısrar ediyor, tıpkı yol kenarına çöp atmak gibi. Her birey kirletmemeyi tercih ederek çevresinin temiz kalmasını sağlayabilir. Ne kadar çok insan disiplinli davranırsa yol kenarları o kadar temiz olur. Ancak bu analoji temel bir noktada çuvallıyor, çünkü bireysel düzeydeki kirletme ya da kirletmeme kararlarının birbirinden bağımsız olmadığını göremiyor. Bunlar küresel fosil yakıt piyasası aracılığıyla birbirine doğrudan bağlı kararlar. Bir ülkenin atmadığı çöp başka bir ülke tarafından atılacaktır. Atmosfere saldığımız CO_2 yeraltından karbon olarak geldi ve onu karbon olarak dünya piyasasına biz getirdik. Almanlar daha az kömür, ham petrol ya da doğalgaz alıp tüketse bile mesela Çinliler pekâlâ daha fazla alıp tüketebilecektir. Etrafı kirletme analojisi, ancak ve ancak AB'nin tüketmeyerek azalttığı miktarın, petrol şeyhleri ve diğer kaynak sahiplerinin aynı miktarda karbonu yeraltından çıkarmamaya karar vermesi halinde anlamlıdır. Peki ya kaynak sahipleri, Avrupalıların tüketimi kısma çabalarından hiç etkilenmeyip daha önce planladıkları miktarlarda ham petrol ve gaz çıkarmaya devam ederse? Çıkarılan gaz ve petrol bir yerde yakılacağından AB'nin fedakârlıklarının genel CO_2 emisyonuna hiçbir katkısı olmayacaktır. Bu yakıtları Avrupalılar almasa başkaları alıp kullanacaktır.

Avrupa Birliği'nin CO_2 emisyonlarını azaltmasının küresel ölçekte aynı oranda bir düşüşe neden olacağına inananlar dereyi görmeden hesap yapıyor. Emisyon seviyelerini belirleyenler AB Komisyonu başkanı Barroso, Şansölye Merkel veya AB Parlamentosu değil, Hugo Chávez, Mahmud Ahmedinecad, Muammer Kaddafi ve hatta Vladimir Putin gibi hükümdarlar. Ne kadar karbon çıkarılıp yakılacağını ve sonunda atmosfere ne kadar CO_2 salınacağını belirleyenler onlar ve fosil kaynaklara sahip diğer ülkeler.

Bu nedenle, rasyonel bir iklim politikası kaynak sahiplerini de içermeli ve onları kaynakları yeraltından çıkarma konusunda daha muhafazakâr bir tavra itmelidir. TABLO 4.1'deki listede bu yönde en ufak bir ışık yok. Tüm önlemler kaynak sağlayıcıların bizim yakıt satın almamıza göre usulca duruma ayak uyduracaklarını ve kendilerine özgü bir gündemleri olmadığını varsayıyor. Bir başka deyişle, biz tüketicilerin yerin altından ne kadar petrol çıkarılacağını söz konusu önlemlerle belirleyeceğini ve tedarikçilerin bizim arzularımıza ayak uyduracağını varsayıyor. Siyaset üretenler örtük bir şekilde böyle bir varsayıma sahip. Bunun naiflikten bile biraz öte olduğunu söylemeye gerek yok.

ŞEKİL 4.2'de gösterilen CO_2 emisyonlarının küresel evrimine baktığımızda şüpheler güçlenir. Eğri, Kyoto Protokolü sayesinde Almanya'da ve diğer Avrupa ülkelerindeki hızlanan tüketim düşüşünün dünya çapındaki sera gazı emsiyonu üzerinde en ufak bir etkisi olmadığını, aksine, Kyoto Protokolü'nün kabul edildiği tarihten bugüne emisyonun artışının hızlandığını gösteriyor.

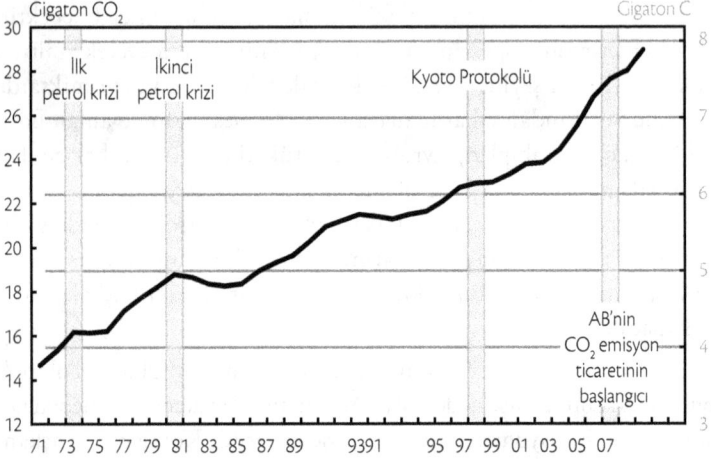

ŞEKİL 4.2 Dünyada CO_2 salınımları. Kaynaklar: Uluslararası Enerji Ajansı, Veritabanı, CO_2 Emissions from Fuel Combustion (http://www.sourceoecd.org).

Her Şeyi Düzenleyen Bir Vidanın Yokluğu

Peki **ŞEKİL 4.2**'de sunulan veri güvenilir mi? Ne de olsa CO_2 emisyonlarını doğrudan ölçmek kolay değil, çünkü genelde fabrika bacalarında, araçların egzozlarında ya da gemi bacalarında ölçüm cihazı veya sensör yok. Bu ölçümler toplam fosil yakıt tüketiminden CO_2 emisyonu çıkarımı yapıyor. Acaba Batı'nın motorların verimliliğini artırma çabalarını gözden kaçırıp birim yakıt başına CO_2 emisyonunun düşeceğini göz ardı ediyor olabilir miyiz? Herhangi bir fosil yakıttan daha az CO_2 salınımı sağlayacak güçlü alternatifler olamaz mı? Kararlarımızla kaynak sahiplerinin bize tanıdığının ötesine geçebilecek bir ufkumuz yok mu?

Maalesef yanıt olumsuz. İkinci Bölüm'de nükleer atığın depolanması konusunda ele aldığımız zapt etme seçeneği dışında böyle bir ufuktan bahsetmek mümkün değil. Bunun da nedeni kimya. Fosil yakıtları yaktığımızda atmosfere salınan karbon atomlarıyla fosil yakıt kaynaklarına sahip olanların yeraltından çıkardığı atomlar aynıdır. Ne bir şey eklenmiş ne de çıkarılmıştır. Miktar tamamen özdeştir.

Birinci Bölüm'de başladığımız tartışmaya kaldığımız yerden devam edelim ve kömür, ham petrol ve doğalgaza daha yakından bakalım. Bunların üçü de hidrokarbon yani kimyasal bileşenleri karbon ve hidrojen. Hem karbon hem de hidrojen bu tür yakıtların içinde oksidize olmadan yani "indirgenmiş" durumda bulunur. Bunların kullanışlı enerjiye dönüşmesi için oksijenle tepkimeye girmeleri gerekir, bu da yanma sırasında olur. Yanma karbonu karbondiokside, hidrojeni de suya dönüştürür.

Kömürdeki hidrojen oranı yüzde 3 ila 6 oranında yani çok düşüktür.[1] Ham petrol her bir hidrojen atomu için beş ila dokuz karbon atomu içerir. Doğalgaz veya metan her bir karbon atomuna dört hidrojen atomu bağlar. Bir hidrojen atomu yanma sonrasında karbon atomunun ortaya çıkardığı enerjinin yüzde 30,7'sini oluşturur.[2] Bir karbon ve dört hidrojen atomundan oluşan bir metan molekülü, bir karbon atomunun yanma sonucunda tek başına üreteceğinden 2,23 kat daha fazla enerji üretir. Bağ enerjisi bu hesaptan çıkarılsa dahi 2,04 kat daha fazla enerji elde edilir. Dolayısıyla doğalgaz, saf karbonla aynı karbondioksit emisyonuyla iki kattan fazla enerji üretir. Doğalgazın çevre açısından bu kadar olumlu görünürken kömürünse olumsuz karşılanmasının nedeni budur. Bir ton metan bir ton antrasitten yüzde 65 daha fazla enerji üretirken yüzde 3 daha az CO_2 üretir. Doğalgazla çalışan bir araç benzinle çalışan bir araçtan daha çevre dostudur, çünkü hidrojenle toplam yolun yarısından biraz daha fazla yol gidebilir.

Verilen enerji başına CO_2 emisyonu oranı metanda ham petrolden daha iyidir, ham petrol de kömürden iyidir ancak bunların hepsi yanma sonucunda karbondioksit üretir. Kimyager ve mühendislerin şapkadan tavşan çıkarıp elde edilen enerjiyi sabit tutarken karbondioksit emisyonlarını düşürebileceklerini hayal edebiliriz, ancak bu mümkün değil. Her üç fosil yakıt için de salınan CO_2 molekülleri elde edilen enerjiyle farklı oranlarda olsa da çok sıkı bir şekilde orantılıdır ve yakılan karbon atomu sayısıyla özdeştir.

Şüphesiz belirli bir işi yapmak için gereken fosil yakıt miktarını, daha verimli motorlar ve yanma süreçleri kullanarak azaltmanın mümkündür. Örneğin otomobil endüstrisi, atık ısıyı kinetik enerjiye dönüştürerek yakılan yakıt miktarını azaltma konusunda ciddi adımlar atmıştır. Bu, gereken yakıt miktarını azalttığından gerçekten de motorun verimliliğini artırır; ancak bu verimli süreç sonunda dahi işleme tabi tutulan tüm karbon karbondioksite dönüşür.

Egzozlardan veya bacalardan is olarak kaçmasına izin vermektense, yakıt içindeki karbonun giderek daha büyük bir kısmını yakarak verimliliği artırdığımızı da belirtelim. Kömürlerini giderek daha ince öğüten kömür santrallerini düşünün mesela ya da yüksek basınçlı enjeksiyon sistemi kullanan dizel motorlarını. Bir seferde beş kereye kadar yakıt enjeksiyonu yapabilen bu motorlar verili yakıtla maksimum yanma elde edebiliyor. Eskiden egzozlardan ve bacalardan sızan siyah is artık tarih olmuş durumda. İs yanmamış kömür parçalarından oluşur. Sahip oldukları artık enerji eskiden ziyan edilirdi, yeni işlemler sayesinde artık bu enerjiyi kullanabiliyoruz. Modern motor ve ocaklar, isten kaynaklanan enerji kaybını yüzde on seviyelerine düşürmüş durumda. Ancak bu tür verimlilik kazançları pek çoklarının inandığı gibi salınan CO_2 miktarını düşürmedi, aksine artırdı. Şimdi yeraltından çıkarılan bir ton ham petrol veya kömürden daha fazla enerji elde ediyoruz, böylece bu tür teknik ilerlemelerin olmadığı zamanlara kıyasla daha fazla miktarda karbonu oksijene bağlayıp atmosfere salıyoruz.

Peki bunun iklim açısından anlamı nedir? Hiçbir şey! Amacımız CO_2 miktarını azaltmaksa tüm bu teknik ilerlemeleri geri alıp eski isli yanma şekline dönmemiz lazım. Bu tür verimlilik kazançlarının zaten büyük ölçüde sonuna geldik, artık tepkimeye giren karbonla yanıp atmosfere salınan karbonun eşit olduğunu varsayabiliriz.

CO_2 zaptı dışında bir seçenek veya sıkıştırarak CO_2 emisyonlarıyla dünya fosil yakıt piyasasındaki karbon satın alımları arasındaki ilişkiyi kesebileceğimiz bir ayar vidası yok. Bu yüzden petrol şeyhleri, Amerikan kömür şirketleri ve Sibirya'daki petrol yataklarının sahiplerini kaynaklarını yeraltında bırakmaya yönlendirecek bir yöntem geliştirmeden sadece **TABLO 4.1**'deki yöntemlerle iklim politikalarını yönlendirmek çok anlamsız.

Arz ve Talep

Ekonomik açıdan bakarsak mesele fosil yakıtların piyasadaki arzı ve talebi. Talep bizim ve diğer tüketicilerin almak istediği miktar, arz kaynak sahiplerinin satmak istedikleri miktar. Arz da talep de tarafların isteklerini ifade ediyor. Bu isteklerin gerçekleşip gerçekleşmemesi tarafların piyasada bir anlaşmaya varmasına ve sözleşme yapmalarına bağlı. İstekler genelde yerine gelir ama her zaman değil.

TABLO 4.1'de anlatılan karbondioksit oranını azaltma amacıyla AB ve diğer ülkeler tarafından alınan tüm önlemler fosil yakıt talebini azaltmayı hedefliyor. Bunlardan bir tanesinin bile arz tarafını etkilemeye çalıştığını söylemek mümkün değil. Arz tarafı tamamen göz ardı ediliyor. "Yeşil" politikaların tasarımında ya da kamu taştırmalarında arz meselesi hiç ortaya çıkmaz. İstek listesi özenle hazırlanmış ancak hedefe ulaşmamıştır.

Şaşırtıcı bir şekilde, iklimle ilgili bilimsel literatürde de arz konusu pek yoktur. Herkes karbondioksidin fosil yakıtların yanmasıyla atmosfere salındığını bilse de küresel piyasalardaki arz kararlarını çalışmalarının asli öğesi yapan iklim çalışmaları nadirdir.[3] Ya (kaynak stokları ve rezerv üretim oranlarının merkezde olduğunu) enerji konusu ya da (odağı meteoroloji ve mühendislik konuları, genelde CO_2 emisyonlarını kısmak için teknik seçenekler olan) iklim değişikliği sorunu tartışılıyor. Avrupa'da iklim tartışmasını 2006'da yeniden açan kapsamlı Stern Raporu bile arz meselesine neredeyse hiç girmiyor.[4] Stern Raporu sorunun pek çok ekonomik yönünü ele alır ve iklim değişikliği ile birlikte oluşacak hasarla iklim değişikliğini azaltmanın maliyetlerini bile karşılaştırır ancak 600 sayfalık metinde arz meselesine bir ya da iki sayfada değiniliyor.

Bu bölüm söz konusu boşluğu doldurmaya çalışıyor. Analizi olabildiğince basit tutmak adına bir süreliğine karbon piyasasının farklı niteliğe ve fiyata sahip farklı yakıtlardan oluşan pek çok alt piyasaya bölündüğünü bir kenara bırakalım. Karbon yakıtlar kolaylıkla bir diğerinin yerine geçebilir, hatta bazı kimyasal süreçlerle birbirlerine dönüşmeleri bile mümkündür. Bazı fosil yakıtların kayda değer oranlarda hidrojen içermesi ya da bazılarının sıvı oldukları için daha kolay taşınabilmesi gibi seçenekleri, karbonun standart fiyatına ilave küçük bir ücret ödeyerek alabilirsiniz. Tıpkı bir aracın standart modeline ve onun ek seçeneklerine farklı ücret ödemeye benzer bu. Karbon yakıtların ne kadar hidrojen içerdiklerinin iklim açısından çok bir önemi olmadığından biz karbon içeriğine odaklanalım.

Meseleyi tam olarak kavrayabilmek ve özellikle de etkin bir iklim politikası geliştirebilmek için kaynak sahiplerinin nasıl arz kararı verdiklerini anlamak şarttır. Ancak bu kolay değil. Arz kararlarının sadece kısa ve orta vadede etkilerinin olduğu diğer metaların aksine doğal kaynakların arzına dair kararların olağanüstü uzun zaman dilimlerinde etkileri olur. Bunların arasında kaynağın nihayetinde tükeneceğine dair makul çıkarım planları da vardır. Bir başka deyişle bu kararların sonuçları, mevcut kaynak sahipleriyle onların vârislerini on yıllarca, belki de yüzyıllarca etkileyecektir.

Ama biz baştan başlayalım. Bu kadar uzun vadeli sorunlara girişmeden önce tek bir döneme odaklanan arz ve talep analizi yaparak meseleyi biraz kolaylaştıralım. Konjonktür döngülerindeki dalgalanmalar gibi kısa vadeli ekonomik sorunlardan kaçınmak için bu dönemin on yıl olduğunu varsayalım.

Arz ve talep fiyatlar tarafından dengeye getirilir. Yüksek fiyat arz fazlasına neden olur, düşük fiyat ise talebi artırır. Ortalarda bir yerde piyasayı dengeye getiren bir fiyat vardır. Yüksek fiyat hep yüksek kalmaz, çünkü tedarikçiler birbirlerinin fiyatını sürekli kıracağından fiyat zamanla aşağı iner. Alıcılar birbirlerinin önüne geçmek için fiyatı zamanla yukarı çekeceğinden düşük fiyat da uzun süre kalmaz. Sadece arzla talebi ortak noktada buluşturan bir fiyat sürekli olabilir. Bu fiyat piyasanın iki tarafını da bir noktada uzlaştırır ve piyasada ne kadar ürünün el değiştireceğini belirler.

İyi işleyen rekabetçi bir piyasada denge fiyatı neredeyse tüm alıcı ve satıcılar için aynıdır. Bu, İkinci Bölüm'de Avrupa'nın emisyon üst sınırı ve ticareti sistemi bağlamında tartıştığımız tek fiyat yasasıdır. Orada fiyat emisyon sertifikalarına karşılık geliyordu, burada fosil karbon için dünya piyasasındaki fiyata denk geliyor.

ŞEKİL 4.3 bu ilişkiyi her birinci sınıf ekonomi ders kitabında bulunan bir şekille gösteriyor. Bu şekle aşina olanlar bir sonraki kısma geçebilir. Olmayanlar birkaç dakika ayırsa iyi olur, çünkü arz ve talebin net bir şekilde anlaşılması bundan sonra anlatacaklarımız için zaruridir.

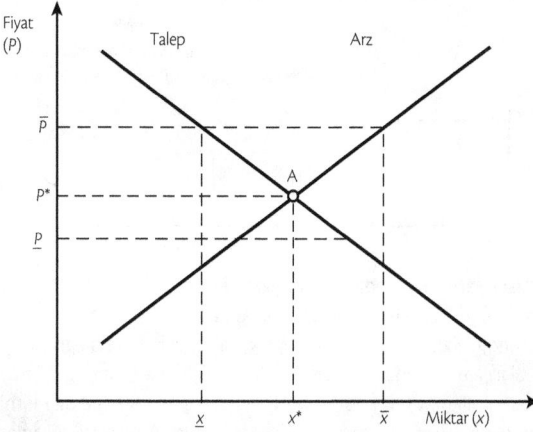

ŞEKİL 4.3 Arz ve talep

ŞEKİL 4.3 piyasasının iki tarafındaki aktörlerin belli fiyatlarda alım satım yapmaya ne kadar niyetli olduklarını gösteriyor. En basit haliyle, arz ve talebi bu şekildeki gibi düz çizgiler olarak alabiliriz ancak bu aşamada önemli değil. Talep eğrisi tüm tüketicilerin satın alma arzularının, arz eğrisiyse tüm üreticilerin satma arzularının toplamını gösteriyor. Arz ve talep değerlerini okumak için fiyat ekseninden yatay bir şekilde söz konusu eğriye doğru hareket etmek ve sonra da dikey bir şekilde miktar eksenine doğru inmek gerekir. Şekil bu noktada matematik dersinden hatırladıklarınızdan ayrışır. P ve x sırasıyla fiyat ve miktarı temsil eder. Mesela, $\underline{x}$ fiyatından bu fiyatın arz ve talep açısından ne anlama geldiğini anlamak için fiyat ekseni boyunca sağa doğru kesintili çizgiyi takip ederseniz talep eğrisiyle kesişirsiniz. Oradan doğrudan miktar eksenine doğru inerseniz tüketicilerin ne kadar almaya niyetli olduğunu gösteren x değerini okursunuz. (Burada gerçek değerleri olan bir ölçeğe gerek yok, şu an için sadece ilkelerle ilgileniyoruz.) Daha ileride sağda, kesikli çizgi arz eğrisiyle kesişiyor, altında da miktar ekseninde

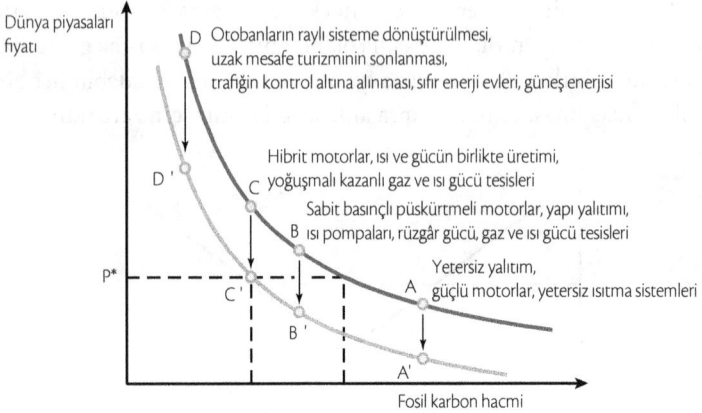

Dünya piyasaları fiyatı

D Otobanların raylı sisteme dönüştürülmesi, uzak mesafe turizminin sonlanması, trafiğin kontrol altına alınması, sıfır enerji evleri, güneş enerjisi

D ' C Hibrit motorlar, ısı ve gücün birlikte üretimi, yoğuşmalı kazanlı gaz ve ısı gücü tesisleri

B Sabit basınçlı püskürtmeli motorlar, yapı yalıtımı, ısı pompaları, rüzgâr gücü, gaz ve ısı gücü tesisleri

P* A Yetersiz yalıtım, güçlü motorlar, yetersiz ısıtma sistemleri

C ' B ' A'

Fosil karbon hacmi

ŞEKİL 4.4 Olası fiyat-nitelik senaryoları: Talep eğrisinde iki alternatif pozisyon mevcut. Üstteki eğri, özel kişi ve kurumların kararlarına hükümetin hiçbir biçimde müdahale etmediği salt piyasacı senaryoya karşılık gelir. Alttaki eğri ise mevcut "yeşil" politikaları içeren senaryoya aittir. Üst eğrideki her bir nokta hane ve firmaların enerji kullanım teknolojilerine ve davranış biçimlerine dair kimi şablonlarla ilişkilidir. Fiyat yeterince düşük olduğunda (A noktası) insanlar evlerini yeterince yalıtmamaya devam edecek, araba motorları yakın geçmişte olduğu gibi çok benzin tüketen tipte olacaktır. Oysa fiyatlar yeterince yüksek olduğunda (D noktası) insanlar "sıfır-enerjili evler" inşa edecek, uzak mesafeli tatillerden kaçınacak ve güneş enerjisini çok daha büyük miktarda kullanacaktır (Bu sonuncusunun şimdilik gelecekte gerçekleşmesi bekleniyor). Alttaki eğriden dikine inen noktalar, "yeşil" politikalar izlendiğinde aynı davranış ve teknoloji şablonlarının karşılık geleceği fiyatları gösteriyor. Hepsi de üst eğrideki fiyatların altında, çünkü "yeşil" politika teşvikleri, kendilerine karşılık gelen enerji tasarruf stratejilerinin, dünya piyasaları fiyatlarının en alt düzeyinde karşılayacağına işaret ediyor. Grafikte gösterilen tüm varsayımsal fiyat-miktar kombinasyonları zamanda belli bir noktaya, mesela on yıllık bir döneme tekabül ediyor. Gelecek her on yıl için benzer diyagramlar mevcut, ancak bunların her birinde eğrilerin konumu farklılık gösteriyor, zira fiyatlara yansımayan ancak talebi etkileyen etkenlerin de (yerel ürünler, iklim, nüfus düzeyi gibi) değişmesi olasılık dahilinde.

x değeri var, bu değer üreticilerin satış isteğini gösteriyor. İki tarafın arzularının henüz $\bar{P}$ noktasında birleşmediği açıkça görülüyor.

Talep eğrisi aşağı doğru bükülüyor, çünkü daha düşük fiyat tüketiciler daha fazla almaya itiyor; arz eğrisi yukarı doğru gidiyor, çünkü üreticiler fiyatlar yüksekken daha fazla satmak istiyor. Bu mantığın arkasında tüketicilerin fiyatı yüksek bir üründen düşüğüne geçeceği ve fiyat yüksek kaldığı sürece daha fazla üreticinin piyasada kalabileceği veya fiyat yeteri kadar yüksek kaldığı sürece mevcut üreticilerin yeni fabrikalar inşa edip söz konusu üründen daha fazla üretip satacağı düşüncesi vardır.

Fiyat $\overline{P}$ iken arz talebi $\overline{x}$ - $\underline{x}$ kadar aşacağından bu fiyat piyasa dengesini temsil etmez. Üreticiler tüketicilere indirim yapacaktır; aksi takdirde ürünlerini satamazlar, tüketiciler de fırsattan istifade edip üreticinin fiyatları daha da indirmesine çalışır. Sadece iki eğrinin çakıştığı ve P^* fiyatıyla x^* miktarının birbirlerine karşılık geldiği A noktasında iki tarafın da ticari istekleri uyumludur. Denge noktası burasıdır. Fiyatlar bu seviyenin altına düştüğünde, mesela $\underline{P}$ noktasında talep arzı geçer ve böylece fiyat yukarı doğru çıkar. Üreticiler bu sefer durumdan istifade eder ve daha yüksek fiyat talep eder, tüketiciler de istedikleri ürünü almak için bu fiyatı ödemek zorunda kalır. Fiyatlar yükseldikçe tüketicilerin ürüne olan ilgisi giderek azalır ancak üreticiler daha fazla satmak ister. P^*'a yani denge fiyatına erişildiğinde fiyatın artışı durur. Ticaret bu fiyatta gerçekleşir ve x^* miktarda ürün el değiştirir.

Arz ve talep el değiştirecek ürün miktarını birlikte belirlediğinden kural gereği ikisinin de uyumlu oldukları fiyata doğru hareket etmesi gerekir ve piyasa dengeye gelir. Bu nedenle bu iki değer birbirinden bağımsız olarak gözlemlenemez. El değiştiren miktar, tarafların fiyat mekanizması tarafından bir araya getirilmeden önceki isteklerini tam olarak yansıtmaz. Arada sırada basında "ham petrol talebi" yazılı bir grafik veya "Dünyanın enerji talebi şu kadar yılda iki katına çıktı" gibi ifadeler görürsünüz. Bunlar yanlış değilse de yanıltıcıdır, çünkü "talep" yerine rahatlıkla "arz" da diyebilirlerdi. İstatistikler nadiren arz veya talebi gösterir, sadece ikisinin etkileşimi sonucu oluşan işlem hacmini gösterirler.

Arz ve talep sadece fiyatların düzenlendiği ve denge noktasına ulaşılmayan piyasalarda ayrı ayrı gözlemlenebilir. Mesela rüzgârla üretilen elektrik enerjisini ele alalım. Bu elektriği satın alan kamu otoritesi piyasa fiyatının üzerinde bir fiyattan satın alma garantisi veriyorsa ve buna ek olarak elektrik idarelerinin bu elektriği satın almasını şart koşuyorsa o zaman arzı teslim edilen miktarı baz alarak hesaplayabiliriz. Bizim grafiğimiz bu durumu $\overline{P}$ fiyatıyla ve $\underline{x}$ miktarıyla gösterecektir. Bu miktar sadece arzı gösterir, elektrik idaresinin gönüllü bir şekilde satın alımlarıyla oluşan talebi, örneğin $\underline{x}$ değerini göstermez. Bir başka örnek bağlayıcı resmi ücretlerin olduğu emek piyasasıdır. Bu durumda işverenlerin emeğe olan talebini toplam istihdamlarından çıkarabiliriz, ancak istihdamın hanelerin toplam emek arzına eşit olduğu söylenemez. Bu durum grafiğimizde $\underline{x}$ bağlayıcı ücret, $\underline{x}$ talep edilen ve istihdam edilen çalışan sayısı olarak yorumlandığında görülebilir. $\overline{x}$ sayısındaki çalışanın emeklerini belirlenen bu ücret seviyesinde satmak isteyeceğini kabul edersek $\overline{x}$ - $\underline{x}$ kadar arz fazlası oluşacaktır, bu işsizlik olarak da bilinen kısımdır.

"Yeşil" Politikalar Talep Eğrisini Nasıl Değiştiriyor

Bir ülkenin karbon talebi gayri safi yurtiçi hasılasından nüfus ve iklimine pek çok değişkene bağlıdır. Bir diğer etken de fiyattır. Bu yüzden karbona olan talep eğrisini **ŞEKİL 4.3**'teki gibi çizebiliriz. Fiyat arttıkça talebin azalışı kısmen bireylerin tüketimlerini kısmasından yani uzaklara tatile gitmek ya da kırda araçla gezintiye çıkmak gibi gibi enerji yoğun işlerden imtina etmelerinden kaynaklanır. Ancak bu, işin sadece bir boyutu. Yükselen fiyatlarla alternatif enerji kaynaklarının oyuna dahil olması belki de daha önemli bir etmendir. Fosil karbonun fiyatı yükseldikçe enerjiyi **TABLO 4.1**'de listesi verilen yenilenebilir kaynaklardan elde etmek daha kârlı hale gelir. Halihazırda bilinen yöntemler uygulamaya konur ve şirketler, mühendislerini enerjiyi daha verimli kullanmanın yeni yollarını bulmaları için çalıştırır. Tüm bunlar fosil karbon talebini düşürür. Dolayısıyla talep eğrisi büyük ölçüde, fosil karbonun yerine geçilmesini veya "dayanak" teknolojilerin alternatif fiyatlarda kârlı hale gelmesini temsil eder.

Alternatif teknolojilerin uygulanmasında fiyatın önemini gösteren güzel bir örnek Volkswagen'in 3 litrelik Lupo olarak bilinen kompakt arabasıdır. Aracın bu lakabı sözde 100 kilometrede 3 litre yakıt kullanmasından geliyordu. 1980'lerdeki son petrol krizinin etkisiyle bir fikir olarak ortaya çıkan ve 1990'larda geliştirilen aracın üretimine 1998'de başlandı. Ancak araç piyasaya sürüldüğünde petrolün fiyatı düşüktü, bu yüzden araç piyasada başarısız oldu. On yıl sonra petrol fiyatları tekrar artınca Volkswagen, Lupo'ya bir şans daha verdi ve bu model 2010 yılında tekrar piyasaya sürüldü.

Eğer petrolün fiyatı 40 yıl öncesinde olduğu gibi düşük olsaydı pek de evlerimizi izole etme meraklısı olmayacaktık, düşük verimlilikli ısıtma sistemlerini kullanmaya aldırmayacak, benzin canavarı araçlarımızı sürmeye devam edecektik. Elbette teknik ilerleme yine olurdu ancak muhtemelen sürekli yakıt tüketimini artıracak şekilde beygir gücünü artırmaya odaklanılırdı. Kim bilir belki Volkswagen 8 silindirli bir tosbağa üretirdi. Açıkçası bu yöndeki örnekler pek de az değil. Bizden sonrakiler enerjinin ucuz ve bol olduğu dönemlerden kalma devasa motorlara sahip kompakt araçların fotoğraflarını gördüklerinde muhtemelen başlarını iki yana sallayıp kızacaklar.

ŞEKİL 4.4 fosil yakıtlara yönelik iki tür talep eğrisi gösteriyor. Üstteki eğri herhangi bir devlet müdahalesinin olmadığı bir senaryoyu, aşağıdaki eğri ise devletin çevre politikalarının etkili olduğu senaryoya karşılık geliyor. Bu iki eğri, içinde bulunduğumuz onyıl için varsayımsal senaryoları anlatıyor. Talep eğrileri sonraki onyıllar için de benzer olacaktır ancak eğriler farklı konumlanacaktır.

İlk olarak üstteki eğriye bakalım. Bu eğri, insanların ve firmaların çevresel kısıtlamalar, satın alım garantileri, teşvikler ve benzeri devlet müdahalelerinin olmadığı durumlarda yaptıkları teknoloji tercihlerinde fiyatlarca belirlenen davranışlarını gösteriyor. Fiyat karbonun dünya genelindeki fiyatıdır ki bu varsayımsal olarak çeşitli değerler arz edebilir. Bu eğri boyunca dört nokta örnek olarak seçilmiştir: A, B, C ve D. A noktası enerjinin benzin canavarı araçlar ve izolasyonu zayıf evler tarafından müsrifçe kullanıldığı durumu temsil ediyor. Eğer petrol fiyatları eskiden olduğu gibi düşük kalsaydı bu noktaya bugün çoktan ulaşılabilirdi. Görece daha yüksek bir noktada olan B noktasında yüksek basınçlı enjeksiyon sistemine sahip dizel motorlar daha yaygın bir şekilde kabul görmüş, gaz ve buhar santralleri norm olmuş, ısınma kısmen ısı pompalarıyla yapılır hale gelmiştir. Fosil yakıt tüketimi A noktasından daha düşük seviyedir. Fiyatın daha yüksek olduğu C noktasında hibrid arabalar ve ısıyla elektriğin birlikte üretimi normal hale gelir. Gaz ve buhar elektrik santrallerinin kullanımı, kazanların enerjinin son damlasını dahi kullanacağı şekilde gelişmesi sayesinde artar. D noktasında yakıtın fiyatı o kadar yüksektir ki araba kullanmak pek çokları için makul bir seçenek olmaktan çıkar ve fosil yakıt evleri ısıtmak için kesinlikle kullanılmaz. İnsanlar "sıfır enerji evleri"nde (yani net enerji tüketimi sıfır olan ve sıfır karbon emisyonu yapan evler) yaşar, otobanların yarısı demiryollarına çevrilir. Uzun mesafe uçuşları o kadar pahalı hale gelir ki çoğu insan tatillerini yanı başındaki yerlerde yapar.

D noktası bize hâlâ epey uzak, çünkü petrolün bugünkü fiyatı bu varsayımsal senaryodaki kadar yüksek değil. Ancak eğer fiyat gelecekte beklediğimiz bu seviyelere gelseydi pekâlâ bugünü betimliyor olabilirdi. Nispeten yaşlı okurlar bundan 30 yıl önce bugün için böylesi senaryoların etrafta dolaştığını hatırlayacaklardır. İşler tersine döndüğü ve 1980-2004 arasında petrolün fiyatı neredeyse hiç artmadığı için o zaman bugünü anlattığı düşünülen senaryo geleceğe dair bir şey olmaya devam ediyor.

ŞEKİL 4.3'ün aksine ŞEKİL 4.4'teki talep eğrisi düz değil artan fiyatlarla yukarı doğru bükülen içbükey bir çizgidir. Bu eğimin nedeni fiyatlar ne kadar yukarı çıkarsa çıksın talebin muhtemelen hiçbir zaman ortadan kalkmayacak olmasıdır, çünkü fosil yakıtların kullanım alanlarının her birinin yerine geçecek bir ikame ürün yoktur.

Bir örnek olarak, ŞEKİL 4.4'teki talep eğrisi fosil karbonun dünya piyasasındaki fiyatını P^* olarak kabul eder. Bu fiyatta A noktasındaki teknolojiler artık tercih edilmez. Benzin canavarları uygun görülmemekte, izolasyonu olmayan evler ve binalar artık alıcı bulamamaktadır. Öte yandan fiyat, yüksek basınçlı enjeksiyon sistemiyle çalışan dizel motorların ve ısı pompalarının yaygınlaşmasına veya biyoyakıtların çekici olmasına neden olacak kadar yüksek değildir. Talep A noktasına göre düşük, ancak tüm teknik alternatiflerin kullanılması halinde olacağı kadar düşük değil. Açıkça görülüyor ki bu bizim bugün şahit olduğumuz senaryo değil. Ancak talep eğrisi bugün ne olduğunu göstermiyor. Daha çok bugün devletin insanların kararlarına müdahale etmemesi halinde oluşacak alternatif fiyatlarla ne olabileceğini gösteriyor. Bunlar tamamen varsayımsal senaryolar. Bugünü anlamak için biraz daha karşıolgusal tarihe ihtiyacımız var.[5]

Talep eğrisinin konumu genelde aralarında devlet politikalarının da bulunduğu pek çok etmene bağlıdır. Aşağıdaki eğri, yürürlükteki "yeşil" politikalar için oluşan fiyat fonksiyonu olarak karbon talebini gösteriyor. Bu politikaların etkili olduğunu ve İkinci Bölüm'de tartıştığımız emisyon ticareti gibi mekanizmaların arasında buharlaşmayacağını varsayalım. İster çevre vergisi, ister tarife garantileri veya fosil yakıta biyoyakıt karıştırma zorunluluğu şeklinde olsun, devletler "yeşil" teknolojilere bir rekabet avantajı verip onların artan yakıt fiyatına kıyasla önceden bir atılım yapmasını sağlamaya çalışıyor. Yani söz konusu "yeşil" teknolojilerin rekabetçi hale geleceği fiyat eşikleri bu politikaların olmaması halinde olacağından daha düşük düzeydedir. ŞEKİL 4.4 A, B, C ve D noktalarını A', B', C' ve D' noktalarına çekerek bu durumu gösteriyor.

"Yeşil" teknolojilerin rekabet düzeyi için oluşan eşik fiyatların düşmesi fosil yakıtların fiyatının düşeceği anlamına gelmez. Mesela P^* dünya piyasasında sabit bir fiyatı temsil etsin (çünkü söz gelimi sadece bir ülke önlem almış ve bu ülke de dünya piyasasındaki karbon fiyatına edemeyecek kadar küçük olsun). O zaman talep küçülür ve talep eğrisinde C' noktası tarafından temsil edilir. C' noktası üstteki orijinal talep eğrisinde C noktası tarafından temsil edilir, bu da şekilde tarif edilen enerji tasarrufu çabalarına karşılık gelir. Otobanlar hâlâ dolu ve insanlar hâlâ arada sırada uzak mesafeler kat edip tatil cennetlerinde lüks tatiller yapıyor.

Rembrandt'lar ve Arabalar: Karbon Arzı

Şimdi de arza bakalım. Arzın ürün miktarını ne kadar güçlü bir şekilde belirleyeceği, arzın ne kadar katı olduğuna veya fiyat esnekliği olup olmadığına bağlıdır. Rembrandt tabloları piyasasında arz tarafının eli daha güçlüdür, çünkü Rembrandt ölü olduğundan yeni tablo yapamaz. Fiyat, talep tarafındakilerin ne kadar ödemeye razı olduklarına göre belirlenirken tablo miktarı tamamen arz tarafından belirlenir. Ekonomistlerin talebi tanımlarken halihazırda Rembrandt tablolarına sahip olan mutlu maliklerin "mülkiyet talebi"ni de hesaba kattığını söyleyelim. Aynı şey bazı kentsel alanlarda oldukça sınırlı sayıda olan araziler için de geçerlidir. Bu durumda da arz oldukça katıdır ya da esnek değildir, bu yüzden miktar tamamen arz tarafından belirlenir. Tersine tam da bu nedenle talep görece esnektir, çünkü herkes şehrin en güzel yerinde söz konusu fiyatlarda bir yer alamaz. Durum araç piyasasında farklıdır. Araçlar herhangi bir miktarda üretilebileceğinden üreticiler tüketicinin almak istediği kadar araç üretebilir. Eğer talep artarsa kısa vadede bir arz düşüşü yaşanabilir ve bu da fiyatları yukarı çekebilir. Ancak üreticiler ekstra vardiya koyarak veya üretim kapasitesini artırarak artan talebe cevap verebilir. Ve eğer talep azalırsa bir fiyat savaşı meydana gelip fiyatları aşağı çekebilir ve tüketicilerin yüzünü güldürür, çünkü üreticiler çoktan ürettikleri araçların ellerinde kalmasını istemez. Ancak bu durumda kısa süre sonra fiyatlar normale dönene kadar bazı fabrikalar kapanacaktır. Bir arabanın normal fiyatını belirleyen, belli bir kalite ve boyuttaki aracın üretim maliyetidir ve bu orta veya uzun vadede o kadar da talebin gücüne bağlı değildir. Fiyatın kafa kafaya noktasının biraz üzerine çıkması dahi üreticileri çok daha fazla araç üretmeye itecektir. Buna karşın fiyat bu noktanın çok az altına düştüğünde üreticiler araç satmayacaktır. Esnek arz derken kastettiğimiz budur; küçük fiyat değişiklikleri arzda büyük değişikliklere yol açar.

ŞEKİL 4.5 bu iki alternatifi gösteriyor. Talepte azalma (yani talep eğrisinde sol yönlü bir hareket) iki şekilde de denge noktasını A'dan B'ye kaydırır. Soldaki şekilde arz esnek ve değişim miktarın azalması olarak tezahür ediyor, sağdaki panelde ise arz esnek değil ve değişim fiyatın düşmesi olarak tezahür ediyor.

Açıkça görülüyor ki çevre politikasını belirleyenler karbon arzının tıpkı araba piyasasındaki gibi esnek olduğuna inanıyor, yani talebin karbon arzını sürüklediğini düşünüyorlar. Aldıkları önlemler sayesinde karbona olan talebi sınırlayarak arzı yani karbon çıkarımını da aynı ölçüde azalttıklarını varsayıyorlar, çünkü üreticilerin ürünlerinin fiyatına dair son derece katı bir kavrayışa sahip olduklarını ve talep azalsa dahi bunu terk etmeyeceklerini düşünüyorlar. Ancak arz **ŞEKİL 4.5**'in gösterdiği gibi katıysa o zaman "yeşil" politikalar karbonun dünya piyasasındaki fiyatının A noktasından B noktasına düşmesini tetikleyecek ve böylece satılan ve tüketilen karbon miktarında bir deşiklik olmayacaktır. Bu durumda fiyat, "yeşil" politikaların uygulamaya konmasıyla beraber orijinal fiyat düzeyinde kaybolan talebe denk gelecek şekilde ilave bir talep doğurarak düşmelidir. Vergiler, tarife garantileri ve fosil yakıta biyoyakıt karıştırma şartı fiyat ne olursa olsun karbona olan talebi azaltacaktır, ancak ortaya çıkan aşırı arz fiyatı aşağı çekecek, o da sonuç olarak talebi canlandıracak ve karbon tüketimini eski seviyesine çekecektir. Bu durumda "yeşil" politikalar karbondioksit üretimini azaltma konusunda etkisizdir.

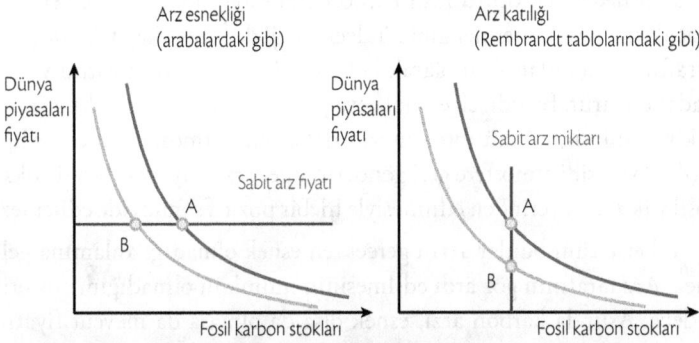

ŞEKİL 4.5 Kusursuz arz elastikiyeti (solda) ve kusursuz arz katılığına dair iki uç örnek. Bu grafikler belli bir dönem (on yıl) için geçerlidir. Beşinci Bölüm'de açıklanacağı üzere ilk vaka daha çok fosil yakıtlarındaki geçici talep değişimlerine, ikincisi ise kalıcı talep değişimlerine uygulanabilir.

Küçük ülkeler söz konusu olduğunda arzın esnek kabul edilmesinin uygun olacağı söylenebilir. Ne de olsa tek bir ülkenin karbon alımının dünya piyasasındaki karbon fiyatını kayda değer düzeyde etkileyeceğini varsayamayız. Bu iddia tamamen yanlış değil. Tabii eğer "arz" derken kastettiğimiz, dünya piyasalarının tek bir ülkeye sunduğu miktar ise. Bu arz gerçekten esnektir ki bu da dünya piyasasındaki fiyatı aynen kabul etmemiz gerektiği anlamına gelir. Biz daha fazla ödemeye niyetliysek o zaman tüm dünya bize satmak ister, eğer daha az ödersek kimse bize bir şey satmak istemeyecektir. Ancak **ŞEKİL 4.5**'te gösterilen arz eğrileri tek bir ülkeye değil tüm dünyaya sunulan arzı ifade ediyor, yani üreticilerin tüm dünyaya sunduğu miktarı. Aynı şekilde talep eğrisi de tek bir ülkeyi değil dünya genelindeki tüm tüketici ülkeleri birlikte gösteriyor.

Fakat ŞEKİL 4.5'te gösterilen katı arza göre tüm tüketici ülkeler bir arada hareket etse bile dünyanın iklimini etkileyemezler.

Karbon arzı esnek olmadığı sürece güneş ve rüzgâr gibi alternatif enerji kaynaklarının desteklenmesi iklim değişikliğini yavaşlatmaz. Aksine dünyanın enerji tüketimini alternatif enerji kaynaklarından sağlanan miktar kadar artırır, çünkü petrol ve gaz kuyuları üretime devam etmekte, bu kaynaklara sahip olanlar talebi "yeşil" politikalar öncesindeki eski seviyelerine getirmek için fiyat kırmaktadır. Nükleer de aynı nedenden ötürü fosil karbon arzı sabit olduğu sürece etkisiz olacaktır. "Yeşil" enerjiler gibi nükleer enerji de listeye kaynak sahipleri tarafından sunulan fosil olarak eklenir, çünkü karbon fiyatını yeteri kadar düşürür. Biyodizel, etanol veya pelet üretimi de aynı şekilde nötr etkiye sahiptir, çünkü fotosentezin daha önce atmosferden çıkardığı karbondioksidi atmosfere geri gönderir. Eğer arzın fiyat esnekliği yoksa fosil yakıtların yerinden edilmesiyle hiçbir pozitif sonuç elde edilemez.

Elbette tüm bunlar arzın gerçekten esnek olmadığı anlamına gelmez. Arz tarafının göz ardı edilmesinin mümkün olmadığını gösterir sadece. Aslında karbon arzı, esnek olsa da olmasa da mevcut fiyatın basit bir fonksiyonu değildir. Bugünden sonsuza kadarki tüm zaman dilimlerinde tahmin edilen fiyatların oluşturduğu zaman serisine bağlıdır. Bu konuya geçmeden önce dünya genelinde katı bir arz olduğu varsayımının dünya çapında karbon tüketiminin dağılımı açısından ne anlama geldiğine bakalım.

Karbon Sızıntısı: Bağış Kutusundan Yürütmek

Dünya ölçeğinde arzın katı olduğu bir ortamda karbonun fiyatının düşmesi, orijinal dünya piyasası fiyatlarındayken "yeşil" politikaların uygulanması sonucunda oluşan kaybedilen talep kadar bir talep oluşmasına neden olur. Fakat alınan "yeşil" önlemlerin neden olduğu talep daralması sadece bazı ülkelerde kendini gösterirken sonuçta ortaya çıkan fiyat düşüşleri tüm ülkelerdeki talebi etkiler; tek tek ülkelerin "yeşil" politikalar izleyip izlemedikleri fark etmez. Ülkelerin hepsinin toplam taleplerini belirleyen katı bir arz mekanizması olduğu için "yeşil" ülkelerin feragat ettiği karbon miktarını diğer ülkeler devralır.

Her ne kadar "yeşil" ülkelerdeki talep, dünya piyasasındaki fiyatın eski fiyatın "yeşil" önlemler nedeniyle düşüşüne bağlı olarak bir süre sonra yine artacaksa da asla eski seviyesine kadar çıkmaz, çünkü eğer çıksaydı diğer ülkeler fiyatlar düşerken, şimdi yaptıkları gibi, tüketimlerini artıramazlardı.[6]

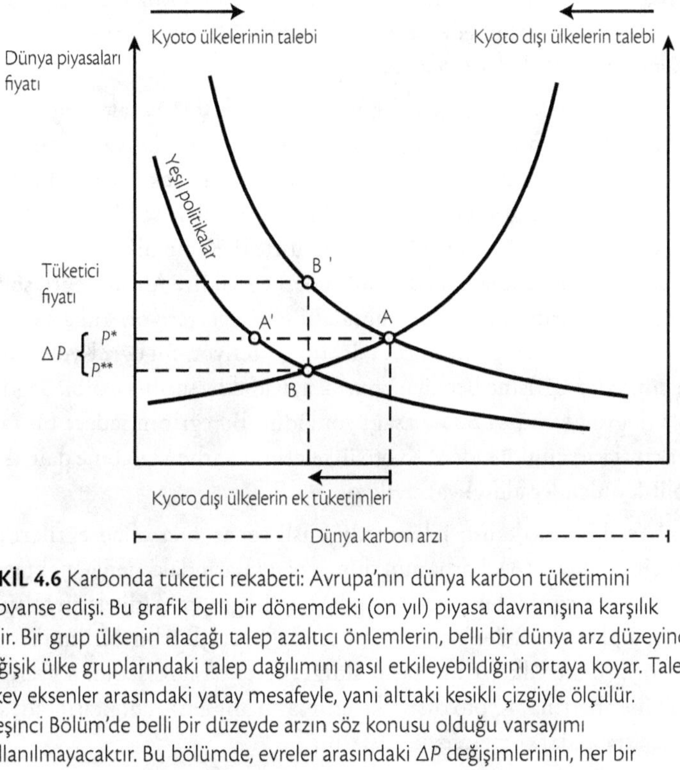

ŞEKİL 4.6 Karbonda tüketici rekabeti: Avrupa'nın dünya karbon tüketimini sübvanse edişi. Bu grafik belli bir dönemdeki (on yıl) piyasa davranışına karşılık gelir. Bir grup ülkenin alacağı talep azaltıcı önlemlerin, belli bir dünya arz düzeyinde değişik ülke gruplarındaki talep dağılımını nasıl etkileyebildiğini ortaya koyar. Talep dikey eksenler arasındaki yatay mesafeyle, yani alttaki kesikli çizgiyle ölçülür. (Beşinci Bölüm'de belli bir düzeyde arzın söz konusu olduğu varsayımı kullanılmayacaktır. Bu bölümde, evreler arasındaki ΔP değişimlerinin, her bir evredeki arzın ne şekilde paylaştırılacağı üzerinde belirleyici bir rol oynadığı gösterilecektir.)

Öteki ülkelerdeki talep artışları şaşırtıcı gelebilir. Bu yüzden bu ilişkiye daha yakından bakmak faydalı olacak. **ŞEKİL 4.6** bize bu konuda yardımcı oluyor. Burada dünya iki tür tüketici sınıfına bölünüyor. Bir tarafta Kyoto Protokolü'ne dayalı sözleri tutmayı kabul etmiş ve fosil yakıta olan taleplerini bu tür sözler verilmediğindeki seviyelerinden daha aşağı çekmek için bir dizi politika izlemeyi benimsemiş ülkeler var. Bu grubun içinde 27 AB ülkesi, Japonya, Rusya, Ukrayna, Kanada ve Avustralya yer alıyor. Diğer tarafta aralarında ABD, Hindistan, Çin, Brezilya, Kore, Endonezya, Meksika ve İran'ın da bulunduğu tüm diğer ülkeler var. Bunlar da Kyoto Protokolü'nü imzaladı, ancak herhangi bir emisyon sınırlama taahhüdünde bulunmadılar. Emisyon tavan değerini kabul eden ülkelere "Kyoto ülkeleri", geri kalanına da "Kyoto dışı ülkeler" diyeceğiz.

ŞEKİL 4.6'daki dikey eksenler arasındaki mesafe kaynak sahiplerinin arzıdır. Bu arzın fiyat esnekliği olmadığı varsayılır, bu varsayım daha sonra zamanlar arası arz hipoteziyle değiştirilecek. Şekil Kyoto ülkelerinin talebini soldan sağa, Kyoto dışı ülkelerinkini de sağdan sola doğru gösteriyor. Aşağı yönlü olan iki eğriden üstteki, Kyoto ülkelerinin "yeşil" politika izlemedikleri durumdaki talep eğrisidir. Alttaki eğriyse bu tür politikaların olması durumundaki talebi gösteriyor. Yukarı doğru giden eğri Kyoto dışı ülkelerin talebini gösteriyor. Bu eğri Kyoto ülkelerinin talep eğrisine benziyor, ancak aynadaki yansıması gibi. Sağdan sola doğru okunursa bu da aşağı yönlüdür. Bu eğrinin sadece bir tane varyantı var, çünkü sadece Kyoto ülkelerinin karbon talebine dair aktif politik önlemler aldığı varsayılıyor.

"Yeşil" politikanın izlenmediği asli senaryoda talep eğrilerinin kesişim noktası (A), karbonun dünya piyasalarındaki denge noktasını temsil eder, çünkü bu senaryoya göre her iki gruptaki ülkelerin taleplerinin toplamı arza denk olacaktır (Grafiğin genişliği bu durumu temsil ediyor). Kyoto ülkelerinin satın aldığı miktar A noktasından grafiğin sol dikey hattına, Kyoto dışı ülkelerin satın alımları A noktasından sağ dik hatta kadarki mesafeyle gösterilir.

Kyoto ülkeleri kendi "yeşil" politikalarını uygulamaya koyduğunda talep eğrileri yukarıdaki konumdan aşağıya kayar. Asli senaryoya göre, P^* fiyat seviyesindeki talep A noktasından A' noktasına gerileyecek ve böylece P^* denge noktasını temsil etmeyecektir. Aşırı arz, iki ülke grubu da arzı massetmek için yeterli alımı yapana kadar fiyatın düşmesine izin verecektir. Grafikte fiyat düşüşü ΔP, yeni fiyat P^{**} ile gösterilmiştir. Fiyatın düşmesi Kyoto ülkelerinde talebi tekrar bir miktar artırır, ancak bu "yeşil" politikalar nedeniyle talepteki azalmayı telafi edemez, çünkü

Kyoto dışı ülkeler de fiyat düşük olduğunda daha fazla alım yapacaktır. Yeni denge noktası B'dir. B noktası bazı ülkeler "yeşil" politikalar izlerken diğerlerinin izlemediği durumda arz ve talebin nerede olacağını gösteriyor. Kyoto ülkeleri tarafından yakılmayan karbon, grafiğin altındaki okla gösterildiği gibi, doğrudan Kyoto dışı ülkelere gidiyor ve orada yakılıyor. Belirli bir arz olduğu varsayımından mantıksal olarak çıkarılan bu sonuç, arzı belirleyen güçler hakkında düşünmenin ne kadar önemli olduğunu bir kez daha gösteriyor.

Küresel CO_2 emisyonunun yüzde 70'inden sorumlu olan Kyoto dışı ülkeler bu politikalardan esas fayda sağlayanlar. Kyoto ülkelerinin gönüllü olarak kendilerini kısıtlamaları sayesinde istedikleri karbonu hem daha ucuza alabiliyor hem de daha fazla tüketebiliyorlar. Bu sayede Amerikalılar devasa arazi araçlarını sürebiliyor, büyüme ve enerjiye aç Çin çevreyi kirleten ekonomik tercihlerini gözden geçirmek zorunda kalmıyor. Avrupalılar bir yandan Amerikalı ve Çinli tüketicileri sübvanse ederek çevre için hiçbir şey yapmamış oluyor.

Kyoto ülkelerindeki tüketiciler ise taleplerine getirilen sınırlamalardan hiçbir şey elde edemiyor. Aksine, tamamen işlevsiz bir çevre politikasının faturasını ödemek zorunda kalıyorlar. Kendi ülkelerinde daha az karbon olduğundan ödedikleri bedel daha fazla oluyor, bunu B' noktasıyla gösteriyoruz. Bunu anlamanın en iyi yolu Kyoto ülkelerinin fosil yakıt tüketimine vergi koyduğunu varsaymaktır. Bu vergi, dünya piyasalarındaki fiyatla tüketici fiyatının arasını açacaktır, bu fark grafikte B'-B mesafesi olarak gösteriliyor. Yereldeki tüketiciler daha yüksek bedel ödedikleri için daha az alır, daha az aldıkları için de dünya piyasasındaki fiyatlar düşer. Eğer Kyoto ülkelerindeki talebi sınırlamak için emisyon üst sınırı ve ticareti sistemi uygulansaydı yine benzer sonuçlar ortaya çıkardı.

Öte yandan bu durumun Kyoto ülkeleri için olumlu bir etkisinin olduğunu da söyleyelim. Taleplerindeki sınırlama toplam olarak fosil yakıtları bu tür sınırlamaların olmadığı takdirde alacaklarından daha ucuza aldıkları anlamına gelir. Bir vergi veya emisyon izni gibi durumlarda devletin elde ettiği ilave gelir ve emisyon haklarının serbestçe dağıtımı durumunda da kirletenler açısından daha büyük bir kâr marjı olduğu hesaba katılmalıdır. Dolayısıyla Kyoto ülkeleri açısından bu tür politikalar benimsemenin bir mantığı vardır, çünkü bu sayede ekonomistlerin *monopson kârı* adını verdikleri yani talep karteli oluşturmanın beraberinde getirdiği bir gelir elde ederler. Ancak küresel ısınmayla savaş açısından fosil enerji arzını etkilemediği sürece bu tür önlemlerin hiçbir faydası yoktur. Üstelik, Kyoto ülkeleri talebi vergi veya emisyon üst sınırı ve ticareti sistemi gibi yollarla değil de vatandaşlarını daha pahalı elektrik üretim yöntemlerine yönelmeye zorlayarak (mesela tarife garantileriyle "yeşil" teknolojileri sübvanse ederek) düşürmeye kalkarsa o zaman yüksek devlet geliri ya da daha büyük kâr marjları gibi pozitif etkileri de olmayacaktır. Aksine Kyoto ülkelerini yoksullaştıran bir kaynak israfı ve durumdan istifade eden Kyoto dışı ülkelerdeki tüketiciler söz konusu.

Bazıları iklim değişikliğini frenleme çabalarını kilisede olabilecek şeylere benzetiyor: Kyoto ülkeleri kiliseden çıkarken bağış kutusuna para atar. Arkalarından Kyoto dışı ülkeler gelmektedir. Kyoto ülkeleri diğerlerinin cimri olduğunu ve hiç para bağışlamak istemediklerini bilirler. Ancak kendi bağışlarının diğerlerini de bağışta bulunmaya teşvik etmesini umarlar. Kyoto dışı ülkeler herhangi bir bağışta bulunmasa bile kendi bağışları yine de hayırlı bir işe gidecektir.

Ancak kilise metaforu iki nedenden dolayı yanlıştır. Bir kere sonuç doğru değil. Kyoto dışı ülkeler bağış kutusuna para atmayı reddetmekle kalmıyor, bir de Kyoto ülkelerinin attığı paradan alıyorlar. Kutuda geriye hayır işleyecek para kalmıyor. Bir diğer neden ise şu. Mesele iklime gelince yapılan bağışın arkasındaki güç ahlak ya da felsefe değil, ki bunların her ikisi de kiliselere bağış yapmanın arkasındaki önemli nedenlerdir. Gerçek güç dünya kaynak piyasasını yöneten katı kanunlardır. Kyoto dışı ülkelerdeki tüketicileri sızlandıkları fosil yakıt fiyatlarının Kyoto ülkelerinin çabaları sayesinde daha düşük olduğunu görmüyor, dahası önemsemiyorlar da! Kendilerine hiçbir ahlaki soru sormadan, ne kadar ihtiyaçları varsa ve paraları ne kadarına yeterse satın alıyorlar.[7]

Eğer fosil yakıt arzı katıysa, ülkelerin bireysel tasarruf çabaları kaçınılmaz olarak diğer ülkelerin karşı eylemleriyle sıfırlanacaktır. Bu, ülkelerin birbirlerine sermaye veya mal piyasası aracılığıyla bağlı olmasından bağımsız olarak gerçekleşir. Ancak bu bağlar güçlendikçe ülkelerin fiyat hareketlerine gösterdikleri tüketim reaksiyonu daha elastik ve talep edilen karbon miktarındaki değişimlerin tetiklediği fiyat düşüşleri daha az olacaktır. Bu nedenle kamuoyunda ve bilim çevrelerindeki tartışmalar dikkatlerinin bir kısmını CO_2 yoğun endüstrilerin Kyoto ülkelerinden Kyoto dışı ülkelere kaydırılması üzerine yoğunlaştırmıştır. Ürünler sonra Kyoto dışı ülkelerden tüm dünya piyasasına gönderilecektir.[8] Bu tartışmanın belkemiğini oluşturan terim "karbon sızıntısı"dır. Şüphesiz bu çok önemli bir konu. Dünya ürün piyasalarındaki amansız rekabet yüzünden belirli koşullar altında üretim maliyetlerindeki küçük bir artış (mesela eko-vergi gibi bir ek maliyet) Avrupalı üreticileri anında piyasanın dışına itebilir ve Çinli rakiplerinin önünü açar. Bu yüzden Fransa Cumhurbaşkanı Nicolas Sarkozy, Kyoto dışı ülkelerden gelen CO_2 yoğun ürünlere karşı AB koruması istiyor.[9] Bu makul bir talep. Ancak Sarkozy istediğini elde etse ve böylece bazı endüstrilerin yok olmasını engellese bile bu, kaynak zenginleri tarafından çıkarılan karbonun dünyanın başka bir yerinde yakılacağı gerçeğini değiştirmez. İşin, uluslararası işbölümündeki değişimler veya sermaye hareketleri nedeniyle bir yerden başka bir yere kayabileceğini varsaymaya gerek bile yok. Karbon sızıntısı, ülkelerin imal ettikleri ürünler için diğer ülkelerle hiçbir ticari bağlantısı olmasa ve hatta bunları birbirine bağlayan bir sermaye piyasası olmasa bile karbon piyasasının kendi dinamikleri nedeniyle gerçekleşecektir.

Mesele işi değil de gezegeni kurtarmaksa, söz konusu cezalandırıcı vergiler, arz katı konumunu korudukça hiçbir işe yaramayacaktır. Zapt dışında şu kaçınılmaz bir hakikat olarak karşımızda duruyor: Sadece ve sadece karbon arzını azaltacak çevresel politikalar bulabilirsek küresel ısınmayı azaltabiliriz.

Arzın gerçekten katı olup olmadığı ayrı bir tartışma konusu. Arzı gerçekte neyin belirlediğine dair henüz hiçbir şey söylenmedi. Uzun vadede arz mutlaka katı: Doğa karbonifer dönemde yeraltına belli bir miktar karbon koydu ve bundan fazlası yok. Ancak ŞEKİL 4.6 uzun vadeye bakmıyor, sadece bir döneme bakıyor ve bu dönemde arz takip eden dönemlerin faydasına veya zararına olacak şekilde pekâlâ artabilir de azalabilir de.

Doğanın Arzı

Şimdi, doğanın sağladığı doğal kaynakların miktarına bakarak arz meselesinin zamanlar arası boyutunu ele alalım. Bu miktarlar kaynak sahiplerinin her bir dönemde piyasaya getirdikleri arzın temelini oluşturuyor.

İlkin kaynak sahiplerinin belirli bir dönemde piyasaya sürdükleri fosil karbon arzı sahip oldukları stoklardan çıkarılmalıdır. Bazı maden ve kaynaklar çoktan tüketildi, diğerleri tükenmenin eşiğinde ancak henüz hiç ellemediğimiz kaynaklar da mevcut (Ya sahipleri bu kaynakları rezerv olarak korumak istiyor ya da o kadar ulaşılması zor yerlerde duruyorlar ki çıkarılmaları ancak fiyatlar çok yükseldiği halde ekonomik olacak). Bazı stoklar ise henüz keşfedilmedi bile; ancak bunlar giderek azalıyor, son yıllarda keşif sayısı giderek azaldı. İş bugünkü kaynak stoklarına gelince, içinde bulunduğumuz durum dünya haritalarının 17. yüzyılın sonundaki haline benziyor. O zamana gelindiğinde haritalarda çok az boş nokta kalmıştı, çünkü denizciler çoktan dünyanın neredeyse tamamını keşfetmişti. Ancak elbette istisnalar kaideyi bozmaz. Kısa bir süre önce Brezilya'da dünyanın geleneksel petrol rezervlerinin yüzde 2'sine denk gelecek oranda büyük bir rezerv keşfedildi.[10]

Hiç de uzak olmayan bir geçmişte dünyanın fosil yakıt rezervlerinin tükeneceğinden korkuluyordu. Bu konuyu kaynak stoklarının ömrü bağlamında İkinci Bölüm'de tartıştık, özellikle bkz. **ŞEKİL 2.6**. *Büyümenin Sınırları*'nın 1972'de kaynaklar üzerine büyük bir küresel tartışma tetiklemesinin ardından her yerde zamanın sonu ruh hali hasıl oldu. Herkes yirmi-otuz yıl içinde insanlığın petrol ve diğer kaynaklardan mahrum kalacağını düşünüyordu.[11] İklim tartışması bu korkuları tepetaklak etti. Artık fosil yakıt kaynaklarının çok büyük olduğundan endişe ediyoruz.

ŞEKİL 4.7 ham petrol, doğalgaz ve kömür yataklarında –hem yeraltındakiler hem de çoktan sömürülmüş olanlar– ne kadar karbon bulunduğunun genel bir değerlendirmesini veriyor. Dünya'nın yüzeyi olarak da düşünebileceğimiz yatay çizginin üstü, sanayileşmenin başlangıcından bu yana kullanılan stokları, altıysa halen yeraltında olan stokları gösteriyor. Bu üç kaynak tipi için gösterilen şey enerji içerikleri değil (enerji içeriklerini belirleyen karbon ve hidrojen içerikleridir) sadece karbon içerikleri, çünkü sera etkisine neden olan öğe karbondur. **ŞEKİL 4.7** tıpkı İkinci Bölüm'de tartışıldığı gibi rezervler ve kaynaklar arasında bir ayrıma gidiyor.[12] *Büyümenin Sınırları*'nın yayımlandığı zaman olduğu gibi bugün de rezervler 40-60 yıl gidecek kadar yeterli,

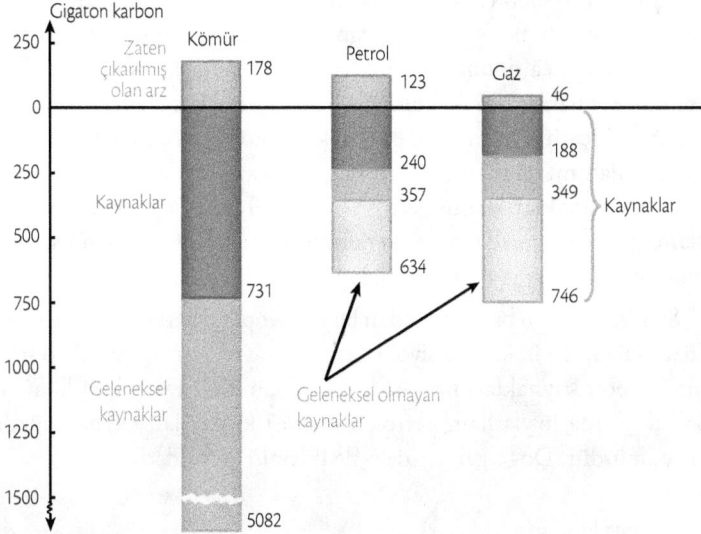

ŞEKİL 4.7 Karbonun ne kadarı hâlâ yeraltında ve ne kadarı çıkarıldı? Aşağıda belirtilen dört kaynak, karbon hacminden değil enerji içeriğinden bahsediyor. Şekli oluşturmak için bu kaynaklarda verilen yakıtlara özgü ortalama değer altta yatan karbon hacimlerine çevrilmiştir. Bu amaçla karbon ve karbondioksitin moleküler ağırlığıyla kaynaklara özgü salınım etkenleri, Deutsche Emissionshandelsstelle'nin (Alman Salınım Ticareti Uzmanlığı) yayımladığı haliyle, enerji eşdeğerleri olarak kullanılmıştır. Yerinde duran karbon kaynaklarının toplam stoku –belirtilen referanslardan alınan ortalamaya göre– 6.462 gigatondur. Kaynaklar: Bundesamt für Geowissenschaften und Rohstoffe, *Reserven, Ressourcen und Verfügbarkeit von Energierohstoffen 2006* (http://www.bgr-bund.de); B. Metz, O. Davidson, R. Swart ve J. Pan, ed., *Climate Change 2001: Mitigation, Contribution of Working Group III to the Third Assessment Report of the Intergovernmental Panel on Climate Change* (Cambridge University Press, 2001), s. 236; N. Nakicevonic, A. Gruebler ve A. McDonald, ed., *Global Energy Perspectives* (Cambridge University Press, 1998); J. Goldemberg, ed., *World Energy Assessment: Energy and the Challenge of Sustainability* (United Nations, 2000), s. 149; Deutsche Emissionhandelsstelle, *Emissionsfaktoren* (http://www.dehst.de).

çünkü rezerv derken ortalama çıkarım maliyeti mevcut piyasa fiyatından düşük olan stokları kastediyoruz. Kaynaksa rezervlerle birlikte tüm bilinen ve hatta tam olarak keşfedilmemiş, çıkarım maliyetleri henüz ekonomik olmayan stokları içeriyor. Bunlar katranlı kumdan (katranlı kum Kanada'da açık kömür ocaklarından çıkarılıyor, ciddi miktarda enerji harcayan karmaşık bir süreçle ham petrole dönüştürülür) metan hidrata kadar uzanır (Donmuş metan okyanusların derinliklerinde asgari 500 metrede ve ayrıca donmuş topraklarda bulunabilir).[13] Konvansiyonel olmayan kaynaklar ise sıkı kum gazı, kaya gazı ve kömür yatağı metanı gibi şeyleri içerir. Doğalgazın ev içinden pistonlu motorlara varan çok yönlü kullanımı bu tür geleneksel olmayan gaz yataklarını uzun erimli çekici arz olanakları haline getiriyor. Literatürde geçen rakamların ortalamasını aldığımızda, halen yeraltında olan toplam karbon kaynağı stokunun 6.500 gigaton kadar olduğunu görüyoruz.

Sanayileşmenin başlamasından bu yana toplam karbon rezervlerinin sadece yüzde 23'ü, konvansiyonel karbon kaynaklarının yüzde 6'sı ve tüm karbon kaynaklarının yüzde 5'i kullanıldı.[14] En çok kullanılan kaynak yüzde 16'yla ham petroldür. En az kullanılan kaynak yüzde 3'le kömürdür. Doğalgaz yüzde 6 ile ikisinin arasındadır.

Ne Kadarı Havada Kalıyor?

Şu ana kadar çok az karbon tüketilmişse de atmosferdeki karbondioksit derişimi çoktan son 800.000 yılda görülmediği kadar yüksek seviyelere çıktı (bkz. ŞEKİL 1.4). Geri kalanını da yakarsak iklime ne olacak? Bu soruyu çok dikkatlice analiz etmeliyiz.

Neyse ki bütün CO_2 atmosfere gitmiyor, yani atmosfere salınıyor ama orada kalmıyor. Birinci Bölüm'de açıklandığı gibi, kayda değer bir miktar okyanuslar ve biyokütle tarafından emiliyor ve böylece doğanın döngüsüne katılıyor. Okyanuslar, biyokütle ve atmosfer arasındaki dolaşım oldukça hızlı olur. Bitkilerdeki karbon, fotosentez ve çürümeyle ortalama her 11 yılda bir döner. Okyanusların üst tabakalarındaki karbon sıcaklığa, rüzgârın hızına ve söz konusu tabakaların derinliğine bağlı olarak birkaç gün veya aylar içinde döngüsünü tamamlar. CO_2 suyla bağlanır ve karbonik asit oluşturur. Yağmur suyu olarak okyanusa düşer, sonra kısmen dalga hareketlerine bağlı olarak tekrar köpürür. Havadan bitkiler ve okyanus yoluyla tekrar havaya varan bu döngü atmosferdeki karbonun ortalama her 3-4 yılda bir dönmesini sağlar.[15]

Ancak maalesef bu hızlı döngünün tek anlamı fosil yakıtları yakarak meydana getirdiğimiz CO_2'nin atmosferden hızlıca kaybolduğu değildir, aynı zamanda hızlıca atmosfere geri döndüğü anlamına da gelir. Sadece küçük bir kısmı kalıcı bir şekilde okyanuslar ve biyokütle tarafından emilebilir. Okyanus suyuyla olan değişim sadece 200 metre veya daha düşük derinliklerde gerçekleştiğinden kayda değer bir kısmı çok uzun süre atmosferde kalır. Suyun, havanın ve biyokütlenin CO_2'ye doyması bu üç depolama alanının da belli oranlarda CO_2'yle dolup bir denge noktasına ulaşmasıyla sonlanır. Bu, insanlığın fosil yakıtları yeraltından çıkarıp dolaşıma kattığı CO_2'yle gerçekleşmektedir. Yüzey suyunun

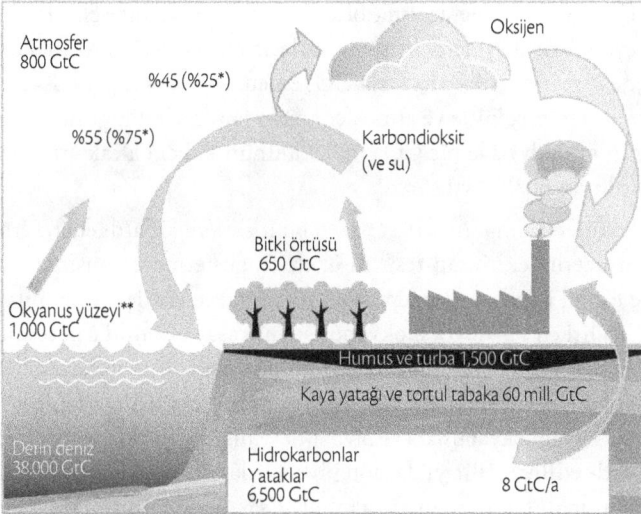

ŞEKİL 4.8 Karbondioksitin kaldığı yer. *300 yıl sonra. **200 metre derinlikte. GtC=gigaton karbon. Kaynaklar: F.S. Chapin III, P.A. Matson ve H.A. Mooney, *Principles of Terrestrial Ecology* (Springer, 2002), s. 335 vd.; D. Archer, "Fate of fossil fuel CO_2 in geologic time," *Journal of Geophysical Research* 110 (2005): 5-11; D. Archer ve V. Brovkin, "Millenial atmospheric lifetime of anthropogenic CO_2," mimeo, 2006; G. Hoos, R. Voss, K. Hasselmann, E. Meier-Reimer ve F. Joos, "A non linear impuls response model of the coupled carbon cycle-climate system (NICCS)," *Climate Dynamics* 18 (2001): 189-202.

derinlerdeki suyla birleşmesi ve okyanuslarda depolanan karbonun oranının artması ancak binlerce yılda mümkün olur.

ŞEKİL 4.8 yeni karbon eklenmesinin döngüyü nasıl etkilediğini şematik bir biçimde ortaya koyuyor ve söz konusu büyüklükleri gösteriyor. Hidrokarbonlar (petrol, gaz ve kömür) çıkarılıyor ve yakılıyor. Hidrojeni yakınca ortaya çıkan su kısa süre sonra yağmur olarak yağar ve bu analiz açısından önemi yoktur. Karbon kısmen hızlıca büyüyen bitkilerde veya okyanusta birikir. 100 yıl sonunda salınan karbonun yüzde 45'i hâlâ atmosferdedir. Bu noktadan sonra oran biraz düşer, fakat bu düşüş fazla değildir, çünkü Dünya ısındıkça okyanusların ve biyokütlenin depolama kapasitesi düşer. 300 yıl sonra salınan CO_2'nin yüzde 25'inin tamamen atmosferde kaldığı, yüzde 75'inin de okyanus ve biyokütlenin içine hapsolduğu nispeten istikrarlı bir noktaya erişilir.[16]

Daha sonra yine azalma olur ama çok yavaş bir şekilde, çünkü yüzeydeki su derinlerdeki suyla birleşir ancak derinlerdeki su süreç içinde ısınır ve artık daha fazla CO_2 ememeyecek hale gelir. Karbonun okyanuslar, biyokütle ve atmosfer arasındaki hızlı döngüsüne rağmen bugün salınan ilave bir CO_2 molekülünün kalıcı olarak atmosferden çıkarılması 30.000 yıl sürer.[17]

Popüler bilim iyimserleri bazen bu ilişkileri göz ardı eder. Örneğin iklim üzerindeki insan tesirini önemsiz göstermeye çalışırlar; onlara göre bir yıl içindeki CO_2 emisyonunun sadece yüzde 3'ü insanlara atfedilebilirken yüzde 97'si okyanus suyu, yaşayan canlıların solunumu ve organik maddenin çürümesi gibi doğal nedenlerden kaynaklanır.[18] Fakat bu yüzde 97'lik dilimin giderek daha büyük bir kısmının insan kaynaklı (yani okyanuslara ve biyokütleye insanların eklemesiyle) olduğu göz ardı ediliyor. Bir yılda döngüye katılan karbondioksidin akışına odaklanmak bakış açımızı sakatlar. Esas mesele karbon stoklarının çeşitli depolama ortamları arasında nasıl dağıldığı ve bunların biz fosil yakıt çıkardıkça nasıl arttığıdır.

ŞEKİL 4.8 şu an için çeşitli depolama ortamlarında ne kadar karbon bulunduğunu gösteriyor. Çoğu –yaklaşık 60 milyon gigaton kadarı– kalıcı olarak kayalarda ve tortu alanlarda hapsolmuş durumda ve sera etkisine hiçbir katkıları yok. Humus ve turbalık alanlar bünyelerinde

1.500 gigaton tutuyor. Bu alanlara dair tehlikeleri Sibirya'daki donmuş topraklar bağlamında Birinci Bölüm'de ve Endonezya'daki kurumuş bataklık topraklarında açılan palm plantasyonları bağlamında Üçüncü Bölüm'de tartışmıştık. ŞEKİL 4.8'in gösterdiği gibi fosil yakıt yatakları hâlâ 6.500 gigaton karbon içeriyor. 800 gigaton atmosferde, 650 gigaton biyokütlede, 1.000 gigaton da karbonik asidin bir parçası olarak okyanusların üst tabakalarından 200 metre kadar derinine uzanana bölgelerinde bulunuyor. 38.000 gigaton gibi büyük bir miktar ise daha derin sularda bulunuyor. Eğer karbonu okyanusların derinlerinde tutabilseydik, salınan CO_2'nin dokuzda sekiz kadarını bugünkü sıcaklıklarda atmosferden çıkarabilirdik. İkinci Bölüm'de ele aldığımız gibi karbondioksidi okyanusun dibinde zapt etmek bilimciler tarafından bir seçenek olarak değerlendiriliyor. Ancak şu an için bu, BM Deniz Hukuku Sözleşmesi tarafından denizdeki bitki ve hayvan hayatı açısından oluşabilecek vahim sonuçlar gerekçesiyle yasaklanmıştır.

O zaman esas soru şu: Fosil karbon stokları çıkarılır ve doğal döngüye yeniden katılırsa iklim açısından ne beklenebilir? TABLO 4.2 bu soruya bir yanıt vermeye çalışıyor. Stern Raporu'nun öngörüleriyle (atmosferdeki CO_2 seviyeleri ve sonucundaki hava sıcaklıkları konusundaki iddiaları dahil) ŞEKİL 2.6 ile 4.8'de gösterilen mevcut karbon stokları hakkındaki bilgileri karşılaştırıyor. Burada kullanılan basit hesaplama yöntemi bir ppm'nin atmosfer içinde 2,13 gigaton karbona denk geldiği formülüne dayanıyor.[19]

TABLO 4.2 konvansiyonel kaynaklar, konvansiyonel olmayan kaynaklar ve rezervlerin hepsini birden gösteriyor. Arazi kullanımındaki değişikliklerden kaynaklanan CO_2 emisyonu atmosferde şu an bulunan karbon miktarını (800 gigaton) ve buna karşılık gelen CO_2 derişimini (380 ppm) açıklıyor. Arazi kullanımında ileride oluşacak değişiklikler bu tahminlerce dikkate alınmamıştır. Burada "kısa vade"yle kastedilen 100 yıl içinde, uzun vadeden kastedilen 2300 senesinden sonrasıdır. İnsan edimiyle ortaya çıkan CO_2 emisyonunun yüzde 45'i 100 yıl sonra hâlâ atmosferde olacak. 300 yıl sonra bu oran yüzde 25'e düşecek ancak bu noktada kalacak, yani bu noktadan sonra neredeyse sonsuza kadar orada kalacak. Sanayi öncesi dönemle karşılaştırmalı sıcaklık değişiklikleri IPCC'nin 2007 tarihli Çalışma Grubu Raporu'ndaki formüle göre

TABLO 4.2 Fosil yakıtlarının çıkartılması iklimimiz için ne ifade ediyor?

	Çıkartılmış karbon stoklarının payı (sanayi öncesi stoklar dahil)	Atmosferdeki karbon içeriği (GtC)	Atmosferdeki CO_2 derişimi (ppm)	Ortalama sıcaklık (°C)
Sanayi öncesi zamanlar	0	600	280	13,5
Günümüz	%5 (347 GtC)	800**	380	14,5
Yüzyıl ortası* (Stern'ün tahminlerine göre)	%18	1.200	560	16,5 (15,5-18,0)
Tüm rezervler yakıldığında: 1.160 GtC (tahminler 868 ile 1579 GtC arasında değişiyor), 2100'e kadar kısa vadeli tahminler, %45'i atmosferde kalacak şekilde	%22	1.320	620	16,9 (15,8-18,7)
2100 (Stern'ün CO_2 tahminlerine göre)	%41	1.920	900	18,6 (16,9-21,1)
Tüm kaynaklar yakıldığında: 6.500 GtC (tahminler 5.060 ila 8.980 GtC arasında değişiyor), 2100'e kadar kısa vadeli tahminler, %45'i atmosferde kalacak şekilde, varsayımsal	%100	3.730	1.750***	21,4*** (18,8-25,4)
Tüm kaynaklar yakıldığında, 2400'den itibaren uzun vadeli tahminler, %25'i atmosferde kalacak şekilde	%100	2.430	1.140	19,6 (17,6-22,6)

* En kötü senaryoda bu miktara 2035 gibi erken bir tarihte erişilecek.
** Dönüştürülmüş arazi kullanımından kaynaklanan karbon dahil.
*** IPCC formülünün ortaya koyduğu tahmin aralığının dışında.

Rezervler ve kaynaklar şu yayınların aritmetik ortalamasından yola çıkarak hesaplandı: Bundesamt für Geowissenschaften und Rohstoffe, *Reserven, Ressourcen und Verfügbarkeit von Energierohstoffen 2006* (http://www.bgr-bund.de); B. Metz vd., ed., *Climate Change 2001: Mitigation* (Cambridge University Press, 2001). s. 236; N. Nakicevonic ve ark., ed., *Global Energy Perspectives* (Cambridge University Press, 1998); J. Goldemberg, ed., *World Energy Assessment: Energy and the Challenge of Sustainability* (UN,2000), s. 149. Her bir CO_2 derişim düzeyiyle bağlantılı sıcaklık öngörüleri için bkz. S. Solomon vd., ed., *Climate Change 2007: The Physical Science Basis* (Cambridge University Press, 2007), s. 825 ve 798f. İnsan kaynaklı CO_2'nin sürekliliğine ilişkin veriler şuradan alınmıştır: D. Archer, "Fate of fossil fuel CO_2 in geologic time," *Journal of Geophysical Research* 110 (2005): 5-11; D. Archer ve V. Brovkin, "Millenial atmospheric lifetime of anthropogenic CO_2," mimeo, 2006; G. Hoos vd., hesaplanmıştır (sayfa 818, 825). Buna göre mutlak sıcaklık değişimi karbondioksit derişimindeki görece artışa bağlıdır. 2007 IPCC Raporu sanayi öncesi döneme göre sıcaklık artışlarını hesaplarken 1.200 ppm seviyesini tavan değer olarak alıyor. Bütün fosil yakıtların çıkarılıp yakıldığı senaryo için sıcaklık tahminleri dolayısıyla IPCC'nin tahmin ettiği aralığın dışında kalıyor, bu yüzden bunlar kabaca tahminler olarak ele alınmalıdır. Bunu varsayımsal "ise – o halde" ifadesi olarak okuyun, tahmin olarak değil.

TABLO 4.2, 19. yüzyılda sanayileşme başlamadan önce atmosferde 600 gigaton kadar karbon olduğunu gösteriyor, bu da 280 ppm'lik bir derişime ve gezegenin yüzeyinde ortalama 13,5°C sıcaklığa tekabül ediyor. Sanayileşmenin gidişatı içinde bugüne kadar sanayi öncesi dönemde var olan kaynakların yüzde 5'ine karşılık gelen 350 gigatonluk karbon çıkarıldı (bkz. ŞEKİL 4.7). Bu da 156 gigaton karbonun atmosfere eklenmesi demek. Ormansızlaşma ve bataklık alanların kurumasıyla salınan karbonu da katarsak 200 gigaton karbonun daha atmosfere eklendiğini söyleyebiliriz. Bu da 100 ppm'ye denk gelir ve baştaki değeri 280'den bugünkü 380 ppm seviyesine çıkarır.[20] Karşılık gelen ortalama dünya sıcaklığı şu anda 14,5°C'dir. Isınma etkisinin gecikmeli olduğunu akılda tutmakta fayda var, yani bugün karbondioksit salınımı aniden kesilse bile ısınma etkisi daha onyıllarca sürecektir. Stern Raporu'nun referans senaryosuna göre 2050 yılında sıcaklıklar 16,5°C'ye çıkacak. En istenmeyen senaryoyada karbondioksit derişiminin 560 ppm'ye geleceği ve bu sıcaklık seviyesine 2030'da gelineceği öngörülüyor (bkz. ŞEKİL 1.5). Bu da atmosferde 1200 gigaton karbon demektir ve sanayi öncesi dönemdeki stokların yüzde 18'inin kullanıldığı anlamına gelir. Bu değerler tabloda bir sonraki satırda gösterilen, tüm kaynakların çıkarılıp kullanılması halinde oluşacak değerlerden çok uzak değil. Sıcaklık o zaman sanayi öncesi dönemin neredeyse 3,5°C üzerine çıkıp 16,9°C'ye gelecek. Bu noktaya bu yüzyılın ikinci yarısında ulaşılabilir.

TABLO 4.2'deki son üç satır özellikle ilgi çekici. Alttan üçüncü satır ŞEKİL 1.5'te ortaya konan Stern senaryosunu gösteriyor. Bu senaryoya göre emisyonları kısmak adına hiçbir şey yapılmazsa 2100 yılı itibariyle karbondioksit derişimi 900 ppm'ye ulaşabilir. IPCC'nin 2007 raporuna göre bu artış sıcaklıkları 18,6°C'ye çekecek, atmosferdeki karbon miktarı da 1920 gigatona çıkacaktır. Bu da kaynakların yüzde 41'inin kullanılması demektir. 18,6 °C sıcaklık bugünkü ortalamanın 4,1°C, sanayi öncesindeki ortalamanın 5,1°C üstü demektir. Stern Raporu'nun sunduğu ürkütücü senaryo budur. Buna göre Grönland'deki buzul kütlesi eriyecek ve Bangladeş'in büyük kısmı sular altında kalacaktır. Stern sanayi öncesi döneme göre 5,5°C artış ile insanlığın artık "bilinmeyen sınırlar"a gireceğini iddia etmektedir. Biz bu senaryoya bakmaksızın düşünce deneyimize devam edelim ve şu soruyu soralım: 2100 yılı gelmeden önce halihazırda yeraltında bulunan tüm karbon stokunu çıkarsak ve yaksak ne olur? Kesinlikle gerçekçilikten uzak olan bu senaryo teorik olanakların sınırlarını anlamamıza yardımcı olur. **TABLO 4.2**'nin sondan bir önceki satırında görüldüğü üzere o halde atmosferdeki karbon miktarı 3.730 gigaton, CO_2 derişimi de 1.750 ppm olacaktır. IPCC'nin kendi öngörüleri için kullandığı tahmin denklemini kullanırsak, sıcaklık ortalama 21,4°C olacak ve 18,8 ile 25,4°C arasında değişecektir. Bu, sanayi öncesi döneme göre ortalama 8°C artış ve felaket demektir.

Bu senaryo ne kadar imkânsız olsa da önemli bir mesaj veriyor: İnsanlık iklim felaketine karşı doğal bir engel oluşturması için Dünya'daki fosil kaynakların sonlu olmasına bel bağlayamaz. Maalesef doğa bize böylesi bir acil fren seçeneği sunmamıştır. Yeraltında eğer hepsini bu yüzyıl içinde çıkarıp kullanmaya kalkarsak iklim meselesini dayanılmaz noktalara taşıyacak kadar karbon mevcut.

Eğer fosil yakıtlar gelecek yüzyıllarda yavaş yavaş çıkarılır ve böylece doğaya karbonun yüzde 55'ini değil de yüzde 75'ini yeniden emme fırsatı verilirse (ki bu **TABLO 4.2**'nin son satırında gösteriliyor) tüm yeraltı kaynaklarının tamamen tüketilmesi senaryosunun bir iklim felaketini tetiklemesinin önüne kıl payı geçilebilir. Bu durumda atmosferdeki karbon miktarı 2.400 gigatonda sabitlenecek, CO_2 derişimi de 1.100 ppm'ye gelecektir. Bu durumda ortalama sıcaklığın Stern Raporu'nda dile getirilen referans senaryosuna göre "sadece" bir derece yukarıda olması Stern'ün bahsettiği ve varlığımızı tehlikeye sokacak "bilinmeyen sınırlar"dan çok da uzağa kaçamayacağımız anlamına geliyor olabilir. Ancak Birinci Bölüm'de tartıştığımız gibi bu bile kesin değil, çünkü tüm bu büyüklükteki sıcaklık artışları ikincil faktörleri istikrarsızlaştıracak süreçleri tetikleyebilir, bu da IPCC'nin öngörülerinde kullandığı formülü işlevsiz kılabilir. Nihai felaket gerçekleşmese bile hasar muazzam ölçeklerde olabilir. Hem sayıları hem de kuvveti artan kasırgalar, okyanus seviyesinin yükselmesi ve gezegenin bazı bölgelerinin çölleşmesi insanlığa pahalıya mal olabilir; büyük insan kitlelerini dünyanın diğer bölgelerine göçmeye zorlayabilir ki bu büyük olasılıkla barışçıl bir süreç olmayacaktır. Gezegenimizde yaşam sıcak, rahatsız ve tehlikeli olacaktır.

Şeyhlerin Merhametinde

İnsanlığın bir enerji sorunu ve bir de iklim sorunu var. Yeraltında 6.500 gigaton civarında devasa karbon yatakları var ve biz bunları kullansak mı kullanmasak mı bilmiyoruz. Bir yandan bu doğal kaynaklar olmaksızın sanayinin çarkları zar zor dönecek durumda; ancak öte yandan aynı doğal kaynaklar Dünya'nın büyük kısmında yaşamı katlanılmaz hale getirecek gizli zehirden başka bir şey değil. Doğru çıkarım yolunu bulmak yani bu iki kaygımızı da dengeleyecek miktar ve hızda bir çıkarma yolu bulmak belki de insanlığın önümüzdeki yüzyıllardaki en büyük görevi.

Sanayileşmiş ülkelerdeki siyasetçiler bu kaynaklardan istifade etmek için makul sayılabilecek bir zaman çizelgesi oluşturmak istiyor ve belki de gerçekten küresel bir Kyoto sistemi uygulamaya konabilirse bu hedeflerine ulaşabilirler. Ancak şu an için bu kararı verecek kişiler onlar değil. Karar bu kaynakların sahiplerinde yani petrol şeyhleri, Rus otoriteleri, büyük Amerikan kömür şirketleri ve Batılı çokuluslu petrol şirketlerinde (Shell, Exxon, BP vd.). Ne miktarda karbonu ne zaman piyasaya süreceklerine, sanayinin çarklarının ne kadar hızlı döneceğine ve gezegenimizin daha ne kadar ısınacağına onlar karar veriyor.

Kaynak sahiplerinin en iyi niyetlere sahip olduklarını varsayamayız, ancak aynı şekilde niyetlerinin kötücül olduğunu da varsayamayız. Tek amaçları başarılı olmak ve biraz daha zenginleşip şu ankinden daha güçlü olmak. Onların kontrolündeyken insanlığın kaderinin iyi ellerde olup olmadığı konusunda bir hükme ulaşmak ve eylemlerini etkileyecek önlemler almak istiyorsak öncelikle onları güdüleyen şeyin ne olduğunu anlamalıyız ki bu hiç de kolay bir iş değil.

Fosil yakıtların arzını etkileyen yasalar normal yenilenebilir malların arzına dair yasalardan tamamen farklı, çünkü bu yakıtlar sonlu kaynaklardan geliyor ve imal edilmeleri mümkün değil. Doğadan gelen uzun vadeli arz yukarıdaki düşünce deneyimizde olduğu kadar sabit ama kaynak sahiplerinin ne kadarını ve ne zaman piyasaya sunacakları tamamen onlara kalmış.

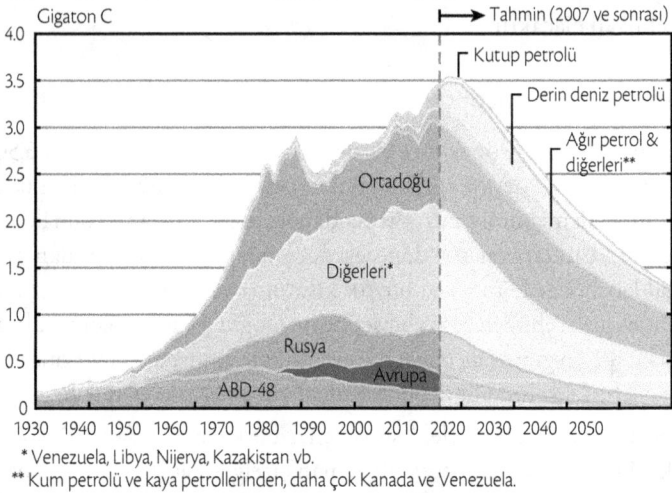

ŞEKİL 4.9 Tarihteki ve gelecekteki petrol çıkarma yolları. Kaynaklar: C. Campbell, *Oil & GasDepletion*, Ağustos 2008. Kaynaktan alınan veriler varilden tona çevrildi. Bir gigavaril ham petrol 0,1247 gigaton karbona eşdeğerdir. "ABD-48" ABD'nin 48° güney enlemindeki eyaletleri kapsıyor. Avrupa'nın ham petrolü genellikle Kuzey Denizi'nden geliyor ve daha ziyade Norveç ve Büyük Britanya'dan çıkarılıyor.

Bir noktada arz küçülmeye başlayacak fiyatlar da sürekli artacak. İlgili tüm tahminler ham petrolün çıkarılma hızının önümüzdeki yirmi yıl içinde zirve noktasına ulaşacağını varsayıyor. Çok daha bol miktarlarda bulunan diğer fosil yakıtlar benzer bir yol izleyecek ama daha sonra. **ŞEKİL 4.9** ham petrolün çıkarılmasına dair bugüne kadarki değerleri baz alarak bir senaryo sunuyor. Buna göre zirve noktasına çok yakınız ve çıkarım miktarları gelecek yıllarda düşecek. Bunun gerçekten böyle olup olmayacağını kesin olarak söylemek zorsa da gelecekte ne olacağı kaynak sahiplerinin tüketici ülkelerin ekonomik gelişimlerine dair beklentileri ve rezerv hacimlerine dair ortaya çıkabilecek olası sürprizlere bağlıdır. Kaynak sahipleri her an kendilerine ellerinde kalan stoklarla nasıl hareket etmeleri gerektiğini sormalı ve uzun vadeli gelecek için bir çıkarım stratejisine sahip olmalılar.

Kaynak Sahiplerini Güdüleyen Ne?

Dünyanın yakıtını oluşturan karbon yataklarının sahipleri mevcut çıkarım hacimleriyle gelecektekiler arasında bir denge kurmalı. Mesela bugün yüksek çıkarım hacimleriyle başlayabilirler ve bu, ilerleyen yıllarda kaynakların hızlıca azalması anlamına gelir. O halde, sattıkları fiyat başlangıçta düşük, sonra çok daha yüksek olacak ve hem kaynak akışı hem de fiyatın izlediği yol çok dik olacaktır. Zirveye ulaşıldıktan sonra çıkarım izleği sert bir düşüşe geçecek, fiyat izleğiyse ilelebet sert bir şekilde artacaktır. Veya görece daha düşük bir hacimle başlayabilir ve çıkarım faaliyetlerini uzun bir süreye yaymaya çalışabilirler ki bu durumda iki izlek de daha düz olacaktır. Fiyatlar başlangıçta daha yüksekken ileride de normalde olacağından daha düşük seyreder (Elbette bugün olduğundan daha yüksek olacaktır).

Kaynakların çıkarılmasının zamana yayılışı bir portföy optimizasyonu sorunudur. Bu, yatırım bankacılarının sık sık karşılaştığı bir soruna benzer. Hatta kaynak çıkaran ülkeler Wall Street'te bulabildikleri en iyi yatırım bankacılarını tutar ve varlıklarının getirilerini maksimize edecek sofistike matematiksel stratejileri tartıştıkları düzenli konferanslar düzenlerler. Özü itibariyle kaynak sahiplerinin vermesi gereken karar, sahip oldukları kaynakları yeraltında karbon olarak bırakmak veya bu yatakları kullanarak elde ettikleri gelirle sermaye piyasalarına yatırım yapmak arasındadır. Fosil yakıtlar çıkarıldıkça azalacağından, henüz çıkarılmamış kaynakların fiyatı düzenli ve istikrarlı bir biçimde artacaktır. Dolayısıyla bu yataklar sermaye kazancı biçiminde getiriler sağlayacaktır. Ancak bir de sermaye piyasasındaki getirilerin albenisi var. Bunları elde etmenin tek yolu kaynakları derhal çıkarmak, satmak ve elde edilen geliri bu piyasalarda yatırıma dönüştürmek. Yatırım bankacılarının tavsiyeleriyle kaynak sahipleri servetlerini yer üstündeki ve yeraltındaki kaynaklar arasında bölüştürerek servetleri için maksimum getiriyi elde eder. Ancak fosil yakıt yataklarının kazanacağı değer elde ettikleri faiz getirisini aşarsa kaynakları işini daha sonraya bırakacaklardır. Buna karşın, kaynakların değerinin finans piyasalarında elde ettikleri faiz getirisinden düşük olacağını düşünürlerse üretimi şimdi hızlandıracaklardır.

Tüm kaynak sahipleri karar alırken bu basit ilkeyi takip ederse çıkarılan fosil yakıtın fiyatı (eğer beklentiler doğruysa) yeraltında bırakılan stokların değerlenme oranı ile çıkarılıp nakde çevrilen fosil yakıttan elde edilen faiz oranlarının eşitlenmesine göre evrilecektir. Bu eşitlik geçici olarak bozulduğunda eşitliği yeniden sağlayacak etkili piyasa güçleri mevcut. Mesela sermaye piyasaları daha çekici alternatifler sunarsa pek çok kaynak sahibi bugün daha fazla kaynak çıkarıp finansal araçlara yatırım yapmayı tercih edecektir. Artan çıkarım miktarı mevcut enerji fiyatını ve fosil yakıt yataklarının değerini düşürecek, fakat bu çıkarımlar sonucunda gelecekte oluşacak kıtlık fiyatları tekrar yukarı çekecek ve bu kaynaklardan gelecekte elde edilmesi beklenen getirileri artıracaktır. Bu yataklardan elde edilmesi beklenen sermaye kazanımı piyasadaki faiz oranlarından gelecek getiriyi aşarsa tersi bir durum gerçekleşir ve kaynak sahipleri çıkarımı ileri bir tarihe erteler. Fakat bunu yapmaları halinde bugünkü arzı azaltacak ve dolayısıyla fiyatı ve mevcut yatakların değerini yükseltecek, enerjinin gelecekteki fiyatını aksi senaryoda beklenenden daha aşağı çekecek ve dolayısıyla bahsedilen yatakların değerlenme oranını düşürecektir. Bu durumda, piyasalar henüz kullanılmamış kaynaklardan elde edilen getirinin beklenen değerlenmesiyle finansal yatırımlardan elde edilen faiz getirisinin eşitlenmesine doğru giden bir izlek oluşturur.

Çıkarım maliyetlerinin sıfır olduğu en basit teorik durumda, bir birim çıkarılmış kaynak ile bir birim henüz çıkarılmamış kaynak aynı fiyattadır. O zaman portföy yasası gereği çıkarılan kaynağın fiyatının sermaye piyasasındaki faiz oranıyla aynı oranda arttığı düşünülür. Mesela yıllık faiz oranı yüzde 8 ise, yeraltında bırakılan kaynaktan elde edilmesi beklenen yıllık sermaye getirisi ile çıkarılmış kaynaktan elde edilen getiri de yüzde 8 olmalıdır. Bu çıkarım Hotelling Kuralı olarak bilinir. İsim 1931'de sonlu doğal kaynaklara sahip olanların davranışlarını betimleyen Amerikalı ekonomist Harold Hotelling'den geliyor.[21]

Hotelling Kuralı'nı çıkarım maliyetlerini kapsayacak şekilde genişletebiliriz. Fosil yakıtların hepsi aynı kolaylık derecesinde ulaşılabilir olmadığından, bu kaynakları çıkarmanın birim maliyeti bir yerden diğerine değişir. Bu maliyetlerin yanına petrol kuyu iskelesi, nakliye, arama ve keşif maliyetleri gibi pek çok maliyet de eklenebilir. Üreticiler genelde ilkin birim maliyeti en düşük yatakları kullanır, sonra birim maliyeti daha yüksek olan yataklara yönelirler ki böylece çıkarım maliyetinden tasarruf ettiklerini sermaye piyasasına yatırabilsinler. Sadece düşük maliyetle çıkarılabilecek stoklar tüketildikten sonra daha yüksek çıkarım maliyetliler için ayrıntılı keşif ve hazırlık yatırımına girişirler. Dolayısıyla, yeraltında kalan stoklar ne kadar küçülürse çıkarım maliyetleri o kadar artar. Ve bunları çıkarmak kalan stokların aşamalı olarak daha da azalması anlamına geleceği için birim maliyet zamanla artacaktır.

Birim maliyetlerin henüz kullanılmamış stoklara dayanıyor olması Hotelling Kuralı'nı değiştiriyor. Her ne kadar kaynak yataklarından beklenen sermaye getirisinin piyasadaki faiz oranına eşit olduğu hâlâ doğruysa da dışarı çıkarılmış kaynak biraz değişik bir kural izler. Çıkarılan birim başına kâra göre artışı artık sermaye piyasasındaki faiz oranına eşitlenecektir.[22] Fakat bu küçük farklar doğal kaynak sahipleri için portföy sorununun doğasını değiştirmez ve kaynak çıkarımının genel ekonomik ilkeleriyle ilgilenen okurların da bu meseleye kafa yormasına gerek yok.

Hotelling Kuralı, tükenebilir doğal kaynaklara, özellikle de fosil karbon kaynaklara sahip olanların davranışlarını betimleyen temel ve soyut bir kuraldır. Fakat bu kural, değişen koşulların ve başka motivasyonların karmaşık gerçekliği içine gömülü olduğundan kolaylıkla yanlış yorumlanabilir. Bu nedenle aşağıda üç noktayı aydınlatıyorum.

İlk olarak Hotelling Kuralı çıkarılan miktarın fiyatları yukarı çekmek amacıyla durmadan azaltıldığı anlamına gelmez. Eğer talep eğrisinde herhangi bir değişiklik olmasaydı bu durumdan bahsedilebilirdi. Genel ekonomik büyüme ve nüfus değişimi talep eğrisini dışarı doğru değiştireceğinden, kural çıkarım miktarlarında oluşacak geçici artışları açıklayabilir. Mesela şu an olduğu gibi bazı gelişmekte olan ülkeler (örneğin Çin ve Brezilya) çok hızlı büyürse, kaynak sahipleri üretimlerini aniden büyüyen talebe göre artan görece kıtlık elde etmek için öyle bir ayarlar ki yerinde duran kaynaklar için beklenen fiyat artış hızı sermaye piyasalarındaki faiz oranına denk gelir. Üreticilerin çıkarım akışını bir noktada yavaşlatmak zorunda oldukları aşikâr, aksi takdirde yeraltı kaynakları bir noktada tükenecek; ancak bu daha ileri bir tarihte yapılabilir, belki de gelişmekte olan ülkelerin büyüme oranının gelişmiş ülkeler seviyesine geldikleri için tekrar yavaşladığı dönem bunun için iyi bir zaman olabilir. Dolayısıyla Hotelling Kuralı ŞEKİL 4.9'da gösterilen petrol üretiminin zirve noktasına varması senaryosuna son derece uyumludur. Zirvenin sağ tarafında, çıkarım akışının gerekli fiyat artış oranını sağlamaya yetecek kadar hızlı bir düşüşe geçtiği noktayı anlamak daha kolay. Ancak kural, eğrinin yukarı yönlü olduğu ve çıkarımın dünyanın genel ekonomik aktivitesine kıyasla daha yavaş olduğu senaryoya da uyar.

İkinci olarak Hotelling Kuralı beklenen fiyat değişikliklerine işaret eder ve gerçekte olan değişikliklere doğrudan uygulanamaz. Gerçek değişiklikler ancak kaynak sahipleri piyasanın evrimini isabetli bir biçimde tahmin edebildiğinde ve talebin evriminde veya mevcut rezervlere dair elimizdeki bilgilerde herhangi bir yanılgı olmadığında gerçekleşebilir. Gerçekteyse sürekli yeni bilgi akar ve planların sürekli rafine edilmesine ve küçük değişikliklerin yapılmasına neden olur; bu da Hotelling Kuralı'yla bağdaşmaz gibi görünen oldukça düzensiz fiyat sıçramalarına neden olur. Fakat bu çelişkinin bariz olmasının nedeni kural üreticilerin kaynak piyasasındaki hedeflerine uygulanabilmesi ve belirlenimci bir tahmin aracı olarak görülmemesinin gerekmesidir. Elbette dalgalı denizde limana varmaya çalışan gemi sürekli rotasından dışarı çıkacaktır, ancak bu sapma için kaptanı suçlamaya lüzum yoktur.

Üçüncüsü, Hotelling Kuralı sadece rekabet durumunda geçerli değildir, (biraz değiştirilmiş bir versiyonu) tekel durumuna da uygulanabilir. 1960'ta OPEC'in kurulması bir tekel yaratma çabasıydı. Ancak petrol üreten ülkelerin sadece küçük bir kısmı buna katıldı. Bugün OPEC dünya petrol üretim kapasitesinin yüzde 40'ını temsil ediyor. Bir tekel olsaydı bile petrol üreticileri henüz kullanılmamış kaynaklarının değerlenme hızıyla sermaye piyasalarındaki faizden elde edecekleri gelir arasındaki ilişki nedeniyle kaynaklarını çıkarıp çıkarmama konusunda kararsız kalacaklardı. Joseph Stiglitz'in 1976'da gösterdiği gibi piyasanın gücü tükenebilir kaynaklar söz konusu olduğunda son derece sınırlı[23] olduğundan bu görüşü halihazırda çıkarılmış petrolün fiyat evrimine uygulamak için çok fazla değişikliğe ihtiyaç yok. Piyasa gücü arzın bir miktar geri çekilmesiyle fiyatın yukarı itilebileceğini varsayar. Bir tekel her ne kadar mesele tükenebilir kaynaklar söz konusu olduğunda böyle bir güce sahip olsa da, eğer elindeki kaynakların satamadan elinde kalmasını istemiyorsa gelecekte bir yerde arzı artırmak zorunda kalacaktır. Bu açıdan bakıldığında OPEC dişleri olmayan bir kaplandır. Defalarca fiyatları yukarı çekmeye çalışmış ve böyle yaparak İkinci Dünya Savaşı'ndan bu yana iki ayrı petrol krizine neden olmuştur. Fakat en nihayetinde hep başarısız olmuş ve ardından fiyatlarda çok ciddi tavizler vermek zorunda kalmıştır. Tükenebilir kaynakların piyasası söz konusu olduğunda sadece piyasa güçlerine odaklanmak fiyatların uzun vadede evrimine dair bize pek bir görü sağlamaz. O zaman biz de rekabetçi piyasalara odaklanırız.

Açgözlülük ve Sürdürülebilirlik

Fosil karbon kaynakları sahiplerinin hedefleri karşısında insanlığın içi rahat olabilir mi? Tüm Batılı dünyayı çaldıkları havaya göre oynatabilecek durumda olan bu kaynak sahipleri aslında doğru olanı mı yapıyor, yoksa ellerindeki kaynakları fazla hızlı mı çıkarıyorlar? Kendileri için doğru olanları yapmaya çalıştıkları ortada. Ancak yukarıda betimlediğimiz piyasa davranışı toplumsal bir refah anlayışına ters mi düşüyor?

Kapitalizmi eleştirenler kaynak sahiplerinin açgözlülükle hareket ettiğini ve bu nedenle ellerindeki kaynakları muhafazakâr bir şekilde çıkarma becerilerinin olmadığını söyleyebilir. Ancak bu konum savunulamaz, çünkü bireysel özçıkar peşinde koşmak piyasa ekonomisinin başarısının ardındaki genel sırdır. Bu durum hem bu ekonomik sistemin tarihsel üstünlüğü, hem de Kenneth Arrow ve Gerard Debreu'nün teorik çalışmaları tarafından defalarca gösterilmiştir.[24] Piyasa ekonomisi, kısıtlı kaynakları diğer ekonomik sistemlerden çok daha iyi bir şekilde idare etmektedir. Komünizm halkına temel bazı ürün ve hizmetlerden fazlasını vermeyi bile becerememiş olmasına rağmen, hem doğal kaynaklarını acımasızca sömürmüş hem de sanayi bölgelerinin etrafındaki alanları umarsızca kirletmekten geri durmamıştır. Kapitalizmin komünizme üstün geldiği günümüzde eski komünist ülkelerin ekonomileri tarihte hiç olmadıkları kadar verimli. Ancak fosil yakıt tüketimleri komünist dönemdekine kıyasla kayda değer oranda düşük. Rusya'nın emisyonlarındaki dramatik düşüş (bkz. **ŞEKİL 2.**1) komünist sistemin başarısızlığının net bir biçimde ortaya koyar.

Önceki bölümde tartıştığımız portföy sorununun gösterdiği gibi kâr peşinde koşmak pekâlâ düşük etkili ve sürdürülebilir bir kaynak çıkarım yöntemine yol açabilir. Kaynakların acımasızca sömürüsünü tetikleyen daha fazla kâr arayışı olamaz, çünkü bu tür pratikler kaynakları kıtlaştıracak ve dolayısıyla gelecekte daha pahalı hale getirecektir ki bu da söz konusu kaynakları yeraltında bırakmaya göre daha fazla getiri vaat edecektir. Kaynakların korunumu stratejisi sermaye için kaynakların hızla çıkarılmasıyla elde edilen getirinin sermaye piyasalarına yatırılmasından daha fazla getiri sağlayacaktır. Dolayısıyla kâr motivasyonunun kendisi sürdürülebilir kaynak yönetimiyle çelişmez.[25]

Eleştirmenleri şüpheci olmaya iten bir başka neden de kaynak sahiplerinin mirasçıları için ne kadar diğerkâm hissedecekleriyle ilgilidir. Eğer karbonu yeraltında bırakırlarsa bunu kendilerini takip eden nesillere bırakmak için yapacaklar. Ancak tabii ki onların mirasçıları bütün insanlığın sadece küçük bir kısmını temsil ediyor. Şeyhlerin kendi torunlarına özel diğerkâmlıklarının bir bütün olarak gelecek nesillerin çıkarlarını korumaya yeterli olduğunu varsayabilir miyiz? İçinde Kuveyt, Bahreyn, Suudi Arabistan, Katar, Birleşik Arap Emirlikleri ve Umman'ın bulunduğu Körfez Arap Ülkeleri İşbirliği Konseyi dünyanın petrol rezervlerinin yaklaşık yüzde 40'ını elinde bulunduruyor ve bunun değerinin 65 trilyon ABD doları olduğu tahmin ediliyor. Dünyadaki tüm petrolün toplam değerinin yine dünyadaki tüm ev ve fabrikaların toplam değerine eşit olduğu tahmin ediliyor. Kaynak sahipleri gerçekten de muazzam ölçeklerde bir zenginliğe hükmediyor. Ya şeyhler ve diğer kaynak sahipleri geleceğe insanlığın geri kalanını uygun gördüğünden daha az değer verirse?

İlk bakışta çok hayati bir sorun karşımıza çıkmış gibi görünüyor, cidden endişelenmemizi gerektiren önemli bir sorun bu. Ancak meseleye daha yakından bakıldığında durumun böyle olmadığı ortaya çıkıyor. Petrol yataklarına hükmedenler çocuklarını ve torunlarını yüz üstü bırakarak şu anki yaşam standartlarını yükseltip birinci sınıf bir yaşam sürmek istiyorlarsa buna erişmek için ellerindeki kaynağı daha hızlı çıkarmalarına hiç gerek yok. Ellerindeki yatakları satıp bu hedefe rahatlıkla ulaşabilirler. Ne de olsa yatakların mülkiyeti zaten kendilerinin de hissedarı oldukları şirketlerce kontrol ediliyor. Bu yüzden satmak son derece basit. Hisseler satıldıktan sonra yeni malikler nasıl bir çıkarma politikası geliştireceklerine karar verebilir. Yukarıda bahsedilen portföy optimizasyonu uygulamaya konsa bile hiçbir temel değişiklik olmaz. Böylece diğerkâmlık sorunu yerinde duran kaynakların değerlenme oranıyla sermaye piyasalarındaki faiz oranı arasındaki karşılaştırma sürecinde gündeme gelmez.[26]

Elbette tüm bunları bir kenara bırakıp zenginliğin eşitsiz dağılımından yakınabilir ve bu zenginliklerin şeyhlerin değil de bizim olmasını dileyebiliriz. Ancak bu tamamen başka bir mesele. Bölüşüm sorunu şeyhlerin ve diğer güç sahiplerinin kaynaklarını doğru hızda tüketip tüketemeyeceklerinden bağımsız bir konu.

Nirvana Etiği

Kişinin torunlarını korumak adına içine girdiği diğerkâm davranış biçimi, faizin belirli olduğu koşullarda piyasa güçlerince belirlenen kaynakların kullanım hızı üzerinde hiçbir etkide bulunmaz, ancak faiz oranını etkileyebilir. İnsanlar diğerkâm oldukça genelde daha fazla tasarruf eder, bu da faiz oranlarını düşürür. Ancak buradaki odak noktası kaynak sahipleri değil dünyada tasarruf yapan herkestir, kaynak sahipleri bu nüfusun sadece küçük bir kısmıdır. Daha düşük faiz oranı kaynak sahipleri için daha fazla yakıtı yeraltında bırakmanın daha makul olması ve sermaye getirilerine bel bağlamak demektir. Fakat bu karar kaynağın mevcut fiyatını artırır ve ürünün gelecekteki fiyatını bu durumun olmaması halindeki duruma göre düşürür; bu da daha düşük bir fiyat artışı, yani denge durumunda düşük faiz oranına denk gelen bir fiyat artışı demektir.

Kimileri torunlarımıza çok az miras bıraktığımızı ve dolayısıyla çok az kaynağı koruduğumuzu çünkü çok bencil olduğumuzu ve gelecek nesillerin çıkarlarını çok sert bir şekilde önemsiz gördüğümüzü söylüyor. İnsan aynı iddiayı etik ve felsefi bir bakış açısından da öne sürebilir.[27] Kendisi de felsefi bir konum alan Stern Raporu son derece hararetli bir şekilde mevcut nesillerin gelecekteki nesillere hak ettikleri önemi vermediğini söyler.[28] Yukarıda anlatılan faiz mekanizması göz önüne alındığında bu gerçekten de doğru olabilir. Eğer bu sav doğruysa dünya sermaye piyasasında faiz oranı çok yüksek olur ve dolayısıyla kaynaklar çok hızlı bir şekilde çıkarılır.

Fakat bu tür bir akıl yürütme tarzı, mesele siyasi önlemler almaya gelince bizi pek bir yere götürmüyor. Eğer gelecek nesillere yeterince diğerkâm olmadığımız için çok az miras bırakıyorsak, o zaman doğru önlemleri almak için kime güvenmeliyiz? Devlete mi, belki? Pek faydası olmayacaktır. Ne de olsa bu devlet liderleri mevcut nesiller tarafından seçildi, dolayısıyla gelecek nesillere kendi tüketim miktarı hakkında kararlar veren herhangi birinden daha fazla önem verecek değiller. Gelecek nesiller için yeterince diğerkâm davranmadığımızı söyleyen filozofları gelecek nesillerin çıkarlarının muhafızları olarak atamamız gerekebilir. Peki böyle bir şey nasıl çalışır? Demokratik olarak seçilmiş hükümet ve meclislere dayatacakları kararlarla diktatörlükten geri kalmaz bir modelin hiçbir şekilde başarılı olma şansı yoktur. Bu tür bir iddia herhalde Nirvana etiği gibi bir alandan doğmuştur, çünkü demokrasinin siyasi yöntemleriyle uzaktan yakından ilgisi yoktur.

Gelecek nesillerin temsilcileri her halükârda şu an yaşamakta olanlar, yani biziz. Biz gelecek nesiller hakkında ne düşünüyorsak bu şekilde kabul edilmeli, çünkü gelecek nesillerin bu tartışmalara taraf olma şansları yok. Henüz burada olmadıkları için bizim onların yerine karar almamız dışında bir seçenek yok. Bu kararların piyasa ya da siyaset tarafından alınıyor olması bir şey değiştirmez.

Gelecek nesillere ahlaki mülahazalarımızda yeteri kadar yer ayırmamamız korkusunu, gelecek nesillerin Mars'tan gelmediğini, aksine onların bizim çocuklarımız ve torunlarımız olduğunu söyleyerek sorgulayabiliriz. Bugün alacağımız kararlardan gelecekte etkilenecek herkes bugün burada ataları tarafından temsil edilmektedir. Bugünkü karar alma mekanizmalarında torunlarımıza yeteri kadar ilgi göstermediğimizin ya da onların yetersiz temsil edildiğinin kanıtını bulmak zor.

Bu atıklarıyla küresel ısınmaya neden olan fosil karbon kaynakların zamanlar arası çıkarım hızına dair hiçbir rahatsızlık duymamamız anlamına gelmiyor. Sadece etik bir argümanın bizi pek bir yere götürmeyeceğini gösteriyor.

Yanlış Beklentiler

Piyasalarca tercih edilen ve genelde hayli değişken görünen fiyat ve çıkarım izleklerini kolaylaştırmak için devlet müdahalesinin gerekli olduğu iddiaları hakkında da benzer çekinceler uygundur. Kaynak sahiplerinin gelecekteki talebin ne olacağını değerlendirirken sık sık hata yaptıkları bir gerçek ve bu da fiyatların sinir bozucu bir şekilde aşağı yukarı hareket etmesine neden olup beklentilerin doğru olması halinde oluşması gereken "gerçek" Hotelling izleğinden sapılmasına yol açıyor. Fakat bu tür başarısızlıkların devlet müdahalesini meşrulaştırmasının tek yolu, siyasetçilerin fiyat ve talebin nasıl evrileceğini kaynak sahiplerinden daha iyi bilmesidir.

Ancak böylesi bir varsayım makul değil. Piyasa trendleri konusunda kimse, bu işe paralarını yatıran kaynak sahiplerinden daha çok bilgiye sahip değil. Geleceğe dair yeteri kadar bilgiye sahip olmamaktan kaynaklanan hatalı beklentiler gerçekten de sorun, ancak bu sorun muhtemelen siyasetçiler için özel piyasalardaki katılımcılar için olduğundan çok daha büyük. Kaynakların kullanımı konusunda dünya toplumlarının kolektif organları tarafından yürütülecek bir eylem ihtiyacı bu tür iddialardan türetilemez.

Yineleyelim: Bunları dile getirirken kesinlikle ve kesinlikle harekete geçilmesine gerek olmadığını ve piyasa güçleri tarafından tercih edilen çıkarım izleklerinin doğru olduğunu söylemiyoruz. Ortaya koyduğumuz savlar dizisinin piyasa güçlerini körü körüne destekleme çabası olarak yorumlamak yanlış olur. Kaynak piyasasında gerçekten olan şeyler sadece değerlere ve beklentilere dayanmıyor, her şeyden önce kaynak sahiplerinin içinde hareket ettiği ekonomik sistemlerin kurallarına dayanıyor. Meselenin özü burada yatıyor. Sorun insanların yanlış şeyi istiyor olması değil, yanlış şeyi yapıyor olması; çünkü içinde hareket ettikleri ekonomik sistemler verdikleri kararların gerçek sonuçlarını göstermiyor. İlerleyen bölümlerde piyasanın nerelerde tökezleyebileceğini adım adım açıklamaya çalışacağım.

Toplumsal Norm

Piyasanın davranışlarını refah ekonomisi açısından değerlendirebilmemiz için öncelikle bir norma ihtiyacımız var. Sonuçta bir bütün olarak toplum da tıpkı kaynak sahiplerininki gibi bir portföy sorunuyla karşı karşıya. Torunlarımıza zenginlik miras bırakabiliriz. Biz öldükten sonra faydalanabilecekleri evler ve fabrikalar inşa edebiliriz. Ya da atalarımızdan bize miras kalan doğal zenginlikleri, el değmemiş bir doğa ve güzel bir iklim miras bırakabiliriz. Basit bir şekilde ifade etmek gerekirse yer üstünde insan eliyle üretilmiş sermayeyle doğanın yeraltında bize verdiği sermaye ve atmosferdeki karbon atığı arasında çok hassas bir denge kurmalıyız. Şu an için atmosferdeki karbon atığı meselesini bir kenara bırakalım ve atmosferde hiç atık yokmuş gibi yerin üstündeki ve altındaki sermayeye odaklanalım.

Yerin üstünde ya da altında fark etmez; torunlarımıza bir sermaye miras bırakmak istiyorsak, şu an yaşayan insanlar tüketimlerini biraz kısmak zorunda. Eğer elimizdeki üretim öğelerini daha fazla makine, ev ve fabrika yaparak insan eliyle üretilmiş sermayeyi büyütmeye adarsak, o zaman bu öğeleri tüketim malları üretiminde kullanamayız demektir. Aynı şekilde (insan eliyle üretilen sermayeyi sabit tutarak) yeraltında daha fazla karbon bırakırsak o zaman da tüketim mallarının üretimi için gerekli enerjimiz olmayacak. Mevcut tüketim miktarımızla gelecek nesillerin tüketim miktarları arasındaki çatışma kaçınılmaz. Ancak tam da bu nedenden dolayı, mevcut nesiller gelecek nesillere faydalı olmak için tüketimi düşürmekten mümkün olan maksimum faydayı elde etmeli. Bunun için ne kadar tüketimden feragat etmeleri gerekirse gereksin! Bu, zayıf ama herkesin kabul edilebilmesi gereken bir sosyal norm.

Toplumsal açıdan bakıldığında, gelecekteki GSYH'yi artırmak da pekâlâ tüketimi kısıp gelecek nesillere daha fazla insan ürünü veya doğal sermaye miras bırakmanın bir parçası olarak görülebilir. Gelecek nesillere daha fazla insan ürünü sermaye miras bırakırsak gelecek nesiller emekleriyle daha fazla şey üretebilir, çünkü daha karmaşık ve maliyetli ekipmanlarla ve daha iyi bir altyapıyla çalışma fırsatı bulurlar. Biz de aynı şekilde geçmiş nesillerin tutumluluğundan istifade ettik. Şu an atalarımızdan daha yüksek bir yaşam standardı sürüyorsak bunu emeğimizden daha fazla getiri elde etmemize borçluyuz, çünkü atalarımızın erişebildiğinden çok daha fazla insan ürünü sermayeye erişebiliyoruz.

Faizin piyasa değeri, insan ürünü sermaye stokuyla gelecekte ne kadar şey üretebileceğimizin iyi bir ölçütüdür, zira girişimcilerin sermaye yatırımlarını karşılamanın ötesinde ne kazanabileceğini gösterir. Aslında rekabetçi bir ekonomide faiz oranı, verili bir sermaye yatırımıyla gelecekte ne kadar ilave net sermaye amortismanı üretileceğini tam olarak gösterir. Bu sadece yıllık faiz oranına değil bileşik faize de işaret eder. Yüzde 3'lük bir yıllık faiz on yılda yüzde 34 faiz oranına denk gelir. Eğer bugün yaklaşık bir milyar dolarlık bir tüketim miktarından vazgeçersek on yıl sonra tüketimde bugünün fiyatlarıyla bir defaya mahsus 1,34 milyar Amerikan doları kadar yer açmış oluruz. Eğer sermayeye dokunulmazsa tüketim takip eden bütün on yıllar içinde aksi takdirde olacağından 340 milyon Amerikan dolar daha fazla olurdu.

Eğer gelecek nesillere insan yapımı sermaye değil de yerinde duran daha büyük fosil yatakları bırakmak istersek gelecekteki GSYH artacaktır, çünkü üretim için daha fazla enerji erişilebilir hale gelecektir. Bugün için bir kısım üretim çıktısından feragat etmek anlamına geleceğinden, bu stratejinin sonunda bir ekonomik getiri elde edilmesi için ileride erişilebilir bir ton karbondan üretilen ilave GSYH'nin bugünkünden daha fazla olması gerekir. Doğal kaynakların zaman içinde daha kıt hale geldiği hesaba katılırsa bu senaryonun gerçekleşmesi beklenebilir. Günümüzde kayda değer bir miktarda enerji israf ediliyor, çünkü hâlâ fiyatlar görece düşük. Gelecekte enerji kıt ve pahalı olduğunda bu enerjiyi nasıl ve nerede kullanacağımız konusunda iki ya da belki de üç kez düşüneceğiz. Biraz karbon bile kalmış olsa o zaman bu karbonun GSYH'ye yaptığı katkı bugünküne göre çok daha yüksek olacak. Ekonomistler bu olguyu karbonun giderek kıtlaşmasının karbondan elde edilen marjinal ürünü daha da artırdığı şeklinde açıklar. Gelecekteki

ilave çıktının bugünkü çıktı kaybını aşması oranı çıkarılmadan bıra-
kılmış karbon kaynaklarının toplumsal getiri oranıdır. Eğer çıkarma
maliyetleri söz konusuysa bu ifadeyi biraz düzeltmek gerekir. Yeraltında
bırakılan kaynağın ekonomik getiri oranını hesaplamak için uygun
değer şimdi –ekstra bir tonluk karbonun bugün ya da gelecekte ürete-
ceği değere ait çıkarım masrafı düşüldükten sonra– GSYH'ye katkıda
bulunan büyüme oranıdır.

Eğer kaynakların çıkarımının bir süre ertelenmesiyle elde edilecek
ekonomik getiri oranı sermaye piyasalarındaki faiz oranının üzerindeyse
o zaman toplumsal bir açıdan yaklaşıp kaynak çıkarımını ertelemeliyiz,
çünkü bu, kendi yaşam standardımızı düşürmeden gelecek nesillerin du-
rumunu iyileştirmeye yönelik bir stratejinin parçası olabilir. Ekonominin
diliyle söylersek, gelecek nesillerin lehine bir Pareto iyileştirme, yani
bize hiçbir maliyeti olmayan bir iyileştirme oluşturabiliriz. Strateji,
gelecek nesillere miras bıraktığımız zenginliğin miktarını değiştirme-
den kompozisyonunu değiştirmektir. Fosil yakıtların çıkarılmasının
ertelenmesinin bugünün GSYH'sini düşürdüğü bir gerçek, çünkü
fosil yakıt önemli bir üretim faktörüdür. Ancak bugünkü tüketim
seviyemizi düşürmek zorunda değiliz, sadece biriktirdiğimiz miktarı
azaltıp azalmış GSYH'den insan yapımı sermaye miras bırakırız. Bu
durumda gelecek nesillere sermaye yoğunluğu daha düşük olan fabrika-
lar, daha az altyapı ve daha basit binalar bırakabiliriz. Gelecek nesiller
böylesi bir stratejiden tıpkı bir yatırım fonuna yatırım yaptıklarında
fon yöneticisinin fonları düşük faizli yatırım aracından alıp yüksek
faizli yatırım aracına aktarmasıyla elde ettiği getiriye benzer bir getiri
sağlayacaktır. Bugünkü standardından feragat etmeksizin ileride daha
yüksek bir yaşam standardı elde edecektir.

Eğer bencilsek ve gelecek nesillerin durumunu iyileştirmek istemi-
yorsak bile portföyümüzün kompozisyonunu değiştirmek suretiyle ge-
lecek nesillere zarar vermeden kendi standartlarımızı yükseltebiliriz.
Bunu yapmak için miras bırakacağımız reel insan yapımı sermayenin
oranını biraz daha düşürmemiz gerek; böylece gelecek nesillerin stan-
dartlarına herhangi bir etki yapmaksızın kendi tüketim standartlarımı-
zı artırabiliriz. Daha az karbon çıkaracağımızdan GSYH'den biraz
fedakârlık etmiş olacağız ama insan yapımı sermaye üretmek için kul-

landığımız GSYH'den feragat ettiğimizde tüketimimizi yükseltebiliriz. Tasarrufun ve miras miktarının azalması ve buna bağlı olarak insan yapımı sermayeye yapılan yatırımın azalması hem GSYH'deki düşüşü hem de mevcut tüketimdeki artışı masseder. Gelecek nesiller söz konusu GSYH'yi daha fazla karbon ve daha az insan yapımı sermayeyle elde edebilir, dolayısıyla aynı tüketim ve yatırım seviyelerine erişebilirler. Bunun bizim için faydası, parayı doğrudan tüketim bütçesinden alıp gelecekteki yaşam standardından feragat etmeden fon yöneticisinin gelişmiş yatırım stratejisinden istifade eden yatırımcınınkine benzer.

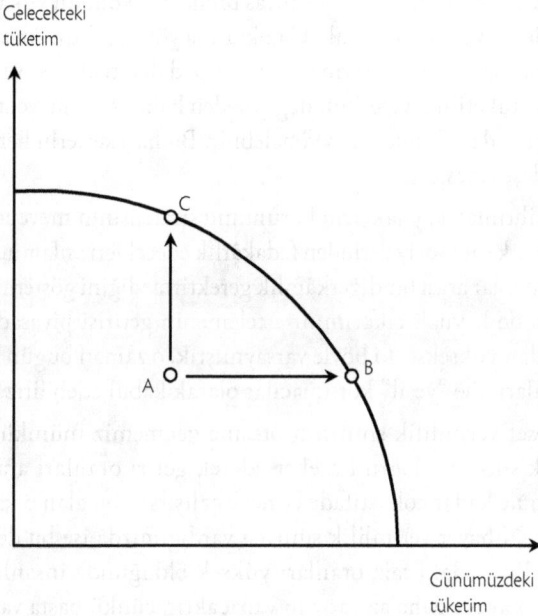

ŞEKİL 4.10 Zamanlar arası Pareto optimalitesi

ŞEKİL 4.10 Pareto iyileştirme için iki olasılık ortaya koyuyor. Portföyün ne kadarının insan yapımı ne kadarının doğal sermayeden oluşacağına ve mevcut nesillerin ne kadar fedakârlık etmeye niyetli olduğuna bağlı olarak bugünkü tüketimi gelecekteki tüketime dönüştürmenin bir sürü yolu var. Bu ihtimallerin her biri eğrinin altında veya solundaki bir nokta tarafından temsil ediliyor. Eğrinin kendisi ise teknik açıdan makul stratejilerin verimlilik sınırını gösteriyor. Elbette tüm rasyonel toplumlar bu eğrinin üzerinde olmak istemelidir. Eğer toplum eğrinin altındaysa portföy stratejisini değiştirip bugünkü tüketimini sabit tutar ve böylece gelecekteki tüketimini artırabilir ya da tam tersi. Hatta her iki zaman dilimindeki tüketimi bile artırabilir.

Fosil yakıt çıkarımını ertelemenin getiri oranının piyasadaki faiz oranı getirisinden fazla olduğunu varsayalım. Bu durumda insanlık kendini ŞEKİL 4.10'daki gibi verimsiz bir noktada bulur. Eğer mevcut nesiller kendi tüketim seviyelerini sabit tutup daha fazla doğal sermaye ve daha az insan yapımı sermaye miras bırakırsa ekonomi yukarı yönlü hareket edecek ve diyagramdaki C noktasına yönelecektir. Ancak miras bırakılacak insan yapımı sermayenin biraz daha kısılması ve böylece gelecekteki tüketim seviyesinin değişmeden kalmasıyla mevcut nesiller de A noktasından B noktasına yönelebilir. Bu hareketlerin her ikisi de Pareto iyileştirmesidir.

İkinci ihtimal, kaynakların korunumu stratejisinin mevcut nesiller için ille de tüketim seviyelerinden fedakârlık edecekleri anlamına gelmediği ve zamanlar arası bir diğerkâmlık gerektirmediğini göstermektedir. Gerçekten de kaynak çıkarımını ertelemenin getirisi piyasadaki faiz oranlarından yüksekse, ki böyle varsaymıştık, o zaman bugün bencilce karar alanları bile "yeşil" korumacılar olarak kabul edebiliriz.

Maalesef verimlilik sınırının ötesine geçmemiz mümkün değil. Verimlilik sınırına doğru hareket ederek getiri oranları arasındaki farklardan ne kadar çok istifade etmeye çalışırsak bu alan o kadar küçülecektir. Nihayet verimlilik sınırına vardığımızda ise bu değer sıfır olacaktır. Piyasadaki faiz oranları yüksek olduğunda insanlık insan yapımı sermayeye daha az yatırım yapacaktır, çünkü başta vazgeçilen yatırım projelerinin kâr oranı düşer ve fosil yakıtları çıkarmanın ertelenmesinden elde edilen getiri oranı erteleme miktarı arttıkça düşer. Bir kere bugün daha az karbon erişilebilir olduğunda karbon israfı azalır. Ayrıca karbon arzının gelecekte artması karbonun o zaman daha dikkatsiz bir şekilde tüketileceği anlamına gelir. Bu da her bir ilave ton karbonun GSYH'ye daha az katkıda bulunması demektir. Ekonomik açıdan optimum bir çıkarım izleği, ertelenen çıkarımla elde

GÖZ ARDI EDİLEN ARZ | 201

edilen ekonomik getiri oranının her zaman sermaye piyasalarındaki faiz oranına eşit olandır, çünkü o zaman toplumun portföy kompozisyonundaki küçük bir oynama bir neslin durumunu diğerini tüketimden fedakârlığa zorlamadan iyileşmez. **ŞEKİL 4.10**'da bu, B veya C noktası gibi verimlilik çizgisi üzerinde bir noktadır. Ekonomide bu durum Solow-Stiglitz Verimlilik Koşulu olarak bilinir ve ismini Robert Solow ile Joseph Stiglitz'den alır.[29]

Pareto optimalitesinin koşulu, özel kaynak sahiplerinin çıkarma planlarında gözlemlenene oldukça benzerdir. Dışsallıkların, özellikle de küresel ısınma gibi bir tanesinin olmadığı iyi işleyen rekabetçi bir ekonomide koşullar özdeştir. Piyasa ekonomisinde çıkarılan karbonun son tonunun verili bir dönemde GSYH'ye yaptığı katkı o bir tonluk karbonun satış değerine eşittir. Dahası çıkarma maliyetinin anlamı özel ve toplumsal hesaplamalarda aynıdır. Dolayısıyla her dönemde, çıkarılmamış karbonun birim piyasa değeri çıkarım maliyetleri düşüldüğünde GSYH'deki artışın doğru bir ölçüsüdür, ki bu GSYH potansiyel olarak bir ton daha karbon çıkarılmasıyla oluşturulacak tüketim için uygundur. Buradan hareketle, çıkarılmamış kaynağın değerlenme oranının piyasadaki faiz oranına denk geldiği zaman kaynak tüketimi için oluşan zaman izleği Pareto verimlidir. Bu da tam da özel kaynak sahiplerinin rekabetçi piyasalarda izlediği Hotelling Kuralı'dır.

Daha Yavaş Çıkarmak Pastayı Neden Büyütür

Küresel ısınmada çıkarılmış karbon atmosferde birikerek, ne fosil yakıt üreticilerinin ne de tüketicilerinin ekonomik hesaplamalarında yer alan ve dolayısıyla iki taraf tarafından yok saydığı, dünya çapında bir hasara yol açar. Bu dış etmenlerden kaynaklanan piyasa başarısızlığı Stern Komisyonu'nun raporuna göre piyasa tarihindeki en büyük başarısızlıktır. Bu iddiaya karşı çıkmak çok güç.[30]

İlk bakışta bu iddiaya verilecek yanıt son derece açık gibi görünüyor: Atmosferdeki karbon daha yüksek sıcaklıklara neden olduğu sürece, ki bu çevreye hasar vermektedir, daha önce izin verdiğimiz miktarda karbonun atmosfere salınımına izin vermemeliyiz. Pek çok siyasi amaç açısından bu görü yeterlidir.

Ancak bu bir siyasa formüle etmek ve piyasanın söz konusu başarısızlığını düzeltmek için gerekli bilimsel temeli oluşturmak için kesinlikten epey uzak bir ifade. Mesela çıkarım hızını azaltmak için piyasanın coşkusunu mu kesmeliyiz, yoksa fosil yakıt kaynaklarının bir kısmını sonsuza kadar denklemin dışına mı çıkarmalıyız belirgin değil. O zaman bazı yatakları kalıcı bir şekilde mühürlemeli ve bu kaynaklara sahip olanların bile erişimini engellemeli miyiz yoksa kaynak sahiplerinin ellerindeki cevheri daha yavaş çıkarmalarını sağlayacak bir yöntem mi bulmalıyız?

Kimileri bu ayrımı fazla akademik bulabilir ancak öyle değil. Bu ayrım hem fosil yakıt yatağı sahiplerinin perspektifinden hem de piyasanın başarısızlıklarını düzeltmek için öne sürülebilecek olası siyasa seçenekleri açısından önemli. Eğer söz konusu yataklar mühürlenirse o zaman bu kaynakların müsadere edilmesi veya satın alınması gerekir. Bu satın alma işlemi BM'nin koruması altında kültürel miras veya doğal alanların korunumu mantığına benzer bir şekilde yapılabilir. Ancak eğer çıkarma hızı düşerse, yeterli mali teşvikler ve akılcı bir idareyle küresel olarak kurulacak bir takas sistemi yeterli olabilir.

Meseleye yukarıda betimlediğim portföy sorunu açısından bakıldığında, yüksek sıcaklıkların bir bütün olarak topluma getirdiği hasarın da geleceğe erteleneceğini hesaba katarsak, söz konusu çıkarma sürecinin yavaşlatılmasını meşrulaştırabiliriz.[31]

Belirli bir fosil yakıt miktarının çıkarımının ertelendiği her on yıl, ortaya çıkacak hasarın ve tamir maliyetinin ötelendiği on yıl demektir; yani daha az ilave kuraklık, sel ve kasırga. Bu da evlerimizi, ofis ve arabalarımızı soğutmak için daha az enerji harcamamız demek.

Fosil yakıtları çıkarmayı kısmen ileriye atmaktan elde edeceğimiz ekonomik getiri sadece gelecekteki GSYH'nin artmasından ileri gelmez, aynı zamanda gelecekteki GSYH'nin daha küçük bir kısmı oluşan hasarı gidermeye gideceğinden daha büyük bir miktarı özel tüketime ayrılabilir. Dolayısıyla Pareto'nun kastettiği manada toplumun portföy optimumu, bu iki pozitif etkinin toplamının piyasadaki faiz oranına eşit olmasını gerektirir.

Fakat piyasalar bu gerekliliği sağlamaz, çünkü Hotelling Kuralı'nı izlerler, dolayısıyla yukarıda gösterildiği gibi sadece birinci öğeyi faiz oranına eşitlemeye çalışırlar. Dolayısıyla özel yatırım bankacıları kaynak sahiplerinin varlık portföylerini optimize ettiği zamanlar arası bir piyasa dengesinde, yeraltında kalan fosil karbonun miras bırakılmasının toplumsal avantajı, azaltılmış küresel ısınma hasarıyla elde edilen insan yapımı sermayenin miras bırakılmasının toplumsal avantajını aşar. Daha açık olmak gerekirse, fosil yakıtların çıkarılmasının ertelenmesiyle birlikte elde edilecek toplumsal getiri oranı yüzdesi piyasadaki faiz oranını ek bir birim fosil karbonu yeraltındaki yataklarında tutarak kaçınılacak iklimsel hasar kadar aşar.[32]

Bu da toplumun gerçekten de **ŞEKİL 4.10**'daki A noktasına benzer bir noktada olduğu anlamına gelir. Daha yavaş kaynak çıkarıp insan yapımı sermaye pahasına gelecek nesillere daha fazla doğal sermaye bırakarak, mevcut nesillere herhangi bir zarar vermeden gelecek nesillere faydalı olabiliriz. Bu da bizi C noktasına götürecektir.

Ancak toplum B noktasına da gidebilirdi. Bunu, gelecek nesillere daha da az insan yapımı sermaye bırakırken kendi tüketimini gelecek nesillerin GSYH'sini sabit bırakacak şekilde artırarak yapabilir. Gelecek nesiller hem yeraltında daha fazla karbon hem de atmosferde daha az karbon (dolayısıyla daha az hasar) olduğu için ikili bir avantaja sahip olacağından biz de, onlara zarar vermeksizin, insan yapımı sermaye mirasımızı azaltır ve kendi tüketimimizi artırabiliriz. Daha az karbon çıkardığımız için GSYH'den feragat etsek de tüketimimizi artırabiliriz, çünkü sermaye yatırımındaki azalma GSYH'deki azalmayı geçecektir.

Elbette B ile C noktası arasında verimlilik sınırında bir yere doğru gitmek de mümkün. Böylece hem mevcut hem de gelecek nesiller mutlu edilebilir. Bir başka deyişle, piyasa ekonomisinin getireceği değerlere kıyasla karbonu korumayı ve çıkarımı yavaşlatmayı hedefleyen "yeşil" politikalar için bir kazan kazan durumu ortaya çıkabilir, yani pasta bariz bir şekilde büyür.

Pastanın azami seviyede büyümesini engelleyen piyasa başarısızlığının faydalı bir yorumu, çıkarılan karbonun insan yapımı sermayeyi tamamlayan bir şey olarak görülmesi olabilir. Ne de olsa karbon pek çok

204 | YEŞİL PARADOKS

ülkede sanayileşmenin temel güdüleyicisi olmuştur. Bugünkü tüketim seviyelerini değiştirmeden insan yapımı sermaye biriktirmeye çalıştığımızı düşünelim. Bunu yapmanın yolu, GSYH'yi artırmak için daha fazla karbon çıkarmak ve yakmak, ortaya çıkan ilave GSYH'yi de gelecek nesillere miras bırakılacak sermaye için kullanmaktır. Yeraltından doğal sermayenin çıkarılması, yer üstünde insan yapımı sermayenin biriktirilmesi ve atmosferde karbondioksit atığın birikmesi birbirine son derece yakından bağlı süreçlerdir. Bu açıdan bakıldığında karbondioksidin neden olduğu hasar, insan yapımı sermayenin gerçek ekonomik getirisini piyasadaki faiz oranının altına iter. Dolayısıyla Pareto iyileştirmeleri, karbon çıkarım seyriyle fiyat seyrini piyasa güçlerinin tercih ettiği senaryoya göre düzleştirerek elde edilebilir.

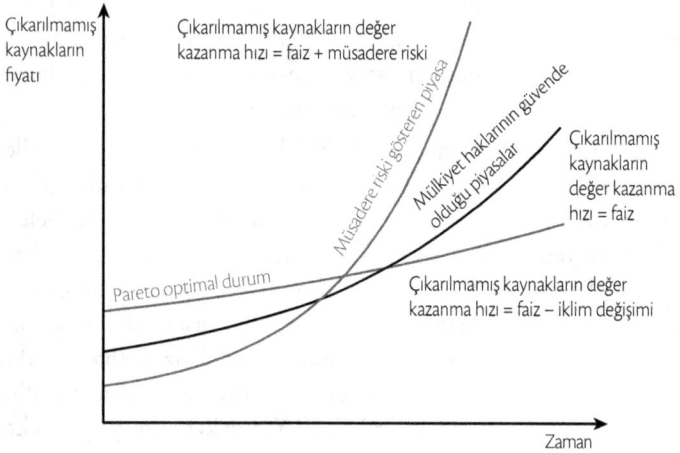

ŞEKİL 4.11 İdeal toplumsal düzeye kıyasla piyasa davranışı; bugün çok pahalı olan gelecekte çok ucuz.

ŞEKİL 4.11 bu yorumu karbonun fiyat seyrini merkeze alarak şematik bir şekilde ortaya koyuyor. Ortadaki izlek, rekabetçi piyasa koşullarındaki denge durumunu gösteriyor ve Hotelling Kuralı'nı sağlıyor. Böylesi bir denge durumunda öyle bir çıkarma izleği seçilir ki çıkarılmış karbonun artan göreli kıtlığı fiyatın, sürecin sonunda yerinde duran kaynağın kazandığı değer piyasadaki faiz oranına denk gelecek oranda artmasını sağlar. (Şimdilik üstteki izleği göz ardı edin. Onun nedeni mülkiyet haklarındaki güvensizliktir, bu konuya bu bölümün sonraki kısımlarında değineceğiz.)

Alttaki izlek Pareto optimumunu gösteriyor. Daha düz, çünkü çıkarılmamış kaynakların değer kazanma hızı piyasadaki faiz oranı eksi sermaye yatırımının bir oranı olarak gösterilen iklimsel hasara eşittir. Pareto optimal izleği piyasanınkinden daha düzdür ve bir noktada onunla kesişir. Daha yüksek fiyatlarda başlamak zorundadır, çünkü aksi takdirde zaman içinde piyasa izleğindekinden daha fazla karbon talebi doğacaktır ve bu da makul olmayacaktır, çünkü bir noktada geriye hiç karbon kalmayacaktır.

Pareto optimal duruma kıyasla piyasadaki fiyatın seyrettiği izlek başlangıçta çok daha düşük, sonrasında ise çok daha yüksektir. Dolayısıyla kaynaklar çok hızlı tükenir. Bu da fosil karbonun yeraltından çıkarılmasını yavaşlatmayı hedefleyen bir politika hedefine zemin hazırlar. Böyle bir politika aynı zamanda küresel ısınmayı yavaşlatacaktır.

Neden Karbon Kaynakları Mühürlenmemeli?

Karbon kaynaklarının daha yavaş çıkarılması demek çıkarma işlemini tamamen bir kenara bırakalım değil, çıkarma işlemi daha ileri bir tarihe ertelensin demektir. İklim sorunu açısından bazı kaynakların hiç çıkarılmaması meselesi dört başı mamur bir yanıt verebileceğimiz bir soru değil bu yüzden de gelecek nesillere bırakılmalıdır.

Kaynakların bir kısmını kullanmaktan kaçınmak, bunların mühürlenmesi ve sanki hiç yoklarmış gibi davranmak anlamına gelir. Bugün böyle bir talepte bulunmak kolay, zira yeraltında hâlâ yeteri kadar karbon mevcut. Peki ya torunlarımız ileride, mesela bundan bin yıl sonra bu konuda ne düşünecek? Torunlarımızın iklim sorunu nedeniyle bu mühürlenmiş kaynaklara hiç ilgi göstermeyeceğini bilebilmemiz için o zamanın dünyasına ne gibi koşulların hâkim olacağını, torunlarımızın ne kadar bedel ödemeye istekli olacağını, çıkarma maliyetlerinin ne olacağını ve kaynakların çıkarılmasıyla birlikte ne gibi ilave hasara yol açılacağını da bilmemiz gerekir. Toplumsal açıdan bakarsak petrol yataklarını hemen kurutmamak, tüketicilerin sadece çıkarma maliyetlerini değil aynı zamanda daha güçlü bir sera etkisinden kaynaklanan yüksek maliyetleri de karşılamaya gönüllü oldukları zamana kadar korumak mantıklıdır. Ancak meseleye iş açısından bakarsak tüketicilerin bugün çıkarma maliyetlerinin üzerinde bir parayı ödemeye razı olması üretici için zaten yeterlidir çünkü üretici küresel ısınma dışsallığı için herhangi bir şey ödemeyecektir. Bu noktadan yaklaşıldığında, her ne kadar ekonomik olarak bazı petrol yataklarına hiç dokunmamak daha makulse de piyasa güçleri nedeniyle bu yataklardan bir gün istifade edileceği söylenebilir. Ancak biz bugün bu konuda hiçbir şey bilmiyoruz. Kaynakların bitmeye yaklaşmasıyla beraber tüketiciler hem çıkarma maliyetleri hem de ilave karbonun yol açacağı küresel ısınmayla oluşacak hasarı karşılayabilecek fiyatları ödemeye razı olabilir. O halde piyasa güçleri tüm kaynakların tüketimine işaret edecektir ve bu sosyoekonomik açıdan doğru karar demektir. Her iki senaryo da mümkün. Ancak ikisi de bilinmeyen bir gelecekteki bilinmeyen koşulları, bilinmeyen marjinal hasarı ve bilinmeyen çıkarım maliyetlerini konu edindiğinden biz bugünden hangisinin daha doğru olduğuna karar veremeyiz. Dolayısıyla kaynakların çıkarılmasını yavaşlatmaktan başka bütün öneriler bugün için geçersizdir. Refah açısından bakıldığından kaynakların veya rezervlerin mühürlenmesi savı, kaynak çıkarımının yavaşlatılması savı kadar güçlü bir şekilde savunulamaz.

Tüketicilerin enerji için ödeyecekleri fiyatın, nükleerden rüzgâr çiftliklerine "yeşil" dayanak teknolojilerin maliyeti tarafından belirlenen bir üst limiti olduğu iddia edilebilir. Bu durumda fosil enerji sahibi olan özel şahısların birim maliyetleri söz konusu teknolojilerin sağladığı fiyat eşiğinden biraz altta olsa dahi sera etkisi hesaba katıldığında bu kaynakları kullanmak ekonomik olmaktan çıkacaktır. Bu savdan hareketle kaynakların mühürlenmesi yönünde bir tez meşrulaştırılabilir. Fakat bu iddia ikna edici değildir. Elbette fiyat artışını sınırlandıracak alternatif enerjiler vardır. Fosil yakıtların fiyatı arttıkça bu yakıtları tüketmeme yönündeki teşvikler de artacak ve tüketiciler güneş ve nükleer gibi alternatif kaynaklara yönelecektir. Fiyatlar yükseldikçe uygulanabilecek tüketimi sınırlayıcı bütün önlemler TABLO 4.1'de verilmiştir, bu önlemler sürecin sonunda fiyatı sınırlayacaktır. Dayanak teknolojilerin farklı enerji kullanımlarındaki sürekliliği ŞEKİL 4.4'te bahsedilen talep eğrisini açıklayan temel faktördü. Fakat fosil yakıt için bir üst fiyat limiti oluşturmaları isteniyorsa alternatif teknolojilerin diğerlerini kısmen ikame etmeleri yetmez, aksine mükemmel olmaları gerekir ki karbon yataklarının mühürlenmesi savı meşrulaştırılabilsin. Ufukta böyle bir alternatif enerji görünmüyor.

Nükleer fizyon, nükleer füzyon, güneş enerjisi, su ve rüzgâr enerjilerinin hepsi elektrik üretiminde kullanılır. Ancak elektrik hiçbir şekilde fosil yakıtların yerini alabilecek mükemmel bir alternatif değildir çünkü fosil yakıtlar mükemmel enerji depolama araçlarıdır. Taşımacılıkta kullanılabilecek hiçbir başka madde veya teknik araç, birim başına fosil yakıtlar kadar enerji depolayamaz. Üçüncü Bölüm'de iddia edildiği gibi bilgisayarlarımızda kullandığımız lityum-iyon bataryalar bile bir dizel yakıtın yüzde 1,7'si kadar enerji depolayamaz. Hidrojen elektrikten üretilebilen potansiyel bir adaydır ancak yine Üçüncü Bölüm'de açıklandığı gibi hidrojen depolanmadan ve taşınmadan önce ya aşırı oranda sıkıştırılmalı veya soğutulmalıdır. Bu şartlar sağlandığında dahi hidrojeni depolamak için fosil karbondan çok daha fazla bir alana ihtiyaç vardır.

Fosil yakıtlara tek mükemmel alternatif biyoyakıtlardır çünkü onların hem çok benzer bir kimyasal yapıları hem de neredeyse aynı kolaylıkla depolanabilir ve taşınabilirler. Fakat bu alternatifin karbon yakıtlar için bir üst fiyat limiti oluşturabilmesi mümkün değildir çünkü üretilmeleri için devasa ölçeklerde toprak gerekir. Fosil yakıtların yerine sadece taşımacılıkta kullanılmak üzere biyoyakıt kullanmaya kalksak dünyanın bütün ekilebilir arazisine ihtiyacımız olur. BKS (biyokütleden sıvıya) geliştirilebilse bile çok ciddi bir toprak parçası gerekir ki bu Tortilla Krizi gibi krizlerin dünya çapında tekrarına neden olma riskinden kaçınmak için yeterli olmayabilir. Dahası böylesi bir krizin maliyetleri ileride çok daha büyük olacaktır. Hepsinden öte giderek daha fazla toprağın biyoyakıtlar için kullanılması demek karbon yakıtlar için bir tavan fiyat oluşacağı anlamına gelmez çünkü zirai ürünlerin fiyatı da artacaktır hatta belki de hiçbir tavan sınırı olmaksızın. Üçüncü Bölüm'de biyoyakıtların, insanlığı sahip olduğu karbon kaynakların bir kısmını çıkarmaktan vazgeçmeye itecek kadar bir miktarda üretilebileceği ve bunu yaparken de gıda fiyatlarının çılgınca değilse de aşırı artışına engel olunabileceği tarzda bir yaklaşımın absürd olduğunu tartışmıştım. Dolayısıyla ufukta fosil yakıtlara mükemmel bir alternatif yoktur ve böyle bir alternatifin olmadığı bir ortamda refah açısından kaynakların mühürlenmesi gibi bir öneri sunulamaz.

Darbe Korkusu

Kaynakları tamamen mühürleyip kullanımı engellemektense karbon çıkarımını yavaşlatma yönündeki bir sav için şeyhlerin ve diğer doğal kaynak sahiplerinin rakiplerinden korkusunu da ele alabiliriz. Doğal kaynak sahipleri çoğunlukla koruyucu çıkarma stratejilerine ilgisizdir çünkü torunlarının ya da aşiret üyelerinin kaynaklar daha çıkarılmadan alaşağı edileceğinden korkarlar.

Rakip bir rejimin devrim yoluyla iktidara gelmesi veya Amerika'nın gelip mevcut yönetimi Batı tarzı bir yönetimle tehdit etmesi oldukça olası. Güvensizlik hat safhada ve kaynak sahipleri her daim aşiretin, çocuklarının ya da torunlarının bu doğal kaynaklardan istifade etme şanslarının ellerinden alınacağı korkusuyla yaşarlar. Bu açıdan bakıldığında kaynakların en hızlı bir şekilde yeryüzüne çıkarılması ve elde edilen gelirin de İsviçre bankaları veya başka yerlere gömülmesini daha avantajlı görürler.[33] Sonuç olarak kaynaklar çok hızlı çıkarılır.

Piyasa davranışlarındaki bu sapmanın, ilk bakışta öyle görünse de, kaynak sahiplerinin torunlarına karşı hissettikleri diğerkâmlıkla uzaktan yakında bir ilgisi yok. Açgözlülük ve diğerkâmlık hakkındaki bölümde belirttiğim gibi diğerkâmlığın eksik oluşu kaynak sahiplerinin zenginliklerini israf etmeye sevk edebilir ancak bu ille de kaynakların çok hızlı bir şekilde tüketileceği anlamına gelmez. İsraf etmek isteyen pekâlâ elindeki doğal kaynakların kullanım haklarını da satabilir. Böylelikle hem kaynaklar sayesinde elde edecekleri nakit ellerinde olur hem de kaynakların hemen o an çıkarılması gerekmez. Hakları satın alanlar kaynakları daha sonra çıkarabilir. Piyasanın çıkarılmamış kaynakların beklenen değerlenme oranının sermaye piyasalarındaki faiz oranına denk olduğu bir çıkarım yöntemi seçeceği gerçeği, o kaynaklara sahip olanların nasıl bir tüketim biçimi arzu ettiklerinden tamamen bağımsızdır.

Öte yandan çıkarılmamış kaynakların mülkiyetini kaybetme riski çıkarma oranlarında ciddi bozulmalara yol açar. Bu riskten elden çıkarma yöntemiyle kaçınamazsınız çünkü kaynağın yeni sahibi de aynı riskten mustarip olacaktır. Kaynak sahipleri siyasi bir ayaklanmayla kaynaklarını kaybetme riskiyle karşı karşıya, dolayısıyla ellerindeki kaynağı mülkiyet hakları güvenli olduğu takdirde çıkaracaklarından çok daha hızlı çıkaracaklardır.

Mülkiyetin güvensiz olması sorunu tüm fosil yakıt kaynaklarına aynı şekilde uygulanamaz. Mesela büyük kömür yataklarının olduğu ABD ve Avustralya'da böylesi bir siyasi alt üst oluş ve mülkiyet değişimi beklenmemektedir. Fakat doğalgaz kaynaklarının bir kısmı petrol kaynaklarınınsa büyük bir kısmı için bu riskten bahsedebiliriz. **ŞEKİL 4.12** dünyanın petrol rezervlerinin nerede olduğunu ve kimler tarafından kontrol edildiğini göstermektedir. Dünyanın petrol rezervlerinin dörtte üçü Venezuela, Kazakistan, Rusya, Ortadoğu, Libya ve Nijerya'da. Bunlar çoğunlukla aşırı siyasi belirsizliklerden mustarip ülke ve bölgeler ve sonuç olarak kaynak sahiplerinin mülkiyet durumu oldukça belirsiz.

Zaten petrol üreten ülkeler geride kalan geride kalan on yıllarda olağanüstü siyasi çalkantılardan paylarını yeterince aldılar. Bu da onların kaynak kullanımlarını doğrudan engellemediyse de mülkiyet hakları konusundaki korkularını körükledi. İkinci petrol krizi İran şahının Ayetullah Humeyni tarafından 1979'da alaşağı edilmesiyle sonuçlandı. İran 1980'den 1988'e kadar Irak ile amansız bir çatışmaya girdi. Irak 1990'da Kuveyt'i işgal etti. Bir yıl sonra Amerikan kuvvetlerince geri püskürtüldü. 1992'de Cezayir bir iç savaşla boğuşuyor, Venezüella'da Hugo Chávez darbeye kalkışıyordu. Sovyet Bloku 1989'da çözülmeye başladı. 1991'de Sovyetler Birliği'nde Komünist Parti'nin bazı öğeleri Gorbaçov'a karşı darbe girişiminde bulundu. 2001'de El Kaide Dünya Ticaret Merkezi'ni yıktı ve 2003'te ABD Irak'ı işgal etti. 2002'de o zaman artık demokratik yollarla iktidara gelmiş olan Chávez'e karşı bir darbe girişiminde bulunuldu. Ben bu satırları yazarken Arap ülkelerinde "Yasemin Devrimi" hâlâ devam etmekteydi.* Tüm bu olaylar çıkarılmamış kaynaklar üzerindeki mülkiyet haklarını kaybetme korkusunun artmasına yol açtı, dolayısıyla daha fazla çıkarma arzusunu körükledi.

---

* "Arap Baharı" olarak adlandırılan kitlesel hareketler, 2012 ortalarında önemli oranda azaldı.

Asya ve Okyanusya %3

Nijerya %3

Kalanlar %5

Libya %3

Kuzey Amerika %16

Avrupa %1

Venezuela %7

Kazakistan %2

Rusya %4

Ortadoğu %56

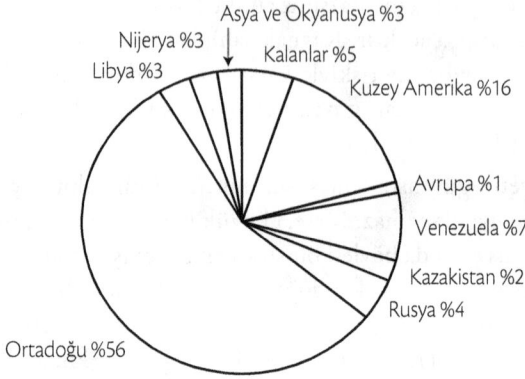

ŞEKİL 4.12 Petrolün "efendi"lerinin elinde olan yerler. Kaynaklar: Energy Information Administration [Enerji Bilgi İdaresi], *International Data 2009, Petroleum (Oil) Reserves & Resources* (http://www.eia.doe.gov).

Müsadere korkusu beraberinde petrol piyasasındaki dengenin temelden değişmesini getirdi çünkü petrol çıkarma hızı arttıkça bugünkü fiyatlar çok düşecek ama petrol yatakları kurumaya başlayınca gelecekteki fiyatlar artacaktır. Kaynak sahiplerinin şu anki ve gelecekteki çıkarım miktarlarına kayıtsız olmalarını sağlayacak yeni bir dengenin oluşabilmesi için çıkarılmamış kaynakların fiyatındaki artışın sadece piyasadaki faiz oranını karşılayacak seviyeye gelmesi değil aynı zamanda müsadere riskini de karşılayacak kadar büyük olması gerekir. Matematik terimleriyle söylersek yerinde duran kaynağın fiyat artış hızı faiz oranı artı yıllık müsadere ihtimali kadar olmalıdır. Toplumsal açıdan bakarsak, fiyat artış hızının piyasadaki faiz oranı eksi sermaye başına sera zararına eşit olması gerektiğinden piyasa dengesi kuralındaki bu değişiklik açıkça yanlış yöne gitmekte ve mevcut bozulmayı daha da kötüleştirir.

ŞEKİL 4.11'in üst kısmı ortaya çıkacak fiyat seyrini gösteriyor. Orta kısımdan bile daha sert bir yükseliş arz ediyor, ki bu henüz mülkiyet haklarının güvende olduğu bir durumu gösteriyor. Ayrıca toplumsal açıdan bu eğri hat çok dik çünkü piyasalar sera dışsallığını zaten göz ardı eder. Dolayısıyla açıkça görülüyor ki hem sera dışsallığının göz ardı edilmesi hem de müsadere riski aynı yönde etki ediyor ve fosil yakıt

Varil petrol eşdeğeri başına ABD doları

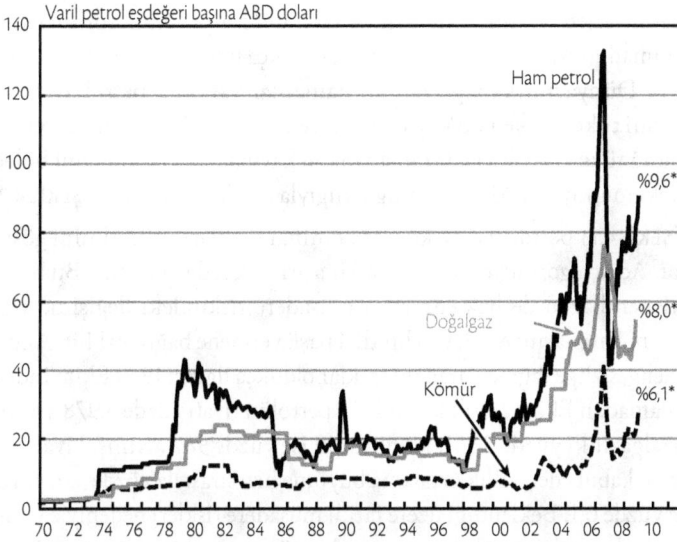

140

120 — Ham petrol

100 — %9,6*

80

60 — Doğalgaz — %8,0*

40 — Kömür — %6,1*

20

0

70 72 74 76 78 80 82 84 86 88 90 92 94 96 98 00 02 04 06 08 10

*1970'ten Ekim 2010'a ortalama yıllık fiyat artışı

ŞEKİL 4.13 Petrol, gaz ve kömür nasıl evrimleşti. Grafikte aylık dünya ham petrol ve kömür fiyatlarıyla Almanya'dan ithal edilen yıllık ortalama (2006 itibariyle aylık ortalama) gaz fiyatları gösteriliyor. Grafikte petrol ve kömür fiyatları için gösterilen son ay Aralık 2010; doğalgaz içinse Ekim 2010. Kaynak: Hamburgisches WeltWirtschafts Institut, *Rohstoffpreisindex* (http://hwwi-rohindex.org); Statistik der Kohlenwirtschaft e.V., *Entwicklung ausgewahlter Energiepreise* (http://www.kohlenstatistik.de); Deutsche Bundesbank, *Statistik, Devisenkurse* (http://www.bundesbank.de).

kaynaklarının çok hızlı bir şekilde çıkarılmasına neden oluyor. Bu da "yeşil" kaynak korunumu stratejilerini daha da çetrefil hale getiriyor.

Mülkiyet hakları konusundaki güvensizlik ham petrolün ömrü en kısa fosil yakıt oluşunun nedeni olabilir. **ŞEKİL 2.6**'da gösterildiği gibi rezervler ve geleneksel kaynaklar sadece 60 yıl daha yetecek. Bu hesaba geleneksel olmayan kaynak ve petrol yataklarını katsak bile sınır bugünün çıkarım hızıyla en fazla 140 yıla çıkıyor. Doğalgaz ve kömürün ömrü çok daha uzun. Ancak doğalgaz da Sibirya ve Kazakistan gibi mülkiyet haklarının oldukça güvensiz olduğu yerlerde bulunuyor. Ancak bu güvensizlik Ortadoğu'daki petrolü etkileyen güvensizlikle karşılaştırılamaz bile. Buna karşın dünyanın kömür rezervleri görece güvenli yerlerde kümelenmiş durumda. Benzer güvenlik sorunlarının hiç olmadığı ABD, Çin ve Avustralya oldukça büyük kömür yataklarına sahip. Dünya'nın kabuğunda bir zamanlar var olan petrolün yüzde 16,2'sini tüketmişken doğalgazın sadece yüzde 5,8'ini, kömürün yüzde 3,4'ünü tüketmiş olmamız tamamen bu kaynakların bulunduğu bölgelerdeki mülkiyet haklarının muğlaklığıyla açıklanabilir (Bkz. ŞEKİL 4.7).

ŞEKİL 4.13 petrol, gaz ve kömür nominal fiyatlarının evrimini gösteriyor. Açıkça görülüyor ki bu fiyatlar aşırı derecede dengesiz. Bu bazen beklenen bazen de beklenmeyen müsadere riskindeki değişime veya çıkarım kalıplarını etkileyen bir dizi başka etmene bağlı olabilir. Ancak bu dengesizliğe rağmen aradaki farklar oldukça ilginç. 1970 Ekim'indeki ortalamadan Ekim 2010'a kadar ham petrolün fiyatı yüzde 3.978 artmış. Doğalgazınki yüzde 2.141, kömürünki ise yüzde 987 artmış. Fiyatların buna tekabül eden yıllık ortalama büyüme hızı sırasıyla yüzde 9,6, yüzde 8 ve yüzde 6,1. Beklendiği üzere farklı müsadere riskleri nedeniyle petrol listenin başında yer alırken gaz ve kömür onu takip ediyor. İlginçtir ki söz konusu dönemde on yıllık devlet tahvillerine yapılan mükerrer yatırımlar için nominal faiz oranı yüzde 7,2 idi.

Piyasa ekonomisini diğer ekonomik sistemlerden ayıran en temel fark, piyasa ekonomisinin ticaret vasıtasıyla ekonomik kaynakların dağılımındaki verimlilik artırıcı farklarından büyük ölçüde istifade etmesidir. Elbette bunun ön koşulu mülkiyet haklarının iyi tanımlanmış ve garanti altına alınmış olmasıdır ki ticaret gerçekleşebilsin. Bu tür hakların Avrupa Birliği, ABD ve pek çok diğer gelişmiş ülkenin anayasasında mutlak bir şekilde yer almasının nedeni budur. Mülkiyet haklarının korunmadığı yerlerde ticaret, verimliliği geliştirmek için kullanılabilecek her türlü olanağı tüketemez çünkü kişi kendine ait olmayan bir şeyi alıp satamaz. Mesele petrol kaynakları olduğunda bu son derece genel gözlem somut bir hal kazanıyor ve insanlığın geleceği için oldukça önemli ve büyük bir sorun teşkil ediyor. Petrol gerçekten de insanlık tarafından israf ediliyor çünkü bu kaynaklara kimin sahip olacağı üzerinde dönen kavga her türlü koruma güdüsünü ortadan kaldırıyor. Durum böyle olmasaydı dahi petrol tıpkı diğer fosil yakıt kaynakları gibi çok hızlı bir şekilde çıkarılır ve dünyayı ısıtırdı çünkü piyasalar sera dış etkenini göz ardı ederdi. Sorunu farklı açılardan ana-

GÖZ ARDI EDİLEN ARZ | 213

liz etseler de −belki tam da bu yüzden− Roma Kulübü'nün 1970'lerin başında yaptığı ve Stern Komisyonu'nun daha yakın geçmişte dile getirdiği uyarılar oldukça endişelendirici bir biçimde birbirlerini destekliyor ve tamamlıyor.

BEŞİNCİ BÖLÜM
Yeşil Paradoksla Savaşmak

Martin Luther'e elma ağacı için teşekkürler.

Siyasetin Beceriksizliği

İnsanlığın iklim değişimine karşı bir şey yapmak zorunda olduğuna kuşku yok. Birinci Bölüm'de gösterdiğim üzere şu an atmosferde geride bıraktığımız 800.000 yılın herhangi bir döneminde olmadığı kadar çok karbondioksit bulunuyor ve en yüksek ortalama sıcaklık rekoru kırılmak üzere. Ortalama sıcaklık sanayileşmeden önce 13,5°C'ydi, şimdi 14,5°C; tahminlere göre 2030'da 15,3 bariyerini aşacak ve böylece son 800.000 yılın rekoru olan ve 125.000 yıl önce Eemian buzul arası sıcak dönemde ulaşılan rekoru kıracak. Kutuplardaki buzullar çoktan erimeye başladı. Onu Grönland'daki buz örtüsü takip edecek. Fırtınalar daha sertleşecek, çöller genişleyecek. Sonuçta ortaya çıkacak göç hareketleriyle normalde bu süreçten biraz ısınmanın dışında çok da etkilenmeyecek olan ülkelerin siyasal istikrarı tehlikeye girecek.

Umutlarımızı, var olan karbon kaynaklarını tamamen tüketsek bile geriye kalan karbonun bir iklim felaketine yol açamayacak kadar az olduğu düşüncesine bağlayamayız. Sanayileşmenin başlangıcından bu yana sanayi öncesi dönemdeki karbon stoklarının yüzde 5'ini ancak tüketmiş durumdayız. Eğer geri kalanı kontrolsüz bir şekilde çıkarılırsa yüzyılın ortasında bu stokun yüzde 18'i, yüzyılın sonunda da yüzde 41'i çıkarılmış olacak. O zaman ortalama sıcaklığın 18,6°C'ye ulaşması bekleniyor. Aynı varsayımla hareket edersek gelecek yüzyıllarda devam edecek kaynak kullanımıyla ortalama sıcaklıklar yaklaşık 20°C'ye ulaşabilir ve uzun yıllar o seviyelerde kalabilir. Bu artış, en son buzul çağının en soğuk dönemindeki ortalama sıcaklıktan (5,5°C) bugüne kadarki artışa denk bir artıştır ama bu seferki artış çok daha hızlı bir şekilde gerçekleşmektedir. Kaynakların daha da hızlı çıkarılmasıyla ortalama sıcaklık geçici olarak 21°C'nin bile üzerine çıkabilir. Dünya çapındaki siyasi kurumlar böylesi senaryolar karşısında büyük bir baskı altında. Ama ne yapabilirler? Ağaçlandırma ve zapt dışında (ki bu yöntemin de pek çok sorunu var) yapabilecekleri tek şey karbon çıkarımını kısıtlamaları. Başka bir alternatif yok ve bunun nedeni pek çok kişinin farkında olmadığı kaçınılmaz bir olgu: Belli bir miktarda karbonu yaktığımızda daha fazla ya da daha düşük CO_2 emisyonu ortaya çıkaracak teknik bir araç yok. Enerji elde etmek amacıyla yeraltından çıkartıp yaktığımız karbonla daha sonra oksidize halde atmosfere ulaşan karbon aynı karbondur. Bu oksidize karbonun yüzde 45'i ortalama yüz yıl kadar atmosferde kalır, yüzde 25'i ise kalıcı olarak oradadır. Bu yüzde 25'lik orandan daha fazlasının binyıllar boyunca biyokütle veya okyanuslar tarafından emilmesi söz konusu değildir. Dolayısıyla karbon çıkarımındaki en ufak bir artış gezegenimizdeki ortalama sıcaklığı kalıcı bir şekilde artıracaktır.

Peki "karbon çıkarımını azaltmak" ne demek? Dünya'nın kabuğunda bulunan erişilebilir karbonu daha yavaş çıkarmak mı, yoksa bazı stokları erişilemez hale getirerek gelecek nesillerin dahi ulaşamaması için mühürleyip ilelebet yeraltında bırakmak mı? Dördüncü Bölüm'de de işaret edildiği gibi kaynakların erişilemez hale getirilmesi yönünde ikna edici bir çözüm önermek pek mümkün değil, çünkü böyle bir çözüm hem insanların geriye kalan son karbon kalıntılarına ne kadar para ödemeye niyetli olduğunu hem de bu kalıntıları çıkarmanın ne kadar maliyeti olacağını ve bu karbonun iklime ne kadar zarar vereceğini bilmeyi gerektirir. Böylesi bir bilgiye şu an ulaşmak kesinlikle olanaksız. Geriye kalan son karbon kaynaklarının ekonomik kullanım değeri o kadar yüksek olacaktır ki insanlığın neden olacağı iklim değişimine rağmen bu kaynakları çıkarmak istemesi kuvvetle muhtemel. Dolayısıyla gelecek nesillere dünyanın fosil yakıt kaynaklarının kullanımı hakkında bağlayıcı sınırlamalar getirmenin pratikteki imkânsızlığını göz ardı etsek dahi bazı kaynaklara erişimin engellenmesi tavsiye edilemez.

Fakat sera etkisinin neden olduğu negatif harici etkiden dolayı kaynakların çıkarımının yavaşlatılması yönünde güçlü bir tez geliştirilebilir (ve tabii mevcut nesiller bu çözüme çıkarımdan uzak durarak katılabilir). Dördüncü Bölüm'ün "Toplumsal Norm" ve "Daha Yavaş Çıkarmak Pastayı Neden Büyütür?" alt başlıklı bölümlerinde bunu gösterdim (Kitabı baştan sona okumayan okurlara bu bölümleri tekrar okumalarını tavsiye ederim). Çıkarılmamış fosil karbona dair değer kazanma beklentisinin, kaynak sahipleri için çıkarma hız ve oranlarını şiddetlendirmeme yönünde bir motivasyona yol açacağı bir gerçek. Bu durumda kaynaklarını ilerisi için koruyacaklardır. Fakat bu sadece pinti olmanın özel bir avantajıdır. Atmosferde daha düşük CO_2 içeriği olması ve bu sayede sera etkisinin azaltılmasıyla ortaya çıkacak toplumsal avantaj bu özel hesaplamalarda yer almaz. Dolayısıyla piyasa güçleri fosil yakıtların çok hızlıca çıkarılması yönünde bir baskı yapar. Eğer bugünün enerji fiyatları piyasanın şu anda üzerinde mutabık olduğu değerden daha yüksekse ve geçen zamanla beraber daha yavaş artıyorsa, o zaman fosil karbon daha yavaş çıkarılacaktır. Bu, sonraki nesiller ve hatta mevcut nesiller için daha hayırlı olacaktır. Bu yavaş çıkarma hızının yanına bir de insan yapımı sermayenin daha yavaş bir hızda birikmesini eklersek gelecek nesillerin yaşam standardı mevcut nesillerin yaşam standardını düşürmeden yükseltilebilir ya da mevcut nesillerin yaşam standardı gelecek nesillerin yaşam standardında herhangi bir olumsuz etkiye yol açmayacak şekilde iyileştirilebilir.

Kaynakların korunumu stratejisi her zaman mevcut nesillerin gelecek nesiller için fedakârlıkta bulunması anlamına gelmez. Bu kitapta kaynakların korunumu lehinde yapılan savunmanın mantığı etiğe değil (bkz. Dördüncü Bölüm'deki Nirvana Etiği alt başlığı), Pareto optimalitesine ve temel verimlilik ekonomisine dayanıyor. Kaynakların korunumu gelecek nesiller için ikili bir avantaj sağlar, çünkü hem ileride oluşacak iklim hasarını azaltır hem de artan karbon tüketimini kısar. Dolayısıyla gelecek nesillerin yaşam standartlarında herhangi bir değişikliğe yol açmayacak insan yapımı sermaye mirasındaki buna mukabil bir azalma bugünkü mevcut nesillere daha yüksek bir yaşam standardı sunacaktır. Bu nedenle sera etkisi, kaynakların çıkarılmasını yavaşlatmayı ve fiyat eğrisiyle çıkarım eğrisini düzleştirmeyi başaracak "yeşil" politikaları gerektirir.

Çıkarımın yavaşlatılması, Dördüncü Bölüm'deki "Darbe Korkusu" alt başlıklı kısımda gösterilen mülkiyet haklarının güvencesizliğinin yol açtığı aşırı hızlı çıkarımın söz konusu olduğu bir ortamda özellikle makuldür. Ham petrol ve (bir yere kadar) doğalgaz piyasası, şeyhlerin ve kaynak sahiplerinin siyasi ayaklanma korkusuyla yaptığı çılgınca hareketlerden özellikle etkilenir. Kaynak sahipleri mülkiyet yapısının değişeceği korkusuyla kaynakları tüm insanlık için sağlıklı olabileceğinden çok daha hızlı çıkarmaya yönelmekte.

Eğer sera etkisi olmasaydı ve kaynak sahiplerinin mülkiyet hakları uzun vadede tehdit altında olmasaydı kaynakların çıkarım hızı konusunda kolayca piyasaya güvenebilirdik. Bugünkü nesiller gelecek nesillere yer üstündeki insan yapımı sermayeyle yeraltındaki doğal sermayenin ideal karışımından oluşan iyi bir miras bırakabilirdi. Fakat bu iki bozucu etki göz önüne alındığında mevcut nesiller gelecek nesillere oldukça kötü bir araya getirilmiş bir portföy bırakıyor. Bu portföy, yer üstündeki insan yapımı sermayeye oranla yeraltında çok az miktarda doğal kaynak bırakıyor. Bu da hem mevcut nesilleri hem de gelecek nesilleri tehlikeye atıyor. Yapılabilecek tek şey, siyaset yapıcılara daha ekolojik bir portföy karışımı oluşturmaları konusunda güçlü tavsiyelerde bulunmaktır.

Tabii bunu söylemesi yapmaktan daha kolay. Siyasi karar mekanizmalarının çoğu iyi niyetli pek çok girişiminde kafa karışıklığı veya tutarsızlık göze çarpıyor. Fosil yakıtlara vergiler konuyor ancak bu vergiler bir dizi muafiyet ve yüzlerce düzenlemeyle birlikte geliyor ki bu da resmi bulanıklaştırıyor. Hukuki düzenlemelerin akıl almaz boyuttaki artışı ekolojik meseleleri adeta kontrol altına almıştır. CO_2'yi kısma teşviklerinin kaynağın neresi olduğuna bakılmaksızın her yerde aynı olmasını öngören ve böylece hem insanlar hem de ekonomi üzerinde oluşacak yükü asgariye indirerek azaltım hedeflerine ulaşmayı hedefleyen tek fiyat yasası, siyasi karar alıcılar tarafından açıkça göz ardı edilmiştir. Batılı toplumlar bu azaltım hedeflerine ulaşmak için gereğinden fazla bir bedel ödüyor. Tek fiyat yasası ekonominin en temel yasasıdır. Tekrar söylüyorum, bunun adalet veya etikle bir ilişkisi yoktur. Tamamen insanlığın hedeflerine ulaşmak için kaynakları israf etmesini değil verimli olarak kullanmasını öngören temel bir koşulla

ilgilidir. İkinci Bölüm'de iddia edildiği gibi, AB'nin emi
ve ticareti sistemi ekonominin tüm sektörlerine eşit bir
lansaydı gerçekten de etkili bir düzenleme sistemi olal
o halde CO_2 salınımları için tek bir fiyat belirlenmiş (
gerçekte sadece elektrikten güç üretmek ve ekonomini
sektörü için uygulandı.

Halihazırda Avrupa'daki tüm elektrik üretimini kap
üst sınırı ve ticareti sistemiyle eşgüdümlü hale getir
AB'nin "yeşil" elektrik için verdiği büyük destek (biyoele
ve rüzgâr enerjilerini destekleyen tarife garantileri de d₂
fiyaskoya dönüştü (bkz. İkinci Bölüm'deki "Tarife Gara
Hedefler ve Avrupa'nın Politika Kaosu"). Yenilenebilir
elde edilen elektrik için verilen bu tür ulusal sübvansiy(
yaramaz, çünkü toplam CO_2 miktarı sadece tavan de
belirlenir. Sübvansiyonlar emisyon izinlerinin fiyatını ö
düşürüyor ki bir ülkenin fosil enerjiden ettiği tasarruf, s(
düşüşünden faydalanıp fosil tüketimini artıran diğer ülk
tamamen sıfırlanıyor. Sübvansiyonlar, "yeşil" ve kömü
santrallerinin AB ülkelerindeki dağılımını çok az değ
elektrik üretiminin genel maliyetini artırıyor.

Ve maalesef "yeşil" elektriği desteklemek için çok
ülkelerin sattığı emisyon sertifikaları Kyoto Protokolü'n
satan ülkelerin emisyonlarıymış gibi hesaplanacaktır.
siyonlar veya tarife garantileri sayesinde ortaya çıkan rü
ve fotovoltaik panellerin ne iklime faydası vardır ne de
bakiyesine.

Araçlarımızı biyoyakıtla çalıştırma girişimi de "yeşil
Batılı çiftçilerin bir başka rüyasıydı. Ancak bu tür yakı
muazzam ölçeklerde toprak gerektirmesi nedeniyle Üç
gösterildiği üzere dünya çapındaki gıda fiyatları üzerind
etkiler oluşacaktır. Diğer insanların sofralarında görm
arabanızın deposuna koymayı amaçlayan bir politika
piyasaları arasındaki kaçınılmaz eşleşme yavaşlamayac
nacaktır. Bu insanlık dışıdır ve dünya barışını tehlikey
Krizi sadece bir tehlike çanıydı. Biyojenik atıkla sınırla

müsadere edileceğiydi. Ve kendilerini iktidarı ele geçirip mülkiyet haklarını yeniden dağıtmakla tehdit eden rakiplerine nasıl tepki verdilerse bu duyduklarına da öyle tepki verdiler. Üretim kapasitelerini genişletip çıkarım hızlarını artırdılar ve böylece çok geç olmadan ellerindeki kaynakları paraya çevirmeye çalıştılar. Sonuç olarak düşen fiyatlar eşliğinde daha fazla fosil karbon piyasaya sürülmüş, yakılmış ve atmosfere girmiş oldu. Küresel ısınmayla savaşma konusunun dile gelmesi bile dünyanın daha hızlı ısınmasına neden oldu. İşte Yeşil Paradoks budur.[1]

Yeşil Paradoks teoriktir, ancak ardında ampirik bir bulmaca yatar: Bir yanda CO_2 emisyonlarını kısmaya adanmış muazzam çabalarla diğer yanda bırakın azaltmayı CO_2'nin atmosferdeki derişiminin artışını bile yavaşlatamayan bir beceriksizlik. **ŞEKİL 4.1** ve **4.2**'nin gösterdiği gibi, AB'nin karbon tüketimini kısma çabaları, CO_2'nin dünya çapındaki amansız artışını gösteren eğride en ufak bir bükülmeye bile neden olamamıştır. Karbon sızıntısı, karbon arzının "yeşil" politikalar uygulayan ülkelerde karbona olan talebe paralel oranda düşmemesi halinde bir ülkede tüketilmeyen karbonun bir başka ülkede tüketilmesi durumunu açıklıyor. Ancak Yeşil Paradoks daha derin bir açıklama sunabilir. Sadece karbon arzı talepteki düşüş trendine paralel oranda düşmemekle kalmıyor, bu trende göre aslında artıyor, çünkü mevcut azaltım ve kamuoyunda buna eşlik eden tartışmalar ileride daha radikal önlemlerin getirileceğinin işareti olarak yorumlanıyor.

Dördüncü Bölüm'ün son kısmında ham petrolün, doğalgazın ve kömürün fiyat trendleri arasındaki farkların bu kaynaklara sahip olanların karşı karşıya olduğu farklı müsadere ihtimalleriyle açıklanabileceğini söylemiştik. **ŞEKİL 4.13**'ün ilginç bir boyutu bu trendlerin 1980'ler ve 1990'larda eşit oranda düz olmasıdır. Ancak trend sadece nominal anlamda düzdü. Gerçekte ise –yani enflasyon çıkarıldıktan sonra– trendin bu yirmi yıllık süreçte aslında düşüş yönlü olduğunu görürüz. **ŞEKİL 5.1** aynı eğrinin ABD tüketici fiyat endeksine göre uyarlanmış biçimini gösteriyor. Reel olarak her üç enerjinin de fiyatı ikinci petrol krizinden (1980) 2000'e kadar düşüştedir.

Reel fiyat düşüşlerinin olduğu bu dönem, "yeşil" hareketin çıkışıyla dünya enerji politikalarının doğrudan talep sınırları koyarak yeniden uyum sağlamasıyla ve "yeşil" ikame teknolojilerinin gelişimini destekle-

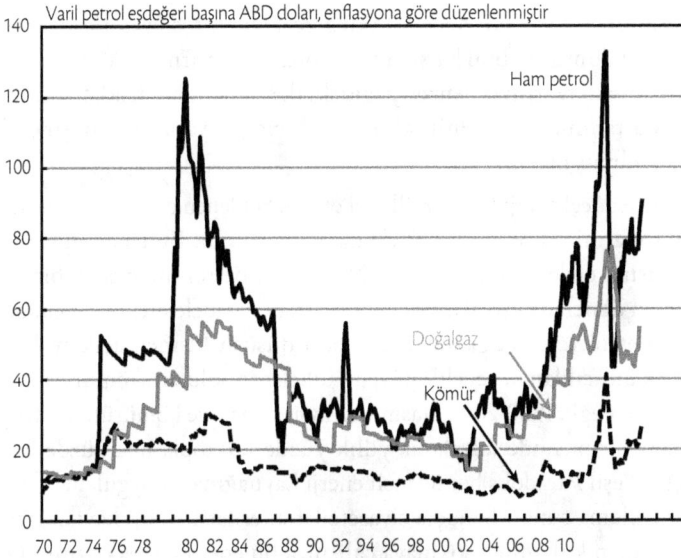

140 — Varil petrol eşdeğeri başına ABD doları, enflasyona göre düzenlenmiştir

Ham petrol

Doğalgaz

Kömür

70 72 74 76 78   80 82 84 86 88 90 92 94 96 98 00 02 04 06 08 10

ŞEKİL 5.1 Fosil yakıt kaynaklarının reel (enflasyona göre düzenlenmiş) fiyatları. Eğriler reel, enflasyona göre düzenlenmiş ham petrol, doğalgaz ve kömür fiyatlarını enerji eşdeğerleri halinde göstermektedir. Grafikte 2009 taban çizgisi olarak alınmıştır, yani fiyat varsayımları, ABD tüketici fiyatlarının daima 2009 düzeyinde kaldığı düşünülerek yapılmıştır. 1970'ten Ekim 2010'a kadarki dönem boyunca ortalama yıllık enflasyon hızı yüzde 4,4 düzeyinde olup, Dördüncü Bölüm'ün son kısmında bahsedilen kaynak fiyatlarının reel büyüme hızları ham petrol için yüzde 5,0, doğalgaz için yüzde 3,5 ve kömür için yüzde 1,6'dır; ABD hükümetine ait tahvillerin on yıllık reel faiz oranı ise yüzde 2,7'dir. Reel kaynak fiyatlarının düşüşe geçtiği 1980-2000 yılları arasındaki dönemde ortalama enflasyon hızı yüzde 3,8'dir. Ocak 1970'te bir varil ham petrolün reel fiyatı 11,16 dolar, bunun bir birim enerji eşdeğeri miktarındaki doğalgazın fiyatı 13,65 dolar ve bir birim enerji eşdeğeri miktarındaki kömürün fiyatı 8,08 dolardı. Kaynaklar: Hamburgisches WeltWirtschaftsInstitut, *Rohstoffpreisindex* (http://hwwi-rohindex.org); Statistik der Kohlenwirtschaft e.V., *Entwicklung ausgewahlter Energiepreise* (www.kohlenstatistik.de/home.htm); Deutsche Bundesbank, *Statistik, Devisenkurse* (http://www.bundesbank.de); US Bureau of Labor Statistics [ABD Emek İstatistikleri Bürosu], *Consumer Price Index* (http://data.bls.gov).

mek amacıyla teşvik sistemlerinin konduğu dönemle çakışır. Dolayısıyla piyasanın ortadan kalkması tehdidi gerçekten de fosil yakıtların arzını büyüyen dünya talebini karşılamanın ötesinde artırmış olabilir. Bu da, Hotelling'in teorisiyle benzer çizgideki ileri odaklı bir açıklamanın ilk bakışta tahmin edeceğinin aksine reel enerji fiyatlarının düşmesine neden olmuş olabilir.

Düşen reel enerji fiyatları ilkesel olarak beklenen doğrudan müsadere ihtimalinin sürekli artmasıyla da açıklanabilir. Bu da arzın sürekli artmasına neden olmuş olabilir. Ne de olsa petrol ihraç eden bir dizi ülke bu dönemde savaşlar ve çalkantılarla mücadele etti. Bu, pek tabii ham petrol ve doğalgazın fiyatındaki düşüşü kısmen açıklayabilir. Ancak bu açıklama, genelde güvenli ülkelerde bulunan kömür için çok mantıklı değil. 1980-2000 arasındaki aynı dönemde kömürün reel fiyatı da sert bir biçimde (ortalama yıllık yüzde 1,9, toplamda yüzde 32,1) düştü. Yeşil Paradoks her üç fosil enerji kaynağına da uygulanabilecek bir açıklama sunar. Sonuçta siyasetçiler alternatif enerji kaynaklarını daha erken kullanıma sokmaya çalışınca bu enerji kaynaklarının üçü de durumdan etkilenmektedir.

Bu arada Yeşil Paradoks, Almanya'nın dünyadaki linyitin sadece yüzde 1,7'sine sahip olmasına rağmen yüzde 18,4 ile dünyanın en büyük üreticisi oluşunu da açıklıyor. Almanya "yeşilden de yeşil." Yeryüzünde "yeşil" hareketin Almanya'daki kadar güçlü olduğu bir başka ülke daha yok. Yine hiçbir ülke CO_2 emisyonlarını kısmak için, sanayisine zarar vermek ve halkının yaşam standardını düşürmek pahasına sert siyasi önlemler alma konusunda Almanya kadar kararlı değil. Böyle bir ülkede fosil yakıt kaynaklarına sahip olmak oldukça riskli bir yatırım, çünkü hükümet kaynağın çıkarımını her an durdurabilir. Bu koşullar altında Almanya'da faaliyette bulunan şirketlerin, özellikle de İsveç menşeli enerji şirketi Vattenfall'ın, Yeşiller el koymadan önce kaynakları hızlıca çıkarmaya çalışması hiç de şaşırtıcı değil.[2] Daha fazla linyit arzı doğrudan sert kömürün fiyatını aşağı çeker, çünkü bu iki yakıt elektrik üretimi söz konusu olduğunda birbirini kolaylıkla ikame edebilir.

Tüm bunların düşen enerji fiyatlarının ardında yatan gücün Yeşil Paradoks olduğunun kesin kanıtı olmadığının farkındayım. İleride yapılacak ekonometrik çalışmalar, kaynak sahiplerinin karşı karşıya olduğu alternatif tehditlere ne kadar ağırlık verileceğini bulmayı başarabilir. Ancak "yeşil" politikacılar tarafından gündeme getirilen dolaylı müsadere tehdidiyle kaynak sahiplerinin rakiplerinin neden olduğu doğrudan müsadere tehdidi bir araya gelince fosil yakıtların fiyatları üzerinde çok özel bir aşağı yönlü baskı kuruluyor ve bu da dünya çapındaki tüketimi daha da artırıyor. Politika yapıcılar naif bir şekilde alternatif enerji geliştirilmesine yönelik ulusal programlar oluşturmadan önce bu etkileri tartışmalı ya da en azından varlıklarını kabul etmelidir. Ayrıca bundan otuz yıl sonra yeryüzünün enerjisinin nereden geleceği konusunda kamusal alanda hayal kurmaktan vazgeçmeli ve etkin eylemleri ortak ve koordineli bir şekilde ortaya koymaya odaklanmalıdırlar. Düşen enerji fiyatları kuşku götürmez ve kafa karıştırıcı bir olgudur ve iki hipotez şu an masanın üzerinde duruyor.

Birazcık Kuram

Bu kitap zamanlar arası optimizasyonun matematiğine giremese de biraz ayrıntı, Yeşil Paradoks iddiasının arkasında yatan mantığı tamamen anlamak için okurun işine yarayabilir.[3] Bir karbon piyasası ve Dördüncü Bölüm'de anlatıldığı gibi tedarikçilerin kısa vadeli veya ertelenmiş satışlara kayıtsız olduğu bir ortamda karbonun fiyatının ve çıkarım akışının evrildiği bir ilk senaryo hayal edelim. Karbonun giderek kıtlaşmasıyla birlikte beklenen fiyat artışı ve çıkarılmamış kaynakların değer kazanma oranı ancak faiz oranlarına denk gelecek kadardır. (Açık bir siyasi müsadere riski varsa yıllık müsadere ihtimali sayısal değer olarak söz konusu faiz oranına eklenmelidir. Ancak bu bizim iddiamızın doğasında bir değişikliğe neden olmaz.) Bu ilk senaryoda kaynak fiyatlarının izlediği yol ŞEKİL 5.2'deki koyu eğrilerle gösterilmiştir.

Şimdi iki aşamalı bir düşünce deneyi yapalım. İlk olarak "yeşil" politikaların belli dönemlerde talebi kıstığını varsayalım ve bunun çıkarım veya arz izlekleri sabit kaldığında fiyat izleğini nasıl değiştireceğine bakalım. İkinci aşamada da bu çıkarım izleklerinin, kaynak sahiplerinin fiyat sinyallerine verdiği tepkilerin sonucunda nasıl değişeceğini değerlendirelim.

Uzak gelecekteki talep azaltma önlemleri   Günümüzdeki ve yakın gelecekteki talep azaltma önlemleri

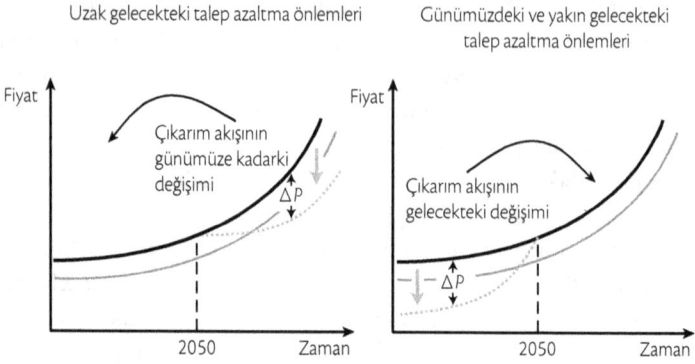

ŞEKİL 5.2 Talep ne zaman dizginlenecek?

Söz konusu talep politikaları, insanları eli sıkı olmaya iterek neden olunan doğrudan talep düşüşlerini de, teşvik veya zorla alternatif enerji kaynaklarının kullanımını sağlayan dolaylı düşüşleri de içerebilir. Bunları Dördüncü Bölüm'ün başında ele aldık. **ŞEKİL 4.4**'teki talep eğrileri zamanda herhangi bir noktada görülebilir ama muhtemelen konumları farklı olacaktır. Talep eğrileri, fosil yakıtlar için alternatif dünya piyasası fiyatlarında özel olarak kârlı bir teknolojik ikame olanakları, enerji tasarrufu stratejileri ve "dayanak" teknolojileri sürekliliğini yansıtır. "Yeşil" politikalar fosil yakıt fiyatının kritik eşiğini azaltmak suretiyle bu talep eğrilerini aşağı çeker. İkame teknolojiler bu eşik fiyatta, eğrinin bu noktada özel kişiler için neden kârlı olmaya başladığını da açıklar. Arzın verili olduğu durumda talepteki değişim söz konusu her dönemde fiyatı aşağı çekecektir; bu, **ŞEKİL 4.5**'in sağ panelinde gösterilmektedir. Fakat tabii ki arz verili değildir.

ŞEKİL 5.2'de noktalı eğriler iki aşırı örnek göstermektedir. İlk durumda talep sadece uzak gelecekte, mesela 2050'den sonra kısılır. İklim öngörüleri genelde 2050 öncesi ve sonrası diyerek bu tarihi baz alır. 2050 ayrıca çeşitli G8 ve AB deklarasyonlarının azaltım hedefleri için belirlediği tarihtir.

Talepteki azalmanın bir sonucu olarak, arz izleği verili olduğunda, fiyat izleği 2050'den sonra koyu siyahtan gri bölgeye doğru düşmektedir. Bunun sonucunda verili bir zamanda oluşan fiyat düşüşüne (ΔP)

fiyat sıkışması diyelim. Açık ki, genel olarak fiyat sıkışması zamana bağlı olacaktır.

Yeni fiyat izleği, kaynak sahiplerinin şimdi satmakla sonra satmak arasındaki farka kayıtsız olduğu bir piyasa dengesini temsil edemez (Hotelling Kuralı anlamında), çünkü fiyat artık kaynak stokunun değerlenme hızının piyasadaki faiz oranına denk geleceği bir biçimde sürekli artmayacak, dolayısıyla bütün bir çıkarım izleği değişecektir. İşte bu kitapta odaklandığımız şey bu arz tepkisidir. Eğer kaynak sahipleri geleceğin kendileri için ne getireceğini bilirlerse kaynaklarını 2050 sonrasında satma konusundaki iştahlarını kaybedebilir, kaynaklarından daha önce istifade etmeye çalışırlar. Bu süre zarfında arayışlarına da devam ederler ve olabildiğince çabuk kaynak çıkarmaya başlarlar. Aslında teknik hazırlıklar birkaç yıl sürer ancak bu süre dönemlerin uzunluğu göz önüne alındığında önemsizdir. Buna karşın, pek tabii ki 2050'den sonra arzlarını orijinal çıkarım izleğine kıyasla düşürmek zorunda kalacaklar. Ne de olsa ellerindeki kaynakları ancak bir kez satabilirler.

Erken kaynak çıkarmanın artan arzla birlikte fiyatların çok daha erken düşmesi gibi bir sonucu olacaktır. Hatta bu düşüş için talebin kısıldığı 2050 sonrası bile beklenmeyecektir. Buna karşın düşen arzla birlikte 2050'den sonraki fiyatlar, fiyat izleğinin gri kısmına kıyasla biraz daha artacak veya siyah izlekteki kadar yani çıkarımın bu kadar erken gelmemesi halindeki senaryoya göre hızlı düşmeyecektir. Bu bir kez daha beklenen fiyat izleğini uzatacak ve gri bölgeye doğru kaydıracaktır, ki bu bölge orijinal eğrinin altında kalan her yerdedir. Söz konusu orijinal eğriyse "yeşil" talep politikaların olmadığı durumda geçerlidir. Her ne kadar her bir dönemdeki fiyat bir öncekine göre daha düşükse de, kaynak sahipleri kaynaklarını şimdi çıkarmakla daha sonra çıkarmak arasındaki farka karşı hâlâ kayıtsızdır. Bu durumda çıkarılmamış kaynakların beklenen değerlenmesi yine piyasadaki faiz oranına denk gelecektir.

Maalesef, **ŞEKİL 5.2**'de gösterildiği gibi çıkarımı 2050 öncesine çekmek bazı karbon yataklarının erken yakılması demektir, bu da sera etkisini güçlendirecektir. İşte Yeşil Paradoks budur: Fosil yakıtlara olan talebin gelecekte düşürüleceğini ilan etmek şu anki arzın artmasına ve küresel ısınmanın hızlanmasına neden olur.

Şimdi bir de **ŞEKİL 5.2**'de sağdaki panelin gösterdiği diğer senaryoyu ele alalım. Talep, aksi takdirde yakın gelecekte başlayıp 2050'ye kadar sürecek düşüşe göre azalacak. Ancak düşünce deneyimizin ilk senaryosuna göre daha sonrasında evrilecek. Eski arz izleğiyle beraber fiyatlar gri izlekte görüldüğü gibi düşecek. Sonuçta eski arz izleğinden ayrılmış olunacak, çünkü kaynak sahipleri için ellerindeki ürünü 2050 öncesinde satmak kârlı olmaktan çıkacak. Gerçekte, halihazırda istifade edilmeye başlanan kaynakların kullanımına devam edilecek ancak üretim sürecine yeni sahalar dahil edilmeyecek. Bunun sonucunda arz, eski çıkarım izleğine kıyasla 2050'ye kadar düşecek ve sonrasında artacaktır. Bu, 2050 sonrasındaki fiyatları eski fiyat izleğine kıyasla düşürecek ve 2050 öncesindeyse gri izleğe kıyasla biraz olsun artıracaktır. Hotelling Kuralı'nı sağlayan yeni uzamış izlek gri eğri tarafından gösterilmektedir. Orijinal olanın altındaki her yerde görülebilir, ki bu devletin talep azaltıcı önlemleri olmaksızın da böyle olurdu. Yeni fiyat izleğinde cisimleşen çıkarımın ertelenmesi durumu, tam da küresel ısınmayı yavaşlatmak için ihtiyaç duyduğumuz şeydir. Bu süre zarfında yeryüzü daha serin kalır.

Bunlardan çıkarılacak sonuç şudur: Talebi 2050'nin hem öncesinde hem de sonrasındaki tüm dönemlerde eski çıkarım izleği boyunca tek tip etkileyen bir kesinti hiçbir dönemde herhangi bir arz reaksiyonuna neden olmaz, çünkü bu durumda "fiyatlama baskısı" her dönemde aynıdır. Fosil yakıtlar, eğer gelecekteki talep kesilirse bugün çok daha yoğun bir şekilde çıkarılacaktır, eğer bugünkü talebi kesersek o zaman da gelecekte çok yoğun bir şekilde çıkarılacaktır. Eğer talep tüm bu dönemlerde tek tip bir şekilde kesilirse yani fiyatlama üzerinde eşit bir baskı yaratılabilirse, o zaman çıkarım izleği değişmeden kalacaktır. Bu durum neredeyse pistonların sıvıyla dolu bir boru sistemiyle birbirine bağlı olduğu hidrolik sistemlere benzemektedir. Eğer bir piston itilirse diğeri yukarı çıkacaktır, ama bütün pistonlar aynı anda itilirse hiçbiri oynamaz.

Talep politikalarının arz tepkilerine göre kesin bir nötrlük konumu edinmesi fiyat sıkışmasının zamana bağlı olması şeklinde tanımlanabilir. Bu fiyat sıkışması, talep politikasının eski çıkarım izleğinin verili olması durumunda yani kaynak sahiplerinin henüz bir tepki vermesinden önce dayattığı sıkışmadır. Bu noktada fiyatlama baskısı, "yeşil" politikaların neden olduğu fiyat sıkışmasının piyasadaki faiz oranına eşit bir şekilde büyüdüğü zaman olduğu gibi yani tam da yukarıda izah edildiği gibi tek tiptir.[4] Finans uzmanları ΔP'nin bugüne kırılan değerinin $-\Delta P$'nin bugünkü sözde değerine– zaman içinde sabit kalacağını söyleyecektir. Eğer Kyoto ülkelerinin aldığı siyasi önlemlerin yarattığı fiyat baskısı bu anlamda tek tipse ve fiyatları asla birim çıkarım maliyetinin altına itmeyecekse (bu meseleye ileride daha yakından bakacağız) o zaman "yeşil" politikalar herhangi bir zaman diliminde arz tepkisine yol açmayacaktır. Dolayısıyla Dördüncü Bölüm'de (ŞEKİL 4.5, sağ panel) didaktik amaçlarla bahsettiğimiz fiyat esnekliği olmayan arz, olasılıklar spektrumunun ortasından ziyade kenarlarında bulunan, özel olmasına rağmen, mümkün bir durumdur.

Böyle bir kavrayış Batılı dünyanın talepleri düşürmeyi amaçlayan "yeşil" politikalarına yeni bir bakışla yaklaşmamızı sağlıyor. Açıkça görülüyor ki bu politikalar kaynak çıkarımını kısmen ileri bir tarihe ertelemek istiyorsa o zaman bugün geleceğe kıyasla çok daha fazla kesinti yapmak zorundadır. Bu öyle bir şekilde yapılmalıdır ki fiyat sıkışmasının bugünkü değeri zaman içinde düşsün. Bir başka deyişle, fiyat sıkışması, eski çıkarım izleği dikkate alındığında, piyasadaki faiz oranından daha düşük bir seviyede artmalıdır. Ancak o zaman iklimsel ısınma erteleme politikalarının bir sonucu olarak yavaşlayacaktır. Dolayısıyla politika başlangıçta çok "yeşil" olmalı ve zaman içinde solmalı.

Şu an olan ise bunun tamamen tersidir. Söz konusu politikalar giderek "yeşil"leniyor ve bu da fiyatlama baskısını artırıyor. Avrupa'da ve dünyanın diğer bölgelerinde ardı ardına gelen yasa ve düzenlemelerin her biri kendinden öncekini ileriye götürüyor ve etki alanını genişletiyor, bu da gelecekteki beklentileri artırıyor. Tüm bunlar kaynak sahiplerine gelecekte çıkarılmamış fosil karbon kaynaklarından istedikleri kadar istifade edemeyecekleri korkusunu salıyor ve dolayısıyla Yeşil Paradoksun öngördüğü gibi onları daha hızlı çıkarıma sevk ediyor olmalı.

Yeşil Paradoks ve Karbon Sızıntısı

Karbon sızıntısı sorunu Dördüncü Bölüm'de ele alındı. "Kyoto ülkeleri" talebi düşürücü "yeşil" politikalar uygulamaya koyarken "Kyoto dışı ülkeler" bu tür politikalardan uzak duruyor. Fosil karbon arzı düşünüldüğünde, Kyoto ülkelerinin uygulamaya koyduğu talep düşürücü önlemler dünya piyasalarındaki fiyatı, Kyoto ülkelerince serbest bırakılan miktar Kyoto dışı ülkelerce tamamen emilene kadar sıkıştırıyor. Düşen fiyatlar Kyoto ülkelerini kendi siyasi önlemleriyle azalttıkları talebi kısmen telafi etmeye itiyor. Geri kalan kısımsa herhangi bir "yeşil" politika izlemeyen ülkelerce karşılanıyor. Neticede karbon sızıntısı yüzde 100'ü buluyor, yani "yeşil" politikalar benimseyen Kyoto ülkelerinin elde ettiği net düşüşün tamamı böyle bir politika izlemeyen Kyoto dışı ülkelerin artan talebiyle telafi edilmiş oluyor, buna da fosil karbonun küresel fiyatlarındaki düşüş neden oluyor.

ŞEKİL 4.6 etrafında örülen bu analiz belli bir döneme uygulandı. Arz dışsal kabul edildiğinden karbon fiyatı sadece, karbon piyasasındaki akış için rekabet eden iki alıcı grubun etkileşimiyle belirlendi. Akışın kendisi yani arz, çizelgenin genişliği tarafından temsil edilmektedir (alttaki kesikli çizginin uzunluğu) ve "yeşil" politikaların karbonun dünya genelindeki piyasa fiyatında neden olduğu ΔP büyüklüğündeki düşüş gösterilmektedir. Bu ΔP aslında **ŞEKİL 5.2**'de gösterilen fiyat sıkışmasıyla ilkesel açıdan aynı şeydir ve yukarıda çıkarılan nötrlük kuralı buraya uygulanabilir. Fakat **ŞEKİL 5.2** fiyat sıkışmasının zamanlar arası evrimini açıklarken **ŞEKİL 4.6** verili bir dönemde dünya piyasalarındaki fiyat sıkışmasının ancak sadece bir grup ülkenin "yeşil" politikalar uygulaması halinde gerçekleşeceğini göstermektedir. İşte şimdi karbon sızıntısının uluslararası analiziyle kaynak arzının zamanlar arası analizini birleştirme zamanı. Bunu yapmak için tekrar bir düşünce deneyine başvuracağız.

Çok sayıda dönem söz konusu, dolayısıyla **ŞEKİL 4.6**'da gösterilen türde pek çok çizelge yapmak mümkün. Kyoto ve Kyoto dışı ülkelerin döneme özgü talep eğrilerinin konumları farklı olacaktır, çünkü "yeşil" politikaların var olması ve olmaması talep eğrisini değiştirir. Her bir grafiğin söz konusu dönemde kaynak sahiplerince ne kadar arz öne sürüldüğüne karşılık gelen farklı bir genişliği vardır. Düşünce deneyimizin ilk adımında bu genişlik karbonun dünya genelindeki piyasa fiyatında bir değişikliğe yol açmaz. Dolayısıyla her dönemde "yeşil" politikalardan kaynaklanan kendine özgü bir ΔP ortaya çıkar.

Eğer yukarıda açıklanan türden nötr "yeşil" politikalar için sınır koşul sağlanırsa (yani fiyatlama baskısı zaman içinde sabit kalırsa) – düşünce deneyimizin ikinci aşamasına geçerek arzın içsel dinamiklerle değişimini işin içine katsak bile– arzın tepkisiz kalacağı varsayımı tutar. Bu, ΔP'nin mevcut değeri her dönemde aynı olmasıyla, yani ΔP'nin bir şekilde sermaye piyasalarındaki faiz oranlarına denk bir oranda artmasıyla mümkündür. Bu, olası bir dizi senaryonun içinden olması muhtemel, didaktik amaçlarla kullanılabilecek kullanışlı bir vakaysa da elbette özel ve gerçekleşmesi çok mümkün olmayan bir senaryodur.

Eğer "yeşil" politikalar zaman içinde daha da sıkılaşırsa ve özellikle uygulamaya konmadan çok önce ilan edilirse, ΔP'nin bugünkü değeri zaman içinde artar ve böylece Yeşil Paradoks için gereken koşullar sağlanmış olur.[5] Üreticiler kaynaklarını erkenden satarak tepki verir ve böylece çizelgeler başlangıçta genişler, daha sonraki dönemlerde ise daralır. Fiyat baskısının Kyoto ülkelerinde talebi azaltıcı önlemlerin sıkılaştırılmasıyla artacağının ilan edilmesi kaynak sahiplerinin satışları öyle bir şekilde artırmasına neden olur ki, karbonun dünya piyasalarındaki fiyatı Kyoto dışı ülkelerin talebini artıracak ölçüde düşer, Kyoto dışı ülkelerin talebi Kyoto ülkelerindeki talep düşüşünden daha fazla artar. Belki de Kyoto ülkelerinin kendi talebi de artar, çünkü fosil yakıtların dünya piyasası fiyatının düşmesinin etkisi talep azaltmaya yönelik politikaların etkisinden fazlasını yapar. Her durumda, dünya genelindeki toplam talep artar çünkü piyasa dengesine göre biri arz edilen ek miktarı satın alacaktır. Gerçekten can sıkıcı bir durum.

Okur bunun fazla iç karartıcı bir senaryo olup olmadığını merak edebilir. En azından, fosil yakıtların dünya piyasa fiyatının düşüşünden kaynaklanan Kyoto ülkelerinin karşı talep artışları, Avrupa'daki emisyon üst sınırı ve ticareti gibi sıkı miktar sınırlamaları politikalarıyla bloke edilebilirdi. Toplam miktarı herhangi bir fiyat sinyali olmaksızın belirleyen bu tür sistemler, dünya genelindeki talebi sınırlama ve dolayısıyla Yeşil Paradokstan kaçınmada ne kadar emisyon sertifikası verileceği konusunda net bir rakam belirlenmesini öneren politikalara göre daha başarılı olamaz mı?

Cevap hayır. Sebebi **ŞEKİL 4.6**'nın izinden giden ancak Kyoto ülkelerinin takip ettiği "yeşil" politikaları nicelik sınırlaması cinsinden ifade eden **ŞEKİL 5.3**'te gösterilmiştir. Sınırlama emisyon ticaret sistemi tarafından belirlenen tavan değerdir. Tavan değer B' noktasıyla soldaki dikey hat arasındaki kısma eşittir. Dolayısıyla Kyoto ülkelerinin karbon talep eğrisi B' noktasından aşağı yönlü dikey bir dalın çıkmasına neden olur. Fosil karbonların dünya piyasasındaki fiyatı talep daralması nedeniyle ne kadar düşerse düşsün Kyoto ülkeleri tavan değerce belirlenen karbon miktarından daha fazla karbon talep edemezler.

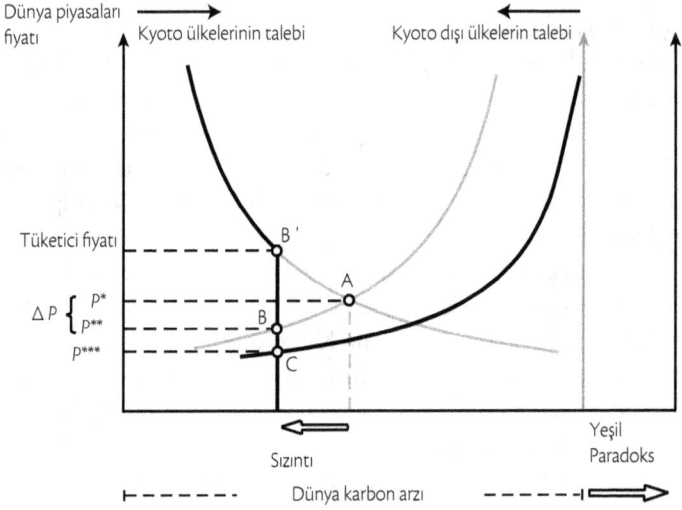

ŞEKİL 5.3 Karbon sızıntısı ve kaynak sahiplerinin sağladığı arzın buna tepkisi

Emisyon ticaret sistemi olmasaydı, dünya piyasası dengesi A noktasında olacaktı. A noktasıyla soldaki dikey hat arasındaki mesafe Kyoto ülkelerinin karbon tüketimini, A noktasıyla sağ içteki gri dikey hat ise Kyoto dışı ülkelerin talebini gösterecekti. Buna karşılık gelen dünya piyasası fiyatı ise P^* olacaktı.

Tavan değer tarafından getirilen talep kısıtıyla birlikte dünya piyasasının dengesi noktası A'dan B'ye kayarken dünya piyasası fiyatı da P^{**} noktasına geriler. Açıkça görülüyor ki yeni denge noktası karbon tüketiminin Kyoto ülkelerinden Kyoto dışı ülkelere kaydığına işaret etmektedir, yatay eksenin altındaki sol yönlü ok bunu gösterir. Toplam arzın sabit kalması halinde Kyoto ülkelerince tasarruf edilen karbonun (soldaki dikey hat ile sağ içteki gri hat arasındaki mesafe ölçüldüğü gibi) yüzde 100'ü sızar.

Kyoto ülkelerindeki tüketiciler artık iki bedel birden ödemektedir: Dünya piyasalarındaki P^{**} fiyatı ve emisyon sertifikalarının fiyatı. İkincisi B ile B' arasındaki mesafeye eşittir. BB' alanından daha düşük olamaz, çünkü o zaman sertifikalar için talep fazlası var demektir, bu da sertifikaların fiyatını yukarı çeker. Daha yüksek de olamaz, çünkü o zaman sertifikalar için oluşan talep ortadaki stoktan daha düşük olacak, bu da fiyatları düşmeye zorlayacaktır. Karbon fiyatının, emisyon üst sınırı ve ticareti sistemi olmaması halinde olacağından (A noktası) daha düşük olmasına rağmen bu iki fiyatın toplamının daha yüksek olduğunu dikkatinizi çekerim. Yurtiçi enerji fiyatları emisyon üst sınırı ve ticareti sistemi nedeniyle artacak, ancak aynı sistemden dolayı dünya piyasasındaki fiyatlar düşecektir. Eğer yurtiçi enerji fiyatları artmasaydı, Kyoto ülkelerindeki tüketiciler daha az karbon talebinde bulunmazdı ki bu küresel piyasa fiyatının düşmesinin ön koşuludur.

Emisyon ticaret sistemi bir fiyatlama baskısı yaratıyor ve arz tepkileri bu baskının zaman içinde nasıl evrildiğine bağlı. Bu baskı ΔP'nin eski çıkarım izleğiyle emisyon üst sınırı ve ticareti sisteminden kaynaklanan şu anki değeri şeklinde ölçülüyor. Daha az izin tahsis edildikçe fiyatlama baskısı daha güçlü, çünkü bu kısıt Kyoto ülkelerindeki karbon talebini aşağıya çekiyor. Fiyatlama baskısı sabit kalırsa çıkarım ve arz izleği herhangi bir tepki vermez. Eğer azalırsa, arz geleceğe kayar. Eğer artarsa o zaman da çıkarım hızlanır ve Yeşil Paradoksun ortaya çıkmasına neden olur.

Bu son senaryonun gerçekleşmesi özellikle muhtemel. Avrupa Birliği tahsis ettiği izinleri ikinci ticaret döneminde (2008-2012) ilk takas dönemine kıyasla (2005-2007) çoktan yüzde 5 azalttı ve bu rakamın 2020'ye kadar ilk takas dönemine göre yüzde 21 daha azaltılacağını duyurdu.[6] Dahası üçüncü dönemdeki izin sertifikalarının otomatik bir son kullanma tarihleri olacak ve yeni izinler verilmediği sürece bunlar piyasadaki sayıyı otomatik olarak azaltacak. İkinci Bölüm'de ele aldığımız BM ticaret sistemi de verilen sertifika sayılarını ülkelerin büyüklüğüne göre azaltmayı düşünmektedir. Dahası yine İkinci Bölüm'de açıklandığı gibi G8 ülkeleri karbon üretimlerini 2050 itibariyle en azından yüzde 50, belki de yüzde 80, oranında azaltacaklarını ilan etti.

Karbon tüketen ülkelerin belirli bir alt kümesine artarak getirilen kısıtlamalar, talep eğrisinin dikey dalında emisyon ticaretinden dolayı–sürekli ekonomik büyüme her iki grubun talep eğrilerini istikrarlı bir biçimde ŞEKİL 5.3'ün yukarısına ya da ortasına ittiği halde– sola doğru istikrarlı bir gidiş olacağı anlamına gelmektedir. Emisyon ticareti tarafından temsil edilen kısıtlar giderek daha da çok, belki de ΔP'nin bugünkü değerinin artmasına yol açacak kadar sıkılaşacaktır. Bu da sonuçta Yeşil Paradoksun ortaya çıkmasına, yani çıkarımın hızlanmasına ve yakın gelecekteki karbon arzının artmasına neden olacaktır. Ve bu da ŞEKİL 5.3'teki grafiğin ilk dönemlerde genişlemesine, daha sonra da küçülmesine neden olacaktır (Tabii tüm bu değerleri, aynı dönemde söz konusu etkenlerin olmaması halinde olacaklara kıyasla göre ifade ediyoruz). ŞEKİL 5.3 bu tepkilerin başlangıç dönemlerinden birinde ne olabileceğini gösteriyor. Sağdaki dikey sınır çizgisi ve Kyoto dışı ülkelerin karbon talebi beraber sağa doğru eğiliyor ve kesintisiz çizgilerce gösterilen noktaya kayıyor, çünkü daha fazla karbon arzı söz konusu. Bunu dünya dengesinin B'den C'ye kayması takip ediyor, ki bu fiyatların daha da düşmesine neden oluyor ve otomatik olarak Kyoto dışı ülkelerin talebini tam da Yeşil Paradoks nedeniyle kaynak sahiplerinden gelen ekstra arzın tamamını massedecek kadar artırıyor.

Bu tam bir çevre politikası felaketidir. Bir kere Kyoto ülkelerinin tüketmediği karbon ABD, Çin ve Kyoto Protokolü'nün kısıtlamasına tabi olmayan ülkelere gidiyor. Ayrıca bu ülkeler, kaynak sahiplerinin, sıkılaşan tavan değer politikalarıyla pazarlarının yok edileceği korkusuyla piyasaya sürdüğü tüm ekstra arzı da tüketiyor. Bu açıdan bakıldığında Kyoto ülkelerinden diğer ülkelere doğru olan karbon sızıntısı yüzde 100'ün bile üzerindedir. Durum bundan daha kötü olamazdı herhalde.

Dördüncü Bölüm'de kullandığımız metafor bağlamında durum şudur: AB ve diğer "yeşil" ülkeler bağışlarını kutuya atıp kiliseyi terk ediyor. Arkalarından Çinliler, Hindistanlılar ve Amerikalılar geliyor. Sadece AB ve diğer "yeşil" ülkelerce bağış kutusunu bırakılan paraları toplamıyor, üstüne bir de kilisenin hazinesini talan ediyorlar.

Üretim Maliyetleri ve Değişen Teknolojiler Çıkarımı Durduracak mı?

Yeşil Paradoksun rahatsız edici olmasının bir nedeni de kaynak sahiplerinin anormal arz tepkilerinin tüm normal piyasa deneyimleriyle çelişmesidir. Normal bir piyasada birim başına maliyetten hareketle hangi mevcut ve potansiyel firmanın kârlı ve hangisinin yaşamaya değer olduğunu fiyat belirler. Fiyat arttıkça o işe girmek isteyen potansiyel firma sayısı artar, çünkü birim maliyetleri piyasadaki fiyatın altında kalacak ve bu da onları üretime sevk edecektir. Aksine, fiyatların düşüşü birim maliyetleri bu fiyatın üzerinde olan bütün firmaları piyasadan siler, bu da piyasa arzını aşağı çeker. Ayakta kalan marjinal firma, birim maliyetleri piyasadaki fiyatlarla aşağı yukarı aynı olan firmadır.

Bu basit ekonomik mantığı fosil yakıt piyasasına uygularsak, çıkarım maliyetleri piyasa fiyatlarının üzerinde olan fosil yakıt kaynaklarından bugün istifade edilmeyeceği sonucu çıkar, maliyeti piyasa fiyatının altında olanlar bugün çıkarılacaktır. Kâr marjı en düşük olan yatakların çıkarım maliyetleri piyasa fiyatının çok az altında olacağından, fiyatlardaki en ufak bir düşüş onları kârlı olmaktan çıkaracak ve piyasanın dışına itecektir, bu da fosil yakıt arzını aşağı çekecektir.

Fakat bu analoji tamamen hatalı, çünkü yenilenemez doğal kaynakların çıkarım maliyetleriyle üretilebilir malların üretim maliyeti aynı şey değildir. İkincisinin aksine birincisinin fiyatla bağlantısı son derece küçüktür. Yeraltından çıkarılan bir kaynağın fiyatı çıkarım maliyetinin katbekat üzerindedir, bu yüzden çevresel politikalar nedeniyle oluşan sınırlı fiyat düşüşlerinin bu yatakları maliyet nedeniyle piyasanın dışına itmesi söz konusu değildir. Birim maliyetleri ürünün piyasadaki fiyatının üzerinde olan yataklardan herhangi bir şey çıkarılmadığı durumdaysa bunun tersi doğru değildir. Rezervler bugün çıkarıldıkları takdirde kâr vaat eden kaynaklardır, ancak her yıl azar azar çıkarılıp daha sonra kullanılmak üzere yeraltında bırakılırlar. **ŞEKİL 2.6**'da gösterildiği gibi, mevcut rezervler epey bir süre yeterli olacaktır. Kullanım ömrü veya rezervin üretime oranı petrol söz konusu olduğunda 41 yıldır; doğalgaz için 60, antrasit kömür için 137 ve kahverengi kömür (linyit) için 293 yıldır.

Pek çok kaynak yatağının kârlı olmasına rağmen bugün çıkarılmıyor olması, kaynak sahiplerinin artan fiyatlar nedeniyle gelecekte daha büyük kâr elde edeceklerini düşünmelerindendir. Piyasa dengesi durumunda, üretimin ertelenmesi sayesinde gelecekte elde edilmesi beklenen kâr, bugünkü faiz getirisiyle elde edilecek nakit akışından oluşan kaybı telafi edecek kadar yüksektir ve normalde tüm dönemlerde arz tam da yeteri kadar kıt tutulur ki çıkarım maliyetlerinin yanında devasa kâr marjları elde edilebilsin.

Kaynak şirketleri bir bakıma fiyat ile çıkarım maliyetleri arasındaki farkı çıkarma maliyeti düşük olan yatakları kullanarak yükseltmeye çalışıyor. Aslında kârlarını ve dolasıyla zenginliklerini yükseltmek istiyorlarsa çıkarma maliyeti yüksek olan kaynaklara çıkarma maliyeti düşük olanlar tükenmeden el sürmemeleri gerekir, çünkü böylece tasarruf ettikleri para sermaye piyasasında yatırılabilir ve bir faiz getirisi oluşturabilir.[7]

Bu mantık, değişik erişim durumundaki yataklara sahip tek bir firmanın kaynaklarına doğrudan uygulanabilir. Ama iki veya üç firma söz konusuysa ve bunlar farklı ülkelerdeyse o zaman durum biraz değişir. Yüksek maliyetli kaynağı için paraya ihtiyacı olan ama borçlanma sınırı da olan bir firma kaynaklarını erken çıkarmak isteyebilir. Ancak böyle bir firma bile düşük çıkarım maliyetli yataklara sahip firmaya iki tarafın da çıkarına olacak bir teklif yapabilir ve bu da yüksek maliyetli kaynaklar çıkarılmaya başlamadan düşük maliyetli kaynakların tükenmesini sağlayabilir. Mesela, kendisinin yüksek maliyetli kaynaklarının bir kısmını bir diğer firmanın düşük maliyetli kaynaklarıyla aradaki farkı telafi edecek bir ek ödemeyle takas edebilir. Bu yüksek maliyetli kaynaklara sahip firmanın düşük maliyetli kaynaklardan istifade etmesini ve elde edilen geliri de sermaye piyasalarında yatırıma dönüştürüp faiz elde edilmesini sağlayabilir. Bu faiz aradaki maliyet dezavantajının telafi edilişine eklenince çıkarımın sırasını değiştirerek gerçek bir kazanım elde edilir. Eğer her iki taraf da bu faiz gelirini paylaşmanın bir yolunu bulabilirse o zaman ikisi de bu durumdan kârlı çıkar. Elbette siyasi kısıtlar firmaların bu tarz anlaşmalar yapmasını engelleyebilir ve daha önce tartışıldığı gibi mülkiyet haklarının belirsiz olduğu ülkelerdeki firmalar kaynaklarını erken çıkarma yönünde güçlü

YEŞİL PARADOKSLA SAVAŞMAK | 237

bir güdüye sahip olabilir. Ancak kural olarak piyasalar çıkarım maliyeti düşük kaynakların kullanılmasına meyledecek, dolayısıyla genellikle son derece kayda değer bir kâr marjı söz konusu olacaktır.

Kaynak çıkarının ekonomisi genel kabul görmüş marjinal maliyet mantığını da baş aşağı çevirmektedir. Normal ürünlerde marjinal maliyetler en yüksek üretim birim maliyetine sahiptir, çünkü düşük birim maliyete sahip olan yerler belli bir kapasitede hareket eder ve daha yüksek üretim ancak yüksek maliyetli yeni firmaların piyasaya girmesiyle mümkün olur. Yenilenemez kaynaklardaysa işler terstir. Burada marjinal maliyeti belirleyen, en yüksek birim maliyet değil en düşük birim maliyettir, çünkü bunlar ilave çıkarımdan kaynaklanan ilave maliyetlerdir.

Tüm bunlar yenilenebilir kaynakların fiyatının çıkarım maliyetleriyle ilişkisinin çok küçük olduğunu göstermektedir.[8] Daha çok tıpkı bir parça toprağın fiyatı gibi safi bir kıtlık fiyatı durumu söz konusu. Fiyat oluşumu örneğini Dördüncü Bölüm'de verdiğimiz Rembrandt örneğiyle birleştirerek şunu söyleyebiliriz: Bir Rembrandt tablosunun fiyatını ustanın kullandığı boya ne kadar belirliyorsa, çıkarım maliyeti de fosil yakıtların fiyatını o kadar belirler.

TABLO 5.1 Dünya piyasaları fiyatlarına göre birim çıkarım ve keşif masrafları (2005-2009 ortalamaları). Kaynak: H.-D. Karl, "Förderkosten für Energierohstoffe," *ifo Schnelldienst* 63 (2010), no. 2: 21-29.

	Aralık	Üretim ağırlıklı ortalama
Ham petrol	%3-%67	%17
Kömür	%28-%61	%45
Doğalgaz	%4-%35	%16

TABLO 5.1 çıkarım maliyetlerinin ne kadar önemsiz olduğunu göstermektedir.[9] İkinci sütun, birim çıkarım ve keşif maliyetlerini her bir fosil yakıt kaynağının dünya piyasasındaki fiyatına göre ne oranda olduğunu tek tek gösteriyor. Üçüncü sütun farklı yataklardaki gerçek maliyet dağılımına karşılık gelen ağırlıklı ortalamaları gösteriyor. Ağırlık bu yatakların bugünkü üretim payları bazında verilmiştir. Kömürde çıkarım maliyetleri önemlidir, yine de ortalama birim maliyet

satış fiyatının yüzde 45'i kadardır, maksimum ise yüzde 61'dir; bu değer bile maliyetin güdülediği bir fiyat senaryosundan uzaktır. Ham petrolün arama ve çıkarılması için harcanan miktar, fiyatının ortalama yüzde 17'si kadardır, doğalgaz içinse yüzde 16 yeterlidir. Mutlak verilere göre 2005 ile 2009 arasında ham petrolün ortalama varil fiyatı 69 dolardı; arama, çıkarma ve nakliyeye hazırlama faaliyetleri için gereken miktar sadece varil başına 11,4 dolardı. Arap petrol üreticilerinin varil başına çıkarma maliyetleri sadece 2 dolardı. Eğer yüksek maliyetli yataklarla düşük maliyetli yataklar arasındaki arbitraj düzgün çalışsaydı bu değerler bugünkü marjinal çıkarım maliyetlerini yansıtıyor olacaktı.

Şüphesiz, **TABLO 5.1** sadece anlık bir görüntü. Piyasalar optimal çıkarım düzeninden biraz sapsa bile ulaşılması kolay yataklar önce kullanılacaktır; kaynak sahipleri zamanla erişimi daha zor olan yataklara yönelecek ve çıkarım maliyetleri yükselecektir. Bu, maliyet-fiyat oranını artırır. Ancak, kaynakların bir kısmını daha sonra kullanmak üzere yeraltında bırakmaya yönlendirmeye yetecek teşvik sistemleri üretebilen bir piyasa dengesi durumunda çıkarılan miktarlar toplam talebe göre giderek daha da azalacaktır. Bu, fiyatı yükseltir ve dolayısıyla maliyet-fiyat oranı düşme eğilimine girer. Bu iki kuvvetin net etkisinin ne olacağı tam olarak belli değildir, çünkü maliyetin farklı yataklar üzerine nasıl dağılacağı ve dünya piyasasındaki talep eğrisinin biçimi gibi ince şeylere dayanır. Fakat bu, birim maliyetlerin asla artan fiyatı yakalayamayacağı pek çok çıkarım modelinin standart sonucudur, bu yüzden de çıkarımın maliyetçe belirlenen bir tepe noktasına ulaşması mümkün değildir.[10]

Pek çok insan fosil yakıtları ikame edecek teknolojilerin ("dayanak" teknolojiler) var olduğu günümüzde bu durumun artık geçerli olmadığına inanıyor, çünkü bu tür teknolojilerin otomatik olarak fosil yakıtlar için bir fiyat tavanı oluşturacağını, çıkarım maliyetleri bu tavanı aştığında da çıkarımın kesintiye uğrayacağını iddia ediyorlar. Kimileri bu eşiğin çok yakın olduğuna ve önümüzdeki birkaç yılda güneş enerjisinin tüm enerji ihtiyacımızı karşılayacağına, bunun sonucunda fosil yakıtların piyasanın dışına itileceğine bile inanıyor. Bu tür görüşlerin temelleri sağlam değildir.

Bir kere **TABLO 5.1**, maliyet kaynaklı bir piyasadan dışlanma süreci için çok az veri içeriyor. Güneş enerjisi yakın gelecekte fosil yakıt kullanılarak elde edilen elektriğin bugünkü fiyatına yakın veya onun altında bir üretim yapsa bile (ki bu maliyetlerinin beşte biri ila sekizde biri oranına düşmesini gerektirir)[11] bu durum maliyet kaynaklı bir dinamikle fosil yakıtların sonunu getirmez, çünkü aynı anda enerji fiyatlarının da radikal bir biçimde düşmesi ve çıkarım maliyetlerine yakın seviyelere inmesi gerekir. Ne de olsa 2005-2009 döneminde enerji fiyatı doğalgaz ve petrolün ortalama çıkarım maliyetini neredeyse altıya, kömürünkiniyse ikiye katlamıştı. Arap devletleri maliyet nedeniyle çıkarım faaliyetlerine son vermeden önce petrolün varil başına fiyatının ben bu satırları yazarkenki (Nisan 2011) seviyesi olan 120 dolardan 3 dolar seviyesine inmesi yani bugünkü seviyesinin kırkta birine düşmesi gerekir. Nasıl bir teknolojik devrim olursa olsun böylesi bir şeyin gerçekleşeceğini tahayyül etmek hiç kolay değil.

Bir diğer mesele ise şu: İkame teknolojilerin varlığıyla ille de bir fiyat tavanı oluşacağı, bunun da maliyet nedeniyle bazı kaynaklardan artık istifade edilmeyeceği anlamına geldiği söylenemez. Elbette artan fiyatlarla giderek daha fazla sayıda ikame teknoloji kârlı hale gelecek ve fosil yakıtları yavaş yavaş kullanıldıkları bazı alanların dışına itecek, ancak bu fiyat tavanıyla aynı değildir. Aslında, hem bu hem de önceki bölümdeki değerlendirmelerin tümü giderek daha fazla ikame teknolojinin daha yüksek maliyetlerle piyasaya girdiği düşüncesine dayanıyordu (ŞEKİL 4.4'ü hatırlayınız). Bu tür ikame teknolojilerin var olmasına rağmen artan kaynak kıtlığıyla beraber fiyatın her zaman artacağı ve bu artışın paralel olarak sürekli artan birim çıkarım maliyetinin üzerinde kalmaya yetecek kadar olması pek yüksek değilse de ihtimal dahilindedir.

Ve elbette ikame teknolojilerin Yeşil Paradoksla hiçbir şekilde çelişmediğini de söylemeliyiz. Aksine bu paradoks, bu tür ikame teknolojilerin kamu politikaları nedeniyle piyasanın normalde neden olacağından çok daha önce ortaya çıkması yüzünden artan fiyat baskısıyla iyice derinleşiyor.

Yine de şu an kadar varsaydığımızın aksine "yeşil" politikaların dayattığı fiyat baskısının fiyatları en azından bazı kaynak stokları için birim çıkarım maliyetinin altına çekebilmesi ihtimal dahilindedir. Bu durumda bu politikalar ekonomik olarak tükenebilir stokları azaltacaktır. Bu da arzı tüm dönemler boyunca düşürecek ve Yeşil Paradoksun tersine bir dinamiğe neden olacaktır. Ancak bu, paradoksun kesinlikle ortadan kalkacağı anlamına gelmez.

Bu meseleyi anlamanın en iyi yolu, reaksiyon vermeyen arz için gereken nötrlük koşulunu hatırlamaktır. Reaksiyon vermeyen arz, "yeşil" politikaların bugünün fiyatlarıyla tüm farklı dönemlerde neden olduğu fiyat sıkışması gibi tek tip bir fiyat baskısı gerektirir. Eğer bu tek tip fiyatlama baskısı fiyatı birtakım yüksek maliyetli kaynakların belirli bir gelecekteki birim çıkarım maliyetinin altına çekerse, bu durum kaynak sahiplerini çıkarımı zamanlar arası bir kalıpta yapmaya doğrudan teşvik etmez. Ancak tüketilebilir kaynak stoku azaldıkça söz konusu tüm dönemlerde satılan miktar azalacaktır. Dolayısıyla tek tip fiyat baskısı bir nötrleme koşulu olmaktan çıkacaktır.

Peki ya fiyatlama baskısı tek tip değilse ve zaman içinde artarsa? O zaman arz reaksiyonu belirgin olmaz, çünkü iki tane birbirine zıt güçten söz edilebilir. Bir tarafta stoklardan daha fazla istifade eden kaynak sahipleri, öte yanda stokun kendisinin azalması. Bu iki zıt kuvvetin net sonucunu belirleyen, "yeşil" politikaların dişini ne kadar hızlı geçireceği ve fiyatlama baskısı sürecinden çıkan yüksek değerli kaynak stoklarının boyutudur. Eğer görece az miktarda stok düşer ve/veya "yeşil" politikalar görece hızlı bir şekilde sertleşirse o zaman yine Yeşil Paradoks ortaya çıkar. Bu, geleneksel kaynaklarla geleneksel olmayan kaynakların çıkarım maliyetleri arasında büyük bir fark olsa ve ikame teknolojiler geleneksel olmayan kaynakları "yeşil" politikalara gerek kalmadan kullanım denkleminden çıkarsa da böyle olurdu. Bu durumda "yeşil" politikaların getirdiği fiyatlama baskısının, tükenebilir kaynak stokuna sadece küçük bir etkide bulunması son gayet mümkün olurdu ki Yeşil Paradoksun temel koşulları az çok sağlanmış olurdu.

Teorik olarak mümkün bir başka senaryoysa fosil yakıtların yerine geçecek mükemmel bir ikame teknolojinin sert bir tavan fiyat dayatmasıdır. Eğer "yeşil" politikalar bu tavanı, mesela teknolojiyi sübvanse ederek aşağı çekerse kaynak sahiplerinin mevcut arz davranışına karşı dengeleyici kuvvetler yine ortaya çıkar. Tavanın aşağı çekilmesi bir taraftan arzı bugüne çekilmek için aşırı derecede güçlü bir teşvik oluşturacaktır, öte yandan pek çok yataktan uzun vadede dahi kârlı bir şekilde istifade edilmesini engelleyebilir. Benim çalışmalarıma tepki gösteren pek çok yazar bunu teorik modellerdeki mükemmel ikame örneklerini formel olarak ele alarak yaptı. Tüm modellerin üzerinde hemfikir olarak gösterdiği üzere sert bir tavan varsayımı olsa bile Yeşil Paradoks mümkün olabilir. Fakat paradoksun hangi koşullar altında geçerli olacağı ya da olmayacağı karmaşık ve kendine özgü bir meseledir. İlgilenen okurları literatüre bakmaya davet ediyorum.[12]

Peki, tüketilebilir kaynak stoklarını sınırlayarak fosil yakıtları yerinden edecek mükemmel bir ikame teknolojisi ne kadar mümkün? Üçüncü Bölüm'deki "Elektrikten Daha Fazlası" alt başlıklı kısımda bu meseleyi ayrıntılı bir şekilde tartıştım ve biyoyakıtların fosil yakıtlar için neredeyse mükemmel bir ikame enerji olabileceğini iddia ettim. Ancak bu değişikliğin stabil bir fiyatla elde edilmesi mümkün değildir ve dolayısıyla sabit bir fiyat tavanı dayatamaz. Hem devasa miktarlarda toprak gerektirdiği hem de gıda üretimiyle rekabet halinde olduğu için artan miktarlardaki biyoyakıt ancak artan fiyatlarla mümkün olur. Dolayısıyla biyoyakıtlar sert bir tavan fiyat oluşturamaz ve bu Üçüncü Bölüm'de ayrıca ele aldığım talihsiz Tortilla Krizi'nin de arkasındaki nedendir. Politika üretenlerin bir an evvel biyoyakıt piyasasıyla fosil yakıt piyasası arasındaki sızıntıyı sübvanse etmektense aralarına daha sağlam bariyerler inşa etmelerini umuyorum.

Fiyatlara yenilenebilir enerjiyle bir tavan koymaya aday ise güneş, rüzgâr ve sudan elde edilen elektrik olabilir. Ancak daha önce izah edildiği gibi elektrik fosil yakıtların yerini almak için son derece sınırlı bir üründür çünkü depolanamaz. Bugün kullandığımız en iyi bataryalar bile, mesela dizüstü bilgisayarlarımızda kullandığımız bataryalar, birim ağırlık başına dizel yakıt veya kerosene kıyasla yüzde 2'den daha az enerji depolayabilmektedir. Depolama açısından OECD ülkelerinin kullandığı nihai enerjinin üçte birinden sorumlu olan nakliye sektörü için fosil yakıtlar vazgeçilmezdir. Hidrojen ekonomisi nakliye için bile fosil yakıtların yerini alabilecek bir çözüm sunabilir, ancak başta havacılık olmak üzere fosil yakıtın kullanıldığı pek çok alanda mükemmel çözüm olması mümkün değildir. Hatta Çin ve Amerikan hava kuvvetleri tamamen hidrojenle çalışan jet ve roketlere geçiş yapmaya gönüllü olmazsa veya gönüllü olup da beceremezlerse o zaman ufukta sert tavan fiyat varsayımı için şart olan mükemmel ikame teknoloji yok demektir. Fosil yakıtların askeri amaçlarla kullanımı göz önüne alındığında belki de insanlık tarihi boyunca hiçbir zaman fosil yakıtların çıkarılmasının sona ermeyeceği söylenebilir, çünkü bu kaynakları tüketenlerin ödeme arzuları asla çıkarım maliyetlerinin altına düşmeyecektir.

Geçici ve Kalıcı Fiyat Değişimleri

Yeşil Paradoks, fosil karbon arzının fiyat değişikliklerine verdiği ilk bakışta ters olan tepkiyi betimler. Karbon talebini düşüren ve dünya piyasası fiyatını aşağı çeken "yeşil" politikalar en nihayetinde karbon arzını artırır. Bu iddianın ardında yatan mantığa ampirik olarak fosil yakıt fiyatlarıyla çıkarım miktarları arasında negatif değil pozitif bir korelasyon olduğu öne sürülerek karşı çıkıldı.[13] Bu pozitif korelasyon Yeşil Paradoksla çelişmez ve geçersiz kılmaz mıydı?

Hayır, çünkü Yeşil Paradoks mevcut arzın mevcut fiyatlara ters bir tepki vereceğini değil, aksine gelecekteki fiyat değişikliklerine ters bir şekilde tepki vereceğini söyler. "Yeşil" politikaların tetiklediği gelecekteki bir fiyat düşüşü gelecekteki arzın düşmesine neden olur ve bu da, kaynakların bir noktada satılması gerektiğinden bugünkü arzın artması olarak karşımıza çıkar. Buna karşın, bu tür politikaların bugün tetikleyeceği bir fiyat düşüşü arzın bugün düşmesine ve gelecekte artmasına neden olur. Petrol, fiyatın baskı altında olmadığı dönemlerde yeraltından fışkırır. Durum bu kadar basit. Görünürdeki paradoks sadece bugünkü fiyat değişikliklerine gelecekte daha büyük değişiklikler eklendiğinde, yani gelecekteki fiyat değişiklikleri arz tepkilerine baskın çıktığında ortaya çıkar.

Elbette, konjonktür devirleri gibi döngüsel fiyat hareketleri bu tür bir paradoksa neden olmaz, çünkü döngüsel hareketler, tanım gereği, trenddeki değişiklik nedeniyle oluşan şeyler değildir. Eğer ekonomi büyür ve talep artarsa bu gelecekte de büyüyeceği anlamına gelmez, aynı mantık kaynak fiyatlarının birdenbire düşmesine de uygulanabilir. Bu tür fiyat değişiklikleri her zaman, aynı yöne giden normal (yani paralel) arz değişikliklerine neden olur. Ancak "yeşil" politika önlemlerinden kaynaklanan anormal arz değişiklikleri olabilir, çünkü bu tür önlemler genelde yapısal bir doğaya sahip ve uzun vadelidir.[14]

Solan Yeşil

Politikaların zaman içinde daha da "yeşil"lenmesi kaynak sahiplerini stoklarını daha hızlı çıkarmaya sevk edecek ve dolayısıyla küresel ısınmayı artıracaktır. Bu durumda politika yapıcıları aksi yönde politikalar üretmeye sevk etmek uygun gibi görünmektedir: Başlangıçta tüketimi şu an ve yakın gelecekte net bir biçimde kesecek aşırı derecede yoğun bir "yeşil" politika benimsenip daha sonra bu yeşilin soluklaşması ve emisyon tavanlarının aşamalı olarak aşağı çekilmesine izin verilmesi söz konusu olabilir. Böyle bir politika başlangıçta fiyatlara aşağı yönlü güçlü bir baskı uygulayacak ancak daha sonra baskıyı azaltacaktır, bu da kaynak sahiplerinin başlangıçta daha az ileride ise daha fazla kaynak çıkarmalarını teşvik edecektir. Böylece küresel ısınma arzu edildiği gibi yavaşlanacaktır.

Maalesef bu sadece teorik bir çözüm, çünkü giderek daha az "yeşil" hale gelen bir politikanın kaynak sahipleri nezdinde saygınlığı çok yüksek olmayacaktır. Siyasetçilerin uzun vadeli hedeflerle ortaya koyduğu tüm öneriler bunun tam aksini işaret etmektedir. Kısıtlamalar başta küçük olacak, zaman geçtikçe artacaktır. Temmuz 2008'de Toyako'da yapılan G8 Zirvesi'nde (katılımcılar 2050 itibariyle yüzde 50 ila 80 arasında bir azaltım hedefi sözünü vermişti), AB Komisyonu'nun çeşitli beyanlarıyla başka siyasilerce dile getirilen diğer ifadeler hep aynı çizgiyi izledi. En büyük azaltım çabaları en uzak gelecekte gerçekleşecek, bugünkü nesiller büyük ölçüde bağışlanacak. Siyasetçiler başka türlüsünü zaten yapamaz, hemen azaltmanın cefasını oy verenlerine çektirmek istemezler. 2050 o kadar uzak bir tarih ki bugünkü oy verenleri hiç korkutmadan en cesur önerileri bile ileri sürebilirsiniz. Ne de olsa sorumluluk o günkü siyasetçi ve vatandaşların omuzlarında olacak. Bu erteleme politikasının sonucu kaynak sahiplerinin ellerindeki kaynakları normalden önce çıkarmalarıdır. Siyasetçilerin gelecekte sınırlanacağını söyledikleri miktarlar bugün yeraltından son derece bariz bir şekilde yer üstüne çıkarılır.

Demokratik tartışmanın sınırlarına tabi ve kendisini sadece fosil yakıtlara olan talebi kontrol etmekle sınırlayan bir çevre politikasının, kaynak sahiplerini ürünlerinin fiyatının yakın veya uzak gelecekte bugün olduğundan daha az etkileneceğine ikna etmesi mümkün değildir. Buna karşın kaynak sahiplerinde bir de, gezegen ısındıkça ve bunun neden olduğu hasar daha görünür hale geldikçe bu politikaların daha da sıkılaşacağı korkusu vardır. Sonuç olarak, arzı fiyat sinyalleri vererek etkilemeye çalışan bir talep politikasının iklim değişikliğini kısıtlamak adına bir katkı yapmasını beklemek hayli zordur.

Süper Kyoto

Bu sorunun üstesinden gelmenin bir yolu, tüm tüketicileri bir araya getiren bir tüketici karteli oluşturmaktır. Talep politikaları sadece bazı ülkeleri kapsadığı sürece başarısız olacaktır, çünkü sadece fiyat sinyallerini baz alarak hareket edeceklerdir. Bu oluşuma katılmayan ülkeler sadece Kyoto ülkelerinin çabalarıyla ortaya çıkan miktarı düşük fiyatlarla silip süpürmekle kalmayacak, aynı zamanda kaynak sahiplerinin piyasanın gelecekte bozulacağı korkusuyla piyasaya getirdiği fazla karbonu da alacaktır. Ancak tüm ülkeler tüketim için oluşturulacak bir tavan değere razı gelirse talep politikaları işe yarayabilir, çünkü üreticiler ürünleri için alıcı bulamayacak ve çıkarımı azaltmak zorunda kalacaklardır. Gelecek hakkındaki beklentilerin artık bir rolü kalmayacaktır. Tüketici tavanının tüm uluslar için geçerli olması halinde zemin, iklim değişikliği için bir şey yapılacak hale gelecektir.

Tüketim tavanı sistemi, BM'nin 2008'de bir dizi ülke için kullanıma soktuğu devletler arası takas sistemini küresel ölçeğe taşıyarak elde edilebilir. Belki bu sistem Avrupa Birliği'nin 2005'ten beri yürürlükte olan ve tek tek firmaların da emisyon takasına katılmasını sağlayan emisyon üst sınırı ve ticareti sistemi baz alınarak bile yapılabilir. Pek tabii bu yine de belli miktarlarda karbonu tek tek ülkelere dağıtan bir piyasa sistemi olacaktır, ancak bu sefer çıkarım izleği kaynak sahiplerince değil BM tarafından belirlenecektir. Kaynak sahipleri kendilerini kolayca BM'nin kontrolünden kurtaramayacaktır.

2009'da Kopenhag'da ve 2010'da Meksika'da yapılan iklim zirvelerinde bazı ülkeler, özellikle de AB ülkeleri diğer ülkeleri böyle bir Süper Kyoto sistemi gerektiği konusunda ikna etmeye çalıştı. Ancak bu çizgiyi savunanların başarısız olacağı beklenirdi, çünkü herkesi kapsayacak bir tavan uygulamasından halihazırda çok uzağız. İkinci Bölüm'de izah edildiği gibi şu ana kadar 27 AB ülkesi, Kanada, Avustralya, İzlanda, Japonya, Yeni Zelanda, Norveç, Rusya ve Ukrayna CO_2 emisyonlarına tavan sınırlaması getirilmesini kabul etti. Dünya emisyonlarının yaklaşık yüzde 70'inden mesul geri kalanı bu tür sözler vermekten imtina etti. Maalesef Çin ve Hindistan'ın böyle bir uygulamaya dahil olup CO_2 emisyonlarına sınır getirerek ekonomik büyümelerini kesintiye uğratmaya razı gelmelerini tahayyül etmek çok kolay değil. Batı'nın gelişmekte olan ülkeleri ikna etmek için büyük tavizler vermesini tahayyül etmek de aynı oranda güç.

Süper Kyoto sistemi ilkesel olarak İkinci Dünya Savaşı sonrasında pek çok Avrupa ülkesinde uygulanan ve gıdanın karneyle dağıtılmasını öngören sisteme benziyor. Karne çeşitli devlet kurumlarınca sosyal kriterler hesaba katılarak belirleniyordu. Yarım kilo tereyağı almak için bakkala hem ürünün düzenlenen fiyatı kadar ödeme yapmak hem de bir tereyağı kuponu vermek zorundaydınız. Eğer yeteri kadar kuponunuz yoksa başka kupon sahipleriyle takas yapmanız gerekiyordu. BM sertifika sisteminin tüm ülkeleri kapsayacak şekilde genişletilmesi de benzer bir mekanizmaya sahip olacaktır. Her bir ülkeye izin verilen karbon tüketim miktarı bu şekilde karneye bağlanacak, AB'deki gibi bunun altında bölgesel düzeyde işleyen takas sistemleriyle karbonun nerede yakılacağı belirlenecek.

Eğer insanlık dünya genelinde uygulanacak bir emisyon üst sınırı ve ticareti sistemini sürdürmek istiyorsa bunun derhal yapılması çok önemlidir. Gecikmeler bile iklim için zehir demektir. Sadece bu süre zarfında emisyonlar kontrolsüz bir biçimde salınacağı için değil; aynı zamanda aşamalı olarak ülkelerin sisteme dahil edilmesi Yeşil Paradoksu daha da güçlendirecektir. Eğer emisyonlarının tavan değerle sınırlanmasına razı gelen ülkelerin sayısı sadece yavaş yavaş artarsa bu giderek artan bir fiyatlama baskısına neden olacak ve bu durum kaynak sahiplerini giderek kötüleşen kâr marjlarının dezavantajını ortadan kaldırmaya, yani çıkarımı hızlandırmaya itecektir. Paradoksal olarak, dünya iklim zirveleri önümüzdeki yıllarda talep karteli sistemine daha fazla ülke dahil etme konusunda başarılı oldukça ilk aşamalarda dünyanın iklimi daha da ısınacaktır. Kaynak sahiplerini gafil avlayacak tek şey, talep kartelinin tüm ülkeleri kapsayacak şekilde derhal tamamlanması ve bu sayede kaynak sahiplerinin çıkarımı hızlandırmaya vakitlerinin kalmamasıdır, ancak bu istenen sonuçları getirecektir. Eğer bu şaşırtma etkisi kaybolursa düzelmek bir yana her şey daha da kötüleşebilir.

Şu ana kadar bu tür bağlayıcı sözler vermekten uzak duran gelişmekte olan ülkelerin bir anda yapılan iklim zirvelerinde durumun ciddiyetinin farkına varması, gruba katılması ve bunun da şaşırtma etkisini mümkün kılması maalesef oldukça düşük bir ihtimaldir. Bu ülkeler için riskler çok büyüktür. Ancak onların bu gruba katılması şart. Pek çokları Çin ve Hindistan'ın emisyonlara sınır değer koymayı kabul ederek model ülke olmalarının ve aşamalı olarak gelecek onyıllarda kısıtları iyice sıkılaştırmalarının bir başarı olacağını düşünüyor. Fakat bu, Yeşil Paradoks güçlerini son sürat harekete geçireceğinden başarı olmak bir yana tam bir felaket olacaktır. Gerçekçi olmak gerekirse insanlığın küresel ölçekte bir emisyon takası sistemi geliştirmek için en fazla on yılı var. Hız meselenin özü.

Bu yeni sistemde fosil yakıt fiyatlarının nasıl oluşacağı çok net değil, çünkü tüketici karteliyle üreticiler arasında karmaşık ilişkiler ortaya çıkacaktır. Ancak talep kısıtları, satıcıların alacakları fiyatların *laissez-faire* piyasa ekonomisi çözümüne göre daha düşük olacağına işaret etmektedir. Ekonomik bakış açısından Süper Kyoto sistemi kaynak sahiplerinin kısmen müsadere edilmesi ve piyasa mekanizmalarının yerine de kısmen merkezi planlama mekanizmalarının geçmesi demektir. Tüketicinin sadece BM karnesine sahip olması halinde kaynakları kullanmasına izin verileceği için BM hukuki olarak olmasa da ekonomik olarak bu kaynakların bir ortağı haline gelecektir. Eğer BM tek tek milli hükümetlere bu kuponları satma yetkisi verirse (ki bu AB'de 2013'te başlayan üçüncü ticaret döneminde gerçekleşebilir) o zaman kendi mülkiyet haklarını milli hükümetlere devretmiş demektir. Bu durumda milli hükümetler tüketicilerin aksi halde fosil yakıt almak için kaynak sahibi şirketlere vereceği paranın bir kısmını elinde toplayacaktır. Çıkarılmamış kaynakların piyasa değeri veya bu kaynaklara sahip olan şirketlerin borsa değeri buna bağlı olarak düşecektir.

Yakılan karbon çıkarılan karbona eşit olduğundan, genel emisyon hacmini kontrol etmek, doğrudan tükenebilir fosil karbon kaynaklarının çıkarım izleğini kontrol etmekle aynı şeydir: Nihayetinde bütün mesele fosil yakıtların kullanımına bir merkezi planlama çözümü getirmektir, bunun daha makul olmasının tek nedeni emisyon ticareti sistemidir.

Merkezi planlamanın komünist ülkelerde yol açtığı çeşitli olumsuz etkiler göz önünde bulundurulursa bu yolu tercih edip etmemek çok karmaşık bir sorundur ve karar vermek oldukça güçtür. Son tahlilde muhtemelen BM'nin merkezi planlama işini devralmasından başka bir seçeneğimiz olmayacak, çünkü iş küresel ısınma ve müsadere riski dışsallıkları karşısında karbonun optimum bir hızda çıkarılmasını sağlamaya gelince piyasaların nasıl çuvalladığı ortadadır.

Tarihin gösterdiği üzere merkezi planlama çözümünü tercih etmenin mutlaka çeşitli olumsuz etkileri olacaktır. BM etrafında kendisini demokratik kontrol mekanizmalarından azade kılmaya çalışan bir iktidar odağı gelişecektir. Ülkeler kimin sertifika dağıtımında öne geçmesi gerektiği konusunda birbiriyle rekabet edecek ve zorunlu ihtiyaçlar öne sürerek istisnai muamele ve daha fazla sertifika satın almak isteyeceklerdir. Bu da sonuç olarak BM bürokrasisinin gücünü daha da artıracaktır. Dünya çapında bir karbon karaborsası ortaya çıkabilir ve yine demokratik güçlere tabi olmayan mafya tarzı karşı güçler oluşabilir.

Kaynak sahibi ülkeler bu tür bir çözüme ellerinden geldiğince direneceklerdir. BM'nin küresel talep karteli oluşturmasını engellemeye çalışacak ve özel teslimat düzenlemeleriyle mümkün olduğunca çok sayıda ülkeyi kartelin dışında tutmaya çalışacaklardır. Karşı kartel oluşturmaya da çalışacaklardır. Bu gelişmeler ışığında OPEC'in Rusya'yı gruba dahil etme fikriyle flört etmesi şaşırtıcı değil. Dahası, bu ülkeler ekonomilerini BM'nin dayattığı sınırlamalar olmadan kendi fosil kaynaklarını kullanabilecek şekilde yeniden düzenleyeceklerdir. Bu açıdan bakıldığından Dubai'nin nefes kesici ekonomik büyümesi ciddi miktarda kaynaklara sahip bir ülkenin kesinlikle rasyonel bir karşı stratejisi olarak görülebilir.

Ancak bu kaçış manevraları tüketici ülkelerin kendi karşı stratejilerini geliştirmelerine neden olabilir. Kartele katılan ülkeler tek tek ülkelerin sertifika olmaksızın fosil karbon almasına izin vermeyecek, bu çizgiden sapanlara ciddi ticaret bariyerleri getirecektir. Tüm bunlar askeri çatışmaya kadar varabilecek boyutta ciddi çatışmalara neden olabilir.

Ancak atmosferin ileride daha da ısınacak olması ile tüketici ülkelerin reel gelirlerinin ciddi bir kısmını sürekli azalan karbona harcama korkularının bir araya gelmesi dünya çapında işleyecek bir BM talep karteli fikrini çekici kılıyor. Politika yapıcılar Scylla ile Charybdis arasında sıkışmış durumda. Bir tarafta Messina Boğazı'nı geçme cesaretini gösteren denizcileri yiyen ve Hobbes'un Leviathan'ını hatırlatarak vergi gelirlerini hortumlayan devletleri temsil eden Scylla, diğer tarafta gemileri dahi kolayca yutacak kadar büyük olan Charybdis girdabı var. Odysseus, Scylla'yı tercih etti çünkü gemisini ve adamlarını girdapta kaybetme riskinden kaçınmak istedi. Scylla insanlık için de daha az riskli seçenek olabilir. Bunun için bazı liberal hedeflerden vazgeçmek gerekebilir, çünkü küresel ısınmanın böyle gitmesi halinde içine sürüklendiğimiz bu girdaptan kesinlikle kaçınılmalıdır.

Örnekle Yol Göstermek Mümkün mü?

Bir Süper Kyoto sistemi kurmak söylendiği kadar kolay değildir, çünkü Avrupa'nın ısrarcı "yeşil" politikalarının bugüne kadar bağlayıcı emisyon sınırlarını kabul etmekten kaçınan Çin, Hindistan, Amerika ve tüm diğer ülkeleri dahil etmek için ne tür stratejiler sunduğu hiç de açık değildir. Uluslararası müzakerelerde ülkeler arasındaki stratejik etkileşimin nereye varacağını öngörmek kolay değildir, ancak bu etkileşimin bir müzakere stratejisi geliştirilebilmesi için tam olarak anlaşılması gerekir.

Bu kitapta şu ana kadar kaynak sahiplerinin ve diğer ülkelerin Kyoto ülkelerinin yürüttüğü "yeşil" politikalara nasıl tepki verdiği tartışıldı. Bahsedilen tepki hep diğer piyasa aktörlerinin özel tepkileriydi. Mesela Kyoto ülkelerinin karbon talebinin bu ülke hükümetlerinin edimleriyle düşürülmesinin karbonun dünya piyasasındaki fiyatının düşmesine yol açtığı, bunun da Kyoto dışı ülkelerin talebinde artışa ve beklenmedik arz tepkilerine neden olduğu iddia edildi. Diğer ülkeler adına geliştirilen hiçbir politika veya kolektif strateji ele alınmadı, sadece "yeşil" ülkelerin politika önlemlerine göre konum alan bireysel piyasa aktörlerinin optimal tepkileri tartışıldı.

Devletler arasında uluslararası düzeydeki müzakere ve iletişim farklı bir mantık izler ve piyasanın tepkileriyle karıştırılmamalıdır. Mesela Kyoto ülkelerinin hükümetlerince dayatılan karbon talebi sınırlamaları pekâlâ Kyoto dışı ülke hükümetlerini de benzer önlemler almaya itebilir. Veya belki olur ve diğerleri sırtlarını geriye yaslayıp Kyoto ülkelerinin diğerkâmlıklarının tadını çıkarabilir. Tepki ne olursa olsun mantık olarak piyasa mantığından başka bir düzlemde işlemektedir.

Şurası gayet açık ki Kyoto ülkeleri diğer ülkelerin kendi davranışlarını taklit edeceğini varsaydı. Örnek olarak yol gösterdiklerinde diğer ülkeleri bu enerji politikası izleğine dahil etmenin daha kolay olacağını düşündüler. Tam da bu yüzden başta Almanya olmak üzere pek çok AB ülkesi, dünyanın pek çok diğer ülkesi izlemekten başka bir şey yapmazken, Kyoto Protokolü çerçevesinde emisyonlara bir sınır değer getirilmesi yönünde bu denli kapsayıcı önlemler aldı. Avrupalılar bu stratejinin adil olarak görüleceğini ve diğerlerini de kendilerini takip etmeye sevk edeceğini umuyor. Bu beklentinin gerçekleşip gerçekleşmeyeceğini ileride göreceğiz. Ancak şu ana kadar Çin tarafından dünyayı memnun edip bir çeşit güvence vermeye yönelik atılan birkaç sembolik adımın dışında Avrupalıların taklit edildiği herhangi bir davranış örneğine rastlamadık.

Ekonomi, sosyal bilimler, biyoloji ve çatışma araştırmaları alanında kendine oldukça sağlam bir yer edinmiş olan oyun kuramı, karar alıcılar arasındaki stratejik ilişkiye ve tarafların birbirinin sonuçlarını tahmin etmeye çalışmasına odaklanır. Oyun kuramı açısından bakıldığında, kaydedilen ilerlemenin arzu edilen sonuçları getireceğini düşünerek umutlu olmak için pek bir neden yok. Hatta tam aksini beklemek daha makul, çünkü sadece Avrupalıların çabalarıyla dünya daha serin kalır ve fosil yakıt fiyatları düşerse, diğer ülkeler neden emisyon sınırlarını kabul etmek gibi zahmetli vaatlerde bulunsun ki? Gezegenimizi daha yaşanabilir ve enerji fiyatlarını da düşük tutmak hedefine, gelişmekte olan ülkelerin ve büyüyen ekonomilerin katkısına gerek kalmadan ulaşılmış oluyor. Bu ülkeler için siyaseten hiçbir şey yapmadan, sadece Kyoto ülkelerince tasarruf edilen karbonu satın almak ulusal bakış açısından daha cazip bir seçenek.

Elbette müzakere eden tarafların her zaman bencil davranmadığı bir gerçek ve bu ülkeler çoğu zaman sert pazarlık konumu almaz. Davranışsal oyun kuramının altını çizdiği üzere, insanlar aynı zamanda karşılıklılık ve adalet ilkelerini baz alarak da hareket eder.[15] Ancak bizim ele aldığımız bu örnek söz konusu olduğunda adaletin tam olarak ne anlama geldiği belirsiz. Herkes adil olmaya çalışıyor ama herkesin adaletten anladığı şey başka. Sanayileşmiş ülkeler her ülkenin CO_2 emisyonu azaltım oranının aynı olması gerektiğine ve bunun adil olacağına inanıyor. Pek çoğu yüksek nüfusa sahip kalkınmakta olan ülkelerse her ülkenin kişi başına eşit miktarda emisyon hakkına sahip olması gerektiğini söylüyor. Böylece elde ettikleri emisyon haklarını sanayileşmiş ülkelere satıp kâr etmeyi hesaplıyorlar.[16] Başta Çin olmak üzere Asya'nın yükselişte olan ve hızlı büyüyen ekonomileriyse kendilerini aynı emisyon azaltım değerlerine tabi tutmadan önce sanayileşmiş ülkelerin 19. yüzyıldan beri saldığı emisyonları hesaba katarak, kendilerine bu ülkelerin seviyesine yetişme hakkı tanınması gerektiğini söylüyor. Bir başka argüman ise sertifikaların temsil ettiği yeni hava kullanım mülkiyeti haklarının küresel olarak yoksullukla mücadelede kullanılmasının adil olacağı şeklinde. Bütün bu konumlanmaları bir noktada birleştirmek ve emisyon tavan sınırları konusunda dostane bir anlaşma sağlamak olağanüstü derecede zor olacaktır. Yeni bir protokol oluşturmak için yapılan iklim müzakerelerine katılan her delegasyon lideri kendi iddiasını temellendirmek için cephanesinde adalet silahını bulunduracak ve bunu yaparken ülkesinin avantajını mümkün olduğunca artırmak adına adaletin kendisi için ne anlama geldiğini ısrarla ileri sürecektir. İşte bu yüzden bir dizi iklim zirvesi geride kalmış, ancak Avrupa ülkeleri şu ana kadar Çinli müzakerecileri bırakın karşılıklılık konusunda ikna etmeyi biraz olsun bile etkileyememiştir.

Ekonomik oyun kuramı çoktan bu stratejik iletişimin bazı yönlerini formüllerle ifade etmeyi ve bunları matematiksel teoremler halinde kesin bir şekilde ortaya koymayı başardı. Eğer çok sayıda aktör genel kullanım için kamusal bir fayda oluşturmaya çalışırsa ve bu aktörlerden biri erken davranıp çeşitli olgular belirlerse, diğer aktörler bu olguları verili alacak ve makul olduklarını düşündükleri diğer olguları bu listeye ekleyecektir. Taraflardan biri ne kadar ileri seviyede katkı yaparsa diğerlerinin katkı sağlamaktan elde edeceği getiri azalacaktır ve sonuç olarak daha az katkı sağlamayı tercih edeceklerdir. Bu durumda ilk hareket eden daima en çok katkıda bulunan olacaktır.[17] Bu, bir ülkenin kendini "yeşil" teknolojilere adaması ve müzakere halinde bulunduğu taraflara açıkça şu mesajı vermesi söz konusu olduğunda geçerlidir: Çok fazla zorluk yaşanmaksızın geleneksel teknolojileri aşamalı olarak kullanımdan kaldırır ve böylece CO_2 emisyonlarını azaltırım. Önceden yapılan bu katkı diğerleri tarafından tamamen istismar edilecektir.[18]

Hatta bazı iyi niyetli ülkelerin önde bu işlere girişmesi diğerlerinin bedavadan peşlerine takılmasını da tetikleyebilir. Bu öyle bir seviyeye varabilir ki tüm ülkeler bir araya geldiğinde, tüm tarafları içeren simetrik bir müzakere sonucuna göre daha az şey başarılmış olur.[19] Ya herkesin az da olsa bir şey yapacağı ya da kimsenin hiçbir şey yapmayacağı ve tüm dünyanın felakete sürükleneceği herkesçe açık bir şekilde görülürse işte o zaman her müzakerecinin "yeşil" politikaları desteklemek için bir iyi bir nedeni olur. Bunu reddetmek kendisini maliyetten kurtarabilir ancak aksi durumda meydana gelecek kamusal faydadan yani mesela sera etkisinin ve fosil yakıt fiyatının dünya piyasalarında düşmesinden istifade edememiş olur. Bu da onu, inisiyatifi engellemeden önce iki kere düşünmeye itecektir.

Tek bir karar alıcı ülkenin, diğer ülkelerin geri adım atacağından korkmaksızın bedavacılığın tadını çıkarması halinde mesele başka bir hal alır. Böyle bir ülke ortak azaltım çabasına katkı yapmayarak kendi maliyetlerini düşürür fakat sadece kendi katkısı sayesinde ortaya çıkacak olan ortak fayda kadarını kaybeder. Bu koşullar altında öncü ülkeler dışında kimse çorbaya tuz katmayacağı için risk çok yüksektir. Bu koşullar altında herkes bir katkı yapsa dahi bu çabaların genel toplamı muhtemelen kimse örnek olarak yol göstermeye çalışmasa elde edilecek sonuçtan daha düşük olacaktır.

Bu açıdan bakıldığında AB ülkelerine ve diğer Kyoto ülkelerine gelecekteki iklim zirvelerinde çok sıkı bir müzakere konumu almalarını tavsiye edebiliriz. Öncü girişimlerinin bu çabayı harekete geçirmek için psikolojik açıdan gerekli olan itkiyi sağladığı doğru olabilir ancak durum böyle olsa bile bu öncü çabalarını daha fazla genişletmemelidirler. İyi niyet çoktan sergilenmiştir. Diğer ülkelere, katılmamaları halinde tüm iklim değişikliği programını yerle bir edecekleri mesajı verilmiş olmalı. Eğer Kyoto ülkeleri gerçekten iklimin korunmasını (fosil yakıt fiyatlarının düşmesi de dahil olmak üzere) istiyorlarsa ikna edici bir tehdit stratejisi geliştirmeliler. Böyle bir strateji Fransa cumhurbaşkanı Nicolas Sarkozy'nin öne sürdüğü gibi gruba katılmayan ülkelerden gelen ithal mallara CO_2 içeriklerine göre ek vergi konmasını içerebilir. İthalatçıların da getirdikleri ürünler için CO_2 emisyon sertifikası almak zorunda bırakılması mümkün olabilir. Nihayetinde sadece sıkı bir müzakere stratejisi başarı sağlayabilir.

Kaynak Vergileri: Arz Yanlı Bir Politika

Ortak talep kısıtları üzerine önceki kısımda yaptığım vurgu okuru hayal kırıklığına uğratmış olabilir, zira kitabın odağı buraya kadar arz tarafındaydı. Ancak bu kitabın temel motivasyonu insanlığın geleceğini tehlikeye atma potansiyeline sahip son derece ciddi bir soruna gerçek ve sorumlu bir yanıt vermektir, roman yazmak değil.

Yine de tüm bunlara rağmen tartışmaya değer bir arz yanlı kamu politikası var. Bu politika geleneksel çevre politikalarının dışına düşer, ancak tam olarak bu bölümde ve bir önceki bölümde sunulan mantığı takip eder. Eğer kaynak sahipleri ellerindeki doğal kaynağı çok hızlı bir şekilde finansal araçlara çevirirse o zaman ya onların doğal kaynaklarını daha çekici kılmaya ya da bu finansal araçları daha az çekici hale getirmeye çalışmalıyız!

Bu mantığı anlamak için piyasanın başarısızlığını tartışan Dördüncü Bölüm'ü tekrar ele almalıyız. Daha önce pek çok kere açıkladığım gibi kaynakların çıkarımı konusunda piyasanın başarısız olmasının nedeni atmosferdeki karbon stokunun neden olduğu negatif iklim dışsallığıdır. Bu dışsallık insan yapımı sermayenin gerçek getiri oranını düşürmektedir.[20] Mevcut nesiller zenginliği gelecek nesillere insan yapımı ve doğal sermaye (özellikle karbon) olarak bırakabilirler. Küresel ısınma sorunu karşısında toplumsal olarak optimal bir portföy oluşturmak için bu zenginliğin yapısı öyle bir seçilmeli ki çıkarılmamış fosil yakıtların değerlenme oranıyla sermayenin getiri oranı küresel ısınmanın neden olduğu hasar çıkarılınca denk olmalı. Dördüncü Bölüm'de anlatıldığı gibi bu, zamanlar arası Pareto optimalitesinin koşuludur. Ancak yine aynı bölümde gösterildiği gibi bu piyasaların tercih ettiği yol değildir. Bunun yerine çıkarılmamış stokların değerlenme oranı sermayenin getiri oranıyla müsadere ihtimalinin toplamına denk gelme eğilimindedir. Dolayısıyla, çıkarılmamış kaynakların değerlenme oranı (ve çıkarılan karbonun fiyatının artış oranı) çok yüksek olur, çünkü sosyal bir risk olmayan ama özel bir risk olan müsadere riskini de telafi eder, çünkü küresel ısınma hasarı nedeniyle getirinin gerçek toplumsal oranını aşan bir faiz oranını dengeler.

Bu iki piyasa başarısızlığını teorik açıdan doğru telafi etmenin bir yolu, çıkarılmamış karbonu sübvanse etmek veya bu stokların çevrildiği finansal sermayeye vergi koymaktır. Sübvansiyonun dünya için maliyeti yüksek olacağından ve zaten zengin olan kaynak sahiplerini daha da zengin yapacağından geriye mantıklı bir seçenek olarak sadece vergilendirme kalıyor. Finansal varlıkların veya ona denk bir şekilde bu varlıklardan elde edilen sermaye gelirlerinin vergilendirilmesi kaynak sahiplerini zenginliklerinin daha büyük bir kısmını yeraltında bırakmaya sevk edecek, bu da özel varlık portföylerini daha az insan yapımı sermaye ve daha fazla doğal sermaye içerecek şekilde toplumsal olarak daha optimum bir portföye dönüştürecektir. Karbon kaynakları daha yavaş tüketilecek ve çıkarım ile fiyat izlekleri düzleşecektir. Bugünkü karbon fiyatları böyle bir verginin olmaması durumuna göre daha yüksek olacaktır ve fosil yakıt akışı başlangıçta daha yavaş olacaktır. Ancak uzak gelecekte fiyatlar düşecek ve daha fazla karbon tüketim için erişilebilir hale gelecektir. Dolayısıyla vergi, piyasanın başarısızlığını giderecek ve potansiyel olarak zamanlar arası bir Pareto iyileştirmesine neden olacaktır.

Hem bugünkü hem de gelecek nesillerin tüketim kapasiteleri açısından istifade edecekleri siyasal önlemler tasarlamanın kolay olmadığını kabul etmek lazım. Petrodolarların vergilendirilmesinden elde edilen kaynak vergisi gelirinin nasıl harcanacağı çok büyük bir değişken olacaktır. Yani bu para bugünkü tüketimi finanse etmek için kullanılmak üzere kamuya mı aktarılacak, yoksa altyapı yatırımlarına mı geri yatırılacak ya da başka tür sermaye ürünlerine mi harcanacak! Yine de ilkesel düzeyde bu tür bir politika hem mevcut hem de gelecek nesiller için kazan-kazan durumu yaratacak şekilde tasarlanabilir.

Bu tür bir vergi çözümüne dair sorunlar teorik olmaktan çok pratiktir. Dünya genelinde kaynaklardan elde edilen sermaye getirilerine uygulanabilecek bir vergi sistemi inşa etmek kolay olmayacaktır. Sermaye gelirine konan vergi sistemleri halihazırda tüm dünyada mevcut. Ancak kural gereği faiz gelirine konan vergiler, OECD'nin 1977 çifte vergilendirme sözleşmesi uyarınca ikamet ilkesine göre toplanır.[21] Dolayısıyla faiz geliri genelde ortaya çıktığı yerde değil yatırımcının ikamet ettiği yere göre toplanır.

Ülkeler çoğu zaman ikamete dayalı kaynak vergilerine ek olarak faiz gelirinden de vergi alır ancak bu vergiler çok önemli değildir. Çoğu zaman vergi mükellefleri ülkelerindeki faiz gelirini beyan ettikten sonra bu miktarı düşebilirler ki bu da sermaye hareketleri açısından önemsiz oldukları anlamına gelmektedir.

İş doğrudan yabancı yatırımdan sermaye gelirine, yani yabancı hissedarlara ait şirket kârlarına gelince durum değişir. Şirket kârı korunduğu sürece, kârdan alınan vergi hemen hemen her zaman firmanın bulunduğu yerde gerçekleşir. Şirket kârından alınan vergiler hukuki açıdan bakıldığında ikamet vergisidir, ancak ekonomik açıdan bakıldığında kaynak vergisidir.

Kârlar temettü olarak dağıtılırsa hem firmanın hem de yatırımcının ikamet ettiği ülkede vergilendirilir. Buna ek olarak çoğu zaman bireysel olarak uygulanan sermaye değerindeki artış vergisi vardır ve bu hisselerin ikamet edilen ülkede değerlenmesi üzerinden uygulanır. Bunlar sermaye kazançlarını yaratan dağıtılmamış kârın dolaylı olarak vergilendirilmesi anlamına gelir.

İkamet ilkesi, zayıf vergi sistemlerine sahip ülkelerden elde edilen sermaye gelirinin genelde çok hafif bir şekilde vergilendirilmesiyle

YEŞİL PARADOKSLA SAVAŞMAK | 255

sonuçlanır. Bu ilke aynı zamanda dünyanın dört bir yanındaki yatırımcıların faiz gelirini buradaki aracı şirketlerden almasını sağlayan vergi cennetlerinin varlığını mümkün kılmıştır. Böylece vergi yükümlülüğünün bir kısmından işin etrafından dolanmak suretiyle kaçınılmaktadır.

Çoğu kaynak sahibinin ikamet ilkesi nedeniyle gelirleri çok hafif bir şekilde vergilendirilen yatırımcılar oldukları varsayılabileceğinden, dünya genelinde kaynak vergisine geçilmesi onlar için vergi meselesini çok köklü bir biçimde değiştirecektir. Büyük ölçüde vergiden kaçırılan getiriler ilk kez gayet kayda değer bir vergilendirmeye tabi tutulacak ve bu kişileri varlık portföylerini arzu edilen şekilde daha muhafazakâr olmaya itecektir.

Kaynak sahiplerinin finansal yatırım şirketlerini Bahamalar, Guernsey, Jersey veya Cayman Adaları gibi vergi cennetlerine kaydıracağından korkulabilir. Ancak bu korku temelsizdir, çünkü vergi cennetlerinin kendi gelir kaynakları yoktur. Buralardaki bankalardan geçen sermaye getirisinin kaynağı petrodolarların yatırıldığı sonuçta sanayileşmiş ülkelerdir ve kaynak vergileri pekâlâ oralarda toplanabilir. Zaten sanayileşmiş ülkeler sermaye getirilerine tek tip bir şekilde vergi uygularsa bu vergi cennetleri de ortadan kalkacaktır.

Kaynak vergisi sistemine geçiş sanıldığından daha kolay, çünkü sanayileşmiş ülkelerin sermaye piyasalarının işleyişine kayda değer bir baskı getirmeyecektir, zaten söz konusu yatırımcıların sermaye getirileri ikamet ettikleri ülkelerde vergilendirilmektedir. Bu sermaye getirilerinin yatırımcının ikamet ettiği ülkede toplanmasıyla kaynağın geldiği ülkede toplanması arasında, vergi oranları benzer olduğu sürece çok önemli bir fark yoktur. Bu, dünya sermaye getirilerinin vergilendirilmesini sağlayan bir kaynak vergilendirme sistemine yönelirken kendisini düşen tasarruflar ve sanayileşmiş ülkelerde sermaye oluşumu olarak gösteren zamanlar arası bozulmalar ortaya çıkarmadıkça korkulacak bir şey teşkil etmez.

Ancak sanayileşmiş ülkeler vergi sistemlerini ülkeler arasındaki rekabeti tetikleyip herkesin dibe doğru yarıştığı bir duruma izin vermemek için güncellemelidir. Vergi oranlarının eşgüdümlü hale getirilmemesi halinde her ülkenin komşusunun vergi oranını düşürüp daha fazla

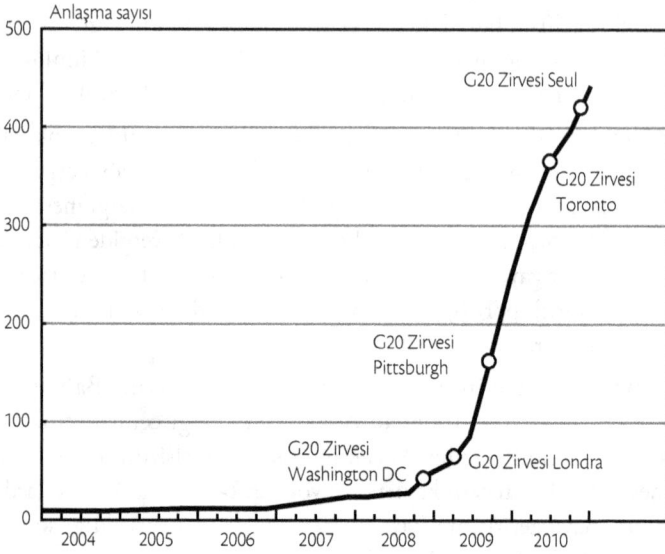

ŞEKİL 5.4 2004 yılından bu yana kümülatif vergi bilgileri değişim anlaşmaları. Kaynak: OECD Vergi Bilgileri Değişim Anlaşmaları (http://www.oecd.org/document), 20 Ocak 2011.

sermaye çekmeye çalışmak için güçlü bir nedeni olacaktır. Bu da sonuç olarak kaynak vergilerinin erozyona uğramasına neden olacaktır.[22]

Bu koordinasyon sorunu çözülebilir. Hatta OECD şaşırtıcı bir şekilde son zamanlarda dünya genelinde kaynaklara vergi getirme girişimlerinde gayet başarılı olmuştur. OECD 2008 yılında içinde vergi cenneti ülkelerin olacağı bir kara liste yayınlayacağını açıkladığından beri bu ülkelerin diğer ülkelerce çeşitli siyasi yaptırımlara tabi tutulacağı beklentisi güçlendi. Bu ülkelerin epey bir kısmı vergi kanunlarını ve denetim mekanizmalarını değiştirip vergi konusunda bilgi alışverişini sağlamak için ikili anlaşmalar yaptı. İsviçre banka gizliliği kanunu gevşetmeye bile karar verdi. **ŞEKİL 5.4** bu eşgüdüm hamlesinin takdire değer başarısını göstermektedir. Bu deneyim düşünülünce OECD'nin vergi sistemlerini daha da ileri bir düzeyde eşgüdümlü hale getireceği şüphe götürmez.

Sermaye getirilerine uygulanacak bir kaynak vergisinin dünyanın fosil yakıt çıkarım izleğini yeteri kadar doğru yöne kaydırıp kaydırmayacağı tartışmaya açık. Kaynak vergilerinin Süper Kyoto ile birlikte yerleştirilmesi gerekebilir. Yine de sermaye gelirlerine uygulanacak bir kaynak vergisi, emisyon sertifikalarından oluşan ve merkezi bir şekilde idare edilen bir sisteme göre serbest piyasayla daha uyumludur. Eğer hedeflenen, sera gazlarının dışsal etkisini içselleştirecek bir vergi çözümüyse o zaman aranan çözüm budur.

Karbon Vergisi Terörü

Küresel ısınmayı sermaye getirilerine konacak bir kaynak vergisiyle yavaşlatmaya çalışmak geleneksel bir çevreciye zorlama gelebilir. Onlar daha çok karbon atık emisyonlarına vergi koymaya meyillidir, çünkü bu tür bir verginin karbonun fiyatını artırmak suretiyle karbon tüketimini düşüreceğini düşünürler. Bu düşünceyi İngiliz ekonomist Arthur Cecil Pigou'nun ilk kez 1920'de çevresel dışsallıklar için getirilmesini önerdiği geleneksel vergi fikrine kadar götürebiliriz.[23] Yakın geçmişte mevcut iklim değişikliği tartışmalarını alevlendiren Stern Raporu da bir karbon vergisi savunuyordu, çünkü dünyanın temel politika aracı dünya genelinde tek tip bir fiyat sinyali göndermekti.[24]

Ancak Pigou'cu mantık temel olarak statiktir ve kaynak sahiplerinin dinamik ve zamanlar arası kaygılarını anlamaktan uzaktır. Kaynak sahiplerinin çıkarım hızını ve dolayısıyla küresel ısınmayı belirleyen tam da bu kaygılardır. Dahası, mücadele edilmesi gereken dışsallık atmosferdeki karbon stokuna bağlıdır, ancak söz konusu vergi, salınan karbon akışına getirilmek istenmektedir. Bu önemsiz bir ayrım değil. Aradaki fark bir gölün su seviyesiyle o göle dereden akan su arasındaki farka benzemektedir. Bu iki değer yakından ilintiliyse de kavramsal olarak farklıdır, özellikle gölü doldurmak yüzyıllar sürüyorsa.

Doğru tasarlanan Pigou'cu bir vergi sisteminde, havadaki insan kaynaklı karbon stokundan sorumlu olan kirleticilerin tek tek takip edilmesi ve sorumlusu oldukları kirlilik için yıllık bir vergiyle cezalandırılmaları gerekir. Bu cezanın oranı da bu stoka eklenecek küçük bir miktarın neden olacağı marjinal zarara eşit olmalı. Kavramsal olarak bu, atmosferik karbonu üzerinde kirleticilerin isimlerinin yazdığı devasa konteynırlara pompalamayı ve içindekiler için karbon vergisi uygulamamızı gerektirirdi. Veya her kirletici için bir karbon hesabı açıp bu hesap adına atmosferde biriken insan kaynaklı karbon atığı için vergi uygulamamız gerekirdi. Kaynak sahiplerinin bakış açısından vergi oranının zamansal izleğinin dışsal olarak belirlenmesi gerekse de (Pigou'cu vergi yaklaşımında olduğu gibi) her bir dönemdeki vergi oranı söz konusu dönemdeki toplam stokun (yani o dönemde havada bulunan CO_2 derişiminin) neden olduğu marjinal hasara denk olmalıdır. Benim bildiğim kadarıyla kimse şimdiye kadar ne böyle bir karbon vergisi önerdi ne de bunun analizini yaptı. Bunun nedeni muhtemelen böylesi bir verginin idaresinin çok zahmet gerektirecek olmasıdır, çünkü ne de olsa vergi borçlularının karbonu saldıkları andan itibaren yüzyıllarca takip edilmesi gerekecektir. Kirletici şirketlerin biri gelir biri gider ve çoğu zaman hikâyeleri iflasla biter ki bu da var olan emisyon vergisini silecektir. Dolayısıyla karbona gerçek anlamda Pigou'cu bir vergi koymak mümkün değildir.

Onun yerine analiz edilen ve önerilen şey, salınan karbona muadil bir vergi koymaktır. Doğru hesaplandığında böyle bir vergi gerçekten de Pigou'cu vergiyi taklit edebilir, ancak muhasebesi engelleyici derecede zor olacaktır. Karbon atığının akışı üzerine teorik olarak konacak doğru bir muadil vergi, zamanda herhangi bir anda, o andan başlayıp sonsuza kadar uzanacak bir dönemde salınan ekstra birim karbondioksitin neden olacağı ilave hasara denk olmalıdır.[25] Vergi yasalarının bugünkü değer formüllerini kullanmaması bir yana bu tür vergi oranlarını hesaplamanın zorluğu, bugün salınacak ilave birim karbonun gelecekte nasıl bir hasara neden olacağını öngörmenin çok zor oluşundan gelir. Çünkü bu salınımın kendisi bugünden sonsuza kadar uzanan bütün zaman dilimi boyunca karbon stokunun nasıl bir izleğe sahip olacağına bağlıdır.[26]

Karbonun akışına getirilecek vergiyi uygulamaya koymanın önündeki bir diğer büyük zorluk, stok-akış ayrımından dolayı vergi oranının miktarı değil, zaman içindeki değişiminin neden olduğu ekonomik etkilerdir. Bunu anlamanın en kolay yolu tüketilen karbonun akışının piyasadaki değerine getirilecek *ad valorem* (değerine göre) bir vergi düşünmektir; bir an için çıkarım maliyetlerini kenarda bırakalım. Vergi oranı sabit olduğundan böyle bir vergi nakit akışı vergisidir ve devleti söz konusu kaynağın ortağı yapar.[27] Kaynak sahiplerine çıkarım izleğini değiştirip vergi yükünün mevcut değerini düşürme şansı vermeksizin kaynak yaratılmasını sağlar. Sanki başlangıçtaki kaynak sahiplerinin bir kenarda alınan her karara onay veren ama temettüden de pay isteyen sessiz bir azınlık ortakları varmış gibi. Küçük ortak kendi taraflarında olduğu sürece büyük ortaklar tek sahip oldukları durumdakinden başka bir çıkarım stratejisi belirlemeyecektir, temettünün sabit oranlarla paylaşılması şartıyla. Ama küçük ortağın zaman içinde temettüden alacağı pay değişirse işler değişir. Hissesi aşamalı olarak düşerse *ad valorem* vergi miktarı da düşecek, o zaman da kaynak sahiplerinin çıkarımı ertelemek için bir nedenleri olacaktır, çünkü bu durumda temettüden daha büyük pay alabileceklerdir. Eğer pay artarsa o zaman da devletin talepleri büyümeden çıkarımı öne almak isteyeceklerdir. Bu da Yeşil Paradoks demektir. Sadece düşmekte olan bir *ad valorem* vergi, çıkarımın yavaşlaması için istenen sonucu verecektir.[28]

Ad valorem vergi yerine birim vergi oranı uygulanması halinde lehte bir sonuç almak daha kolaydır, çünkü artan kaynak fiyatları sabit bir vergi oranının azalan bir *ad valorem* vergi oranına dönüşmesi anlamına gelecektir. Sabit bir birim vergisi, kaynak sahiplerini ellerindeki kaynağın çıkarımını erteleme yönünde teşvik edecektir, çünkü böylece bugünkü vergi yükünü azaltabilirler ya da aynı şekilde, sessiz ortak devlet giderek azalan bir ortaklık oranına ses çıkartmayacaktır.[29]

Okur için bu sonuçların fiyatlama baskısı kavramı açısından gösterilmesi faydalı olabilir. Fiyatlama baskısı, yukarıda (mutlak) fiyat sıkışması ΔP'nin mevcut değeri olarak tanımlanmıştı ve ortaya çıkmasının nedeni, çıkarım izleğinin tepki vermemesi halindeki "yeşil" politika önlemleri olabilir. Vergilendirme, toplam karbon eğrisinin aşağı doğru itilmesi yoluyla böyle bir fiyat sıkışması yaratmanın araçlarından sadece bir tanesidir (Bkz. **ŞEKİL 4.4**). Bir vergi yorumuyla, ΔP'nin hacim olarak karbon çıkarımı üzerindeki birim vergi oranına eşit olacağı söylenebilir. Eğer ΔP sabit kalırsa, indirimli bugünkü değeri zamanla daha da düşecektir ve dolayısıyla fiyatlama baskısı giderek azalacak, bu da çıkarımın ertelenmesine neden olacaktır. Eğer ΔP bugünkü değeri düzeyinde sabit kalırsa o zaman fiyatlama baskısı tek tip olacaktır ve herhangi bir arz tepkisine neden olmayacaktır. Ancak ΔP zaman içinde artarsa, ki bu birim vergi oranının zaman içinde indirim oranında daha yüksek bir oranda artması demek, çıkarım hızlanacak ve Yeşil Paradoks var olmaya devam edecektir.

Çıkarım maliyetlerinin olmadığı bir ortamda sabit bir *ad valorem* vergisi sabit bir fiyatlama baskısı yaratacak ve herhangi bir arz tepkisine neden olmayacaktır. Bu, kaynak sahiplerinin verdiği iyi tepkilerle kötü tepkiler arasındaki sınır duruma işaret eder. Genel olarak bu kitapta varsayıldığı üzere stoka bağımlı çıkarım maliyetleri söz konusuysa tarafsızlık koşulu fiyatlama baskısı açısından sabit kalır ve bu da ΔP'nin mevcut değeri tarafından tanımlanır. Ancak azar azar artan bir *ad valorem* vergi söz konusu olursa formül daha fark edilmesi zor bir hale gelir, çünkü devletler çıkarım maliyetinin vergiden düşülmesine izin vermeyeceği için bu vergi oranının ortaklık yorumu artık mümkün olmayacaktır. O zaman *ad valorem* vergi oranının sınır değerde büyümesinin indirim oranı ve çıkarım maliyeti-fiyat oranının bir sonucu (ki bu değer çoğu zaman sıfıra çok yakın küçük bir değerdir) olacağı gösterilebilir.[30] **TABLO 5.1**'de gösterildiği üzere, yüzde 4'lük bir faiz oranı ve yüzde 17'lik bir maliyet-fiyat payıyla ham petrolün tüketimine (küresel ısınmanın hızlanması veya yavaşlamasına göre ayrıştırarak) uygulanacak *ad valorem* vergi oranının sınır değerli büyümesi ancak bir yıl için yüzde birin üçte ikisi kadar olabilir.

Küresel ısınmayı yavaşlatacak veya hızlandıracak olan şeyin vergi oranı değil vergi oranının zaman içindeki değişimi olması karbon vergisinin rahatsız edici bir boyutudur ve onu tehlikeli değilse de çok zor bir politika aracı yapar. "Solan Yeşil" başlıklı kısımda tartıştığımız sorunlar tamamen vergi çözümü için de geçerlidir. Hiçbir hükümet karbon vergi oranının zaman içinde sadece ılımlı bir şekilde artacağının veya azalacağının garantisini veremez. İnsanlar, dünya ısınıp iklim değişimi nedenli hasarlar arttıkça devletlerden daha sıkı önlemler talep edecektir. Bu, *ad valorem* vergi oranlarındaki artışı makul yapmasa da olasılık dahilinde kılacaktır. Vergi oranı için bir zaman izleği seçmek çıkarım izleğini teorik olarak tahayyül edilebilir bir biçimde doğru yöne itecektir fakat bu, iklim değişikliği hakkında kamuoyunda giderek artan huzursuzluğa göre hareket etmek zorunda olan demokratik bir devletin siyasi olanaklarının dışına düşecektir.

Dolayısıyla mesela AB Komisyonu'nun, üyesi olan ülkeleri her yıl artacak bir CO_2 vergisi koymaya davet etmesi hiç de şaşılacak bir şey değildir.[31] Deutsches Institut für Wirtschaftsforschung (Alman Ekonomik Araştırmalar Enstitüsü) çokça yorumlanan "Greenpeace Çalışması"nda biraz daha ileri gidip karbon vergisinin her yıl enflasyon oranından yüzde 7 daha fazla artırılmasını tavsiye etti.[32] Bu tür öneriler kaynak sahiplerinin tepkileri göz önüne alınmadan yapılıyor ve küresel ısınmayla savaşmak için bir politika aracı olarak Stern Raporu ve pek çok ekonomist tarafından da önerilen karbon vergisinin dünya genelinde uygulamaya konması durumunda ne olacağının tipik göstergesidirler. Karbon vergisi oranlarının bu denli hızlı artması ve küresel ölçekte uygulanması çıkarım hacminin artmasını tetikleyecek ve bu da iklim değişikliğinin güçlü bir şekilde hızlanmasına neden olacaktır.

Karbona uygulanacak birim verginin Yeşil Paradoksa karşı daha iyi bir koruma sağlayabileceğini umabilirsiniz, ne de olsa sabit bir oranda uygulanması halinde kaynakların korunmasına yol açacaktır. Ancak birim vergi bile zaman içinde kaynak sahipleri arasında zararlı arz tepkilerine neden olacak kadar hızla artırılabilir. kaynak ekonomistleri arasında son derece popüler olan ve insan kaynaklı karbonun neden olduğu marjinal hasarın bugün gözlemlenebilir statik projeksiyonlarına dayalı bir vergi ayarlaması kuralıyla nedeniyle özellikle büyük olacaktır. Bu kurala göre, her dönemde birim vergi oranı, mevcut marjinal karbon hasarı akışı bölü o günkü piyasa faiz oranı hesabına eşit olmalıdır; çünkü bu, atmosfere salınan ve sonsuza kadar orada kalacak olan birim karbonun gelecekte neden olacağı tüm hasarın bugünkü değerinin hesaplanmasıdır, elbette marjinal hasar ile faiz oranının sabit kaldığı varsayılırsa. Atmosferdeki karbon stokunun artmasıyla küresel ısınmanın neden olduğu marjinal hasar arttıkça, kural karbon vergi oranını otomatik olarak yukarıya çekecektir. Hiçbir şey birim vergi oranındaki artışın Yeşil Paradoksu tetikleyecek kadar büyük olmasına engel olamayacaktır.

Tüm bunlar, karbon emisyonlarındaki akışa getirilecek muadil vergiyle, birikmiş karbon atık stokuna konacak "gerçek" anlamda Pigou'cu bir vergi anlayışının neden makul bir politika aracı olmadığını

262 | YEŞİL PARADOKS

gösteriyor. Ekonomiyi tıpkı bir arabayı direksiyonla yönlendirmek gibi karbon emisyon vergisiyle yönlendirmeye çalışmak direksiyonu kaç kere döndürdüğünüze değil hangi hızda döndürdüğünüze bağlıdır. Üstelik siz direksiyonu sola çevirdiğinizde araba sağa kayabilir ya da tam tersi de olabilir. Bu koşullar altında gerçek hayattaki karar alma süreçleri içinde arabayı sürmek çok karmaşık bir iştir. Çok ciddi hatalar işin içine girebilir ve karbondioksit akışı yavaşlayacağına hızlanabilir. Mükemmel sürücüler birkaç denemenin ardından çok özel numaralar çekebilir ancak sıradan politikacılar muhtemelen bir süre sonra arabayı şarampole sürecektir.

Buna karşın sermaye getirisine konacak bir kaynak vergisinin hata yapma ihtimali yoktur, ne de olsa halihazırda atmosferdeki karbondioksit stokuna paralel bir şekilde biriken sermaye stokuna getirilmektedir. Ekonominin ne yöne gideceğini belirleyen, vergi oranındaki değişiklik değil sermaye gelirine uygulanan kaynak vergisidir. Çevre politikalarından sorumlu bir dizi yeni nesil politikacı vergi oranını abuk sabuk şekillerde değiştirse bile her zaman küresel ısınmayı yavaşlatacaklardır ve istemeden de olsa iklim sorununu daha da kötüleştiremeyeceklerdir.

Karbon akışına getirilecek vergiye kıyasla sahip olduğu bu avantajlarının yanında sermaye getirisine getirilecek kaynak vergisinin başka avantajları da olacaktır. Kaynak sahiplerinin üretimi düşürme stratejileri benimsemesine neden olacak tek bir fiyat sinyali verecektir, çünkü hem fiyat hem de çıkarım izleğini düzleştirecektir. Dolayısıyla fosil yakıtların dünya piyasalarındaki mevcut fiyatı artacaktır. Fiyat tüm dünya genelinde geçerli olduğundan küresel ölçekte verimli karbon azaltım aktiviteleri sağlanmış olacaktır. Bu ayrıca rüzgâr türbinleri, güneş enerjisiyle ısınma, nükleer santraller ve CO_2 miktarını azaltmaya yönelik tüm diğer alternatif stratejileri de daha kârlı hale getirecek, firmaları bu teknolojilere zaman ve para yatırmaya teşvik edecektir. Dahası kaynak vergisi Batılı ülkelerin kaynak sahibi ülkelerin kendi topraklarındaki sermaye getirilerinden elde ettiği vergi gelirlerini de artıracaktır.

Sermaye getirisi vergisi çözümüne karşı dile getirilebilecek tek nokta, küresel ısınmayla savaşta yeteri kadar güçlü olmamasıdır. Etkisini sınırlayacak iki şey vardır.

Birincisi, kaynak vergisi oranına bir üst sınır getirilmelidir; bu oran sanayileşmiş ülkelerde normal sermaye getirisine konan vergiyi aşamaz. Kaynak vergisi sistemine geçiş mümkünse de, pek çok pratik ve hukuki nedenlerden dolayı kaynak sahiplerinin sırtına normal bir vergi yükümlüsününkinden daha fazla yük bindirilemez. Dolayısıyla maksimum kaynak vergisi oranı Batılı ülkelerde sermaye gelirine getirilen vergi oranını geçemez. Bu vergiyi artırmak tüm sanayileşmiş ülkelerdeki vergi oranlarını artırmak demek olacaktır ve bu da bir musibeti kovmak için bir başkasını kullanmaya benzeyebilir. Sermaye gelirine konan vergileri artırmak tüketime harcanan miktarı artırır, tasarruf ve yatırımı değil. Bu, eğer Pareto iyileştirmesi mevcut nesillerin lehine düzenlenebilirse bir bakıma istenen bir şey de olabilir. Ancak aşırı vergi oranları mevcut nesillerin tüketimini gelecek nesillerin aleyhine olacak şekilde artırır, o zaman da gelecek nesillere çok az insan yapımı sermaye miras bırakılır.

İkincisi, sermaye gelirlerine konacak vergiler müsadere korkusuyla hızlanan kaynak çıkarımını yeteri kadar karşılayamayabilir. Bunun neden böyle olacağını anlamak için aşırı bir senaryo hayal edelim ve sermaye geliri vergisinin yüzde 100 olduğunu varsayalım, yani kaynak sahiplerinin sermaye piyasalarından elde edeceği vergi sonrası faiz oranını sıfır yapalım. Bu durumda kaynak sahiplerinin kaynaklarını koruma güdüsü maksimum seviyede olacaktır. Ve bir müsadere riskinin olmadığı durumlarda fiyatlardaki en ufak bir artış bile kaynaklarını yeraltında bırakıp bugün satmamak için bir teşvik yaratacaktır. O zaman bugünkü fiyat astronomik hale gelecek ve bu da çevrecileri mutlu edecektir. Şimdi bir de müsadere riski olduğunu varsayın. Bu durumda kaynak sahiplerinin kaynaklarını hızlıca çıkarma ve zenginliklerini rakip bir rejime kaptırmaktan kaçınma konusunda güçlü bir nedenleri olacaktır. Bugün maksimum gelecekteyse minimum oranda kaynak çıkarmalarını sağlayacak bir izlek seçeceklerdir. Bu da çıkarılmamış kaynakların değerinin müsadere ihtimalini karşılayacak kadar yüksek olmasına neden olacaktır. Peki ya yıllık müsadere ihtimali, küresel ısınmanın neden olacağı hasar çıkarıldıktan sonra (ki insanlık bunu verimlilik nedeniyle kaynak fiyat değerlenmesi oranına eşitlemelidir) geriye kalan sermayenin reel getirisinden yüksek olursa? O zaman dahi çıkarım hızlı akmaya devam edecektir. Dolayısıyla açıkça görülüyor ki aşırı vergilendirme bile doğru çıkarım izleği elde etmek için yeterli olmayabilir. Eğer sanayileşmiş dünyanın, kaynak sahiplerinin sermaye gelirine dayatabilecekleri maksimum kaynak vergisi normal sermaye geliri vergi oranına eşitse, vergi çözümü hem küresel ısınma dışsallığını hem de müsadere riskini telafi etmeye yetecek kadar güçlü bir çözüm olmayabilir. Bu risklerin ikisi birden çalışacak ve aşırı derecede hızlı kaynak çıkarımına neden olacaktır. Dolayısıyla en nihayetinde bu tür bir vergi çözümünü Süper Kyoto yaklaşımı ile birleştirmek için daha da güçlü bir nedenimiz var gibi görünüyor, yani küresel ölçekli bir emisyon üst sınırı ve ticareti sistemi.

Bu iki politika aracı gerçekten de birbirini çok iyi tamamlayacaktır. Sermaye gelirine getirilecek kaynak vergisinin kendisi aşırı çıkarımı azaltacak bir teşvik mekanizmasıdır ve kaynak sahiplerinin emisyon üst sınırı ve ticareti mekanizmasıyla gelen miktar sınırlamalarına karşı gösterecekleri olası direnci azaltmalarına yol açacaktır. Hem karaborsa gibi yöntemlerle bu tür bir sistemin etrafından dolaşmak hem de sistemle siyaseten savaşmak için daha az nedenleri olacaktır. Kaynak vergisi insanlığın aşırı kaynak çıkarımı karşısında inşa etmesi gereken bariyerleri daha da güçlendirecektir.

Daha Fazla Orman

"Dünyanın yarın yok olacağını bilsem bugün yine de bir elma ağacı daha dikerdim." Dünya yarın yok olmayacak, ayrıca birkaç elma ağacından daha fazlasına ihtiyacımız olacak, fakat yine de küresel ısınmayla savaşma yollarından biri olan ormanlaştırma söz konusu olduğunda Martin Luther'e atfedilen bu sözleri hatırlayalım. İnsanlık umudunu ve enerjisini küresel ısınmayı frenlemek üzere seferber etse iyi olacak.

Küresel ısınmayı yavaşlatmak istiyorsak fosil yakıtların çıkarımını yavaşlatmamız gerekecek, bu çok açık. Nükleer enerji, rüzgâr türbinleri ve bir ihtimal yeryüzünün muhtelif çöllerine yerleştirilmiş güneş enerjisi tesisleri, enerji açığını telafi etmeye yardımcı olabilir, ancak bunların tek ürettiği elektrik olacağından ve sınırlı depolama kapasitesiyle kısıtlanmış olacaklarından hidrokarbonların yerini mükemmelen dolduramayacaklar. Karada, denizlerde ve özellikle de havada yürütülecek taşıma işlemleri uzunca bir süre fosil yakıtlara bağımlı kalmayı sürdürecek. Biyoyakıtlar bunların yerini tutmayacak ve tutmamalı, zira besin üretimi için kullanılan tarım arazileriyle aralarında giderek artan bir rekabet söz konusu.

En ideali, fosil yakıtlarının kullanımından imtina etmemizi gerektirmeden karbondioksit üretimini azaltmamızı sağlayacak bir teknik araç. Ancak maalesef böylesi basitlikte ve hedefe yönelik bir araç mevcut değil. Kimya bilimi, hidrokarbonlardan enerji elde ederken yakılan karbonla tamamen orantılı miktarda CO_2 salınımı olmamasını sağlayacak bir yol sunmuyor.

Sera gazı etkisini enerji tüketiminden ayrıştıracak, teknik açıdan olanaklı yalnızca iki olası yol bulunuyor. Bir tanesi, İkinci Bölüm'de de tartıştığımız üzere CO_2 zaptı. Bu yöntemin daha fazla araştırılması gerekiyor. Yine de depolanacak devasa hacimlerde karbondioksit ve zapt yönteminin beraberinde getireceği olası tehlikeler umutlarımıza gölge düşürüyor. Diğer yol ise ormanlardan geçiyor.

Üçüncü Bölüm'de tartıştığımız üzere ağaç büyük oranda indirgenmiş karbondan oluşur, yani yanı başındaki oksijenden, fotosentez aracılığıyla karbondioksite çevrilmesi suretiyle kurtulmuş karbon barındırır. Ağaçların gövde ve köklerine sıkışmış oksijen atmosfere zarar veremez.

Bir kilometrekare Brezilya yağmur ormanında 20 bin ton karbon bulunur.[34] Toplamda Brezilya ormanları 85 gigaton karbon içerir. Bu miktar, atmosferde salınan karbon stokunun onda birinden fazla olduğu gibi, insanların sanayileşmeden bu yana söz konusu stoka yaptığı 200 gigatonluk katkının da neredeyse yarısıdır. (Bkz. TABLO 4.2)

Ortalama olarak gezegenimizdeki ormanlar kilometrekare başına yaklaşık 13 bin ton karbon depolar. Bu da 41 milyon kilometrekare orman örtüsünde 530 gigaton karbon bulunduğu anlamına gelir. Gezegendeki tüm biyokütle içinde ihtiva edilen karbonun yaklaşık yüzde 82'si ve havadaki insan ürünü karbonun 2,5 katından fazlasını ifade eder bu rakamlar.

Dünya üzerindeki orman örtüsünü artırmayı başarırsak, enerji tüketimini değiştirmek zorunda kalmadan küresel ısınmayı yavaşlatabileceğiz. Tek yapmamız gereken, fosil karbonu yeraltından alıp, yakıp, fotosentez aracılığıyla güneşin bunu tekrar ağaçlarda depolamasını sağlamak. Dolayısıyla iklim değişiminin önüne geçebilmek için kullanılacak bir teknik kaldıraçtan söz etmiş oluyoruz. Üstelik hiçbir zararlı yan etkisi bulunmayan bir kaldıraç. Hatta aksine, ormanlar sadece dünyanın iklimini belli bir noktada sabitlemekle kalmaz, yerel mikroiklimi de sabitleyip birçok tür için koruma ve yaşam alanı sağlar, karst oluşumunu önler. Ve Romalıların gemi yapımı için kestiği ormanları yeniden yeşertebilirsek İtalya ve Hırvatistan çok daha yaşanası yerlere dönüşecektir.

Ancak ne yazık ki bu kaldıraç günümüzde yanlış bir yöne itiliyor. Kimi ülkelerde yürütülen ciddi sayıdaki ormanlaştırma programına karşılık, dünya üzerindeki ormanlık alanlar artmaktansa azalıyor. Aşırı kullanım son yıllarda tehlikeli boyutlara vardı; özellikle de ormanlık alanları kazıyıp biyoyakıt üretimi için ekilebilir araziye dönüştürme şeklindeki saçma düşünce nedeniyle. Her yıl 129.000 kilometrekare orman yok edilirken yalnızca 56.000 kilometrekarelik alan ağaç dikimi veya ormanlaştırma aracılığıyla yeşertiliyor. IPCC'nin tahminlerine göre yıllık net orman kaybı 73.000 kilometrekareyi buluyor.[35] İklim araştırmalarının öncülerinden John Houghton'ın tahminlerine göre kayıp miktarı 94.000 kilometrekare.[36] Bu iki tahminin ortalama değeri yıllık 84.000 kilometrekare orman kaybına tekabül ediyor; İrlanda büyüklüğünde bir alan bu.

Her yıl imha edilen ormanların üçte ikisi karbondioksite dönüşüyor ve kalan kısmı da inşaatlarda kullanılan kereste veya is halini alıyorsa (ki böylece oksidasyondan korunmuş olur), bu atmosfere ilave 4,1 gigaton karbondioksitin, yani 1,1 gigaton karbona eşdeğer bir miktarın salındığı anlamına gelir. Kara, deniz ve hava ulaşımından kaynaklanan yıllık 1,5 gigatonluk "karbon ayak izi"ne yakın bir miktardır bu.[37]

Birinci Bölüm'de tartışmıştık: Fosil karbonun yanması ve çimento üretimi sonucunda ortaya çıkan toplam yıllık karbondioksit salınımı 7,4 gigaton karbondur. Dolayısıyla ormanların imhasıyla ortaya çıkan 1,1 gigatonluk karbon salınımı insanların sebep olduğu yıllık karbondioksit salınımının yaklaşık yüzde 13'üne karşılık gelir. Elbette bu, sırf odun temel alınarak yapılmış son derece temkinli bir tahmin. Aslında çoğu zaman ormanların tıraşlanması yeraltındaki florayı da yerle bir ediyor, bu da ciddi miktarda ilave CO_2 emisyonu demektir. Çamurlu araziler ve bataklıklar kurutulduğunda, çürümüş organizmalar aracılığıyla sera gazları (özellikle de en güçlü sera gazlarından biri olan metan) açığa çıkar. Bazı durumlarda bu salınımların miktarı, odunun yakılmasıyla ortaya çıkan dolaysız CO_2 salınımının katbekat üzerindedir. Nihayetinde inşaatlarda kullanılan kerestedeki depolanmış karbonun da bir kısmı, kullanıldıkları yapılar tahrip oldukça veya kerestelerin yanması veya çürümeye terk edilmesi durumunda, açığa çıkacaktır. Uzun erimli CO_2 hesaplamalarında, ormanların tahribine bağlı CO_2 emisyonlarına neredeyse bunun bir yarısı kadar daha eklenmeli.

Ormansızlaştırma durdurulacak ve bunun yerine her yıl İrlanda büyüklüğünde bir alan ağaçlandırılacak olursa, yüzyıl ortalarında insan eylemlerine bağlı CO_2 salınımları yaklaşık 70 gigaton azalmış olacak. Bu da Stern Raporu'nun referans senaryosuna göre, o zamana kadar açığa çıkacağını ortaya koyduğu karbon miktarının yaklaşık yüzde 8'i ediyor. Kyoto Protokolü tarafından belirlenen acınası azaltım hedefleriyle karşılaştırıldığında epey ciddi bir miktar bu. Belki de Martin Luther'in tavsiyesine kulak vermeliyiz.

Araçlar ve Hedefler

Biz insanlar (ve Dünya'daki diğer tüm canlı organizmalar) karbon bileşenlerinden oluşuyoruz. Karbondan yapılmışız ve enerjimizi oradan devşiriyoruz. Yaşamak için diğer organizmaları yemek zorundayız, zira bitkilerin yaptığı gibi atmosferdeki karbonu tutamayız. Bizler bitkilerin bütünleyicileriyiz, onların atık olarak saldığı oksijen yardımıyla karbonu yakıyor, böylece karbon döngüsüne katılıyoruz. Bir süreliğine zihinlerimiz serpiliyor ve diğer insanlarla iletişim kurabilir hale geliyoruz. Ardından yapı bir kez daha parçalara ayrılıyor. Neyse ki bilgi, tercihler ve fikirler yeni nesillere aktarılabiliyor.

Canlı varlıklar arasındaki hayatta kalma savaşında belli bir denge sağlanmış olup bir türün yayılması, mesken inşasında kullanacağı besin ve malzemelerin derecesine göre belirlenir. İnsanoğlu bunu Malthusçu tuzak biçiminde hissetmiştir. Yaşayabilecek insanların sayısı her birinin ulaşabileceği besin, hava ve yer miktarıyla sınırlanmıştır.

Atalarımız yaklaşık sekiz nesil önce, fosil karbonlarına bağlı bir yaşam sürmenin yolunu bulup Malthusçu tuzaktan kurtuldular. Fosil karbonu, hayvanların gıdaya dönüştürülmesi için ihtiyaç duyulan yemi üretecek şekilde toprağın dönüştürülmesini mümkün kıldı. Böylelikle dünya ekonomisinin tekerini giderek daha büyük bir hızla döndüren ve gittikçe daha fazla sayıda insanın gezegenimizdeki kısıtlı alanda yaşamını idame ettirmesine olanak tanıyan ekstra enerjiyi sağladı.

Fosil yakıtlar bize ekmek sağlamakla kalmadı, uygarlığımızı ateşleyen enerjiyi de temin etti. Fakat aynı zamanda bizleri bağımlı kıldı. Hatta daha beteri, şu anda ne yapacağımızı şaşırdığımız atıklar üretti. Yeraltı karbon stokları düzenli olarak azalırken atmosferdekinin artışını kaygıyla izliyoruz. Enerji fiyatlarındaki artış, refahımız konusunda endişelenmemize neden oluyor ve yükselen sıcaklıklar selametimiz konusunda bizi korkutuyor.

Fosil karbon olmadan yaşamak kolay olmayacak, zira artık bizlerden çok var (Sanayileşmenin başladığı zamankinden on kat fazlayız). Varlığımızın hiç de azımsanmayacak bir kısmını fosil yakıtların kullanımına borçlu olan bizler onsuz epey zorlanacağız. Sürekli şişen bir nüfus, atmosferdeki karbon fazlası ve fosil yakıtlarını ikame edecek teknolojilerin kusurlu ve kısıtlı niteliğiyle insanlık bir kez daha Malthusçu tuzağa saplanacak.

Doğa zaten çoktandır küresel ısınmadan gözle görülür biçimde etkileniyor; ancak iklimbilimcilerin katı tahminleri endişelenmemiz için epey sebep sunsa da şimdi sırada Çinliler, Hintliler ve hararetli ekonomik büyümelerine devasa miktarlarda CO_2 katıp pek haklı olarak daha iyi yaşamak isteyen daha pek çokları sırada bekliyor. Durum daha da kritik hale gelecek, zira nüfusun yüzde 100'ü, gelişmiş ülkelerdeki yüzde 15 gibi yaşamak istiyor.

Gezegenin ısınmasına rağmen (ya da daha doğrusu ısınma yüzünden) kuzey enlemlerdeki insanlar genişleyen verimli arazilerinde daha iyi yaşayacak. Ancak Alaska veya Sibirya daha ılımlı bir iklime kavuşunca karşılığında Afrika ve Hindistan'ı feda etmeye razı gelecek miyiz? Eski yerleşim bölgelerinden yenilerine doğru göç gerilimsiz, krizsiz ve hatta şiddetsiz olmayacak.

Ayrıca kaynaklar giderek kıtlaşacağından çatışma tetiklenecek. Batı, Ortadoğu'da hak iddia etti. Çin, Afrika'daki etkisini artırma gayretinde. Birleşik Devletler, büyük doğalgaz ve petrol yataklarına sahip Kazakistan'a el attı. NATO'yu Rusya'nın güney kanadına itme çabasının yarattığı gerilim, Gürcistan'da patladı. Bu gibi başka parlama noktaları olacak, zira kaynaklar kıtlaştıkça onlar için verilen kavga daha da artacak.

Siyasi belirsizliğin yarattığı güvensizlik ve korku daha şimdiden fosil yakıt kaynaklarının sahiplerini daha hızlı kaynak çıkarımına itti. Geçmiş onyıllardaki merhametsiz kaynak sömürüsü piyasa ekonomisinin bir sonucu değildi. Piyasa ekonomisinin ayırt edici özelliklerinden biri, güvence altına alınmış mülkiyet hakkıdır, ticaret bu şekilde mümkün hale gelir. Mülkiyet hakları güvence altında değilse piyasa ekonomisi var olamaz; yerini anarşi ve kaos alır. Kaynak sahibi kişi birtakım savaşlar veya isyanlar neticesinde elindeki doğal kaynakların kaybolacağından endişe ediyorsa İsviçre bankalarının güvenli kucağını tercih edecektir. Ne var ki böylesi bir banka hesabı da ancak ellerindeki kaynağın mümkün olduğunca hızlı biçimde satılmasıyla ve iklim değişiminin neden olduğu ikincil hasarın riske edilmesiyle dolacak. Bu ikisi arasındaki bağlantıyı, dünyamızın diktatörlüklerini Batı tipi demokrasiyle "tehdit etme" arzusundakilere açıkça anlatmak gerekiyor. Diktatörlüklerle savaşmak için pek çok neden var, ancak iklim meseleleri bu nedenler arasında yer almıyor. Dünyada barışı sağlamak insanlığın kaynakları duyarlılıkla idare edebilmesi için gerekli temel ön koşul. Bu anlamda Batı kendisine eleştirel bir gözle bakmalı ve hata payını ölçüp biçmelidir.

Tüm tüketici ülkeleri kusursuz bir küresel kartel içinde bir araya getirecek ve salınım ticaretini mümkün kılacak bir Süper Kyoto sistemi çerçevesi dahilinde miktar idaresi, kaynakların talancı bir anlayışla çıkartılmasına verilecek umutsuz ancak kaçınılmaz bir acil durum cevabıdır. Savaş sonrası dönemi yaşamış Avrupalıların kötü anılarını canlandıracak bir karne sistemini çağrıştırıyor olsa da bu böyle... Böylesi bir sistem ivedilikle hayata geçirilmeli, zira bölük pörçük, kademeli bir yaklaşım kaynak sahiplerinin korkularını perçinleyecek ve yavaşlatmayı hedeflediği şeyi hızlandıracaktır.

Müsadere ister rakipler, ister bir süper güç, ister BM'den beklensin İsviçre bankalarının çekiciliği hep aynı kalacak. Süper Kyoto sistemi sermaye gelirinin vergilendirilmesini sağlayacak dünya çapında bir hamleyle birlikte düşünülmeli. Böylece kaynak sahipleri finansal varlıklar için duydukları iştahı dizginlemeye ve yeraltındaki servetlerinin daha büyük bir kısmını elde tutmaya itilecektir.

Karbon talebini frenleyecek kendine has ulusal önlemler çoğunlukla verimsiz olup küresel ısınmayı azaltmaktan uzaktır, çünkü sadece bir grup ülke tarafından uygulandığında talep politikaları başarılı olamaz. Talep kısıtlamasının temelde yaptığı şey, çıkarılan fosil yakıtları bir ülkeden diğerine aktarmaktır. Dahası, fiyat baskısı yaratıp, üstüne bir de bu baskının zamanla büyüyeceği beklenirse, kaynak sahiplerini piyasaların alt üst olacağı düşüncesine sevk edip ellerindeki kaynakları vaktinden evvel satmaya iterek, geri tepecektir. Petrol şeyhlerinin ve kömür baronlarının onyıllardan beri "yeşil" tehdit olarak algıladığı şey, karbon kaynaklarının düşük fiyatlara elden çıkarılmasını sağladı; hem de dünya ekonomisinin, gelecek nesillere miras bırakacağımız çevre zararına patlama yapmasına neden olacak derecede düşük fiyatlara. Artık poz kesmeyi bırakıp küresel ısınma ile savaşma vakti.

Bazıları küresel ısınmayla atalarımızın yetindiği doğal karbon kaynaklarıyla savaşmak istiyor. Modern çağa özgü konforlarını biyoenerjiyle beslemek istiyorlar. Ancak fosil yakıtların toprağın gıda üretimine açılıp dünya nüfusunun şişmesine olanak tanımasından çok önce, söz konusu doğal kaynakların yetersizliğinin kanıtlandığını unutuyorlar. Bugün besleyecek onca boğaz varken çiftliklerimizi öylece biyoyakıt rafinerilerine dönüştürmek mümkün değil. 2008'deki tarihin çarkını geri çevirme çabası, yalnızca tortilla sevenlerde değil, toplam 37 ülkede açlık isyanlarını tetikledi.

Avrupalı siyasetçiler bilhassa "yeşil" enerji kartına oynuyor ve örnek çocuk rolüne soyunuyorlar. Büyük bir coşkuyla yüksek CO_2 azaltım hedefleri belirleyip ülkelerini "yeşil"e çevirme yolunda devasa adımlar atmalarıyla övünüyorlar. Siyasetçilerin izlediği hedefler, bu kitabın Dördüncü Bölüm'ünde ortaya konan sosyoekonomik refah perspektifi dahilinde takdir edilmeli ve alkışlanmalıdır. Gelecek nesillere yerin altında daha fazla karbon ve yerin üzerinde daha az insan yapımı sermaye miras bırakmak, bugünün nesillerine zarar vermeden gelecek nesillerin daha iyi durumda olmasını sağlayabilir. Hatta elde edilecek yararı, gelecek nesillere zarar vermeden bugünün nesillerine kaydırarak kullanmak bile mümkün. Ne var ki hedefleri araçlardan ayırmak gerekiyor. Neticede cehenneme uzanan yollar iyi niyet taşlarıyla döşelidir.

Siyasetçiler ve genel kamuoyu "yeşil" politikalar tasarlamaya çalışırken yalnızca fizik yasalarına odaklanma eğiliminde; ekonominin yasaları hep göz ardı ediliyor. Ancak birbirine eklemlenmiş bir dünya ekonomisi içinde küresel ısınmayla etkin biçimde mücadele etmeyi gerçekten istiyorlarsa, enerji piyasaları, kaynak tedarikçileri ve tüketiciler üzerinde gerekli etkiyi sağlamak adına ekonominin yasalarına kulak vermeleri icap eder. Büyük sıklıkla saf, hatta fazla ideolojik oldukları söylenebilir, zira eylemlerinin sonuçlarındansa bir şey yapmakla daha fazla ilgililer. Öyle olmasalar, sırf birkaç ülkede talebi kısarak karbon salınımlarını azaltabileceklerine başka nasıl inanabilirler? Ya da iklim değişiminin son kertedeki belirlenme biçiminin petrol şeyhleri, Putin'in oligarkları ve kömür baronlarının elindeki tedarik zinciri tarafından belirlendiği olgusunu başka nasıl göz ardı edebilirler? Dahası rüzgâr ve güneş enerjisini tarife garantisi yoluyla sübvanse ederek Avrupa'nın karbondioksit salınımlarını azaltamayacaklarını, çünkü bunların zaten Avrupa'daki emisyon üst sınırı ve ticareti sistemi tarafından belirlenmiş olduğunu başka nasıl göremezler? Son olarak, biyoenerjinin gelişiminin dünyamıza getireceği terörü görmezden gelmeye ve ancak ve ancak daha fazla isyan, çatışma ve sorunla sonuçlanacak bir süreci "yeşil" politika önlemleriyle dinamitlemeye bile isteye nasıl razı gelirler?

Lütfen beni yanlış anlamayın. İnsanlık iklim değişimiyle savaşmak zorunda. Karbon derişimindeki sürekli artış son derece tehlikeli; telafi edici eylemlere acilen ihtiyaç var. Ancak seçilecek araçların da etkili olması gerekiyor. Hayırsever bağışlarda bulunup sonra da yan gelip yatmak yeterli değil, hele de işlediğiniz hayır doğru adresi asla bulmayacaksa. İktisadi kaynaklar, küresel ısınmanın yavaşlamasına hiçbir katkı sunmayan ve neticede seçmenleri hayal kırıklığına uğratarak etkisiz "yeşil" politikalara daha fazla para harcamaktan çekinir hale getiren bir çelişkili politikalar karmaşasında çarçur edilirse hiçbir ilerleme kaydedilemez. Torunlarımızın iyiliği için, siyaset üreten çevreler ve toplum, ideolojilerden ve zaten bir dolu zararlı kararın üretilmesine yol açmış iyi niyetli temennilerden uzaklaşmalı ve bunun yerine, sahip olduğumuz yegâne gezegeni kurtarmak için bir şeyler yapacak pragmatik ve etkili politikalar izlemeli.

Notlar

ÖNSÖZ

1. H.-W. Sinn, *Das grüne Paradoxon. Pladoyer für eine illusionsfreie Klimapolitik* (Econ), birinci baskı 2008, ikinci baskı 2009. Daha fazla kaynakça için, bkz. Dördüncü ve Beşinci Bölümler.

2. Burada Ottmar Edenhofer ve Postdam-Institut für Klimafolgenforschung'daki [Postdam İklim Etkisi Araştırmaları Enstitüsü] ekibini kastediyorum. Sayın Edenhofer IPCC II. Çalışma Grubu'nun eş başkanıdır.

BİRİNCİ BÖLÜM

1. Avogadro yasasına gore, aynı hacimdeki ideal gazlar aynı basınç ve sıcaklık altında olduklarında aynı sayıda molekül içerirler, yani her metreküp gaz aynı sayıda molekül içerir.

2. Bkz. J.T. Houghton, *Global Warming* (Cambridge University Press, 2004), s. 16; B. Klose, *Meteorologie* (Springer, 2008), s. 116; W. Weischet ve W. Endlicher, *Einführung in die allgemeine Klimatologie* (Gebrüder Borntrager, 2008), s. 160.

3. Bkz. Houghton, *Global Warming*.

4. Bkz. N. Stern, *The Economics of Climate Change: The Stern Review* (Cambridge University Press, 2007), s. iv; S. Solomon, D. Qin, M. Manning, Z. Chen, M. Marquis, K.B. Averyt, M. Tignor ve H.L. Miller, ed., *Climate Change 2007: The Physical Science Basis* (Cambridge University Press, 2007), s. 435.

5. B. Frenzel, B. Pecsi ve A.A. Velichko, ed., *Atlas of Paleoclimates and Paleoenvironments of the Northern Hemisphere* [INQUA/Macar Bilimler Akademisi ve Gustav Fischer, 1992].

6. *Agy.*

7. Bu olgu ilk defa Joseph Fourier tarafından 1824'te tanımlanmıştır. Bkz. J. Fourier, "Remarques générales sur les températures du globe terrestre et des espaces planétaires," *Annales de Chemie et de Physique* 27 (1824): 136-67; J. Fourier, "Memoire sur les témpératures du globe et des espaces planétaires," *Memoires de l'Académie Royale des Sciences* 7 (1827): 569-604. Araştırma alanındaki diğer kilometretaşları: J. Tyndall ("On the absorption and radiation of heat by gases and vapours, and on the physical connection of radiation, absorption, and conduction," *Philosophical Magazine* 22 (1861): 169-194, 273-285) ve S. Arrhenius ("On the influence of carbonic acid in the air upon the temperature of the ground," *Philosophical Magazine* 41 (1896): 237-276). Svante Arrhenius'un hesaplarına göre atmosferdeki CO_2 içeriğinin iki katına çıkması sıcaklıkta 5-6°C artışla sonuçlanacaktır ki bu, günümüzün tahminleriyle çarpıcı benzerliktedir. CO_2 salınımındaki artışın iklim açısından arz ettiği tehlikeyi ilk kez ortaya koyanlar Roger Revelle ve Hans Suess olmuştur ("Carbon dioxide exchange between atmosphere and ocean and the question of an increase of atmospheric CO_2 during the past decades," *Tellus* 9 (1957): 18-27).

8. Burada belirtilen verinin kaynağı R.K. Pachauri ve A. Reisinger editörlüğündeki *Climate Change 2007: Synthesis Report* (IPCC, 2007)'dir.

9. Bkz. Houghton, *Global Warming*, s. 16; J. Jucundus, "Zusammenhange und Wechselwirkungen im Klimasystem," *Der Klimawandel-Einblicke, Rückblicke und Ausblicke*, ed. W. Endlicher ve F.-W. Gerstengarbe (G&S Druck und Medien, 2007).

10. J.T. Kiehl ve K.E. Trenberth, "Earth's annual global mean-energy budget," *Bulletin of the American Meteorological Society* 78 (1997): 197-208.

11. Bunun bir istisnası uçakların kalkışta üst atmosfere yoğunlaşma izi biçiminde bıraktığı su buharıdır. Bunların yağmur şeklinde yoğunlaşması 100 yıl alabilir; fakat eninde sonunda bütünüyle kaybolular. Bkz. W. Zittel ve M. Altmann, "Birgt eine Wasserstoffenergiewirtscaft höhere Klimarisiken als die Verbrennung fossiler Energietrager?" *Energie* 45 (1994): 25-29.

12. D. Archer, "Fate of fossil fuel CO_2 in geologic time," *Journal of Geophysical Research* 110 (2005): 5-11; D. Archer ve V. Brovkin, "Millenial atmospheric lifetime of antropogenic CO_2," 2006, *Climate Change*'e yüklendi (http://www.pik-postdam.de); G. Hoos, R. Voss, K. Hasselmann, E. Meier-Reimer ve F. Joos, "A nonlinear impulse response model of the coupled carbon cycle-climate system (NICCS)," *Climate Dynamics* 18 (2001): 189-202.

13. Solomon vd., *Climate Change 2007: The Physical Science Basis*, s. 212. Bkz. J.T. Houghton, Y. Ding, D.J. Griggs, M. Noguer, P.J. van der Linden, X. Dai, K. Maskell ve C.A. Johnson, der. *Climate Change 2001: The Scientific Basis* (Cambridge University Press, 2001), s. 554.

14. Daha detaylı bilgi için bkz. C.D. Schönwiese, *Klimatologie*, ikinci baskı (Ulmer, 2003).

15. CSIRO Atmospheric Research [CSIRO Atmosfer Araştırması], *Key Greenhouse and Ozone Depleting Gases* (http://www.cmar.csiro.au/research/capegrim_graphs.html).

16. L.K. Gohar ve K.P. Shine, "Equivalent CO_2 and its use in understanding the climate effects of increased greenhouse gas concentrations," *Weather* 62 (2007): 307-311. Gazların tekil sera etkisi karşılıklarını birbiriyle toplamanın mümkün olmadığını belirtmekte fayda var, zira gazlar karmaşık biçimlerde etkileşime girer, hatta örtüşen dalga boylarını filtrelerler. Dolayısıyla toplam etki ancak karmaşık iklim modelleri aracılığıyla hesaplanabilir.

17. Bkz. D.M. Etheridge, L.P. Steele, R.L. Langenfelds, R.J. Francey, J.-M. Barnola ve V.I. Morgan, "Historical CO_2 records from the Law Dome DE08, DE08-2 ve DSS ice cores," *Trends: A Compendium of Data on Global Change* içinde, (Carbon Dioxide Information Analysis Center, Oak Ridge National Laboratory, 1998); D.M. Etheridge, L.P. Steele, R.L. Langenfelds, R.J. Francey, J.-M. Barnola ve V.I. Morgan, "Natural and anthropogenic changes in atmospheric CO_2 over the last 1000 years from air in Artarctic ice and firn," *Journal of Geophysical Research* 101 (1996): 4115-4128; D.M. Etheridge ve C.W. Wookey, "Ice core drilling at a high accumulation area of Low Dome, Antarctica, 1987," *Ice Core Drilling Proceedings of the Third International Workshop on Ice Core Drilling Technology* içinde, ed. C. Rado ve D. Beaudoing (Grenoble, 1989);

V.I. Morgan, C.W. Wookey, J. Li, T.D. van Ommen, W. Skinner ve M. F. Fitzpatrick, "Site information and initial results from deep ice drilling on Law Dome," *Journal of Glaciology* 43 (1997): 3-10.

18. Bkz. G. Marland, B. Andres ve T. Boden, *Global CO₂ Emissions from Fossil-Fuel Burning, Cement Manufacture, and Gas Flaring: 1751-2005* (Karbondioksit Bilgi Analiz Merkezi, Oak Ridge Ulusal Kütüphanesi, 2008); E. Worrell, L. Price, N. Martin, C. Hendricks ve L. Ozawa Meida, "Carbon dioxide emissions from the global cement industry," *Annual Reviews of Energy and the Environment* 26 (2001): 203-229.

19. Uluslararası Enerji Ajansı, *CO₂ Emissions from Fuel Combustion*, yayın 01, CO₂ *Sectoral Approach* (International Energy Agency, 2007).

20. Houghton, *Global Warming*, s. 65, resim 4.3.

21. Solomon vd., *Climate Change 2007*, s. 763.

22. P.D. Jones, D.E. Parker, T.J. Osborn ve K.R. Briffa, "Global and hemispheric temperature anomalies-Land and marine instrumental records," *Trends: A Compendium of Data on Global Change* içinde, (Carbon Dioxide Information Analysis Center, Oak Ridge National Laboratory, 2006).

23. B.L. Otto-Bliesner, E.C. Brady, G. Clauzet, R. Tomas, S. Levis ve Z. Kothavala, "Last glacial maximum and holocene climate in CCSM3," *Journal of Climate* 19 (2006): 2526-2544.

24. Bkz. S. McIntyre ve R. McKitrick, "Corrections to the Mann et al. (1998) proxy data and Northern Hemispheric average temperature series," *Energy & Environment* 14 (2003): 751-771.

25. Long-Term Meteorological Station Potsdam Telegrafenberg [Potsdam Telegrafenberg Uzun Dönem Meteoroloji İstasyonu] (http://saekular.pik-potsdam.de/2007_de/).

26. Bkz. Schönwiese, *Klimatologie*.

27. Bkz. N. Scafetta ve B.J. West, "Phenomenological reconstructions of the solar signature in the Northern Hemisphere surface temperature records since 1600," *Journal of Geophysical Research* 112 (2007), belge 24S03.

28. R.E. Benestad ve G.A. Scmidt, "Solar trends and global warming," *Journal of Geophysical Research* 114 (2009), belge D14101.

29. Bkz. M. Lockwood ve C. Fröhlich, "Recent oppositely directed trends in solar climate forcings and the global mean surface air temperature," *Proceedings of the Royal Society A* 463 (2007): 2447-2460.

30. M.E. Mann, R.S. Bradley ve M.K. Hughes, "Global-scale temperature patterns and climate forcing over the past six centuries," *Nature* 392 (1998): 779-787; M.E. Mann, R.S. Bradley ve M.K. Hughes, "Northern Hemisphere temperatures during the past millennium: Inferences, uncertainties and limitations," *Geophysical Research Letters* 26 (1999): 759-762; Houghton vd., *Climate Change 2001*, s. 134, şekil 2.20.

31. McIntyre ve McKitrick, "Corrections to the Mann et al. (1998) proxy data and northern hemispheric average temperature series."

32. S. McIntyre and R. McKitrick, "Hockey sticks, principal components and spurious significance," *Geophysical Research Letters* 32 (2005), belge L03710.

33. National Research Council of the National Academies [Ulusal Akademiler Ulusal Araştırma Konseyi], *Surface Temperature Reconstructions for the Last 2000 Years* (National Academies Press, 2006).

34. Bkz. M.E. Mann, Z. Zhang, M.K. Hughes, R.S. Bradley, S.K. Miller, S. Rutherford ve F. Ni, "Proxy-based reconstructions of hemispheric and global surface temperature variations over the past two millenia," *Proceedings of the National Academiy of Sciences* 105 (2008): 13252-13257. Bunun eleştirisi için bkz. S. McIntyre ve R. McKitrick, "Proxy inconsistency and other problems in millenial paleoclimate reconstructions," *Proceedings of the National Academiy of Sciences* 106 (2009), belge E10. Bir diğer yanıt M.E. Mann, R. S. Bradley ve M. K. Hughes tarafından verildi: "Reply to McIntyre and McKitrick: Proxy-based temperature reconstructions are robust," *Proceedings of the National Academy of Sciences* 106 (2009), belge E11.

35. D. Lüthi, M. Le Floch, B. Bereiter, T. Blunier, J.-M. Barnola, U. Siegenthaler, D. Raynaud, J. Jouzel, H. Fischer, K. Kawamura ve T. F. Stocker, "High-resolution carbon dioxide concentration record 650.000-800.000 years before present," *Nature* 453 (2008): 379-382. Ayrıca bkz. U. Siegenthaler, T.F. Stocker, E. Monnin, D. Lüthi, J. Schwander, B. Stauffer, D. Raynaud, J.-M. Barnola, H.

Fischer, V. Masson-Delmotte ve J. Jouzel, "Stable carbon-climate relationship during the late Pleistocene," *Science* 310 (2005): 1313-1317.

36. Rus Antarktika İstasyonu'ndaki Vostok buzul çekirdeğinde tespit edilen 125.000 yıl önceki Eemian buzul arası döneme ait 300 ppm'lik değer, bugünün değerlerinin yanına bile yaklaşmıyor. Bkz. Siegenthaler vd., "Stable carbon cycle-climate relationship."

37. Bkz. J.E. Harries ve D. Commelynck, "The Geostationary Earth Radiation Budget Experiment on MSG-q and its potential applications," *Advances in Space Research* 24 (1999): 915-919; M. Goody ve Y.L. Yung, *Atmospheric Radiation-Theoretical Basis* (Oxford University Press, 1995); J.T. Houghton, "Global warming," *Reports on Physics* 68 (2005): 1343-1403.

38. J.E. Harries, H.E. Brindley, P.J. Sagoo ve R.J. Bantges, "Increase in greenhouse forcing inferred from the outgoing longwave radiation spectra of the Earth in 1970 and 1997," *Nature* 410 (2001): 355-357.

39. Bkz. E. Steig, "The lag between temperature and CO_2 (Gore's got it right)," http://www.realclimate.org. Ayrıca bkz. J. Severinghaus, "What does the lag of CO_2 behind temperature in ice core tells us about global warming?" http://www.realclimate.org'da.

40. Bkz. Steig, "The lag between temperature and CO_2"; J. Severinghaus, "What does the lag of CO_2 behind temperature in ice cores tell us?"

41. "Klimaschutz-Skeptiker fragen, Wissenschaftler antworten," "Haufig vorgebrachte Argumente gegen den anthropogenen Klimawandel" içinde (http://umweltbundesamt.de).

42. Kaynak: Glaciology Commission of the Bavarian Academy of Science [Bavyera Bilimler Akademisi Buzulbilim Komisyonu] (http://www.Glaziologie.de).

43. Çeşitli araştırmalardan elde edilen bulgulara göre batı Antarktika'daki buz azalırken doğu Antarktika'daki artıyor. Bkz. S. Solomon vd., *Climate Change 2007*, s. 364f. Ayrıca bkz. M.L. Parry, O.F. Canziani, J.P. Palutikof, P.J. van der Linden ve C.E. Hanson, ed., *Climate Change 2007: Impacts, Adaptation and Vulnerability* (Cambridge University Press, 2007), s. 663.

44. Bkz. J.M. Gregory, P. Huybrechts ve S. C. B. Raper, "Threatened loss of the Greenland ice-sheet," *Nature* 428 (2004): 616; D. Dahl-Jensen, J. Bamber, C.E. Boggild, E. Buch, J.H. Christensen, K. Dethloff, M. Fahnestock, S. Marshall, M. Rosing, K. Steffen. R. Thomas, M. Truffer, M. van der Broeke ve C.J. van der Veen, *The Greenland Ice Sheet in a Changing Climate: Snow, Water, Ice and Permafrost in the Arctic (SWIPA)* (Arctic Monitoring and Assessment Programme, 2009).

45. Bkz. J.A. Church ve N.J. White, "A 20th century acceleration in global sea-level rise," *Geophysical Research Letters* 33 (2006), L01602, doi:10.1029/2005GL024826; Solomon vd., *Climate Change 2007: The Physical Science Basis*, s. 387.

46. Bkz. J.T. Houghton, *The Physics of Atmosphere*, üçüncü baskı (Cambridge University Press, 2002).

47. T.M. Lenton, H. Held, E. Kriegler, J.W. Hall, W. Lucht, W. Rahmstorf ve H.J. Schellnhuber, "Tipping elements in the Earth's climate system," *Proceedings of the National Academy of Sciences* 105 (2008): 1786-1793.

48. Stern, *The Economics of Climate Change*.

49. *Agy*, s. III (Özet ve Sonuçlar). Karbondioksit derişiminin ikiye katlanmasının yüzyıl ortasını bulabileceği iddiası sayfa 15'te yer alıyor.

50. Bkz. Tablo 4.2, bu kitapta Dördüncü Bölüm.

51. N. Nakicenovic ve R. Swart, ed., *IPCC Special Report on Emissions Scenarios* (Cambridge University Press, 2000).

52. "IEA Executive Director: The Climate Challenge is Immense but We Have the Clean Technology," UEA basın bülteni, 12 Kasım 2008 (http://www.iea.org); Uluslararası Enerji Ajansı, *World Energy Outlook 2008*, s. 381f.

53. N. Stern, "Key elements of a global deal on climate change," London School of Economics, 30 Nisan 2008 (http://lse.ac.uk).

54. Münih'in ortalama sıcaklığı 7,6°C iken Milano'nunki 13,1°C'dir.

55. Bkz. örneğin Parry vd., *Climate Change 2007: Impacts, Adaptation and Vulnerability*, 9., 11., 12. ve 14. bölümler.

56. Münchener Rückversicherung, *Annual Review: Natural Catastrophe 2003*, 2004.

57. Bkz. Wissenschaftlicher Beirat der Bundesregierung Globale Umweltveranderungen, *Die Zukunft der Meere-zu warm, zu hoch, zu sauer*, Sondergutachten, Berlin, 2006 (http://www.wbgu.de/wbgu_sn2006.pdf).

58. Bkz. *Vulnerability and Adaptation to Climate Change in Europe*, Teknik Rapor 7/2005, Avrupa Çevre Ajansı.

59. Bkz. örneğin Parry vd., *Climate Change 2007: Impacts, Adaptation and Vulnerability*, 6. ve 8. bölümler.

60. Bkz. *agy*, 10. ve 14. bölümler.

61. Bkz. *agy*, 7. bölüm.

62. Bkz. H. Welzer, *Klimakriege. Wofür im 21. Jahrhundert getötet wird* (S. Fischer, 2008).

63. Bkz. örneğin Parry vd., *Climate Change 2007: Impacts, Adaptation and Vulnerability*, 8. bölüm.

64. M. Latif, C. Böning, J. Willebrand, A. Biastoch, J. Dengg, B. Schneider ve U. Schweckendiek, "Is the thermohaline circulation changing?" *Journal of Climate* 19 (2006): 4631-4637.

65. H. Sterr, "Folgen des Klimawandels für Ozeane und Küsten," W. Endlicher ve F.-W. Gerstengarbe, ed., *Der Klimawandel-Einblicke, Rückblicke und Ausblicke* içinde (Potsdam Institute for Climate Impact Research, G&S Druck und Medien, 2007), s. 89.

66. Bkz. Stern, *The Economics of Climate Change*, 6. bölüm, s. 143.

67. *Agy*, 9. bölüm, s. 211. Stern'in azaltım maliyetine dair tahmini, Uluslararası Enerji Ajansı'nın 2050 yılı itibariyle sıcaklık artışını yarıya indirmek için gerekli gördüğü toplam 45 trilyon dolarlık maliyetle kabaca örtüşür. Bu miktar o tarihe kadar üretilmiş toplam dünya GSYİH'sinin yıllık %1'ine denktir. Bkz. C. Neidhart, "Billionen-Revolution—Die Internationale Energie-Agentur schlagt Alarm," *Süddeutsche Zeitung*, 7/8 Haziran 2008, kapak dosyası; Uluslararası Enerji Ajansı, *Energy Technology Perspectives 2008-Scenarios and Strategies to 2050*, 2008, s. 224 ve 241. Tahmini giderler teknolojik ilerlemeye dair varsayımlar ölçüsünde değişiyor; zira gelecekte enerji sektöründe görülecek yenilikler atmosferdeki karbondioksidin sabitlenme giderlerini belirleyen temel unsur olacak; O. Edenhofer, C. Carraro, J. Köhler ve M. Grubbs, ed., "Endogenous technological change and the economics of atmospheric

stabilisation," *The Energy Journal,* özel sayı, 2006 (http://www.pik-potsdam.de).

İKİNCİ BÖLÜM

1. G8 Information Centre [G8 Bilgi Merkezi], *G8 Summits, Hokkaido Official Documents, Environment and Climate Change,* Hokkaido Toyako Zirvesi, 8 Haziran 2008.

2. UNSW Climate Change Research Centre [UNSW İklim Değişimi Araştırma Merkezi], *The Copenhagen Diagnosis, Updating the World on the Latest Climate Science,* 2009, s. 50-51.

3. Birleşmiş Milletler, *UN Climate Change Conference in Cancun Delivers Balanced Package of Decisions, Restores Faith in Multilateral Process,* basın bülteni, Cancun, 11 Aralık 2010.

4. R. Revelle ve H. Suess, "Carbon dioxide exchange between atmosphere and ocean and the question of an increase of atmospheric CO_2 during the past decades," *Tellus* 9 (1957): 18-27.

5. Uluslararası Enerji Ajansı'nın 2005 yılı için yayımladığı CO_2 salınım verileri, *CO_2-Emissions from Fuel Combustion,* yayın 01, CO_2 Sektörel Yaklaşım, 2007 (http://www.sourceoecd.org).

6. Avrupa Çevre Ajansı, *EU Greenhouse Gas Emissions Decrease in 2005,* basın bülteni, 15 Haziran 2007 (http://www.eea.europa.eu).

7. Avrupa Komisyonu, *Limiting Analysis of Options to Move beyond 20% Greenhouse Gas Emission Reductions and Assessing the Risk of Carbon Leakage,* Konsey Tebliği, Avrupa Parlamentosu, Ekonomik ve Sosyal Komite ile Bölgeler Komitesi, COM (2010) final 265, Brüksel 2010.

8. G8, *G8 Leader's Summit. Chair's Summary,* L'Aquila, 10 Temmuz 2009 (http://www.g8italia2009.it). Ayrıca bkz. Avrupa Komisyonu, *Statement of President Barosso on the Result of the Meeting of the Major Economies Forum on Climate Change: 2°C Target is now Written in Stone,* basın bülteni, 9 Temmuz 2009 (http://europa.eu).

9. Danimarka, Almanya'yle eş düzeyde azaltım sözü verdi. Lüksemburg'unkiyse daha yüksekti (%28).

10. Uluslararası Enerji Ajansı, *World Energy Outlook 2007: China and India Insights*, 2007.

11. Uluslararası Enerji Ajansı, *World Energy Outlook 2009, Tables for Reference Scenarios Projections, Reference Scenario World*, 2009; IFO Enstitüsü hesaplamaları.

12. Uluslararası Enerji Ajansı, *Energy Balances of OECD Countries*, 2009 baskısı, 2009.

13. Krş. Uluslararası Enerji Ajansı, *World Energy Outlook 2009*.

14. Uluslararası Enerji Ajansı, *Electricity Information, 2009 IEA Statistics*, 2009.

15. Uluslararası Enerji Ajansı, *Energy Balances of OECD Countries*, 2009.

16. Renewable Energy Policy Network for the 21st Century (REN21) [21. Yüzyıl İçin Yenilenebilir Enerji Politikaları Ağı], *Renewables Global Status Report 2009 Update*, 2009.

17. Arbeitsgemeinschaft Energiebilanzen, *Energiebilanzen für die Bundesrepublik Deutschland 2010*, 2010; Arbeitsgruppe Erneuerbare Energien-Statistik (AGEE-Stat), *Entwicklung der erneuerbaren Energien in Deutschland im Jahr 2009*, 2010.

18. Uluslararası Enerji Ajansı, *Energy Balances of OECD Countries*, 2009.

19. O. Hahn ve F. Strassmann, "Über den Nachweis und das Verhalten der bei der Bestrahlung des Urans mittels Neutronen entstehenden Erdalkalimetalle," *Die Naturwissenschaften* 27 (1939): 11-15; O. Hahn ve F. Strassmann, "Nachweis der Entstehung aktiver Bariumisotope aus Uran und Thorium durch Neutronenbestrahlung; Nachweis weiterer aktiver Bruchstücke bei der Uranspaltung," *Die Naturwissenschaften* 27 (1939): 89-95; L. Meitner ve O.R. Frisch, "Disintegration of uranium by neutrons: A new type of nuclear reaction," *Nature* 143 (1939): 239.

20. Bkz. Uluslararası Atom Enerjisi Ajansı, WHO ve UNDP, *Chernobyl, The True Scale of the Accident*, basın bülteni, Londra, Viyana, Washington ve Toronto, 5 Eylül 2005 (http://www.iaea.org).

21. Bkz. Dünya Sağlık Örgütü, *Health Report of the UN Chernobyl Forum, Expert Effects of the Chernobyl Accident and Special Health Care Programmes Group "Health"*, 2006, 7. Bölüm, s. 98-107. Rapora

göre 5000 kişilik ek ölü sayısı tahmini kesin değil, zira varsaydığı ortalama radyasyon dozu, doğal olarak bizi çevreleyen radyasyon düzeyinden pek farklı değil.

22. Bkz. J. Seidel, *Kernenergie-Fragen und Antworten* (Econ, 1990), s. 82.

23. Bkz. Uluslararası Atom Enerjisi Ajansı, "Radiation release at Fukushima will not increase much," basın bülteni, 19 Nisan 2011; Euronews, "Rosatom's Situation Center Representative Sergey Novikov interviewed by Euronews TV channel" (http://www.rosatom.ru).

24. Bkz. C. Clauser, "Geothermal energy," *Energy Technologies*, Cilt C: *Renewable Energy*, ed. K. Heinloth (Springer, 2006) içinde, s. 486f.

25. Bkz. J.A. Plant ve A.D. Saunders, "The radioactive Earth," *Radiation Protection Dosimetry* 68 (1996): 25-36. Yazarlara göre bu minimum değerdir; çünkü yalnızca uzun ömürlü uranyum, toryum ve potasyum izotopları sayılmış, kısa ömürlü olanlar, yani özellikle ortamda artık bulunmayan radyoaktif materyaller kapsam dışı bırakılmıştır.

26. L.A. Loeb ve R.J. Monnat Jr., "DNA polymerases and human disease," *Nature Review Genetics* 9 (2008): 594-604.

27. T. Herrmann, M. Baumann ve W. Dörr, *Klinische Strahlenbiologie kurz und bündig*, dördüncü baskı (Elsevier, 2006), s. 16.

28. G. Buttermann, *Radioaktivitat und Strahlung* (Verlag R.S. Schulz, 1987), s. 23.

29. Plutonyumun yarılanma ömrü 24.390 yıldır. Bu da ortalama ömrünün 35.187 yıl olduğu anlamına gelir. Yarılanma ömrü yalnızca parçalanma hızı sabit maddeler için kullanılır. İlk hacminin yaklaşık dörtte biri atmosferde aşırı derecede uzun bir zaman kaldığından karbondioksit için bu durum geçerli değildir. Öte yandan yarılanma ömrünü ortalama ömre çevirmek mümkün. Radyoaktivitenin, ilk materyalin radyoaktivitesinin %1'inden daha az oranda azalma göstermesi, toplam yedi yarılanma ömrü sürecektir.

30. B. Merz, O. Davidson, H.C. de Coninck, M. Loos ve L.A. Meyer, ed., *IPCC Special Report on Carbon Dioxide Capture and Storage* (Cambridge University Press, 2005), s. 220 vd.

31. Bkz. Tablo 4.2.

32. C. Ploetz, *Sequestrierung von CO₂: Technologien, Potenziale, Kosten und Umweltauswirkungen*, Wissenschaftlicher Beirat der Bundesregierung Globale Umweltveranderungen, Externe Expertise für das WBGU-Hauptgutachten 2003 *Welt im Wandel: Energiewende zur Nachhaltigkeit* (Springer, 2003).

33. Atmosferdeki mevcut oksijen oranı %20.946'dır. Karbon yandığında her bir karbon molekülü bir oksijen molekülü kazanır (bu da her bir karbon atomuna iki oksijen atomu bağlanması anlamına gelir). Karbonun molar kütlesi mol başına 12,0107 gramdır; yani toplam karbon stoku (6.500 gigaton; bkz. Şekil 4.7'deki dipnot) yaklaşık 541,19 x 10¹⁵ mola tekabül eder (1 mol 6,022 x 10²³ molekül içerir). Dolayısıyla Dünya'daki karbon stokunun tamamı gömülecek ve hiç karbondioksit zaptı gerçekleştirilmeyecek olursa atmosferden alınacak oksijen miktarı toplamda 1082,38 x 10¹⁵ mola karşılık gelecektir. Bu toplam içinde karbondiokside bağlanan oksijen atomlarının yaklaşık %30'u fotosentez yoluyla zaman içinde koparılacak ve atmosfere salınacak. Bu da yanma tepkimesiyle karbona bağlanan oksijen atomlarının %70'inin atmosfer veya okyanuslarda karbondioksit olarak kalacağı anlamına gelir. Atmosferin kabul edilen kütlesini ve havanın ortalama molar kütlesini (mol başına 28,9644 gram) kilogram cinsinden alacak olursak atmosferdeki oksijen içeriği %20,946'dan %20,023'a düşecektir. Salınan tüm CO₂ yakalanıp fotosentezin etki etmesi engellenirse tüm oksijen karbona bağlı kalır. Bu durumda atmosferden alınan oksijenin oranı %1,319 olacaktır ki bu da oksijenin atmosferdeki payının %19,627 düşmesine neden olur. Fotosentez yoluyla %30'luk oksijen zaptı için bkz. J.G. Canadell, C. Le Quéré, M.R. Raupach, C.B. Field, E.T. Buitenhuis, P. Ciais, T.J. Conway, N.P. Gillett, R.A. Houghton ve G. Marland, "Contributions to accelerating atmospheric CO₂ growth from economic activity, carbon intensity, and efficiency of natural sinks," *Proceedings of the National Academy of Sciences* 104 (2007): 18866-18870.

34. Yıllık 7.500 saat kullanım süresi olan bir nükleer güç santrali yıllık 9,19 teravat-saat elektrik üretecektir (1.225 megavat x 7.500 saat). Verimlilik faktörünü %38 olarak kabul edersek bu, 2,97 milyon birim antrasite eşdeğer, yani kalori değerini kilogram başına 1,024 antrasit birimi kabul edersek yaklaşık 2,9 milyon ton antrasite karşılık gelen 24,178 teravat-saat antrasit çıktısı anlamına gelecektir.

Ağırlık litre başına 1,4 kilogramlık olarak alındığında bu miktar, yıllık 2,07 milyon metreküp antrasit hacmi yapar. Bkz. Arbeitsgemeinschaft Energiebilanzen, *Energiebilanzen der Bundesrepublik Deutschland*, 2007, tablo 1.5.2.

35. Belirli koşullar altında karbondioksit 9°C'nin altında katıya dönüşebilir. Bkz. Metz vd., *IPCC Special Report on Carbon Dioxide Capture and Storage*, s. 285.

36. Bkz. Birleşmiş Milletler, *United Nations Convention on the Law of the Sea of 10 December 1982*, Okyanus Mevzuatı ve Denizler Kanunu Birimi; Avrupa Komisyonu, *Proposal for a Directive of the European Parliament and of the Council on the Geological Storage of Carbon Dioxide*, COM (2008) 18, 23 Ocak 2008.

37. Bkz. Deutsche Energie-Agentur, *Energiewirtschaftliche Planung für die Netzintegration von Windenergie in Deutschland an Land und Offshore bis zum Jahr 2020*, Dena-Netzstudie, 2005, s. 12. Bundesministerium für Umwelt, Naturschutz und Reaktorsicherheit, *Entwicklung der erneuerbaren Energien im Jahr 2009*, 2010, s. 20.

38. L. Bölkow, *Energie im nächsten Jahrhundert* (Knoth, 1987).

39. Desertec Foundation, *Clean Power from Deserts, The DESERTEC Concept for Energy, Water and Climate Security*, dördüncü baskı, 2009.

40. D.H. Meadows, D.L. Meadows, J. Randers ve W.W. Behrens, *The Limits to Growth* (Universe Books, 1972).

41. Bunların ve sonraki verilerin kaynağı Bundesantalt für Geowissenschaften und Rohstoffe'dir; *Energierohstoffe 2009: Reserven, Ressourcen, Verfügbarkeit*, 2009.

42. Bu, çıkarılmalarının ekonomik açıdan mantıklı olduğu anlamına gelmiyor, çünkü ekonomik açıdan mantıklı olması şimdi çıkardığımızda daha sonra çıkarmamıza göre oluşacak fiyat farkına da bağlıdır.

43. Güncel fiyatlar bundan çok daha yüksek olduğundan geri kazanılabilir rezervler ve olası kaynaklar buna göre artacaktır. Burada, faaliyet düzeyinde yapılacak karşılaştırmaları kolaylaştırmak adına bunlar göz ardı edildi. Ayrıca bkz. Uluslararası Atom Enerjisi Ajansı ve OECD/NEA, *Uranium 2005: Resources, Production and Demand*, 2006.

44. "China melder Durchbruch in nuklearer Wiederaufbereitung," *Frankfurter Allgemeine Zeitung*, 4 Ocak 2011, s. 5; "The business of nuclear, China now reproccessing: A beginning, not a breakthrough," *Fuel Cycle Week*, 6 Ocak 2011.

45. Bkz. T. Williams, *Kernreaktoren der nachsten Generation in Planung*, FLASH, Ekim 2005, s. 8.

46. OECD Nuclear Energy Agency and International Atomic Energy Agency [Nükleer Enerji Ajansı ve Uluslararası Atom Enerjisi Ajansı], *Uranium 2003: Resources, Production, and Demand*, 2004, s. 22.

47. Füzyon reaktörünün dış kaplaması, halihazırda enerji salınımına maruz kaldığından bir derece radyoaktif nitelik kazanır. Trityumun parçalanma hızı epey yüksek olup yarı ömrü 12,3 yıldır. Fizyon reaktörü atıklarıyla karşılaştırıldığında atık tasfiyesi sorunları önemsiz kalır.

48. Marjinal azaltım giderleri hakkındaki çalışmaların derlemesi için bkz. R.S.J. Tol, "The marginal damage costs of carbon dioxide emissions: An assessment of the uncertainties," *Energy Policy* 33 (2005): 2064-2074.

49. *Building a Global Carbon Market*, Yönerge 2003/87/EC COM(2006)676 final 30. Maddeye Müteakip Rapor, Brüksel, 13 Kasım 2006.

50. R.H. Coase, "The problem of social cost," *Journal of Law and Economics* 3 (1960): 1-44.

51. Avrupa Komisyonu, *EU Action Against Climate Change-EU Emissions Trading-An Open Scheme Promoting Global Innovation*, 2005.

52. Uluslararası Enerji Ajansı, CO_2 Emissions from Fuel Combustion, yayın 01, CO_2 Sektörel Yaklaşım, 2007 (http://www.sourceoecd.org).

53. Avrupa Komisyonu, basın bülteni IP/06/1862, 20 Aralık 2006.

54. Avrupa Parlamentosu ve Avrupa Konseyi'nin Yönerge 2003/87/EC'de değişiklik talep eden yönerge önerisi: 23 Ocak 2008 tarihli öneri uyarınca Birlik içinde sera gazı emisyonu izni ticareti sisteminin geliştirilmesi ve yaygınlaştırılması hedeflenmiştir.

55. Enerji üretimi ve genel anlamda sanayiden kaynaklanan salınımlara dayandırılmıştır. Kaynak: http://dataservice.eea.europa.eu.

56. 19 Nisan 2006'da CO_2'nin 1 tonu başına azami 29,95 avroydu.

57. E. Heymann, *EU-Emissionhandel-Verteilungskampfe werden harter*, Deutsche Bank Research, Aktuelle Themen 377, Frankfurt a.M., 25 Ocak 2007.

58. D. Dürr, *Der europaische Emissionhandel*, Eurostat web sitesi (http://epp.eurostat.ec.europa.eu), Temmuz 2008, AB'nin 2008 tahmini dahildir.

59. Avrupa Parlamentosu ve Avrupa Konseyi'nin Yönerge 2003/87/EC'de değişiklik talep eden yönerge önerisi, 23 Ocak 2008.

60. Avrupa Parlamentosu ve Avrupa Konseyi'nin Yönerge 2003/87/EC'de değişiklik talep eden yönerge önerisi: 23 Ocak 2008 tarihli öneri uyarınca Birlik içinde sera gazı emisyonu izni ticareti sisteminin geliştirilmesi ve yaygınlaştırılması hedeflenmiştir. Bazı toplumsal alanların ısıtılması konusunda istisnalar söz konusudur.

61. "Ein Teil des Geldes fliesst zurück," *Handelsblatt* (http://www.handelsblatt.com), 19 Ağustos 2008.

62. "Kalifornien schafft Emissionshandel," *Süddeutsche Zeitung* (http://www.sueddeutsche.de), 18 Aralık 2010.

63. Avrupa Birliği Konseyi, *Brussels European Council 8/9 March 2007-Presidency Conclusions*, 7224/1/07 REV 1 CONCL 1, Brüksel, 2 Mayıs 2007.

64. M. Frondel, N. Ritter, C.M. Schmidt ve C. Vance, "Die ökonomischen Wirkungen der Förderung Erneuerbarer Energien: Erfahrungen aus Deutschland," *Zeitschrift für Wirtschaftspolitik* 59 (2010): 107-133.

65. Federal Ekonomi ve Teknoloji Bakanlığı Bilimsel Danışma Konseyi, *Zur Förderung erneuerbarer Energien*, Danışman Görüşü, Dokumentation 534, Berlin 2004. Ayrıca bkz. M. Frondel, N. Ritter ve C.M. Schmidt: *Photovoltaik: Wo viel Licht ist, ist auch viel Schatten*, RWI, Positionen 18.2, Essen 2007; J. Weimann, *Die Klimapolitikkatastrophe. Deutschland im Dunkel der Energiesparlampe* (Metropolis, 2008), s. 49 vd.

66. C. Kemfert ve J. Diekmann, "Förderung erneuerbarer Energien und Emissionshandel-wir brauchen beides," *DIW Wochenbericht* no. 11, 2009: 169-174.

ÜÇÜNCÜ BÖLÜM

1. Einstein'ın enerji formülüne göre, fotosentez sırasında en hassas araçlarla dahi tartılamayacak kadar küçük kütle parçacıkları güneş ışığı enerjisinin etkisiyle oluşur. Bunlar yanma tepkimesiyle tekrar enerjiye dönüşebilir. Bu kimyasal tepkimedeki kütle defekti, tıpkı nükleer tepkimelerdeki gibi, ölçülebilir eşiğin altındadır; kimyacıların "kütlenin korunması kanunu"ndan bahsedebilmesinin sebebi işte budur. Kütlenin korunması dediğimiz şey, olma ihtimali yüksek sezgisel bir durumdan ibarettir. Doğrusunu söylemek gerekirse Özel Görelilik Kuramı'na göre bir molekülün kütlesi (veya atomun kendisi) kendisini oluşturan atomların (veya atomaltı parçacıkların) toplam kütlesinden daima daha küçüktür; çünkü molekülün oluşumu sırasında kütleden kaynaklanan bağlanma enerjisi açığa çıkacak ve kaybolacaktır. Bkz. U.C. Harten, *Physik. Einführung für Ingenieure und Naturwissenschaftler* (Springler, 2003), s. 363 vd.

2. Biyokütle tüm canlı organizmalar, ölü organizmalar ve metabolik süreçlerden kaynaklanan organik ürünleri içerecek şekilde organik madde olarak tanımlanır. Fosil yakıtlar bu tanıma dahil değildir. Mikroorganizmalar Dünya biyokütlesinin yaklaşık %60'ını oluşturur.

3. Birleşik Devletler Bölge Mahkemesi Kuzey Kaliforniya Bölgesi, Dava C 05-0898 CRB, Memorandum ve Mahkeme Kararı, 22 Ağustos 2006'da dosyalandı.

4. Bkz. örneğin S. Pacala ve R. Socolow, "Stabilization wedges: Solving the climate problem for the next 50 years with current technologies," *Science* 305 (2004): 968-972.

5. Alman Gıda, Tarım ve Tüketici Üretimi Bakanlığı Tarım Politikaları Bilimsel Danışma Konseyi, Tarım ve Tüketici Güvenliği, *Nutzung von Biomasse zur Energiegewinnung, Empfehlungen an die Politik*, Kasım 2007.

6. Bkz. Walter Thiel GmbH'ye ait internet sitesi, Temmuz 2007 (http://www.thiel-heizoel.de).

7. Uluslararası Enerji Ajansı, *World Energy Outlook 2009*, 2009; Uluslararası Enerji Ajansı, *Renewables Information 2009*, 2009; Alman Çevre, Doğa Koruma ve Nükleer Güvenlik Bakanlığı, *Time*

Series for the Development of Renewable Energies in Germany (http://erneuerbar.info).

8. Bkz. Renewable Fuels Association [Yenilenebilir Yakıtlar Birliği], *2010 Ethanol Industry Outlook: Climate of Opportunity* (www.ethanolrfa.org); Emerging Markets Online, *Biodiesel 2020*, ikinci baskı (www.emerging-markets.com).

9. Bkz. ABD Tarım Bakanlığı, *World Agricultural Supply and Demand Estimates*, 12 Ocak 2011. Tarım Bakanlığı tahminlerine göre 2009-2010'da etanol üretimine yönelik 4,55 milyar kile mısır üretilmiştir; bu miktar, aynı dönemdeki toplam 13 milyar kile mısır üretiminin %35'ine karşılık gelir. Her noktadan eş verimin alınacağı varsayılırsa, mısır üretimi için ayrılan toplam 322.000 kilometrekare alanın %35'inin –113.000 kilometrekarenin– etanol üretimi için kullanılacağı anlamına gelir bu. 2010-2011 için yapılan tahmin, yıllık toplam 12,45 milyar kile mısır üretiminin 4,9 milyarının yani %39,4'ünün etanol üretimine ayrılacağı yönünde. Bu da mısıra ayrılan 356.900 kilometrekarelik alanın 140.600 kilometrekaresinde etanol üretimi yapılacak demektir.

10. Bkz. EurObserv'ER, *Biofuels Barometer*, Temmuz 2010 (http://www.eurobserv-er.org).

11. Bkz. European Biodiesel Board (Avrupa Biyodizel Kurulu), *Energy Balances of OECD Countries*, 2010, s. II.240.

12. Bkz. International Energy Agency [Uluslararası Enerji Ajansı], *Energy Balances of OECD Countries*, 2010, s. II.240.

13. Bkz. "Biofuels: Prospects, risks and opportunities," *The State of Food and Agriculture* içinde (Birleşmiş Milletler Gıda ve Tarım Örgütü, 2008), s. 30 vd.; Birleşik Devletler Enerji Bakanlığı Bilim Dairesi, *Biofuels Policy and Legislation*, son değişiklik tarihi 19 Nisan 2010 (http://genomicscience.energy.gov).

14. Bkz. "Biofuels: Prospects, risks and opportunities," s. 24-25.

15. Biokraftstoffquotengesetz—BioKraftQuG, 18 Aralık 2006, Bundestagsdrucksache 16/2709.

16. Yenilenebilir Kaynaklardan Sağlanacak Enerji Kullanımının Teşvik Edilmesi Hakkındaki 23 Nisan 2009 Tarihli 2009/28/EC AB Yönergesi ile 2001/77/EC ve 2003/30/EC Hakkında Değişiklik ve İlga Yönergeleri.

17. Sprengel yasası uyarınca bitkiler ihtiyaç duydukları tüm besini belli oranlarda alır. Bu besinlerden biri gerekenden az miktardaysa, diğerleri gerekenden çok bile olsa bitki yavaş büyür. Aynı şekilde kıt bir besin çok büyük miktarlara ulaşacak olursa bitki yine diğer besinlerin miktarı oranında büyüyecektir. Topraktaki doğal besin dağılımı her noktada aynı değilse, bitkilerde ideal büyümenin sağlanması ve besin fazlasının önlenmesi için eksik besinin yerine konması gerekir.

18. T.W. Patzek, "The real biofuel cycles," taslak metin, California Üniversitesi, Berkeley, 11 Temmuz 2006.

19. P.J. Crutzen, A.R. Mosier, K.A. Smith ve W. Winiwarter, "N_2O release from agro-biofuel production negates global warming reduction by replacing fossil fuels," *Atmospheric Chemistry and Physics* 7 (2007): 11191-11205 ve (aynı başlıkla) 8 (2008): 389-395. Literatürdeki benzer eleştirel sonuçlar bu bölümde daha sonra sunulacaktır.

20. A.J. Liska, H.S. Yang, V.R. Bremer, T.J. Klopfenstein, D.T. Walters, G.E. Erickson ve K.G. Cassman, "Improvements in life cycle energy efficiency and greenhouse gas emissions of corn-ethanol," *Journal of Industrial Ecology* 13 (2008): 58-74.

21. Doğu Almanya'da kısmen Volkswagen, Daimler ve geçici bir süre için Shell'in mülkiyetindeki Choren Industries GmbH isimli bir firma, Carbo-V işlemini kullanarak biyokütleden sentetik dizel yakıt üretmek üzere inşa edilmiş pilot bir santral işletiyor. Ocak 2010'da Choren, Fransız firması CNIM ile Choren tarafından geliştirilmiş olan gazlaştırma teknolojilerine dayanan, yıllık 23.000 ton kapasiteli bir BKS dizel yakıt santrali inşa etmek üzere yatırım ortaklığına gideceklerini ilan ettiler. Üretimin 2014'te başlaması hedeflendi. Choren'e bağlı kuruluşlar ABD, Çin ve Malezya'da faaliyet gösteriyor.

22. Bkz. Sächsische Landesanstalt für Landwirtschaft, *Biodieseleinsatz-FAME oder RME?*, Newsletter, Dresden, 30 Kasım 2007 (http://www.smul.sachsen.de).

23. Bu işleme dair daha eleştirel bir görüş için bkz. Wissenschaftlicher Beirat Agrarpolitik, *Nutzung von Biomasse zur Energiegewinnung* (Federal Almanya Hükümeti, 2007), s. 182. Konsey yöntemi destekliyorsa da tüm biyojenik atığın yakıt üretmek üzere kullanılma-

ması gerektiği, söz konusu atığın bir kısmının arazilere geri kazandırılmasının önemli ekolojik işlevlerinin olacağı (humus oluşumu, besin döngüsü gibi) savunuldu. Şayet dizel yakıt üretiminde kamış kullanılırsa kamıştan gelen besinler (fosfor, kalsiyum, magnezyum, potasyum) balçığa dönüşecektir; bu da ancak çok daha fazla çaba harcayarak gübre olarak işlenebilecek bir maddedir.

24. Bkz. L.A. Martinelli ve S. Filoso, "Expansion of sugarcane ethanol production in Brazil: Environmental and social challenges," *Journal of Applied Ecology* 18 (2008): 885-898.

25. Bu ve devamındaki rakamlar şu kaynaktaki verilere dayanarak hesaplanmıştır: J. Fargione, J. Hill, D. Tilman, S. Polasky ve P. Hawthorne, "Land clearing and the biofuel carbon debt," *Science* 319 (2008): 1235-1238, veriler Resim 1'deki 3. ve 4. kolonlarda gösterilmiştir. Benzer hesaplamalar için bkz. T. Searchinger, R. Heimlich, R.A. Houghton, F. Dong, A. Elobeid, J. Fabiosa, S. Tokgöz, D. Hayes ve T.H. Yu, "Use of US croplands for biofuels increases greenhouse gases through emissions from land-use change," *Science* 319 (2008): 1238-1240; H. K. Gibbs, J. Jonston, J.A. Foley, T.H. Holloway, C. Monfreda, N. Ramankutty ve D. Zaks, "Carbon payback times for tropical biofuel expansion: The effects of changing yield and technology," *Environmental Research Letters* 3 (2008), 034001, 200.

26. Literatüre dair bir tartışma ve değerlendirme için bkz. A. Young, "Is there really spare land? A critique of estimates of available cultivable land in developing countries," *Development and Sustainability* 1 (1999): 3-18; T. Beringer, W. Lucht ve S. Schaphoff, "Bioenergy production potential of global biomass plantations under environmental and agricultural constraints," taslak metin, Postdam Institute for Climate Impact Research [Potsdam İklim Araştırma Enstitüsü], *Global Change Biology Bioenergy*'de yayımlanacak.

27. Uluslararası Enerji Ajansı'nın tahminlerine göre dünya çapında biyoyakıt payını %1,0'de tutmak için 14 milyon hektara ihtiyaç var. Bu da hektar başına 1,5 ton petrol muadili ürün anlamına gelir. Biyoyakıtlar 2005 yılı itibariyle 15 AB ülkesinde tüm yakıtların %0,8'ine tekabül etti, bu da Uluslarası Eeneji Ajansı'nın bildirdiği ortalama ürün çıktılarına göre 2,6 milyon ton petrol muadiline denk gelmekte olup 1,7 milyon hektarlık tarım arazisi gerektirir.

Biyoyakıt payını %10'a çıkardığımızda bu oran için gerekli arazi büyüklüğü 21,5 milyon hektara çıkmakta olup 15 AB ülkesindeki ekilebilir alanların %31'ine karşılık gelir. %20 ve %100'lük biyoyakıt paylarını gösteren resimler basitçe yukarıdaki rakamlardan yola çıkarak hazırlandı.

28. ABD'de, 2000 yılı itibariyle, 3,1 milyon ton petrole denk %1,6'lık biyoyakıt payı için ihtiyaç duyulan arazi büyüklüğü 2 milyon hektardı; bu oran aynı zamanda hektar başına 1,6 ton petrol muadili ürüne tekabül eder ki bu da 2 milyon hektar arazi gerektirir. Biyoyakıt payını %10'a çıkardığımızda ihtiyaç duyulan arazi büyüklüğü 12,5 milyon hektara çıkacak, bu da ABD'deki ekilebilir arazinin %9'una denktir. %20 ve %100'lük biyoyakıt paylarında yine yukarıdaki rakamlardan yola çıkıldı.

29. Avrupa Komsiyonu, *The Impact of Minimum 10% Obligation for Biofuel Use in the EU-27 in 2020 on Agricultural Markets*, AGRI G-2/WM D.DG Agri, Brüksel 2007.

30. B. Dehue, Se. Meyer ve W. Hettinga, *Review of EU's Impact Assessment of 10% Biofuels on Land Use Change*, Gallagher Komisyon Raporu 2008 tarafından hazırlanmıştır, Ecofys, Hollanda. Ayrıca bkz. B. Eickhout, G.J. van den Born, J. Notenboom, M. van Oorschot, J.P.M. Ros, D.P. van Vuuren ve H.J. Westhoek, *Local and Global Consequences of the EU Renewable Directive for Biofuels*, MNP Raporu 50143001, 2008, Çevresel Değerlendirme Ajansı, Hollanda.

31. A. Hoffmann ve P. Liebrich, "Magere Ernte verteuert Brot und Bier," *Süd-deutsche Zeitung*, 20 Ağustos 2007 (http://www.sueddeutsche.de).

32. Fachagentur Nachwachsende Rohstoffe, *Daten und Fakten* (http://www.fnr-server.de); Avrupa Komisyonu, DG Tarım ve Kırsal Gelişim, *Bioenergy* (http://ec.europa.eu); European Biomass Industry Association [Avrupa Biyokütle Endüstrisi Birliği] (www.eubia.org); Bundesministerium für Ernährung, Landwirtschaft und Verbrauch-erschutz, *Statisitches Jahrbuch über Ernahrung, Landwirtschaft und Forstender Bunderepublik Deutschland 2009* (Wirtschaftsverlag NW, 2009).

33. ABD Tarım Bakanlığı, *World Corn Production, Consumption and Stocks* (http://www.fas.usda.gov) ve *Grain: World Markets and*

Trade-World Corn Situation: US. Expected to Continue to Dominate Market (http://www.fas.usda.gov).

34. Dünya mısır üretimi bu süreçte 55 milyon ton artış gösterirken ABD'de biyoetanol üretimine yönelik mısır tüketimi 50 milyon ton arttı (D. Mitchell, A Note on Rising Food Prices, World Bank Working Paper 4682, 2008).

35. J. von Braun, *High Food Prices: The What, Who and How of Proposed Policy Actions*, Layiha, International Food Policy Research Institute [Uluslararası Gıda Politikaları Araştırma Enstitüsü], 2008; J. von Braun, "Unbezahlbare Nahrungsmittel-stark gestiegene Nachfrage oder Agrarrohstoffe als Anlageklasse-was sind die Ursachen?" *ifo Schnelldienst* 61 (2008), no. 11: 3-6.

36. 1978 Enerji Vergisi Kanunu, Kamu Hukuku 95-618, 95. Kongre, 9 Kasım 1978.

37. 2005 Enerji Politikaları Yasası, Kamu Hukuku 109-58, 109. Kongre, 8 Ağustos 2005. Ayrıca bkz. Clean Fuels Development Coalition [Temiz Yakıtlar Geliştirme Ortaklığı], *The Ethanol Fact Book-A Compilation of Information About Fuel Ethanol* (http://www.ethanol.org).

38. 2007 Enerji Bağımsızlığı ve Güvenliği Yasası, Kamu Hukuku 110-140, 110. Kongre, 19 Aralık 2007.

39. 2008 Gıda, Koruma ve Enerji Yasası, Kamu Hukuku 110-234, 110. Kongre, 22 Mayıs 2008.

40. M.W. Rosegrant Uluslararası Gıda Politikaları Araştırma Enstitüsü, "Biofuels and grain prices: Impacts and policy responses," Amerikan Senatosu Güvenlik ve Devlet İşleri, 7 Mayıs 2008.

41. Bkz. Mitchell, "A note on rising food prices." Dünya Bankası ön raporunun (8 Nisan 2008) birkaç akademisyen arasında dolaşıma giren taslak versiyonu, basının gözünden kaçmayan ateşli bir tartışma yarattı. Raporda gıda fiyatlarındaki artışın dörtte üçü, ekilebilir arazilerin enerji mahsullerine ayrılmasına bağlı olarak azalmasına bağlanıyordu. Temmuzda yayınlanan resmi Dünya Bankası Ön Rapor 4682'de ise, diğer nedenlere bağlı olmayan fiyat artışının %70-75'inin sadece "çoğu"nun ekilebilir arazilerin enerji mahsullerine ayrılmasından dolayı azalmasıyla ilgili olduğu söyleniyordu. Kullanılan sözcüklerde küçük ama ilginç bir değişiklik yapılmış.

42. Bkz. örneğin K. Collins, *The Role of Biofuels and other Factors in Increasing Farm and Food Prices: A Review of Recent Developments with a Focus on Feed Grain Markets and Market Prospects*, Kraft Food Global talebiyle hazırlanan rapor, 19 Haziran 2008 (http://www.globalbioenergy.org), veya J. Lipsky, "Commodity prices and global inflation", Dış İlişkiler Heyeti için IMF Birinci Başkan Yardımcısı görüşleri, New York, 8 Mayıs 2008.

43. J. Piesse ve C. Thirtle, "Three bubbles and a panic: An explanatory review of recent food commodity price events," *Food Policy* 34 (2009): 119-129.

44. D. Headey ve S. Fan, "Anatomy of a crisis: The causes and consequences of surging food prices," *Agricultural Economics* 39 (200(), ek: 375-391.

45. C.L. Gilbert, "How to understand high food prices," *Journal of Agricultural Economics* 61 (2010): 398-425. Ayrıca bkz. J. Baffes ve T. Haniotis, *Placing the 2006/08 Commodity Price Boom into Perspective*, Dünya Bankası Ön Rapor 5371, 2010; A. Ajanovic, "Biofuels versus food production: Does biofuels production increase food prices?" *Energy* 36 (2010): 2070-2076.

46. Bkz. H.-W. Sinn, *Casino Capitalism* (Oxford University Press, 2010), 1. bölüm.

47. H.-W. Sinn, "Tanken statt essen?" *Wirtschafts Woche*, 3 Eylül 2007, s. 162 ve *ifo Standpunkt* no. 88, 2007 (http://www.ifo.de).

48. Dünya Bankası, PovcalNet Online Yoksulluk Analiz Aracı (http://www.worldbank.org).

49. M. Böhm, *Bayerns Agrarproduktion 1800-1870* (Scripta Marcaturae, 1995); bkz. özellikle s. 403-407.

50. G. Höher, "Energiepflanzenanbau in Niedersachsen: Aktueller Stand und Perspektiven," Third Biogas-Fachkonkress'de yapılan konuşma, Hitzacker, 2008.

51. T.R. Malthus, *An Essay in the Principle of Population*, 1798 (Penguin, 1985).

52. A. Smith, *An Inquiry into the Nature and Causes of the Wealth of Nations*, 1776 (Prometheus Books, 1991), s. 84.

DÖRDÜNCÜ BÖLÜM

1. Kahverengi kömür %70 karbon ve %5,5 hidrojen ihtiva eder. Antrasitte ise %93 karbon ve %3 hidrojen bulunur. Kalan kısım nitrojen, oksijen ve sülfürden oluşur. Karbonla birlikte oluşan su, karbonat, silikon, potasyum ve alüminyum gibi diğer maddeler göz ardı edilmiştir.

2. Belirtilen %30,7'lik değer doğrudan ulaşılabilir olan enerjiye, (alt) kalorifik değerine tekabül eder. Bir hidrojen atomunun üst kalorifik değeri, bir karbon atomundaki enerjinin %36,3'üdür.

3. Bu bölümde ve bir sonrakinde sunulan analiz büyük ölçüde, Ağustos 2007'de Warwick'te geçekleştirilen Uluslararası Kamusal Finans Enstitüsü Yıllık Kongresi'nde sunduğum Başkanlık Konuşması'na ve Ekim 2007'de Münih'teki Verein für Socialpolitik Yıllık Kongresi'nde yaptığım Thünen Sunumu'na dayanmaktadır. Yayımlanmış versiyonu için bkz. "Public policies against global warming: A supply side approach," *International Tax and Public Finance* 15 (2008): 360-394; "Das grüne Paradoxon: Warum man das Angebot bei der Klimapolitik nicht vergessen darf," *Perspektiven der Wirtschaftspolitik* 9 (2008): 109-142. Arz açısından bakan önceki çalışmaları ikiye ayırabiliriz: Tüm ülkelerin paylaştığı ortak bir kaynak piyasasının söz konusu olduğunu varsayan statik genel denge modelleri (daha çok GTAP tipi) ile atmosferdeki kirleticilerin eşzamanlı birikimine bağlı olarak doğrudan tüketime yönelik (yani üretimde kullanılmayan) fosil yakıt kaynaklarının kademeli tükenişini inceleyen tek sektörlü analitik zamanlar arası modeller. İlk kategorideki çalışmalar için bkz. R. Gerlagh ve O. Kuik, *Carbon Leakage with International Technology Spillovers*, Fondazione Eni Enrico Mattei Ön Rapor 33, 2007. İkinci kategorideki çalışmalar için bkz. J.A. Krautkraemer, "On growth, resource amenities and the preservation of natural environments," *Review of Economic Studies* 52 (1985): 153-170; C.D. Kolstad ve J.A. Krautkraemer, "Natural resource use and the environment" *Handbook of Natural Resource and Energy Economics*, cilt 3, ed. A.V. Kneese ve J.L. Sweeney (Elsevier, 1993) içinde; C. Withagen, "Pollution and exhaustibility

of fossil fuels," *Resource and Energy Economics* 18 (1996): 115-136; Y.H. Farzin, "Optimal pricing of environmental and natural resource use with stock externalities," *Journal of Public Economics* 62 (1996): 31-57; O. Tahvonen, "Fossil fuels, stock externalities, and backstop technology," *Canadian Journal of Economics* 30 (1997): 855-874; A. Krautkraemer, "Non-renewable resource scarcity," *Journal of Economic Literature* 36 (1998): 2065-2107. Burada seçilen yaklaşım ülkenin yaklaşımını zamanlar arası görüşe bağlıyor. Hatta söz konusu zamanlar arası modellerin ötesine geçiyor, zira kaynakların tüketimini sadece doğrudan yarar sağlayan bir faaliyet olarak ele almak yerine en içinde kullanılan mallara yönelik bir üretim faktörü olarak kabul ediyor ve bu mantık çerçevesinde sosyal portföy sorununu, iklim meselesi bağlamında insan ürünü sermayeyle doğal sermaye arasındaki seçim üzerinden analiz ediyor.

4. N. Stern, *The Economics of Climate Change-The Stern Review* (Cambridge University Press, 2007).

5. Burada "karşıolgusal tarih" dediğim kavram ekonomide "karşılaştırmalıstatik analiz" olarak adlandırılıyor.

6. Bkz. S. Felder ve T.F. Rutherford, "Unilateral CO_2 reductions and carbon leakage: The consequences of international trade in oil and basic materials," *Journal of Environmental Economics and Management* 25 (1993): 162-176; J.-M. Burniaux ve J. Oliveira Martins, *Carbon Emission Leakages: A General Equilibrium View*, OECD Ön Rapor 242, 2000.

7. Öte yandan hükümetler, iş Kyoto devam sözleşmesi kapsamındaki vaatlerin kabul edilip edilmemesi hususunun karara bağlanmasına geldiğinde ahlaki bir meseleyle karşı karşıya kalacaklar. Bu konu Beşinci Bölüm'de tartışılıyor.

8. Bu, Karbon Sızıntısı Hipotezi denen şeydir. Bkz. M. Hoel, "Should a carbon tax be differentiated across sectors?" *Journal of Public Economics* 59 (1996); 17-32, veya O. J. Kuik ve R. Gerlagh, "Trade liberalization and carbon leakage," *The Energy Journal* 24 (2003): 97-120.

9. Deutsche Presse-Agentur, 16 Ocak 2008.

10. A. Endres, "Tanz um die Tonne-Fünf Fragen und Antworten zum Ölpreis," *Die Zeit*, 24 Nisan 2008 (http://www.zeit.de); Bundesamt für Geowissenschaften und Rohstoffe, *Reserven, Ressourcen*

und Verfügbarkeit von Energierohstoffen 2006 (http://www.bgr-bund.de).

11. D.H. Meadows, D. L. Meadows, J. Randers ve W.W. Behrens, *The Limits to Growth* (Universe Books, 1972).

12. Rezerv ve kaynak kavramları literatürde daima aynı şekilde tanımlanmamıştır. Kaynak kimi zaman rezervi dışarıda bırakacak şekilde ifade edilir. Kaynak ekonomisi söz konusu olduğunda hâkim tanım bu kitapta kullanıldığı şekliyle genişletilmiş olandır.

13. Metan hidrat sadece yüksek basınç ve düşük sıcaklıkta stabildir. Basıncı düşürmek suretiyle çıkarılması mümkün olup bu işlem özellikle donmuş topraklarda uygulanabilir. Okyanus stoklarından çıkarma işlemi genellikle ısı pompalaması gerektirir. Hidratların metanol zerkiyle eritilmesi de mümkündür.

14. Bu rakamlar enerji içeriğini değil karbon içeriğini gösterir.

15. Bkz. F.S. Chapin III, P.A. Matson ve H.A. Mooney, *Principles of Terrestrial Ecosystem Ecology* (Springer, 2002), s. 335f.

16. D. Archer, "Fate of fossil fuel CO_2 in geologic time," *Journal of Geophysical Research* 110 (2005): 5-11; D. Archer ve V. Brovkin, "Millenial atmospheric lifetime of anthropogenic CO_2," *Climate Change*, yayımlanmamış taslak, 2006; G. Hoos, R. Voos, K. Hasselmann, E. Meier-Reimer ve F. Joos, "A nonlinear impulse response model of the coupled carbon cycle-climate system (NICCS)," *Climate Dynamics* 18 (2001): 189-202.

17. Archer, "Fate of fossil fuel CO_2 in geologic time"; Archer ve Brovkin, "Millenial atmospheric lifetime of anthropogenic CO_2."

18. H. Bachmann, *Die Lüge der Klimakatastrophe. Das gigantischste Betrugswerk der Neuzeit. Manipulierte Angst als Mittel zur Macht*, dördüncü baskı (Frieling, 2008), s. 85.

19. Bkz. K. Trenberth, "Seasonal variations in global sea-level pressure and the total mass of the atmosphere," *Journal of Geophysical Research-Oceans and Atmospheres* 86 (1981): 5238-5246.

20. 1850'den bu yana arazi kullanımındaki değişikliklere bağlı olarak yaklaşık 136 gigaton karbon salınımı gerçekleşti. Bkz. R.T. Watson, I.R. Noble, B. Bolin, N.H. Ravindranath, D.J. Verardo ve D.J. Dokken, ed., *Land Use, Land-Use Change, and Forestry* (Cambridge University Press, 2000), s. 4. Bu yolla yaklaşık 61 gigaton karbon,

arazi kullanımındaki değişikliklere bağlı olarak atmosfere salınmıştır ki bu 156 gigatonla (347GtC x 0,45) birlikte yaklaşık 200 gigaton karbona tekabül etmektedir.

21. H. Hotelling, "The economics of exhaustible resource," *Journal of Political Economy* 39 (1931): 137-175.

22. Bkz. örneğin Sinn, "Public policies against global warming."

23. Bkz. J.E. Stiglitz, "Monopoly and the rate of extraction of exhaustible resources," *American Economic Review* 66 (1976): 655-661. (Çıkarım bedellerinin bilinmediği durumda tekel sahibi, kaynağın satışından elde edilecek marjinal gelirin, kârın piyasadaki faiz oranına denk hızda artış gösterdiği bir çıkarım yolunu benimseyecektir. Talep esnekliğinin sabit olduğu en basit durumda, marjinal gelir fiyatla orantılıdır; öyle ki Hotelling Yasası tam rekabet durumundaki gibi işler. Sabit olmayan talep esnekliği durumu ise Hotelling Yasası'nı dönüştürür, ancak bu dönüşüm her iki yöne doğru da olabilir.) Öte yandan Hotelling Yasası daima yerinde stoklara uygulanır.

24. K.J. Arrow ve G. Debreu, "Existence of an equilibrium for a competitive economy," *Econometrica* 22 (1954): 265-290.

25. Yenilenebilir kaynaklar söz konusu olduğunda, sürdürülebilirlik kaynak stokunun bozulmadan kalması olarak tanımlanmıştır. Kaynakların tükenebilir olduğu durumlarda mümkün değildir bu. Dolayısıyla sürdürülebilirlik, sadece bu örnekte, kaynağın ölçülebilir kullanımı olarak anlaşılabilir.

26. Bu sav Irving Fisher tarafından iktisat kuramına değişik bir bağlam içinde katılmış olup Fisher Ayrılma Teoremi olarak bilinir. Bkz. I. Fisher, *The Rate of Interest: Its Nature, Determination and Relation to Economic Phenomena* (Macmillan, 1907).

27. Bkz. T. Page, *Conservation and Economic Efficiency. An Approach to Materials Policy* (Johns Hopkins University Press, 1977); R.M. Solow, "The economics of resources or the resources of economics," *American Economic Review* 64 (1974): 1-14; S. Anand ve A. Sen, "Human Development and economic sustainability," *World Development* 28 (2000): 2029-2049.

28. Bkz. Stern, *The Economics of Climate Change*, özellikle 2. Bölümün eki. William Nordhaus'un gözlemine göre, Stern Review tarafın-

dan hesaplanan sera etkisine bağlı yüksek hasar düzeyi, indirim oranının çok düşük varsayılmasından kaynaklanıyor olabilir. Bkz. W.D. Nordhaus, "A review of the Stern Review on the economics of climate change," *Journal of Economic Literature* 45 (2007): 686-702.

29. R.M. Solow, "Intergenerational equity and exhaustible resources," *Review of Economic Studies* 41 (1974): 29-45; J.E. Stiglitz, "Growth with exhaustible natural resources: Efficient and optimal growth paths," *Review of Economic Studies* 41 (1974): 123-137. Stoka bağlı çıkarım bedelleri söz konusu olduğunda verimlilik şartının genelleştirilmesi için bkz. H.-W. Sinn, "Stock-dependent extraction costs and the technological efficiency of resource depletion," *Zeitschrift für Wirtschafts-und Sozialwissenschaften* 101 (1980): 507-517; burada Geoffrey Heal'ın genelleştirme girişimi çürütülmüştür. Bkz. G. Heal, "Intertemporal allocation and intergenerational equity," *Erschöpfabre Ressourcen, Berichte von der Jahrestagung des Vereins für Socialpolitik 1979* içinde, ed. H. Siebert (Duncker und Humblot, 1980).

30. Kelimenin tam anlamıyla: "İklim değişikliği dünyanın bugüne kadar gördüğü en büyük piyasa başarısızlığıdır." Bkz. Stern, *The Economics of Climate Change*, s. VIII.

31. H.-W. Sinn, *Pareto Optimality in the Extraction of Fossil Fuels and the Greenhouse Effect*, CESiso Working Paper 2083, 2007; NBER Ön Rapor 13453, 2007. Bu bağlantılar, CO_2 salınımlarını engellemeye yönelik önlemlerin işe yaramadığını ileri süren Björn Lomborg tarafından göz ardı edilmiştir; zira Lomborg'a göre bunlar sadece hasarı ertelerler (B. Lomborg, *The Skeptical Environmentalist: Measuring the Real State of the World*, Cambridge University Press, 1998, s. 258-324). Aynı zamanda bkz. W.D. Nordhaus, *Managing the Global Commons: The Economics of Climate Change* (MIT Press, 1994). Nordhaus iklim değişimine dair zamanlar arası bilgisayar modeli sunar. Öte yandan kitabı, herhangi bir şekilde bununla karşılaştırılabilir bir analiz içermez; savunduğu modeldeki ekonomik mekanizma çok basit biçimde tartışılmaktadır.

32. Bu koşulun mutlak türevi için bkz. Sinn, *Pareto Optimality*. Ayrıca bkz. Sinn, "Public Policies."

33. N.V. Long, "Resource extraction under the uncertainty about pos-
     sible nationalization," *Journal of Economic Theory* 10 (1975): 42-
     53; K.A. Konrad, T.E. Olson ve R. Schöb, "Resource extraction
     and the threat of possible expropriation: The role of Swiss bank
     accounts," *Journal of Environmental Economics and Management* 26
     (1994): 149-162.

BEŞİNCİ BÖLÜM

1. Bu fenomen ilk olarak gazete makalelerinde tanımlanmış. Bkz. ör-
    neğin H.-W. Sinn, "The green paradox," *Project Sydicate*, Haziran
    2007, *Journal of Turkish Weekly* (Türkiye), *Les Nouvelles* (Madagas-
    kar), *Les Echos* (Mali), *Standard Times* (Sierra Leone), *South China
    Morning Post* (Hong Kong), *The Financial Express* (Hindistan), *The
    Korea Herald* (Güney Kore), *Business World* (Filipinler), *The Sunday
    Times* (Sri Lanka), *The Nation* (Tayland), *Die Press* (Avusturya),
    L'Echo (Belçika), *Borsen* (Danimarka), *Aripaev* (Estonya), *Vilaggaz-
    dasag* (Macaristan), *The Times of Malta* (Malta), *Danas* (Sırbistan),
    Stabroek News (Guyana), *Jordan Property* (Ürdün), *Al Raya* (Katar),
    Al Eqtisadiah (Suudi Arabistan), *Duowei Times* (Birleşik Devlet-
    ler) içinde yayımlandı; H.-W. Sinn, "Greenhouse gases: Demand
    control policies, supply and the time path of carbon prices," *Vox*,
    31 Ekim 2007 (http://www.vox.org). Daha resmi, akademik tar-
    tışmalar için: H.-W. Sinn, "Public policies against global warming:
    A supply side approach," *International Tax and Public Finance* 15
    (2008): 360-394 (açılış konuşması, Dünya Kongresi, Uluslarara-
    sı Kamu Finansı Enstitüsü, Warwick, Ağustos 2007, CESifo Ön
    Rapor 2087, 2007); H.-W. Sinn, "Das grüne Paradoxon: Warum
    man das Angebot bei der Klimapolitik nicht vergessen darf," *Pers-
    pektiven der Wirtschaftspolitik* 9 (2008): 109-142 (Thünen Konuş-
    ması, Yıllık Toplantı, Verein für Socialpolitik, Münih, Eylül 2007).
    Bu kitabın ilk Almanca baskısı *Das grüne Paradoxon* (Econ, 2008)
    adıyla yayımlandı; bir yıl sonra ikinci baskı geldi. Ayrıca değişik
    gazete ve dergilerde epey sayıda kısa makale kaleme aldım. Bunla-
    rın listesi, Alman politikacıların verdikleri cevaplar eşliğinde www.
    cesifo.org/hws adresindeki özgeçmişimde bulunabilir. Görüşlerime
    dair ilk akademik tartışmalar Almancadır; şunları içermektedir:
    A. Endres, "Ein Unmöglichkeitstheorem für die Klimapolitik?"

Perspektiven der Wirtschaftspolitik 9 (2008): 350-382; R.S.J. Tol ve D. Anthoff, "Kommentar zu Hans-Werner Sinn: Kampft alle Klimapolitik mit dem Grünen Paradoxon?", *Diskurs Klimapolitik, Jahrbuch Ökologische Ökonomik* 6, ed. F. Beckenbach ve ark. (Metropolis, 2009) içinde; O. Edenhofer ve M. Kalkuhl, "Kommentar zu Hans-Werner Sinn: Das 'Grüne Paradoxon'- Menetekel oder Prognose," agy. Ayrıca Yeşil Paradoksu tartışan bir dizi akademik makale İngilizcede de yayımlandı, bazılarını izleyen sayfalarda kaynakçaya dahil ettim. Bir de "Yeşil Paradoks" terimi farklı olgulara da uyarlandı; mesela enerji fiyatlarında beklenen artışı telafi etmek adına insanların çeşitli çabalarının tetiklediği ihtiyati tasarruf, sermaye biriktirme ve çevreye zararlı biçimde büyüme ile bunlar neticesinde gelen yoksulluk. Bkz. S. Smulder, Y. Tsur ve A. Zemel, "Announcing climate policy: Can a green paradox arise without scarcity?" (Dünya Çevre ve Kaynaklar Ekonomisi Kongresi'nde sunuldu, Montreal, 2010).

2. Vattenfall'ın doğu Almanya bölgesi Almanya'nın kahverengi kömür rezervlerinin yalnızca onda birini içeriyor, ancak Almanya'nın mevcut kahverengi kömür çıkarma işleminin üçte birini bu şirket yürütüyor.

3. Bu değerlendirmelerin dayandığı formel dinamik optimizasyon modeli için bkz. "Public policies against global warming."

4. Formel zamanlararası piyasa modeli çerçevesinde bütünlüklü bir türetme için bkz. "Public policies against global warming": Bu çalışmada, mevcut ΔP (mutlak) fiyat sıkışması değerinin sabit kalması için gerekli tarafsızlık koşulunun, $\Delta P/P$ göreli fiyat sıkışması değerinin zamanla üründeki indirim hızına denk hızda artması (faiz ve muhtemelen artı müsadere ihtimali) ve kaynakların satışı çıkarım bedeline karşılık gelmesi gerekir. Bu meselenin teknik olmayan bir tartışması için bkz. "Das Grüne Paradoxon," *Perspektiven der Wirtschaftspolitik* içinde; ayrıca bkz. "Global warming: The neglected supply side," *The EEAG Report on the European Economy* içinde (CESifo, 2008). Bu makalelerin teorik özü N.V.Long ve H.W.Sinn'in geliştirdiği kaynak çıkarımının fiyat değişiklikleri hakkındaki formel teoreme dayanmaktadır: "Surprise price shifts, tax changes and the supply behaviour of resource extracting firms," *Australian Economic Papers* 24 (1985): 278-289. Bu teorem, fo-

sil yakıtların çıkarımının sabit olmayan birim ve *ad valorem* vergi oranlarının etkilerinin çalışıldığı zamanlararası denge modelinin genelleştirilmesidir. Bkz. H.W.Sinn, "Absatzsteuern, Ölförderung and das Allmendeproblem," *Reaktionen auf Energiepreisanderungen*, der. H Siebert (Lang, 1982).

5. T. Eichner ve R. Pethig, Almanca kitabımdaki ilgili analizi endojen ürün fiyatlı zamanlararası genel denge modeline uyarladı. Bkz. *Carbon Leakage, the Green Paradox and Perfect Future Markets*, CESifo Ön Rapor 2542, 2009 (*International Economic Review*'da yayımlanacak).

6. Avrupa Parlamentosu ve Avrupa Konseyi'nin Yönerge 2003/87/ EC'de değişiklik talep eden yönerge önerisi: 23 Ocak 2008 tarihli öneri uyarınca Birlik [COM (2008) 16 final-2008/0013 (COD)] içinde seragazı salınım iznini düzenleyen ticari sistemin geliştirilmesi ve yaygınlaştırılması hedeflenmiştir.

7. Bkz. M. Kemp ve N.V. Long, *Exhaustible Resources, Optimality and Trade* (North-Holland, 1980) içinde "On the optimal order of exploitation of deposits of an exhaustible resource" başlıklı bölüm.

8. Söz konusu fiyatta kayda değer bir maliyet bileşeni varsa, o da kullanıcı maliyetidir. Kullanıcı maliyeti, belli bir fiyatın bugünkü değeriyle gelecekte satılabilecek kaynağa işaret eder; dolayısıyla şayet kaynak bugün satılıyorsa elden çıkarılmalıdır.

9. Daha da düşük rakamlarla çıkartım bedellerine dair alternatif bilgilendirme için bkz. *Resources to Reserves* (Uluslararası Enerji Ajansı, 2005, s. 110f); E. Harks, *Der globale Ölmarkt-Herausforderungen und Handlungsoptionen für Deutschland* (Stiftung Wissenschaft und Politik, Deutsches Institut für Internationale Politik und Sicherheit, 2007), s. 11; C. Jojarth, *The End of Easy Oil: Estimating Production Costs for Oil Fields around the World*, Ön Rapor 72, Stanford Üniversitesi Enerji ve Sürdürülebilir Kalkınma Programı, 2008.

10. Sinn, "Public policies"de bu sonuç, talepteki fiyat esnekliği ile birim çıkartım maliyetinin birbirine bağlı olduğu varsayımından çıkar. Yani, kalan *in situ* kaynak stoku ve talep sıfıra yaklaştığından sıfırlanamaz.

11. Almanya'da güneş enerjisinin maliyeti hâlihazırda kilovat saat başına 40 avro senttir. Toplam fiyat esnekliği ise kilovat saat başına yaklaşık 5 avro senttir.

12. İkame teknolojileri yüksek maliyetli bazı rezerv artıklarının birim çıkartım bedellerinin de altına inen bir fiyat düşüşünü beraberinde getirse dahi Yeşil Paradoksun hangi koşullar altında ortaya çıkacağı veya çıkmayacağına dair ayrıntılı bilgi için bkz. R.Q. Grafton, T. Kompas ve N.V. Long, *Biofuels and the Green Paradox*, CESifo Ön Rapor 2960, 2010; F. van der Ploeg ve C. Withagen, *Is There Really a Green Paradox?* CESifo Ön Rapor 2963, 2010; M. Hoel, *Bush Meets Hotelling: Effects of Improved Renewable Energy Technology on Greenhouse Gas Emissions*, CESifo Ön Rapor 2492, 2008; Sinn, "Public policies"; Sinn, "Das grüne Paradoxen."

13. Bu sav, Alman çevre bakanı S. Gabriel tarafından, "Kurzarbeit im Elfenbeinturm"da (*Handelsblatt*, 4 Haziran, s. 8) ortaya kondu. Bu yazı, H.-W. Sinn'in "Kurzarbeit auf den Bohrinseln" (*Handelsblatt*, 28 Mayıs 2009, s. 7) başlıklı yazısına cevaben kaleme alınmıştı. (Sinn'in bu makalesine benzer İngilizce bir yazı için bkz. H.-W. Sinn, "How to resolve the green paradox," *Financial Times*, 27 Ağustos 2009.) Gabriel'in makalesine benim verdiğim cevap için bkz. "Kurzarbeit im Umweltministerium," *Handelsblatt*, 20 Temmuz 2009, s. 6.

14. Uzun ve kısa vadeli talep ile fiyat değişiklikleri, birbirine kaynak piyasası aracılığıyla bağlı ülkelerde karbon sızıntısı literatüründen ayrı tutulmaz, zira bu literatürün kendisi de özünde statik bir model olan ve zamanlararası dinamikleri dikkate almayan hesaplanabilir genel denge modellerinden (bilhassa da Küresel Ticaret Analiz Projesi tipindekilerden) türemiştir. Bkz. örneğin, B.J.-M. Burniaux ve J. Oliveira Martins, *Carbon Emission Leakages: A General Equilibrium View*, OECD Ön Rapor 242, 2000, veya R. Gerlagh ve O. Kuik, *Carbon Leakage with International Technology Spillovers*, Ön Rapor 33, Fondazione Eni Enrico Mattei, 2007.

15. Bkz. E. Fehr ve K. Schmidt, "The economics of fairness, reciprocity and altruism-Experimental evidence and new theories," *Handbook of the Economics of Giving, Reciprocity and Altruism*, cilt 1, ed. S.-C. Kolm ve J. M. Ythier (Elsevier, 2006) içinde.

16. Alman Şansölye Angela Merkel bu tutumu Çin'e yaptığı bir gezide benimsedi. Bkz. REGIERUNGonline, "Gutes Klima in Peking," 27 Ağustos 2007 (http://www.bundesregierung.de). Ayrıca bkz. Şansölye Merkel'in "Deutschland und Japan-in gemeinsamer Verantwortung für die Zukunft," Kyoto, 2007 sempozyumundaki konuşması (http://www.bundeskanzlerin.de).

17. Bkz. K.-M. Maler, "International environmental problems," *Oxford Review of Economic Policy* 6 (1990): 80-108; M. Hoel, "Global environmental problems: The effects of unilateral actions taken by one country," *Journal of Environmental Economics and Management* 20 (1991): 55-70.

18. W. Buchholz ve K.A. Konrad, "Global environmental problems and the strategic choice of technology," *Journal of Economics* 60 (1994): 299-321. Krş. *Klimapolitik zwischen Emissionsvermeidung und Anpassung* (Bundes-ministerium der Finanzen, 2010) (http://www.bundesfinanzministerium.de).

19. A. Endres ve M. Finus, "Playing a better global warming game: Does it help to be green?" *Swiss Journal of Economics and Statistics* 134 (1998): 21-40. Ayrıca bkz. S. Barrett, "International environmental agreements as games," *Conflicts and Cooperation in Managing Environmental Resources*, ed. R. Pethig (Springer, 1992) içinde; A. Endres, "Ein Unmöglichkeitstheorem für die Klimapolitik?" *Perspektiven der Wirtschaftspolitik* 9 (2008): 350-382; A. Endres, "Radfahren statt Trittbrettfahren?-Eine spieltheoretisch Einschatzung," *ifo Schnelldienst* 60 (2007), no. 7: 9-11; R. Pethig, "Bedingungen für den Erfolg internationaler Umweltbokmmen ungünstig," *ifo Schnelldienst* 60 (2007), no. 7: 15-18.

20. Bu sözlü formüllendirme okurun daha kolay takip edebileceği şekilde bulgusaldır. İdeal toplumsal düzeye ilişkin marjinal koşulların kabul edilen kanıtı, fosil yakıtlarının, sermaye ve emek gibi bir üretim faktörü olduğunu ve ekonominin çıktıları arasında yer aldığını kabul eder. Bkz. Sinn, "Public policies"; Sinn, *Pareto Optimality in the Extraction of Fossil Fuels and the Greenhouse Effect*, CESifo Ön Raporu 2083 ve NBER Ön Raporu 13453, 2007.

21. *Model Double Taxation Convention on Income and on Capital* (OECD Mali İşler Komitesi, 1977).

22. Bkz. H.-W. Sinn, *The New Systems Competition* (Blackwell, 2003), bölüm 2.

23. A.C. Pigou, *The Economics of Welfare* (Macmillan, 1920).

24. N. Stern, *The Economics of Climate Change-The Stern Review* (Cambridge University Press, 2007), s. 277, 362-364, 386, 532f.

25. Bkz. M Hoel ve S. Kverndokk, "Depletion of fossil fuels and the impacts of global warming," *Resource and Energy Economics* 18 (1996): 115-136; M. Kalkuhl ve O. Edenhofer, "Prices versus quantities and the intertemporal dynamics of the climate rent," yayımlanmamış makale, Potsdam İklim Araştırma Enstitüsü, 2010. Sonuncu kaynakta da, vergi oranını bireysel veya birikimli karbon hesaplamalarına dayandırarak çıkartım akışına ait vekil Pigou'cu vergisinin değişik versiyonları denendi, ancak nihayetinde anlamlı bir karbon vergilendirmesine ulaşılamadı. Bkz. ayrıca Edenhofer ve Kalkuhl, "Kommenter zu Hans-Werner Sinn: Das 'Grüne Paradoxon'."

26. Vergi oranının basit bir formülle tanımlanabildiği yalnızca birkaç özel ve gerçek dışı vaka söz konusudur. Örneğin marjinal hasar ve faiz oranının sabit olduğu durumda marjinal hasarın mevcut değeri, daimi faizin mevcut değeri formülü uyarınca marjinal hasar ve faiz oranının durumuna tekabül eder. Bkz. J. Strand, "Optimal taxation of an exhaustible resource with stock externalities, backstop technology and rising extraction costs," Vergi Politikaları Bölümü, Mali İşler Departmanı, Uluslararası Para Fonu, 2007.

27. H.-W. Sinn, "Optimal resource taxation," *Risk and the Political Economy of Resource Development*, ed. D. Pearce, H. Siebert ve I. Walter (Macmillan, 1984).

28. Kaynak çıkartım ve/veya sermaye birikim hızındaki vergi oranı değişikliklerinin etkilerine dair bkz. Sinn, "Absatzsteuern"; Long ve Sinn, "Surprise price shifts"; P. Howitt ve H.-W. Sinn, "Gradual reforms of capital income taxation," *American Economic Review* 79 (1989): 106-124; P. J. N. Sinclair, "On the optimum trend of fossil fuel taxation," *Oxford Economic Papers* 46 (1994): 869-877; A. Ulph ve D. Ulph, "The optimal time path of a carbon tax," *Oxford Economic Papers* 46 (1994): 857-868; E.R. Amundsen ve R. Schöb, "Environmental taxes on exhaustible resources," *European Journal of Political Economy* 15 (1999): 311-329.

29. Bkz. Sinn, "Absatzsteuern" denklem 14 ve resim 1.

30. H.-W. Sinn, "Public policies," denklem A17.

31. Avrupa Toplulukları Komisyonu, *European Economy: The Climate Challenge: Economic Aspects of the Community's Strategy for Limiting CO₂ Emissions*, 1992.

32. S. Bach, M. Kolhaas, V. Meinhardt, B. Praetorius, H. Wessels ve R. Zwiener, *Wirtschaftliche Auswirkungen einer ökologischen Steuerreform*, Sonderheft 153, Deutsches Institüt für Wirtschaftsforschung 1995, s. 212.

33. Kalkuhl ve Edenhofer, "Prices versus quantities and the intertemporal dynamics of the climate rent"te bu noktaya değiniyor.

34. F.S. Chapin III, P.A. Matson, H.A. Mooney, *Principles of Terrestrial Ecosystem Ecology* (Springer, 2002), s. 139.

35. B. Metz, O. Davidson, P. Bosch, R. Dave ve L. Meyer ed., *Climate Change 2007: Mittigation of Climate Change* (Cambridge University Press, 2007), s. 244 vd.

36. J.T. Houghton, *Global Warming* (Cambridge University Press, 2007), s. 250.

37. Bkz. *World Energy Outlook 2007* (Uluslararası Enerji Ajansı, 2007), s. 593.

Dizin

www.ingramcontent.com/pod-product-compliance
Lightning Source LLC
Chambersburg PA
CBHW061236220326
41599CB00028B/5442